国家出版基金资助项目
Projects Supported by the National Publishing Fund

钢铁工业协同创新关键共性技术丛书

主编　王国栋

板带材智能化制备关键技术

Key Intelligent Technology of Steel Strip Production Process

张殿华　李鸿儒　等著

北　京
冶　金　工　业　出　版　社
2021

内 容 提 要

本书针对炼铁、炼钢、连铸、轧制及轧后处理等生产全流程，介绍构建钢铁工艺质量大数据平台，以及各工序表面质量、三维形貌、钢水温度、组织性能等关键参数检测技术，关键设备的故障诊断及协调优化技术，以及突破工序界面和系统壁垒，实现钢铁工业横向、纵向和端到端集成，建设可靠的、实时的、协作的钢铁智能化 CPS 系统。

本书可供冶金工业生产技术人员和科研人员阅读，也可供高等院校师生参考。

图书在版编目(CIP)数据

板带材智能化制备关键技术/张殿华，李鸿儒等著．—北京：冶金工业出版社，2021.5

(钢铁工业协同创新关键共性技术丛书)

ISBN 978-7-5024-8983-0

Ⅰ.①板…　Ⅱ.①张…　②李…　Ⅲ.①智能技术—应用—板材轧制　Ⅳ.①TG335.5-39

中国版本图书馆 CIP 数据核字(2021)第 235821 号

板带材智能化制备关键技术

出版发行　冶金工业出版社　**电　话**　(010)64027926

地　址　北京市东城区嵩祝院北巷 39 号　**邮　编**　100009

网　址　www.mip1953.com　**电子信箱**　service@mip1953.com

责任编辑　卢　敏　姜恺宁　美术编辑　彭子赫　版式设计　禹　蕊

责任校对　李　娜　责任印制　禹　蕊

北京捷迅佳彩印刷有限公司印刷

2021 年 5 月第 1 版，2021 年 5 月第 1 次印刷

710mm×1000mm　1/16；20 印张；389 千字；304 页

定价 126.00 元

投稿电话　(010)64027932　投稿信箱　tougao@cnmip.com.cn

营销中心电话　(010)64044283

冶金工业出版社天猫旗舰店　yjgycbs.tmall.com

(本书如有印装质量问题，本社营销中心负责退换)

《钢铁工业协同创新关键共性技术丛书》
编辑委员会

本书编写人员

主　编　张殿华　李鸿儒

成　员　（按汉语拼音排序）

丁敬国　龚殿尧　韩英华　贾明兴　李　旭

罗　森　罗小川　孟红记　彭良贵　彭　文

孙　杰　阳　剑

《钢铁工业协同创新关键共性技术丛书》总　序

钢铁工业作为重要的原材料工业，担任着“供给侧”的重要任务。钢铁工业努力以最低的资源、能源消耗，以最低的环境、生态负荷，以最高的效率和劳动生产率向社会提供足够数量且质量优良的高性能钢铁产品，满足社会发展、国家安全、人民生活的需求。

改革开放初期，我国钢铁工业处于跟跑阶段，主要依赖于从国外引进产线和技术。经过40多年的改革、创新与发展，我国已经具有10多亿吨的产钢能力，产量超过世界钢产量的一半，钢铁工业发展迅速。我国钢铁工业技术水平不断提高，在激烈的国际竞争中，目前处于“跟跑、并跑、领跑”三跑并行的局面。但是，我国钢铁工业技术发展当前仍然面临以下四大问题。一是钢铁生产资源、能源消耗巨大，污染物排放严重，环境不堪重负，迫切需要实现工艺绿色化。二是生产装备的稳定性、均匀性、一致性差，生产效率低。实现装备智能化，达到信息深度感知、协调精准控制、智能优化决策、自主学习提升，是钢铁行业迫在眉睫的任务。三是产品质量不够高，产品结构失衡，高性能产品、自主创新产品供给能力不足，产品优质化需求强烈。四是我国钢铁行业供给侧发展质量不够高，服务不到位。必须以提高发展质量和效益为中心，以支撑供给侧结构性改革为主线，把提高供给体系质量作为主攻方向，建设服务型钢铁行业，实现供给服务化。

我国钢铁工业在经历了快速发展后，近年来，进入了调整结构、转型发展的阶段。钢铁企业必须转变发展方式、优化经济结构、转换增长动力，坚持质量第一、效益优先，以供给侧结构性改革为主线，推动经济发展质量变革、效率变革、动力变革，提高全要素生产率，使中国钢铁工业成为“工艺绿色化、装备智能化、产品高质化、供给服务化”的全球领跑者，将中国钢铁建设成世界领先的钢铁工业集群。

2014 年 10 月，以东北大学和北京科技大学两所冶金特色高校为核心，联合企业、研究院所、其他高等院校共同组建的钢铁共性技术协同创新中心通过教育部、财政部认定，正式开始运行。

自 2014 年 10 月通过国家认定至 2018 年年底，钢铁共性技术协同创新中心运行 4 年。工艺与装备研发平台围绕钢铁行业关键共性工艺与装备技术，根据平台顶层设计总体发展思路，以及各研究方向拟定的任务和指标，通过产学研深度融合和协同创新，在采矿与选矿、冶炼、热轧、短流程、冷轧、信息化智能化等六个研究方向上，开发出了新一代钢包底喷粉精炼工艺与装备技术、高品质连铸坯生产工艺与装备技术、炼铸轧一体化组织性能控制、极限规格热轧板带钢产品热处理工艺与装备、薄板坯无头/半无头轧制+无酸洗涂镀工艺技术、薄带连铸制备高性能硅钢的成套工艺技术与装备、高精度板形平直度与边部减薄控制技术与装备、先进退火和涂镀技术与装备、复杂难选铁矿预富集-悬浮焙烧-磁选（PSRM）新技术、超级铁精矿与洁净钢基料短流程绿色制备、长型材智能制造、扁平材智能制造等钢铁行业急需的关键共性技术。这些关键共性技术中的绝大部分属于我国科技工作者的原创技术，有落实的企业和产线，并已经在我国的钢铁企业得到了成功的推广和应用，促进了我国钢铁行业的绿色转型发展，多数技术整体达到了国际领先水平，为我国钢铁行业从“跟跑”到“领跑”的角色转换，实现“工艺绿色化、装备智能化、产品高质化、供给服务化”的奋斗目标，做出了重要贡献。

习近平总书记在 2014 年两院院士大会上的讲话中指出，“要加强统筹协调，大力开展协同创新，集中力量办大事，形成推进自主创新的强大合力”。回顾 2 年多的凝炼、申报和 4 年多艰苦奋战的研究、开发历程，我们正是在这一思想的指导下开展的工作。钢铁企业领导、工人对我国原创技术的期盼，冲击着我们的心灵，激励我们把协同创新的成果整理出来，推广出去，让它们成为广大钢铁企业技术人员手中攻坚克难、夺取新胜利的锐利武器。于是，我们萌生了撰写一部系列丛书的愿望。这套系列丛书将基于钢铁共性技术协同创新中心系列创新成果，以全流程、绿色化工艺、装备与工程化、产业化为主线，结合钢铁工业生产线上实际运行的工程项目和生产的优质钢材实例，系统汇集产学研协同创新基础与应用基础研究进展和关键共性技术、前沿引领技术、现代工程技术创新，为企业技术改造、转型升级、高质量发展、规划未来发展蓝图提供参考。这一想法得到了企业广大同仁的积极响应，全力支持及密切配合。冶金工业出版社的领导和编辑同志特地来到学校，热心指导，提出建议，商量出版等具体事宜。

国家的需求和钢铁工业的期望牵动我们的心，鼓舞我们努力前行；行业同仁、出版社领导和编辑的支持与指导给了我们强大的信心。协同创新中心的各位首席和学术骨干及我们在企业和科研单位里的亲密战友立即行动起来，挥毫泼墨，大展宏图。我们相信，通过产学研各方和出版社同志的共同努力，我们会向钢铁界的同仁们、正在成长的学生们奉献出一套有表、有里、有分量、有影响的系列丛书，作为我们向广大企业同仁鼎力支持的回报。同时，在新中国成立70周年之际，向我们伟大祖国70岁生日献上用辛勤、汗水、创新、赤子之心铸就的一份礼物。

中国工程院院士 王国栋

2019年7月

前　言

智能制造是钢铁行业发展的重要战略方向。国家已出台《中国制造2025》《产业关键共性技术发展指南（2017）》等多项政策，加快推进钢铁制备全流程制造信息化、数字化与制造技术的深度融合发展，支持流程型智能制造、大规模个性化定制等有关的产业发展与技术研究，并要求“积极做好相关产业关键共性技术的研究开发引导工作”。

钢铁生产过程是涵盖多工序、多控制层级的大型复杂工业流程。我国钢铁企业大多装有功能完备的一到五级控制系统，有很高的自动化水平，但依然存在以下问题，我们称之为横纵“两维问题”：从横向生产工艺来说，各个生产厂或车间依然为信息孤岛，未实现互联互通并建立统一的数据环境；从纵向控制层级来说，信息系统的数据分析、管理和决策流程也是按照设计好的过程和手段进行的，无法满足灵活应对外部环境和活动目标变化的要求。当前五级控制系统虽然表面上集成在了一起，但在内部并没有实现信息回路，即从信息到决策再到控制系统的反馈回路依然无法实现和自动完成。这两种现实状况，就造成了钢铁行业以下的现状：生产过程与产品质量的稳定性、可靠性和适用性不强，产品外形尺寸与内在组织性能的控制水平尚待提高，尚未形成全流程的一体化控制与各层次的协调优化，大规模、连续生产条件下的产品个性化定制亟待加强。这些是钢铁行业长期存在而在过去快速增加产能阶段不受关注的问题，也是目前现有系统和常规方法难以解决的问题。如何解决这一问题成为企业面临的重大挑战！由于工序界面和工况复杂性限制了产品质量稳定性与生产效率的进一步提升，难以再从单独工序或某个独立系统取得突破。

针对上述的“两维问题”，我们在实施方案上，提出“两维战略”

的智能制造思路，从横向和纵向这两个维度推进钢铁工业体系的智能化应用进程。纵向的应用是指企业内部五级系统实现“端到端的信息融合”，实现从最底层的驱动器和传动器信号到最高层的企业资产管理系统的无缝连接。横向的应用主要是指钢铁企业之间和产业链上下游信息和服务的融合，实现整个钢铁产业链的价值链整合和协同优化，面向全产业的全价值链提供智能化的解决方案。实现这“两维战略”的核心是基于数字感知的 CPS 智能化技术。通过基于数字感知的 CPS 智能化关键技术来实现钢铁生产全流程多工序、系统级、全局级的产品质量和生产过程优化，这将是未来十年内钢铁行业发展的重大战略方向。

作　者

2020 年 7 月

目　　录

1 智能制造概述

1.1 智能制造的本质

人类社会已先后经历了三次工业革命，这三次工业革命均发源于西方国家，并由其所引领和主导。

第一次工业革命开创了“蒸汽时代”（1760~1840年），标志着由农耕文明向工业文明的过渡，以煤炭为主要能源，实现了由手工劳动向机械化的转变，是人类发展史上的一个伟大奇迹。

第二次工业革命开创了“电气时代”（1840~1950年），石油和电力成为主要能源，使得电力、钢铁、化工、汽车等重工业兴起，带来交通行业的迅速发展，使得世界各地交流更为频繁，并逐渐形成一个全球化的国际政治、经济体系。

第三次工业革命开创了“信息时代”（1950年至今），自动化技术和计算机技术的应用，不仅实现了由物理系统层面的机械化、电气化向自动化的转变，还实现了由物理系统自动化向信息活动自动化的发展。信息和自动化技术不仅把人从繁重的体力劳动、部分脑力劳动以及恶劣、危险的工作环境中解放出来，而且扩展了人的器官功能，极大提高了生产效率和商业效率，增强了人类认识世界和改造世界的能力。“信息时代”全球信息和资源交流变得更为迅速，世界政治经济格局进一步确立，人类文明的发达程度也达到空前的高度。

上述三次工业革命使得人类发展进入了空前繁荣的时代，与此同时，也造成了巨大的能源、资源消耗，付出了巨大的环境代价、生态成本，急剧地扩大了人与自然之间的矛盾。

进入21世纪，人类面临空前的全球能源与资源危机、全球生态与环境危机的多重挑战，从而引发了第四次工业革命——绿色工业革命。绿色工业革命的实质和特征，就是大幅度提高资源效率、降低环境污染，使经济增长与不可再生资源要素全面脱钩，实现社会生产力增长从以自然要素投入为特征到以绿色要素投入为特征的跃迁，达到人类与自然和谐共生、可持续发展的目标。

第四次工业革命的核心是将先进的智能化与信息化技术与传统的工业过程进行有机融合，形成高度灵活、人性化、数字化的产品生产与服务模式。德国经济学家克劳斯·施瓦布在其《第四次工业革命》一书中认为，这场革命正以前所未有的态势向我们席卷而来，它的发展速度之快、范围之广、程度之深丝毫不逊于前三次工业革命。智能制造技术也因此成为世界制造业发展的客观趋势，世界上主要工业发达国家正在大力推广和应用。

智能制造最初由美国国家标准与技术研究院提出。智能制造 SMS(Smart Manufacturing System) 目标是：差异性更大的定制化产品和服务；更小的生产批量；不可预知的供应链变更和中断。其主要特征为：互操作性和增强生产力的全面数字化制造；通过设备互联和分布式智能实现实时控制和小批量柔性生产；快速响应市场变化和供应链失调的协同供应链管理；提升能源和资源使用效率的集成和优化的决策支撑；基于产品全生命周期的高级传感和数据分析技术的高速创新循环。

《智能制造发展规划（2016~2020 年)》给出了一个比较全面的描述性定义：智能制造是基于新一代信息通信技术与先进制造技术深度融合，贯穿于设计、生产、管理、服务等制造活动的各个环节，具有自感知、自学习、自决策、自执行、自适应等功能的新型生产方式。推动智能制造，能够有效缩短产品研制周期、提高生产效率和产品质量、降低运营成本和资源能源消耗，并促进基于互联网的众创、众包、众筹等新业态和新模式的孕育发展。智能制造具有以智能工厂为载体，以关键制造环节智能化为核心，以端到端数据流为基础、以网络互联为支撑等特征，这实际上指出了智能制造的核心技术、管理要求、主要功能和经济目标。

1.2　信息物理系统

2006 年美国国家科学基金会（NSF）组织召开了国际上第一个关于信息物理系统的研讨会，并对 Cyber-Physical Systems（即 CPS）这一概念做出详细描述。此后美国政府、学术界和产业界高度重视 CPS 的研究和应用推广，并将 CPS 作为美国抢占全球新一轮产业竞争制高点的优先议题。2013 年德国《工业 4.0 实施建议》将 CPS 作为工业 4.0 的核心技术，并在标准制定、技术研发、验证测试平台建设等方面做出了一系列战略部署。CPS 因控制技术而起、因信息技术而兴，随着制造业与互联网融合迅速发展壮大，正成为支撑和引领全球新一轮产业变革的核心技术体系。

《中国制造 2025》提出："基于信息物理系统的智能装备、智能工厂等智能制造正在引领制造方式变革，要围绕控制系统、工业软件、工业网络、工业云服务和工业大数据平台等，加强信息物理系统的研发与应用。"《国务院关于深化制造业与互联网融合发展的指导意见》明确提出："构建信息物理系统参考模型和综合技术标准体系，建设测试验证平台和综合验证试验床，支持开展兼容适配、互联互通和互操作测试验证。"当前，中国制造 2025 正处于全面部署、加快实施、深入推进的新阶段，面对信息化和工业化深度融合进程中不断涌现的新技术、新理念、新模式，迫切需要研究信息物理系统的背景起源、概念内涵、技术要素、应用场景、发展趋势，以凝聚共识、统一认识，更好地服务于制造强国建设。当前，面对抢占新一轮科技革命和产业变革竞争制高点的新形势，面对“以加快新一代信息技术与制造业深度融合为主线，以推进智能制造为主攻方向”的战略方针，面对从制造大国向制造强国转变的战略任务，迫切需要构建支撑两化深度融合的技术体系。

信息物理系统通过集成先进的感知、计算、通信、控制等信息技术和自动控制技术，构建了物理空间与信息空间中人、机、物、环境、信息等要素相互映射、适时交互、高效协同的复杂系统，实现系统内资源配置和运行的按需响应、快速迭代、动态优化。由此可以看出，信息物理系统是工业和信息技术范畴内跨学科、跨领域、跨平台的综合技术体系所构成的系统，覆盖广泛、集成度高、渗透性强、创新活跃，是两化融合支撑技术体系的集大成。信息物理系统能够将感知、计算、通信、控制等信息技术与设计、工艺、生产、装备等工业技术融合，能够将物理实体、生产环境和制造过程精准映射到虚拟空间并进行实时反馈，能够作用于生产制造全过程、全产业链、产品全生命周期，能够从单元级、系统级到系统之系统（SoS）级不断深化，实现制造业生产范式的重构。从新一轮产业变革的全局出发，结合多年来推动两化融合的实践，我们认为，信息物理系统是支撑信息化和工业化深度融合的综合技术体系。

1.3 智能制造发展战略

发展智能制造既符合我国制造业发展的内在要求，也是重塑我国制造业新优势，实现转型升级的必然选择。

在过去 200 多年的工业化、现代化发展历史上，我国失去了参与和引领工业革命的机会。由于错失机会，中国的 GDP 占世界 GDP 总量比重，由 1820 年的 1/3 下降至 1950 年不足 1/20。在深刻体验和认识之后，中国从极低的起点开始发动国家工业化，进行了第一次、第二次工业革命补课。在 20 世纪 80 年代兴起的信息化革命中，中国积极参与并实现了成功的追赶，逐渐成为世界最大的 ICT（信息通信技术）生产国、消费国和出口国，开始步入领先者行列。进入 21 世纪，中国第一次与美国、欧盟、日本等发达国家和组织站在同一起跑线上，在加速信息工业革命的同时，正式发动和创新第四次绿色工业革命，能赶上这一革命的黎明期、发动期，对于中国来讲这不仅是极大的历史机遇，更是极大的命运挑战。

中国对于世界新的发展趋势具有清晰而深刻的认识，相关部门多次强调，新一轮科技革命和产业变革正在世界范围内孕育兴起，各国纷纷抢占未来产业制高点，发达国家加紧实施“再工业化”，我国的产业转型、提质增效迫在眉睫。我国要实现经济稳增长，必须在着力扩大需求的同时，通过优化产业结构，有效改善供给，释放新的发展动能。党的十九大报告指出：“加快建设制造强国，加快发展先进制造业，推动互联网、大数据、人工智能和实体经济深度融合，在中高端消费、创新引领、绿色低碳、共享经济、现代供应链、人力资本服务等领域培育新增长点、形成新动能。”

制造业作为国民经济的重要支柱产业，必须抓住机遇，以向智能制造转型为关键，促进中国制造上水平，在转变中培育中国制造竞争新优势，既要在改造传统制造上“补课”，同时还要瞄准世界产业技术发展前沿努力克服创新能力弱、产品附加值不高、管理和销售服务落后、资源环境约束加剧等问题，以个性化定制对接海量用户，以智能制造满足更广阔市场需求，以绿色生产赢得可持续发展未来。

中国制造 2025 是为应对新一轮全球竞争而采取的国家战略，把推进信息技术与制造技术的深度融合放在第一位，是对制造业转型升级的整体谋划，不仅要提出培育发展新兴产业的路径和措施，还要加大对量大面广的传统产业的改造升级力度，同时还要解决制造业创新能力、产品质量、工业基础等一系列阶段性的突出矛盾和问题。在产业发展所处阶段方面，与德国工业 4.0 成功完成“工业 1.0”“工业 2.0”，基本完成“工业 3.0”之后，提出的自然“串联式”发展战略不同，中国制造业尚处于“工业 2.0”后期的发展阶段。在“十三五”时期，中国制造业必须走“工业 2.0”补课、“工业 3.0”普及和“工业 4.0”示范的“并联式”发展道路。中国制造 2025 采取“总体规划、分步实施、重点突破、全面推进”的发展策略。第一阶段（2015~2020 年），全面推广数字化网络化技术的应用，部分行业和企业开展智能化技术应用的试点和示范。第二阶段（2020~2025 年），大力推进网络化智能化技术的应用。

2 钢铁行业的现状与发展趋势

2.1 钢铁行业的现状与总体运行水平

我国已建成全球产业链最完整的钢铁工业体系，有效支撑了下游用钢行业和国民经济的快速发展。与此同时，钢铁工业也面临着产能过剩、创新发展能力不足、环境能源约束不断增强、企业经营持续困难等问题。未来，我国钢铁工业已不再是大规模发展时期，将进入以结构调整、转型升级为主的发展阶段，是钢铁工业结构性改革的关键阶段。钢铁行业需要积极适应、把握、引领经济发展新常态，落实供给侧结构性改革，以全面提高钢铁工业综合竞争力为目标，以化解过剩产能为主攻方向，坚持结构调整、坚持创新驱动、坚持绿色发展、坚持质量为先、坚持开放发展，加快实现调整升级，提高我国钢铁工业发展质量和效益。

表 2-1 中的数据显示，至 2018 年 12 月末，我国钢铁行业规模以上企业达 5138 家，前十家钢铁企业产业集中度只有 34.51%。钢铁行业亏损企业数量在 2018 年 12 月末达 1100 个，亏损面为 21.4%。此外，据国家统计局统计数据显示，2018 年钢铁行业亏损企业亏损总额累计达 293.0 亿元。

表 2-1 2012~2018 年中国钢铁行业企业数量统计

年份	企业数/家	亏损企业数/家	亏损总额/亿元
2012	11031	2102	805.6
2013	11034	1946	447.35
2014	10564	1921	556.9
2015	10071	2210	1398.3
2016	9224	1533	631.9
2017	8545	1305	296.2
2018	5138	1100	293.0

根据国家统计局初步统计数据显示，2018 年钢铁行业规模以上企业实现主营业务收入达 64006.5 亿元，如图 2-1 所示。回顾 2012~2017 年钢铁行业营业收入情况：这六年来，我国钢行业营业收入较为稳定，2015 年以来累计增长率逐渐回暖。2018 年，中国国民经济运行保持在合理区间，总体平稳、稳中有进态势持续显现，钢铁行业去产能效果显著，市场稳步发展。

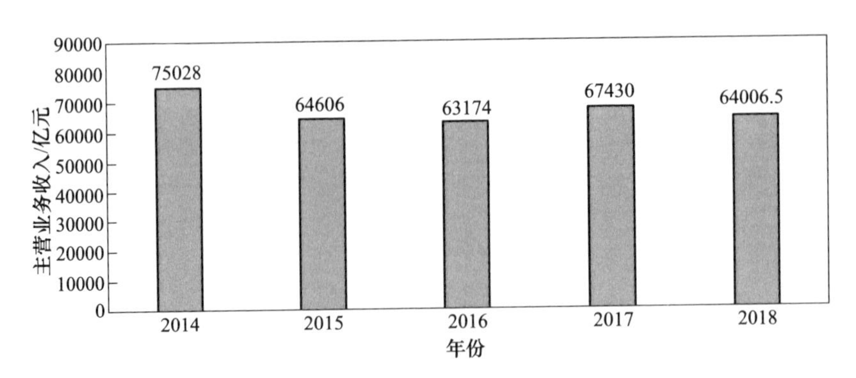

图 2-1 2014~2018 年钢铁行业的主营业务收入数据

在钢铁行业利润总额方面，2015 年以来，钢铁行业利润总额呈现增长态势。据国家统计局统计数据显示，2018 年全年钢铁行业实现利润总额达到 4029. 3 亿元。

2018 年是贯彻落实党的十九大精神的开局之年，钢铁行业积极落实国家推进供给侧结构性改革，巩固化解过剩产能和取缔“地条钢”成果，努力保持钢铁行业平稳运行，促进行业向高质量发展转变。从总体情况看，市场供需基本平衡，钢价水平总体平稳，企业效益持续向好，为 2019 年钢铁行业高质量发展打下了坚实基础。但也存在着经济下行压力加大、产量增长较快、环保压力上升、中美贸易摩擦加剧等不利因素，行业总体经营形势仍较严峻。

钢铁制造业目前面临的市场环境、技术环境和社会环境发生了巨大的变化，主要可归结为以下几点。

第一，市场需求不可完全预测，市场竞争更加激烈。钢铁市场从卖方市场转变为买方市场，虽然市场对钢铁产品的需求总量依然巨大，但产品需求的形式和结构发生了变化，多样化和个性化产品与服务已成为市场需求的主要特征。这种对产品多样性和个性化服务需求，导致了钢铁企业面临着前所未有的激烈市场竞争环境。

第二，市场需求的发展变化和多样性，导致对钢铁产品新品种规格的需求越来越多，对产品质量的要求越来越高，产品的生命周期越来越短。各种新工艺、新技术广泛应用于钢铁产品的设计开发和制造过程中，使新产品的开发与制造复杂度越来越高。钢铁企业必须迅速适应市场的变化，以高效率、低成本生产出高质量的产品。

第三，信息化进程不断深入发展，云计算、大数据、物联网、人工智能、移动计算等新兴信息技术应运而生，并广泛应用于经济社会各个领域。许多新的业态、新的模式和新的理念不断产生，绿色制造和智能制造等先进制造理念不断推进。这样的变化，一方面对钢铁企业经营管理和运作模式提出了新的课题，另一方面也为钢铁企业减耗增效、提升企业科技水平和竞争力提供了技术手段。

第四，随着社会的进步，政府和民众的环保意识以及对环境保护的要求大大提升。对具有高能耗、高污染特点的传统的钢铁制造业提出了挑战，降产能和污染治理是目前国家针对钢铁行业的重点抓手。钢铁企业不仅要为社会提供适用的高质量产品，还要承担社会可持续发展的责任。

钢铁企业面临的激烈市场竞争不仅体现在产品的品种规格、价格和质量方面，产品交货期、满足用户特殊需求的产品定制化、企业技术和管理的先进性以及企业社会责任等其他因素也越来越成为决定竞争胜负的关键因素。

2.2 钢铁行业的需求和政策引导

国家已出台《中国制造 2025》《钢铁工业调整升级规划（2016～2020年》（见表 2-2）等多项政策措施，充分发挥市场配置资源的决定性作用和更好发挥政府作用，着力推动钢铁工业供给侧结构性改革。以全面提高钢铁工业综合竞争力为目标，以化解过剩产能为主攻方向，促进创新发展，坚持绿色发展，推动智能制造，提高我国钢铁工业的发展质量和效益。加快推进钢铁制造信息化、数字化与制造技术的深度融合发展，支持流程型智能制造、大规模个性化定制等有关的产业发展与技术研究，钢铁行业在智能优化制造研究开发过程中将充分对这些资源进行整合和利用。

表 2-2 《钢铁工业调整升级规划（2016～2020 年）》钢铁工业调整升级主要指标

重点任务	指　标	2015 年	2020 年	“十三五”累计增加
工业增长	工业增速/%	5.4	6 左右（年均）	—
去产能	粗钢产能/亿吨	11.3	<10	减少 1～1.5
	产能利用率/%	70	80	10
调结构	产业集中度（前十家）/%	34.2	60	>25
创新驱动	研发投入占主营业务收入比重/%	1	≥1.5	>0.5
绿色创造	钢结构用钢占建筑用钢比例/%	10	≥25	>15
	能源消耗总量	—	—	下降 10%以上
	吨钢综合能耗（标煤）/kg	572	≤560	降低 12 以上
	吨钢耗新水量/m^3	3.25	≤3.2	降低 0.05 以上
	污染物排放总量	—	—	下降 15%以上
	吨钢二氧化硫排放量/kg	0.85	≤0.68	降低 0.17 以上
	钢铁冶炼渣综合利用率/%	79	>90	>11
智能制造	钢铁智能制造示范试点/家	2	10	8
	钢的主业劳动生产率/t·（人·年）$^{-1}$	514	>1000	>486
	综合集成大型企业比例/%	33	≥44	≥11
	管控集成大型企业比例/%	29	≥42	≥13
	产供销集成大型企业比例/%	43	≥50	≥7

同时，工业和信息化部组织修订的《产业关键共性技术发展指南（2017）》中，智能化相关技术在“基于大数据的钢铁全流程产品工艺质量管控技术”“钢铁定制化智能制造技术”和“钢材高效轧制技术及装备”得到了全面覆盖，已经以“积极做好相关产业关键共性技术的研究开发引导工作”的形式得到了政策支持。

（1）坚持结构调整。以化解过剩产能为核心，积极稳妥实施去产能，以智能制造为重点，推进产业转型升级，以兼并重组为手段，深化区域布局协调发展。

（2）坚持创新驱动。强化企业创新主体地位，完善产学研用协同创新体系，激发创新活力和创造力，以破解钢铁材料研发难题为突破点，全面引领行业转型升级。

（3）坚持绿色发展。以降低能源消耗、减少污染物排放为目标，全面实施节能减排升级改造，不断优化原燃料结构，大力发展循环经济，积极研发、推广全生命周期绿色钢材，构建钢铁制造与社会和谐发展新格局。

（4）坚持质量为先。强化企业质量主体责任，以提高产品实物质量稳定性、可靠性和耐久性为核心，加强质量提升管理技术应用，加大品牌培育力度，实现质量效益型转变。

（5）坚持开放发展。以开放促改革、促发展、促创新，充分利用国内外两个市场和两种资源，坚持“优进优出”，积极引进境外投资和先进技术，全面推动国际钢铁产能合作。

2018 年钢铁行业政策动向主要包括三个方面：

一是从去产能、产能置换、专项大检查等方面持续推进钢铁行业供给侧结构性改革。年初工信部印发《钢铁行业产能置换实施办法》，有效指导钢铁企业产能置换工作；年中六部委联合发布《关于做好 2018 年重点领域化解过剩产能工作的通知》，同时为进一步做好 2018 年钢铁去产能工作，制定了《2018 年钢铁化解过剩产能的工作要点》；新版产业转移目录划定各省市自治区钢铁产业转移红线，为钢铁产业未来的发展布局和结构调整指明了方向。

二是多项环保政策重磅来袭，环保政策不断收紧。生态环境部公布钢铁行业建设项目重大变动清单，建设项目一旦涉及重大变动需重新提交环评文件；京津冀大气污染传输通道城市将执行大气污染物特别排放限值，钢铁行业相关规定更趋严格；钢铁行业超低排放改造迫在眉睫，生态环境部发布《钢铁企业超低排放改造工作方案（征求意见稿）》；国务院印发《打赢蓝天保卫战三年行动计划》、工信部出台《坚决打好工业和通信业污染防治攻坚战三年行动计划》及生态环境部等部门联合发布《京津冀及周边地区 2018~2019 年秋冬季大气污染综合治理攻坚行动方案》《汾渭平原 2018~2019 年秋冬季大气污染综合治理攻坚行动方案》《长三角地区 2018~2019 年秋冬季大气污染综合治理攻坚行动方案》等，其中钢铁行业均受到重点关注。

三是规范钢铁行业发展，提升行业质量水平。商务部、财政部等 9 部门联合发布《关于进一步规范对钢铁企业支持措施的函》，今后政府支持钢铁企业的相关行为将进一步规范化；《原材料工业质量提升三年行动方案》印发，钢铁工业质量提升将成为未来工作的重点。

2.3 国内外智能化现状与趋势

2.3.1 SAP 公司

SAP 公司成立于 1972 年，总部位于德国沃尔多夫市，是全球最大的企业管理和协同化商务解决方案供应商，世界第三大独立软件供应商，全球第二大云公司，为全球 120 多个国家的超过 17.2 万家用户提供 ERP、云平台、大数据和分析、CRM、智能制造等解决方案和软件。世界财富 500 强 80% 以上的企业正在从 SAP 的管理方案中获益。

2.3.1.1 面向大型企业的 SAP S/4HANA 和 SAP ERP

利用集成的自动化核心流程，制定由数据驱动的决策，实时管理绩效；借助 SAP ERP 系统，可以打造一个充满活力的数字化企业，消除 IT 复杂性，并创造源源不断的实时信息。

作为一款 ERP 云解决方案，SAP S/4HANA Cloud 整合了实时情境、智能技术和直观的用户体验。该解决方案能够以服务的形式实现持续创新，并与 SAP 的业务线应用和 SAP Cloud Platform（云平台）原生集成。其特色功能包括：云部署；智能科技，包括机器学习和预测分析；与 SAP 业务线解决方案原生集成；直观的 SAP Fiori（产品前端 UI 开发框架）用户体验等。

系统整合销售、库存、运营和物流流程，在整个企业内以协作的方式制定决策。集成式软件能够帮助用户在盈利的同时平衡供需，将产品可用性维持在最佳水平，减少库存和运营资本，并提升企业利润和客户服务水平。

2.3.1.2 SAP Cloud Platform Big Data Services

本服务是一款基于 Hadoop 和 Spark 的数据处理综合性云解决方案，采用完全托管的方式，包含了数据运算服务，而且具有极高的可靠性和性能。此外，该服务还包含了计算爆发（Compute Bursting）、主动作业监测和支持功能。

2.3.1.3 SAP Vora 内存分布式计算解决方案

本方案可以基于分布式计算框架分析所有数据，为企业提供所需的洞察或应用；利用 SAP Vora 从大量分布式数据中快速生成可据此采取行动的洞察，紧跟业务发展的步伐，进而推动创新，提升竞争优势。其特色功能包括：企业预置型部署、云部署或混合部署；大数据优化；SAP HANA 数据交换；数据安全性。

2.3.1.4　SAP HANA 驱动数字转型的创新平台

本平台下一代数据仓储解决方案优异的性能和可扩展性；快速简化企业预置型或云端流程，在提高速度、可扩展性和灵活性的同时，减少数据移动和数据准备工作。

2.3.1.5　商务智能解决方案

商务智能工具（BI）支持企业预置和云两种部署模式，为用户提供触手可及的可执行的信息。利用 BI 工具，企业能够消除主观臆断，监控关键绩效，并挖掘有关客户行为规律。

借助商务智能云软件 SAP Analytics Cloud，只需轻击鼠标，复杂问题即刻迎刃而解。该实时 BI 解决方案能够整合来自不同数据源的数据，创建极具吸引力的数据可视化内容，并运行实时报告流程，在整个企业范围内，实时共享易于理解和传播的业务能力。

2.3.2　西门子公司

西门子公司是全球领先的产品生命周期管理（PLM）软件与服务提供商，在全球拥有 63000 个客户，670 万台装机量。

2.3.2.1　PLM 软件——通过仿真实现优化

西门子公司提供全面的软件解决方案——产品生命周期管理（PLM 软件），涉及产品开发和生产的各个环节——从产品设计到生产规划和工程，直至实际生产和服务等。产品生命周期管理（PLM）软件结合制造自动化，可显著提高生产率，并带来诸多竞争优势。

PLM 软件应用的范例包括 Teamcenter、NX 和 Tecnomatix：Teamcenter 能在西门子公司与其他制造商提供的软件解决方案之间管理和交换数据，它将分布在不同位置的开发团队、公司及其供应商连接起来，从而形成一个统一的产品、过程和生产数据渠道。NX 是主要的 CAD/CAM/CAE 软件套件（计算机辅助设计/计算机辅助制造/计算机辅助工程）之一，可针对产品开发提供详细的三维模型，它支持工程师虚拟创建、模拟和测试产品，以及生产所需的机器设备。Tecnomatix 软件是为整个生产的虚拟设计和模拟而开发的，借助这种被称为数字化制造的程序，用户可规划生产，同时进行产品开发。

2.3.2.2 制造自动化

依托 SIMATIC IT 软件，西门子公司提供了一个能捆绑所有生产数据并实现其可视化的系统，该系统还支持端到端监测与控制。

COMOS 生产流程越来越多地被提前模拟和优化，实际生产的实现就基于这个计划平台。面向过程工业的 TIA Portal 和 COMOS 等西门子工程软件，用于通过 SIMATIC 自动化技术，实现从模拟到现实的过渡。TIA Portal 可为用户提供一个针对整个制造自动化项目的清晰的整体视图，让用户能够直观、快速和高效地进行编辑。COMOS 具有面向对象的数据平台，可为系统制造商和系统运营商提供无缝的项目相关数据流，涉及项目的所有阶段，从而帮助用户创建更高效的工作流。

基于西门子 COMOS 解决方案是以智能化图纸为载体，以数据库为支撑，实现数图合一的数字化图纸，如图 2-2 所示。通过本解决方案，实现了图形表达数据，数据驱动图形。

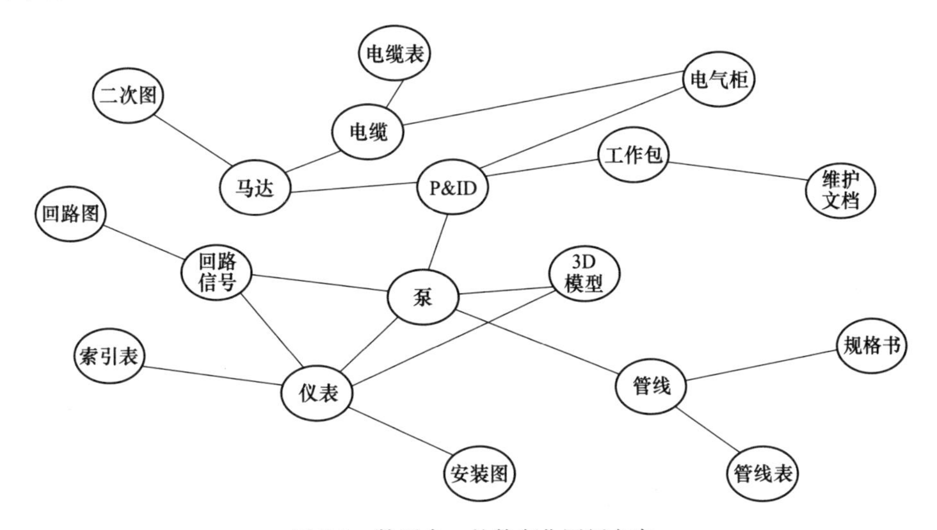

图 2-2 数图合一的数字化图纸方案

2.3.2.3 智能工厂

产品生命周期管理（PLM）和自动化控制软件的结合，将产品规划与生产执行和服务衔接在一起。这种智能工厂可显著提高生产率和竞争力：新车型可在一年内推出，飞机可在不到四年的时间内开发出来，并且面向化工或食品饮料行业的混合系统能够以较低的资本和运营成本进行整定和优化。

由于实现了数字化、自动化和虚拟化，西门子成都电子厂（SEWC）成为现代制造的典范。SEWC 将相继生产 SIMATIC 工业自动化产品。

2.3.3　坤帝科公司

坤帝科是一家领先的软件公司，专注于提供智能计划与决策软件，是高级计划排程软件供应商。

2.3.3.1　钢铁行业智能计划解决方案

如图 2-3 所示，钢铁行业智能计划解决方案的主要特色如下：

(1) 生产订单有限产能计划。计划系统对 85000 个生产订单进行有限产能计划，全局优化按周准时交付率。

(2) 生产工艺路径选择。考虑可选分厂、可选产线及可选物料，平均每一个生产订单有 10 个可能的工艺路径。计划系统应全面地考虑订单的期望交期、设备产能和安全库存的要求，为每一个生产订单选择最优的工艺路径。

(3) 智能组浇。基于小订单、多品种的特点，根据经济批量、交货期、上下游设备通过量瓶颈等，组织炼钢浇次，并把订单分配到最佳浇次中去。

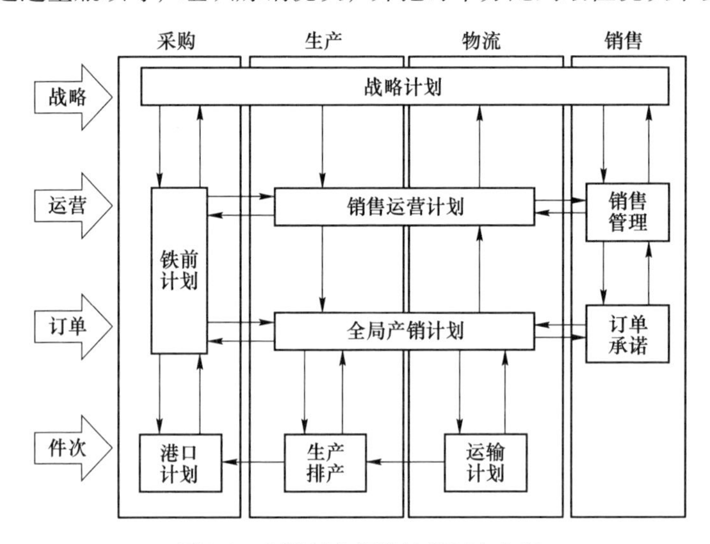

图 2-3　钢铁行业智能计划解决方案

2.3.3.2　基于人工智能技术的多目标优化方法

基于人工智能技术的多目标优化方法如下：

(1) 一体化的闭环计划流程，协同各部门一致行动，企业全局化的订单级别精准协同，达到全供应链透明化。

(2) 在物料计划中，根据各库存点中的物料，进行全局的余材充当和脱挂单。

(3) 在销产转换中，对于存在多种可选工艺路径的情况，根据不同工艺对不同设备能力的要求，自动进行生产订单工艺路径选择。

（4）在主生产计划中，整个生产计划模块支持关键用户对计划区间内的合同进行全局的协同计划。

（5）整个供需管理模块支持用户对合同交货期和全流程产销一体化管理。

（6）钢轧一体化排产模块支持对排产区间的炼钢和热轧生产工序进行件次排产和异常处理。

（7）冷轧一体化排产模块支持对排产区间的炼钢和热轧生产工序进行件次排产和异常处理。

2.3.4　普锐特公司

2015 年三菱日立金属机械（Mitsubishi-Hitachi Metals Machinery）和西门子奥钢联金属技术公司（Siemens VAI Metals Technologies）联手成立了普锐特冶金技术有限公司（Primetals Technologies）。该公司提供全面的技术、产品及服务，包括整合电气、自动化和环境的解决方案，涵盖了钢铁产业链从原材料到成品的每一项环节，以及适用于有色金属领域的最新轧制解决方案。

2.3.4.1　*以 HSM 为例展示产品系列*

图 2-4 是某热轧生产线技术的新产品列表，包括从传感器到全流程质量控制软件的宽范围产品。

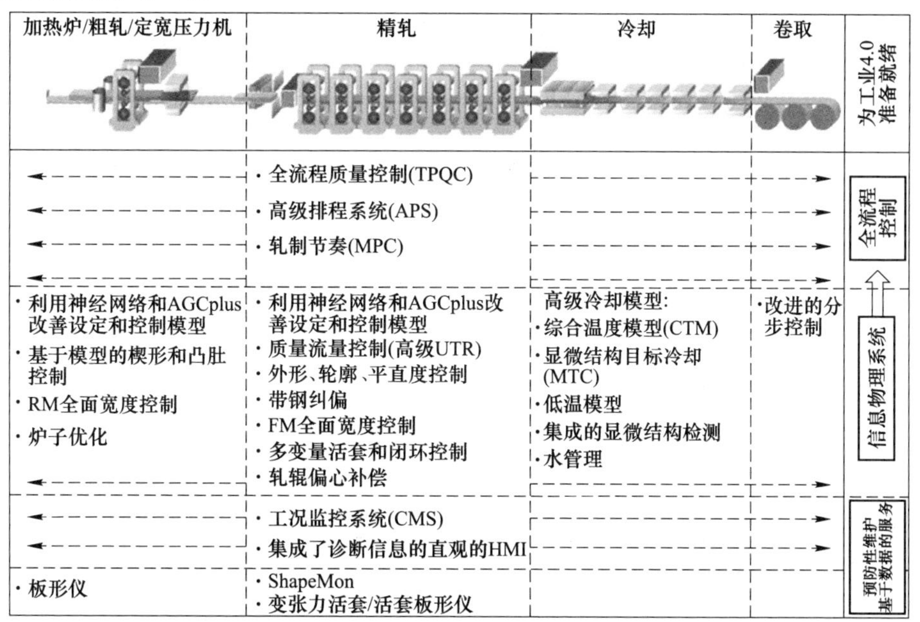

图 2-4　某热轧生产线技术的新产品列表

图 2-4 中的全流程质量控制 TPQC 是智能工厂中水平集成的一种重要手段，包含了质量管理、根源确认与修正措施的整体方案，以及数据分析与基于规则的专家系统结合技术。高级排程系统 APS 可以实现从熔炼车间到发货，从需求计划到详细排程的全盘计划。工况监控系统 CMS 协助用户以一种全新的方式管理和执行维护。根据用户的策略，内置的技术诀窍可以生成可操作的事项，提升维护人员的效率；获取机器的“健康”状况，然后使用评估功能包来安排预防性维护和全盘监控复杂系统。

2.3.4.2　数字孪生系统

A　专家系统——全自动高炉（基于模型的控制）

基于虚拟工厂的全自动高炉数字孪生系统如图 2-5 所示，可以实现虚拟化生产，对工艺研发、技术验证、测试及培训等具有重要意义。

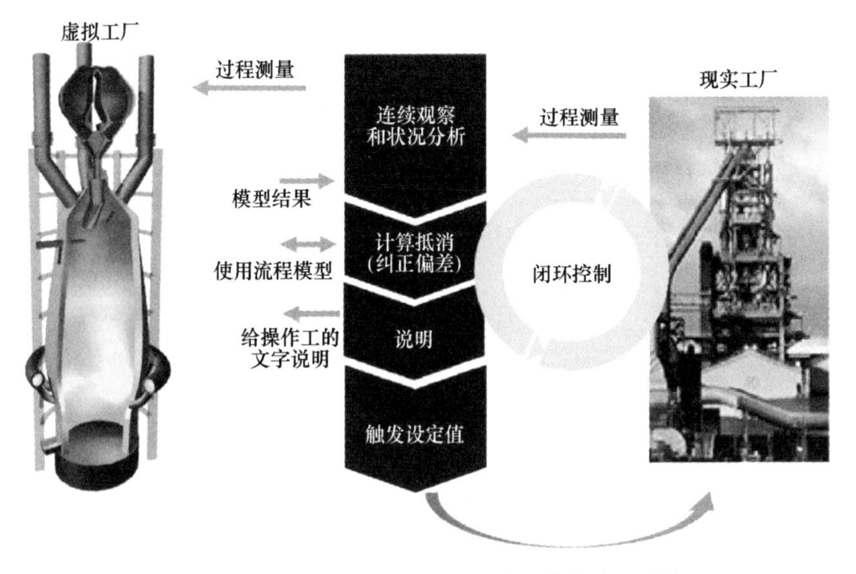

图 2-5　基于虚拟工厂的全自动高炉数字孪生系统

B　全自动冷却段（机电一体化冷却）

基于虚拟工厂的全自动冷却段如图 2-6 所示，通过预测性模拟、SQP 优化和基于模型的控制获得高灵活性/高动态地控制，包含了与轧机的水平集成。

2.4　钢铁智能化 CPS 系统

2.4.1　CPS 架构

面对复杂的全球产业竞争格局，国务院先后出台了《中国制造 2025》和

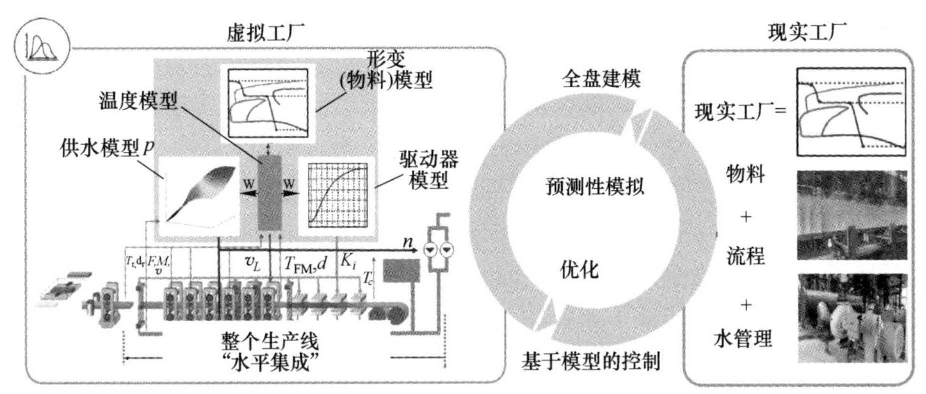

- 整个流程的全盘流程模型：物料–流程–生产厂
- 包含了与轧机的水平集成
- 通过预测性模拟、SQP优化和基于模型的控制获得高灵活性/高动态地控制

图 2-6 基于虚拟工厂的全自动冷却段

《国务院关于深化制造业与互联网融合发展的指导意见》（以下简称《指导意见》），全面部署推进制造强国战略实施，加快推进我国从制造大国向制造强国转变。《指导意见》把发展信息物理系统（CPS）作为强化融合发展基础支撑的重要组成部分。

《信息物理系统白皮书（2017）》给出 CPS 的定义，即 CPS 通过集成先进的感知、计算、通信、控制等信息技术和自动控制技术，构建了物理空间与信息空间中人、机、物、环境、信息等要素相互映射、适时交互、高效协同的复杂系统，实现系统内资源配置和运行的按需响应、快速迭代、动态优化。

CPS 通过软硬件配合，可以完成物理实体与环境、物理实体之间（包括设备、人等）的感知、分析、决策和执行。设备将在统一的接口协议或者接口转化标准下连接，形成具有通信、精确控制、远程协调能力的网络。通过实时感知分析数据信息，并将分析结果固化为知识、规则保存到知识库、规则库中。知识库和规则库中的内容，一方面帮助企业建立精准、全面的生产图景，企业根据所呈现的信息可以在最短时间内掌握生产现场的变化，从而做出准确判断和快速应对，在出现问题时得到快速合理的解决；另一方面也可以在一定的规则约束下，将知识库和规则库中的内容分析转化为信息，通过设备网络进行自主控制，实现资源的合理优化配置与协同制造。

CPS 将企业无处不在的传感器、智能硬件、控制系统、计算设施、信息终端和生产装置通过不同的设备接入方式（例如，串口通信、以太网通信、总线模式等）连接成一个智能网络，构建形成设备网络平台或云平台。在不同的布局和组织方式下，企业、人、设备、服务之间能够互联互通，具备了广泛的自组织能力、状态采集和感知能力，数据和信息能够通畅流转，同时也具备了对设备实时监控和模拟仿真能力。通过数据的集成、共享和协同，实现对工序设备的实时优化控制和配置，使各种组成单元能够根据工作任务需要自行集结成一种超柔性组织结构，并最优和最大限度地开发、整合和利用各类信息资源。

CPS是实现制造业企业中物理空间与信息空间联通的重要手段和有效途径。在生产管理过程中通过集成工业软件、构建工业云平台对生产过程的数据进行管理，实现生产管理人员、设备之间无缝信息通信，将车间人员、设备等的运行移动、现场管理等行为转换为实时数据信息，对这些信息进行实时处理分析，实现对生产制造环节的智能决策，并根据决策信息和领导层意志及时调整制造过程，进一步打通从上游到下游的整个供应链。从资源管理、生产计划与调度来对整个生产制造过程进行管理、控制以及科学决策，使整个生产环节的资源处于有序可控的状态。

CPS的数据驱动和异构集成特点为应对生产现场的快速变化提供了可能，而柔性制造的要求就是能够根据快速变化的需求变更生产，因此，CPS契合了柔性制造的要求，为企业柔性制造提供了很好的实施方案。CPS对整个制造过程进行数据采集并存储，对各种加工程序和参数配置进行监控，为相关的生产人员和管理人员提供可视化的管理指导，方便设备、人员的快速调整，提高了整个制造过程的柔性。同时，CPS结合CAX、MES、自动控制、云计算、数控机床、工业机器人、RFID射频识别等先进技术或设备，实现整个智能工厂信息的整合和业务协同，为企业的柔性制造提供了技术支撑。

传统企业管理的各个环节都是碎片化管理，装备间、系统间、使用者等有关方不能互联互通、协同优化。实际上，企业需要能够保证装备在协同优化、健康管理、远程诊断、智能维护、共享服务等方面进行高效应用。利用CPS数据驱动、虚实映射、系统自治等应用特征，为解决上述问题提供了有效的手段。

殷瑞钰院士认为，从物理角度来看，钢铁流程制造业的生产过程实质上是物质、能量以及相应信息在合理的时空尺度上的流动/演变过程，其动态运行过程的物理本质是：物质流（对钢铁企业而言主要是铁素流）在能量流（对钢铁企业而言主要是碳素流和电流）的驱动和作用下，按照设定的“程序”（各种生产作业指令等），沿着特定的“流程网络”（钢铁生产流程）做动态-有序的运行，并实现生产过程的多目标优化。由此，可以清楚地看到钢铁制造流程是“三网协同”的信息物理系统：

（1）“流”包括物质流、能量流和信息流，含有输入、输出的含义，含有

“矢量”的含义。

(2)“流程网络”包括物质流网络、能量流网络和信息流网络，三者应该关联、协同、融合。对于流程制造业而言，其中物质流网络是根源。

(3) “运行程序”包括物质流运行程序、能量流运行程序和信息流运行程序。

钢铁制造流程运行过程的三个“要素”与 CPS 的概念是一致的，即钢铁制造流程是由融合着复杂的物理输入/输出的物质流网络、能量流网络和信息流网络所组成的信息物理系统，钢铁企业智能不只是数字信息系统，而是“三网协同”的信息物理系统。

把 CPS 定位为支撑钢铁流程智能制造系统体系架构设计的一套综合技术体系。这套综合技术体系包含硬件、软件、网络、工业云等一系列信息通信和自动控制技术。这些技术的有机组合与应用，构建起一个能够将物理实体和环境精准映射到信息空间并进行实时反馈的智能系统，作用于生产制造全过程、全产业链、产品全生命周期，重构制造业范式。

2.4.2 CPS 总体设计

《国家智能制造标准体系建设指南》虽然为我国制造业企业构建智能制造系统体系架构指明了方向，但如何整合与集成信息化架构体系，如何打通数据链，实现数字化、智能化，如何由原来单纯一个独立系统的上马实施到以一个完整的体系为主线和切入点，将物质流、能量流、信息流集成起来，相互支撑，来实现公司的一体化管控，进而达到精细化管理要求，需要结合信息技术的发展，进行全新的设计。

把 CPS 定位为支撑钢铁流程智能制造系统体系架构设计的一套综合技术体系，首先需要明确 CPS 的本质。CPS 的本质就是构建一套信息空间与物理空间之间基于数据自动流动的状态感知、实时分析、科学决策、精准执行的闭环赋能体系，解决生产制造、应用服务过程中的复杂性和不确定性问题，提高资源配置效率，实现资源优化。也就是说，基于硬件、软件、网络、工业云等一系列工业和信息技术构建起的智能制造系统的最终目的是实现资源优化配置。实现这一目标的关键要靠数据的自动流动，在流动过程中数据经过不同的环节，在不同的环节以不同的形态（隐性数据、显性数据、信息、知识）展示出来，在形态不断变化的过程中逐渐向外部环境释放蕴藏在其背后的价值，为物理空间实体“赋予”实现一定范围内资源优化的“能力”。

实现数据的自动流动具体来说需要经过四个环节，分别是：状态感知、实时分析、科学决策、精准执行。大量蕴含在物理空间中的隐性数据经过状态感知被转化为显性数据，从而能够在信息空间进行计算分析，将显性数据转化为有价值的信息。不同系统的信息经过集中处理形成对外部变化的科学决策，将信息进一步转化为知识。最后以更为优化的数据作用到物理空间，构成一次数据的闭环流动。

CPS 中的工业网络技术将颠覆传统的基于金字塔分层模型的自动化控制层级，取而代之的是基于分布式的全新范式，如图 2-7 所示。由于各种智能装置的引入，设备可以相互连接，从而形成一个网络服务。每一个层面，都拥有更多的嵌入式智能和响应式控制的预测分析；每一个层面，都可以使用虚拟化控制和工程功能的云计算技术。与传统工业控制系统严格的基于分层的结构不同，高层次的 CPS 是由低层次 CPS 互联集成、灵活组合而成。

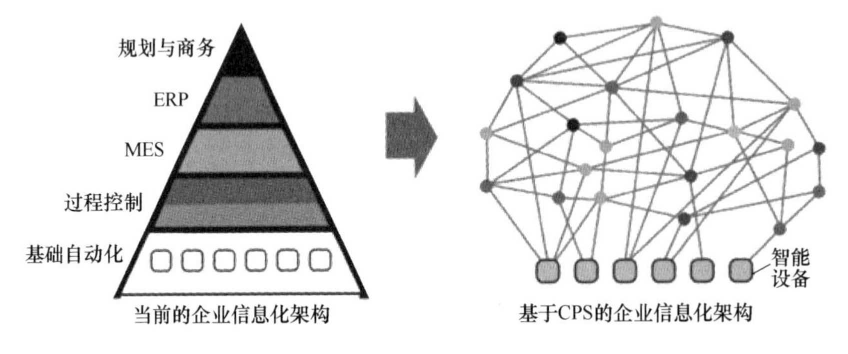

图 2-7　基于 CPS 的企业信息化架构

2.4.2.1　钢铁企业智能制造系统的体系架构

钢铁企业智能制造系统是基于 CPS 的企业信息化架构，是多层 CPS 的有机组合，涵盖了“一硬、一软、一网、一平台”四大要素，是大的 SoS 级的 CPS。如图 2-8 所示，该架构体系是一种质量一体化集成管控和产销一体化集成管控体系，打破原有的层次结构，以工厂数据中心为基础，分为工厂数据中心、物理系统、虚拟系统和信息系统四大部分。其中，工厂数据中心是整个智能制造系统的信息中心，物理系统和虚拟系统的信息都发送至工厂数据中心，信息系统的信息取自工厂数据中心，信息系统的处理结果通过工厂数据中心分送至物理系统和虚拟系统。整个钢铁企业的 CPS 通过大数据平台，实现了跨系统、跨平台的互联、互通和互操作，促成了多源异构数据的集成、交换和共享的闭环自动流动，在全局范围内实现信息全面感知、深度分析、科学决策和精准执行。

整个钢铁智能制造系统的信息流如图 2-9 所示。钢铁智能制造系统利用大数据、云计算实现产品生产制造过程海量制造数据信息的分析、挖掘、评估、预测与优化，实现钢铁生产的横向集成、垂直集成和端到端集成。

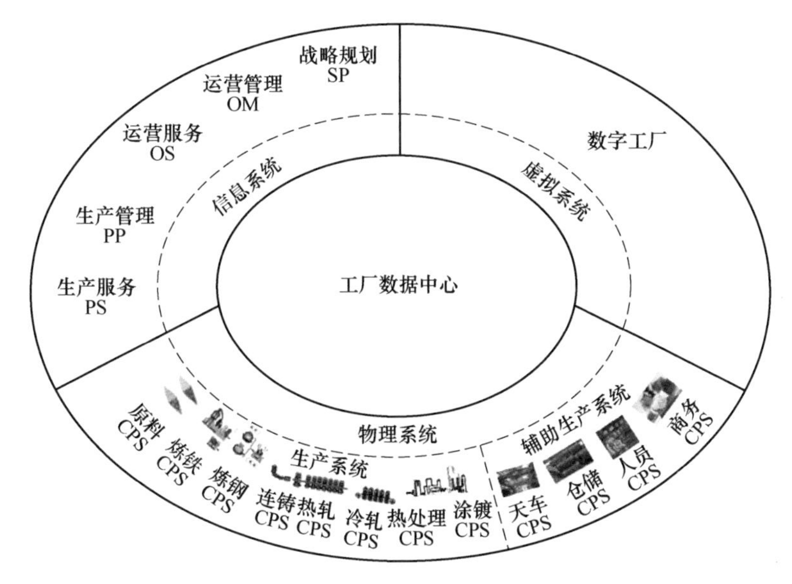

图 2-8 钢铁智能制造系统的体系架构

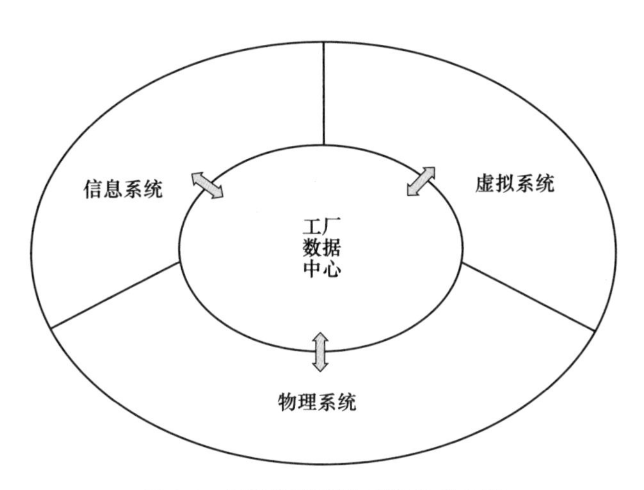

图 2-9 钢铁智能制造系统的信息流

2.4.2.2 钢铁企业智能制造系统中的基本概念

A 物理系统的概念

物理系统由现场设备本体及其控制-信息系统组成。钢铁企业具有实体的生产要素包括各种设备、物料以及人员等按照生产流程及生产功能组成不同的生产单元，这些单元构成了物理系统。

物理系统又细分为两级 CPS：智能单元和智能设备。智能单元是钢铁企业最基本的 CPS 单元，由多个智能单元一起组成一个智能设备。智能设备属于系统级 CPS。

（1）智能单元。智能单元是具有不可分割性的最小生产单元，其本质是通过软件对物理实体及环境进行状态感知、计算分析，并最终控制到物理实体，构建最基本的数据自动流动的闭环，形成物理世界和信息世界的融合交互。同时，为了与外界进行交互，智能单元应具有通信功能。智能单元具备可感知、可计算、可交互、可延展、自决策功能，智能单元 CPS 的体系结构如图 2-10 所示。

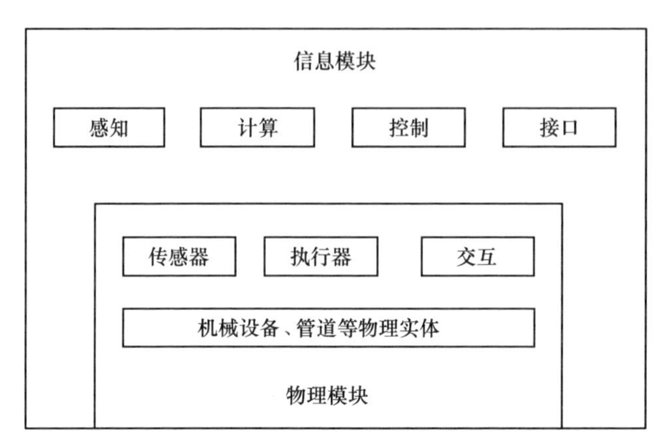

图 2-10　智能单元基本体系结构

（2）智能设备。在实际运行中，任何活动都是由多个人、机、物共同参与完成的。例如，在炼钢的精炼过程中，实际生产过程是由精炼炉体、电极加热、吹氩、喂丝、测温取样等多个智能单元来实现的，是多个智能单元共同活动的结果，这些智能单元一起形成了一个系统，这里称之为智能设备。智能设备 CPS 的体系结构如图 2-11 所示。

多个智能单元一起组成一个智能设备，属于系统级 CPS。每个智能设备都是一个可被识别、定位、访问、联网的信息载体，通过在信息空间中对物理实体的身份信息、几何形状、功能信息、运行状态等进行描述和建模，在虚拟空间也可以映射形成一个最小的数字化单元，并伴随着物理实体单元的加工、组装、集成不断叠加、扩展、升级，这一过程也是智能设备在虚拟和实体两个空间不断向整个产线演进的过程。智能设备对设备内部的多个智能单元进行统一指挥、实体管理（例如，根据出钢要求，优化投料机构的投料量；根据目标温度要求，优化电极机构的供电策略），进而提高各智能单元间的协作效率，实现设备加工范围内的资源优化配置。

这里从智能制造大概念出发，定义其基本组成的智能设备，按照生产要素将物理系统的智能设备 CPS 分成生产系统和辅助生产系统两部分，如图 2-12 所示。

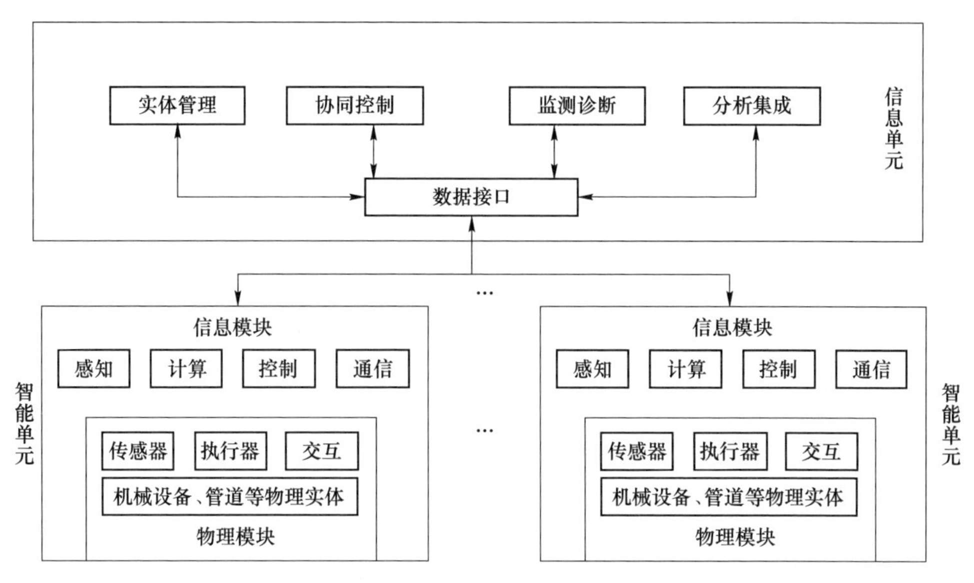

图 2-11 智能设备 CPS 的基本体系结构

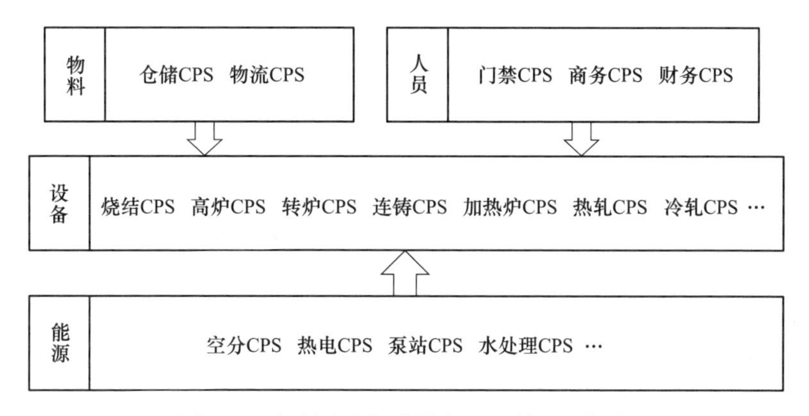

图 2-12 钢铁企业智能设备 CPS 单元的划分

物理系统的功能主要通过控制-信息系统展现，通过集成先进的感知、计算、通信、控制等信息技术和自动控制技术，构建了局地物理空间与信息空间中人、机、物、环境、信息等要素相互映射、适时交互、高效协同的复杂系统，实现系统内资源配置和运行的按需响应、快速迭代、动态优化。使设备处于良好的状态并获得良好的产品质量。

智能设备 CPS 智能单元的总体功能包括状态感知、实时分析、科学决策、精准执行等几大部分。感知一切可感知的信息，不局限于传感器信息，还包括人工录入的各类信息及通信信息。分析各类数据，包括建模、优化、故障诊断、质量预报等。科学决策则是对各类信息综合评判得出最优策略的过程。执行的本质是将信息空间产生的决策转换成物理实体可以执行的命令，进行物理层面的实现，具体包括：

（1）负责控制和协调生产设备能力，实现对生产的直接控制。针对生产控制级下达的生产目标，通过数据模型优化生产过程控制参数。

（2）实现对设备的顺序控制、逻辑控制及简单的数学模型计算，并按照过程控制级的控制命令对设备进行相关参数的闭环控制。

（3）负责检测设备运行过程中的工艺参数，并根据基础自动化级指令对设备进行操作。执行器根据工作能源的不同可分为电动执行机构、液压执行机构和气动执行机构，如交直流电动机、液压缸、气缸等。

B　信息系统的概念

信息系统是整个钢铁企业智能制造 CPS 系统的灵魂，从钢铁企业的生产管理、运营管理，到对主生产流程的服务支持、对公司运营管理的保障，再到企业的总体经营、市场开发、战略决策，都是由信息系统来指挥完成的。在传统企业的信息化层级中，既包含了信息流的关系，也包含了业务流的关系，但究其实质是业务流的关系。L1 级的基础自动化层业务，完成的是系统的信息采集、控制；L2 级的过程控制层业务，完成的是过程控制的模型运算和优化控制；L3 级的 MES 层业务，完成的是企业生产运行的制造执行；L4 级的 ERP 层业务，完成的是企业的资源规划；L5 级的战略规划和商务的业务，完成的是企业的战略规划设计、产品设计和销售。在新的钢铁智能制造系统中，信息流完全没有了层与层之间的信息流动、存储，打破层级界限，从一体化生产管控、全产业供应链系统、工厂设备资产全生命周期等多维度构建组织管理功能出发进行设计，基于统一的大数据平台，统筹管理企业运营；增强了更多的全流程相互协调、配合的业务，例如基于工业大数据驱动的智慧优化决策、产品质量监测与预报、故障诊断与智能维护以及全流程能源管理与预测、全流程质量控制、市场预测分析等。

C　工厂数据中心的概念

工厂数据中心是智能制造的关键技术，主要作用是打通物理世界和信息世界，推动生产型制造向服务型制造转型。工厂数据中心是指在工业领域中，围绕典型智能制造模式，从客户需求到销售、订单、计划、研发、设计、工艺、制造、采购、供应、库存、发货和交付、售后服务、运维、报废或回收再制造等整个产品全生命周期各个环节所产生的各类数据及相关技术和应用的总称。工厂数据中心以产品数据为核心，极大延展了传统工业数据范围，同时还包括工业大数据相关技术和应用。

随着云计算和大数据时代的到来，数据中心正面临着数据日益猛增的严峻压力，下一代工厂数据中心，可以通过虚拟化技术将物理资源抽象整合，动态进行资源分配和调度，实现数据中心的自动化部署，共享的软硬件资源和信息可以按需提供给计算机和其他设备的云计算服务功能。未来的工厂数据中心必将是以云计算数据中心，向存储系统的智能化、敏捷化演进，可以提供互联网化阶段的大规模云计算服务。

D 虚拟系统的概念

虚拟系统是钢铁智能制造体系中的重要组成部分，也可以称为数字化工厂。它通过工厂数据中心与企业信息系统和物理系统连接，借助虚拟现实、可视化仿真、优化和数据分析等信息技术实现钢铁产品的工艺和质量设计、生产计划和作业计划仿真和优化、制造过程和物流过程仿真和优化、产品质量分析和预测、能耗分析和预测，模拟产品全生命周期的各种活动。

虚拟系统是与信息系统和物理系统中相关子系统相平行的模拟仿真系统，面向钢铁企业制造与管理过程的全生命周期进行仿真和优化。在工厂数据中心海量数据的基础上，综合运用可视化仿真技术、智能优化技术、人工智能技术和数据分析技术，通过离线和在线学习方式，训练和优化各类感知、控制、排程、计划、预测、分析和管理模型，为钢铁企业提供优化与智能化的可持续解决方案。

2.5 数字孪生

数字化虚拟制造是一种先进的制造技术理念，可以帮助制造企业提高制造规划和生产流程两个方面的生产力，有效解决制造企业面临的 TQCS 难题，即以最短的产品市场交付时间（T，Time to Market）、最好的质量（Q，Quality）、最低的成本（C，Cost）、最优的服务（S，Service）来提高制造业的竞争力。

2.5.1 虚拟制造

2.5.1.1 虚拟制造的概念与分类

A 虚拟制造的定义

虚拟制造（Virtual Manufacturing，VM）是由美国首先提出的一种先进制造领域的新兴技术。目前国际上还没有对虚拟制造做出统一的定义，研究人员根据各自不同的研究内容和应用背景，做出各具特色的定义。比较有代表性的有：

（1）佛罗里达大学 Gloria J. Wiens 的定义：虚拟制造是一个在计算机上执行如同实际一样的制造过程的概念，其中虚拟模型是在实际制造之前用于对产品的功能及可制造性的潜在问题进行预测（VM is a concept of executing manufacturing processes in computers as well as in the real world, where virtual models allow for prediction of potential problems for product functionality and manufacturability before real manufacturing occurs）。该定义强调 VM“与实际一样”“虚拟模型”和“预测”。

（2）美国空军 Wright 实验室的定义：虚拟制造是仿真、建模、分析技术及工具的综合应用，以增强各层制造设计和生产决策与控制（VM is the integrated application of simulation, modeling and analysis technologies and tools to enhance manufacturing design and production decisions and control at all process levels)。该定义强调技术手段。

（3）马里兰大学 Edward Lin 等人的定义：虚拟制造是一种用于增强各级决策与控制的一体化的综合性的制造环境（VM is an integrated, synthetic manufacturing environment exercised to enhance all levels of decision and control)。该定义着眼于技术集成环境。

（4）综合国际代表性文献，对虚拟制造给出定义：虚拟制造（VM）是在计算机仿真和虚拟现实技术支持下，对产品设计、制造等过程进行统一建模，通过在计算机上群组协同工作实时并行地模拟产品设计、工艺规划、加工制造、性能分析、质量检验，以及企业各级过程的管理与控制等产品制造的本质过程，实现对产品性能、产品可制造性和产品成本的预测评估，达到更加柔性灵活地组织生产，增强制造过程各级的决策与控制能力目标的一种先进制造技术理念和范式。

B　虚拟制造的分类

一般来说，虚拟制造的研究都与特定的应用环境和对象相联系，由于应用的不同要求而存在不同的侧重点。为了更细致阐释虚拟制造的含义，美国的劳伦斯协会把 VM 分成三种类型：

（1）以设计为中心的虚拟制造（Design Centered VM），为设计者提供产品设计阶段所需的制造信息和各种工具以设计出符合设计准则的产品模型。设计部门和制造部门在计算机网络的支持下协同工作，以统一的制造信息模型为基础，对数字化产品模型进行仿真与分析、优化，从而在设计阶段就可以对所设计的产品进行加工工艺分析、运动学和动力学分析、可装配性分析等可制造性分析，以获得对产品的设计评估与性能预测结果。

（2）以生产为中心的虚拟制造（Production Centered VM），研究开发产品制造过程模型和环境模型，分析各种可行的生产计划和工艺规划，提供虚拟的制造车间现场环境和设备，用于分析改进生产计划和生产工艺，从而实现产品制造过程的最优化。在现有的企业资源（如设备、人力、原材料等）的条件下，对产品的可生产性进行分析与评价，对制造资源和环境进行优化组合，通过提供精确的生产成本信息对生产计划与调度进行合理化决策。

（3）以控制为中心的虚拟制造（Control Centered VM），提供从设计到制造一体化的虚拟环境，对全系统的控制模型及现实加工过程进行仿真，能评估产品设计、生产计划和控制策略及措施，以便通过对过程的仿真，反复地改进所有这些工作。

2.5.1.2　虚拟制造的模型体系和研究内容

A　虚拟制造的模型体系

虚拟制造将相互孤立的制造技术（如 CAD、CAM、CAPP 等）集成在一个虚拟产品制造环境下，通过数字化模型的集成实现对制造过程的一一对应的模型化映射关系。面向产品与过程的虚拟制造系统对产品设计的数据、知识、模型进行共同特征抽取，建立模型如下：

（1）概念模型。从市场调研到产品功能分析和原理确定，为后续其他模型提供信息、引导完成产品方案设计，并提供产品性能参数。

（2）评价模型。从产品的功能、质量、价格、交货期、售后服务、环境保护、营销等整个产品生命周期范围进行评价，确保产品品质和实用性。

（3）装配模型。装配模型是在概念模型的基础上对方案进行具体化，继承概念模型性能参数和外观参数，确定产品的装配关系和装配约束，分解和传递概念模型的功能和结构。

（4）特征模型。特征模型实现零件的设计，也称零件模型。特征模型借助各种特征构造零件，同时继承装配模型的参数，是连接设计与制造的纽带。

（5）几何模型。几何模型是特征模型的基础，虽然不具备工程含义，却是产品表示的最基础手段，给产品最直观的描述，也是制造加工最直接的对象。

图 2-13 示出了虚拟制造技术体系下各类模型及其相互关系。

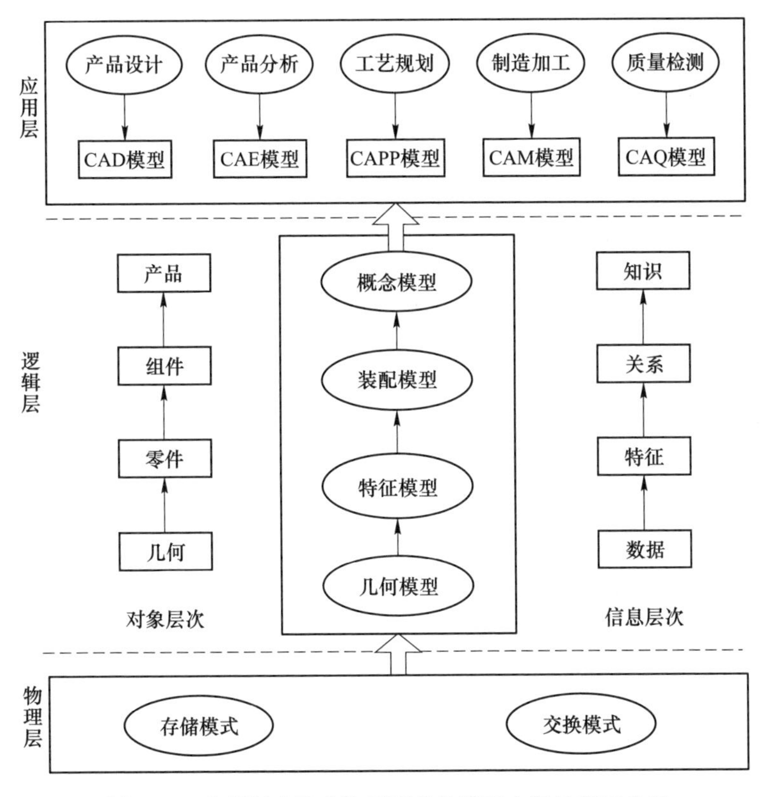

图 2-13 虚拟制造技术体系下各类模型之间的相互关系

B　虚拟制造研究的内容

除虚拟现实技术涉及的共同性技术外，虚拟制造领域本身的主要研究内容有：

（1）虚拟制造的理论体系。

（2）设计信息和生产过程的三维可视化。

（3）虚拟制造系统的开放式体系结构。

（4）虚拟产品的装配仿真。

（5）虚拟环境中与虚拟制造过程中的人机协同作业等。

2.5.2　数字化工厂

数字化工厂可以为制造企业产品生产的全过程提供全面管控的整体解决方案，是现代工业化与信息化深度融合的应用体现，也是实现智能制造的关键技术和必经之路。

2.5.2.1　数字化工厂的概念

数字化工厂（Digital Factory，DF）是基于产品全生命周期管理（Product Lifecycle Management，PLM）的思想，以产品全生命周期的相关数据为基础，根据虚拟制造原理，在计算机网络和虚拟现实环境中对企业整个生产过程和管理过程进行仿真、优化和重组，为制造企业产品生产的全过程提供全面管控整体解决方案的技术体系和系统。

数字化工厂的概念具有广义和狭义之分，其内涵也有所区别。

（1）狭义数字化工厂：虚拟制造技术在产品制造和管理过程的应用和一种具体实现。以产品（Product）、制造资源（Resource）和加工操作（Operation）为核心，在虚拟现实环境中对实际制造系统的生产过程进行计算机仿真和优化，其主要内容包括：产品设计、产品工艺规划、生产线规划、生产计划、物流仿真和生产线优化等。

（2）广义数字化工厂：狭义数字化工厂在功能和范围方面的扩展。广义数字化工厂是以制造产品和提供服务的企业为核心，包括核心制造企业、供应商、软件系统服务商、合作伙伴、协作厂家、客户、分销商等，通过将制造过程所有组成要素进行数字化、信息化，在虚拟现实环境中对实际制造系统的生产过程和管理过程进行计算机仿真和优化，实现对数字化工作流、数字化信息流的有效利用、控制和管理，达到整个制造过程高效率、低成本优化运行的目的。

广义数字化工厂的概念基于“大制造”的思想，将与产品设计、制造、服务相关的一切活动和过程都包含进来。在广义数字化工厂中，核心制造企业一方面对产品设计、零件加工、生产线规划、物流仿真、工艺规划、生产调度和优化等进行数据仿真和系统优化，实现虚拟制造的核心功能；另一方面还要实现产品质量的监测、预测、跟踪，以及能源消耗的预测和优化、销售、供应、物流跟踪、仓储管理等，实现狭义数字化工厂的功能。同时通过计算机网络和数据中心，将企业外部环境中各种要素的相关业务数据和信息进行交互和协同，进行供应链层级的实际企业联盟的虚拟映射，形成敏捷而虚拟的网络化、数字化虚拟制造系统。

虚拟制造是数字化工厂的核心技术，狭义数字化工厂和广义数字化工厂是虚拟制造技术和理念在企业不同业务层级的应用和具体实现，三者之间的关系如图 2-14 所示。

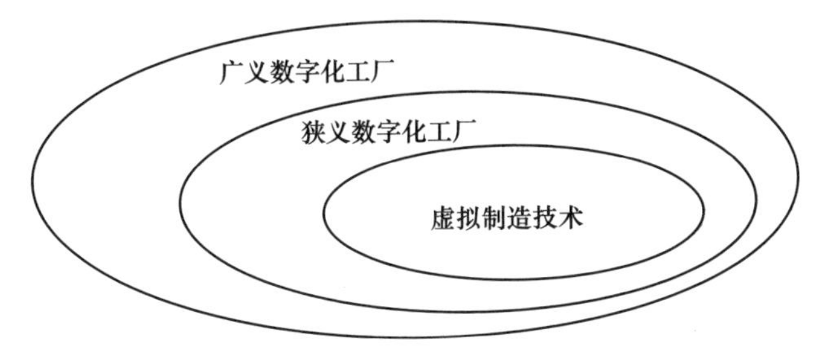

图 2-14 虚拟制造与数字化工厂的关系

2.5.2.2 数字化工厂的技术体系和研究内容

数字化工厂是一种面向产品全生命周期的新型虚拟化生产组织技术体系。它是以产品全生命周期的相关业务流程和数据为基础，在计算机虚拟环境中对整个生产系统的重组和运行进行仿真、评估和优化，包括产品开发数字化、生产准备数字化、制造过程数字化、运作管理数字化、采购营销数字化仿真与优化等，使生产系统在投入运行前就可以了解系统的性能，分析其可靠性、经济性、质量、工期等，为生产过程的优化运作提供支持。

数字化工厂的技术体系和主要研究内容如图 2-15 所示。

(1) 虚拟企业。为快速响应市场需求，围绕新产品开发和生产，对不同地域的现有资源、不同的企业或不同地点的工厂进行重组。分析重组的效果是否最优，能否协调运行，并对风险和利益分配等进行评估。虚拟企业也称动态企业联盟，是建立在先进制造技术基础上的企业柔性化协作，在计算机虚拟环境中制造数字化产品，从概念设计到最终实现产品整个生产过程的虚拟制造，具有集成性和实效性。

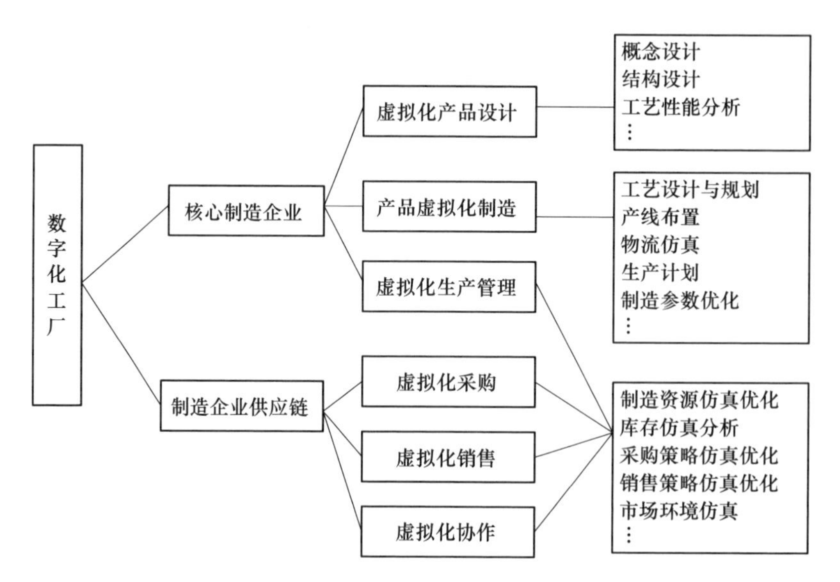

图 2-15　数字化工厂的技术体系和主要研究内容

（2）虚拟产品设计。利用相关信息技术和计算机工具软件，进行数字化虚拟产品设计，不仅能提高产品设计效率，还能尽早发现设计中存在的问题，从而优化产品的设计。

（3）虚拟产品制造。应用虚拟制造技术，对零件的加工方法、工序顺序、工装的选用、工艺参数的选用，加工工艺性、装配工艺性、装配件之间的配合性、连接件之间的连接性、运动构件的运动性等进行建模仿真，提前发现加工缺陷、发现装配时出现的问题，从而优化制造过程，提高加工效率。

（4）虚拟生产过程。对产品生产过程中的各种资源和要素进行计算机仿真和优化，包括：人力资源、制造资源、物料库存、生产调度、生产系统的规划设计等，同时还可对生产系统进行可靠性分析，对生产过程的资金进行分析预测，对产品市场进行分析预测等，从而进行各类制造资源的合理配置，可有效缩短产品生产周期，降低成本。

2.5.2.3　数字化虚拟工厂与智能制造的关系

智能制造是基于 CPS 技术构建的具有状态感知—实时分析—自主决策—精准执行—学习提升功能的数据闭环网络，以软件形成的数据自动流动来消除复杂制造系统的不确定性，在给定的时间、目标场景下，优化配置资源的一种制造范式。

CPS 是 2006 年美国提出的一种多维度的智能技术体系，并将此项技术体系作为新一代技术革命的突破点。同时，德国也提出工业 4.0 的核心技术是 Cyber-

Physical Production System（网络-实体生产系统），也就是CPS技术在生产系统的应用。

CPS以大数据、网络与海量（云）计算为依托，强调从实体空间对象、环境、活动中进行大数据的采集、存储、建模、分析、挖掘、评估、预测、优化、协同，并与实体对象的设计、测试和运行性能表征相结合，形成与实体空间深度融合、实时交互、互相耦合、互相更新的网络空间，通过计算、通信、控制（Computing、Communication、Control，3C）的有机融合与深度协作，实现自感知、自记忆、自认知、自决策、自重构，支持和促进工业资产的全面智能化。

以CPS为核心的智能化体系，正是根据工业大数据环境中的分析和决策要求所设计的，其特征主要体现在以下几个方面。

（1）智能的感知：从信息来源、采集方式、管理方式上保证数据的质量和全面性，建立支持CPS上层建筑的数据环境基础。

（2）数据到信息的转化：可以对数据进行特征提取、筛选、分类和优先级排列，保证数据的可解读性。

（3）网络的融合：将机理、环境与群体有机结合，构建能够指导实体空间的网络环境，包括精确同步、关联建模、变化记录、分析预测等。

（4）自我的认知：将机理模型和数据驱动模型相结合，保证对数据的解读符合客观的物理规律，并从机理上反映对象的状态变化。同时，结合数据可视化工具和决策优化算法工具为用户提供面向其活动目标的决策支持。

（5）自由的配置：根据活动目标进行优化，进而通过执行优化后的决策实现价值的应用。

CPS技术的本质意义在于如何在虚拟世界中优化和重组实体的状态及实体之间的关系。虚拟与实体彼此共享信息和协同活动，虚拟世界中代表实体状态和相互关系的模型与运算结果，精确对称地指导和辅助实体的行动，使实体的活动相互协同和优化，进而实现价值更加高效、准确和优化的增值。

数字化虚拟工厂面向产品全生命周期，以产品全生命周期的相关业务流程和数据为基础，在计算机虚拟环境中对整个生产系统的重组和运行进行仿真、评估和优化，在生产系统投入运行前就可以了解生产系统的性能、可靠性、经济性、质量等指标，为生产过程的优化运作提供支持。

从以上分析和阐述可以看出，数字化虚拟工厂与智能制造是紧密相关、彼此交叉的。数字化虚拟工厂是实现智能制造的基础，也是智能制造的重要组成部分。

2.5.2.4 数字化虚拟制造与其他先进制造技术之间的关系

在经济全球化、贸易自由化和社会信息化的形势下，制造企业的经营方针和策略也要变化。当今制造业正朝着精密化、自动化、柔性化、集成化、信息化和智能化的方向发展，伴随着这个趋势，并行工程、敏捷制造、虚拟制造、绿色制造等多种有关先进制造技术和先进制造模式的新思想、新概念相继诞生。其中，虚拟制造技术被公认为是加速新产品开发的有效手段，它能很好地解决制造业的TQCS难题，即以最快的上市速度（T，Time to Market）、最好的质量（Q，Quality）、最低的成本（C，Cost）、最优的服务（S，Service）来提高制造业的竞争力，虚拟制造技术对制造业又将是一次新的革命。

（1）敏捷制造（Agile Manufacturing，AM）与VM。敏捷制造的基本思想是通过将高素质的员工、动态灵活的组织机构、企业内及企业间的灵活管理以及柔性的先进生产技术进行全面的集成，使企业能够对持续变化、不可预测的市场要求做出快速反应，由此获得长期的经济效益。敏捷制造强调人、组织、管理和技术的高度集成，强调企业面向市场的敏捷性。VM是敏捷制造的一种实现手段，是制造企业增强产品开发敏捷性、快速满足市场多元化需求的有效途径。

（2）并行工程（Concurrent Engineering，CE）与VM。并行工程是集成地、并行地设计产品及相关制造过程和支持过程的系统方法。这种方法要求产品开发人员设计开始就考虑在产品的整个生命周期中，从概念形成到产品报废处理的所有因素，包括质量、成本、进度计划、用户要求等。为达到并行的目的建立高度集成的主模型，在许多部分应用仿真技术，而仿真技术是VM的核心技术，所以CE的发展为VM的诞生创造了条件，而VM的发展又促进了CE的实时化、可视化。

（3）精益生产（Lean Production，LP）与VM。精益生产的目的是简化生产过程，减少信息量，消除过分臃肿的生产组织，使产品及其生产过程尽量简化和标准化，实行精益生产为虚拟制造的实施创造了条件。

（4）绿色制造（Green Manufacturing，GM）与VM。绿色制造是一个综合考虑环境影响和资源效率的现代制造模式，其目标是使得产品从设计、制造、包装、运输、使用到报废处理的整个产品生命周期中，对环境的影响（负作用）最小、资源效率最高。由于VM基本上不消耗资源和能量，也不生产实际产品，产品的设计、开发和实现过程都是在计算机上完成的，显然VM为绿色制造提供了一种实现手段。

从以上分析可以看到，VM及其各种先进制造技术是相互关联、彼此交叉的，AM、LP和CE都是现实生产的先进制造技术，它们既为VM创造了条件，又同时受到VM的影响，它们都离不开网络和数据库的支持。

3 高炉大数据建模及智能优化

作为主要的炼铁设备，高炉在钢铁工业领域被认为是最复杂的冶金反应器。高炉长周期稳定运行是一直以来的技术难题，这主要是由于在高炉内部众多的物质共存且相互作用，而且同时涉及诸多的化学现象和物理现象。高炉工艺为“黑箱”操作，冶炼工艺过程不可预见，高炉炉况判断的正确与否主要取决于高炉操作者的经验，而操作者之间的经验无法实时共享。另外，高炉炉况还存在高炉操作者不能凭经验判断的情况。因此，需要寻找相应的方法对高炉生产进行及时正确的检测和操作优化。

高炉在长期运行过程中，会积累大量冶炼过程数据。由于高炉运行机理复杂、关键参数检测困难，工业大数据作为一种新资产、资源和生产要素，在钢铁行业创新发展中将起到重要作用。目前高炉炼铁已有的信息化系统多偏重于基础自动化和生产计划管理，高炉生产状态诊断和操作多以人工经验和主观判断为主，已积累的炼铁数据还未得到充分利用，智能制造在智能炼铁领域相对空白。高炉炼铁过程是钢铁流程中的重要环节，为持续降低高炉炼铁成本和进一步解决各高炉技术指标参差不齐的问题，开展基于大数据的高炉智能炼铁研究势在必行。

3.1 高炉炼铁特点及操作复杂性分析

高炉冶炼是繁琐的物化流程的结合，这些流程不是独立发生的，而是数个过程协同作用的。炼铁的工艺流程大致为：炉前上料系统依照配比把铁矿石、焦炭等进行混合，由上料小车送至高炉上的装料系统，然后由上部装填，而热风由送风装置从下部吹入高炉内部。原料中的焦炭在炉内遇到高温氧气发生燃烧，生成大量的热能和煤气，炽热的上升煤气碰到不断下降的炉料发生化学反应，最终得到液态铁水。原料中的杂物与加入的白灰混合形成残渣，排到炉外，而煤气由导出管带出，后由除尘设备净化后存储到煤气罐或者用于他处。

高炉操作的主要任务是实现长期稳定合理的炉型。在现有条件下，需科学合理地充分利用一切操作手段来调整高炉内煤气分布、炉料合理运动、炉缸热量充沛、渣铁流动性好和能量科学利用等。

3.1.1　高炉炼铁的生产特点分析

高炉冶炼的主要特征是整个冶炼流程是在一个封闭容器中进行的，除炉料填入和渣铁流出外无法直接观察到高炉的内部状况，只能凭借外界检测装置从侧面测得。炉料与煤气在密闭容器中相互作用，在高温的条件下，完成了多种复杂的化学、物理变化，最后得到温度和成分符合要求的铁水。高炉冶炼过程的主要生产特点为：

（1）高炉冶炼过程长时间连续进行。全过程在炉料自上而下，煤气自下而上的相互接触过程中完成。炉料按一定批料从炉顶装入炉内，从风口鼓入由热风炉加热到1000~1300℃的热风，炉料中焦炭在风口前燃烧，产生高温和还原性气体，在炉内上升过程中加热缓慢下降的炉料，并还原铁矿石中的氧化物为金属铁。矿石升至一定温度后软化，熔融滴落，矿石中未被还原的物质形成熔渣，实现渣铁分离。渣铁聚集于炉缸内，发生诸多反应，最后调整成分和温度达到终点，定期从炉内排放炉渣和铁水。

（2）高炉冶炼的“黑箱”操作特性。高炉炼铁流程中发生的各种反应都是在一个密闭的竖炉中，没有办法直接观测到内部机理，只能通过如温度、压力、煤气成分、硅含量、铁水温度等间接数据推断得知。

（3）庞大的协同生产体系和生产规模大型化。供料系统、运输系统、高温高压的煤气系统和热风压系统等各个体系相互耦合，相互协同合作才能保证生产规模的大型化、高效化。

3.1.2　高炉炼铁的操作手段

高炉冶炼过程的复杂性，首先体现在它是现有复杂生产体制中最大单体生产设备，日常进出物料多达万吨，同时还需要控制和保证输入和产出协调平衡。其次，生产时各子环节的上百项参变量间的耦合关系加强了冶炼的繁杂度。同时生产时的能耗特征也加重了过程的混乱程度，能耗既包含炉内均衡制度间能量消耗，也包括炉内物体状态转换和相对运动所引起的能量损耗。

目前高炉操作主要是以炉长为首的各个工位和谐实施的工作制度，这无疑也增加了系统控制的难度。虽然已有一些关键体系完成了部分的智能化控制，但若想要实现整个炼铁过程的智能化依旧是生产智能化趋势的一个挑战，这个挑战的重点就在于高炉冶金过程的复杂性。冶炼自动化的重中之重是炉温调控，而调温在于炉况。炉况的判定又没有统一的标准，这就无形中加重了炉况预估的难度，更难以解决的是正常的状况可能蕴含着非正常因素。高炉操作主要包括：

（1）送风制度的调整。送风制度的调整包括：风量、风温、富氧、脱湿鼓风、风速、鼓风动能以及喷煤对风量的影响等。

（2）热制度的调整。调整焦炭负荷、风温、喷煤比，对冷却水进行调整。

（3）装料制度的调整。调整装料制度是调整上部煤气流分布，实现炉料的充分加热，产生降低燃料比的效果。

（4）造渣制度的调整。炉渣性能具有流动性、熔化性、稳定性、脱硫能力等，炉渣性能的调整包括碱度、加 MgO、低碱度排碱金属、提高脱硫能力等。

3.2 高炉生产指标

高炉生产指标体系以高炉生产状况为中心，能够全面地反映生产状况的变化，充分体现高炉生产指标与炉况的关系，主要包括质量指标、经济成本指标、能源利用指标、顺行指标以及运行参数指标等。

（1）质量指标。高炉生产的重要任务是冶炼出合格的铁水，衡量铁水质量好坏的指标有铁水温度和铁水硅含量。铁水温度能够反映高炉炉温，铁水温度过高，会破坏料柱的透气性，引起炉况的不顺，过低则会引起炉况事故。铁水温度过高或过低都不利于高炉生产，适宜的铁水温度应维持在 1450~1500℃。

铁水硅含量是指铁水中硅元素的质量分数，能间接反映高炉炉温的变化，与炉温相关但不是严格意义上的线性关系。硅含量也是重要的炉况指标，应该控制在 0.5%~0.7%之间。

（2）经济成本指标。焦比是指每冶炼 1t 合格生铁所消耗的焦炭质量，是衡量高炉生产经济性能的关键指标。焦比的提高会导致生产成本的提高和污染排放的加大，在产量一定的前提下，从节能、降低生产成本以及环保方面考虑，都迫切需要降低焦炭使用量。喷煤比是指每冶炼 1t 合格生铁所消耗的喷吹煤量，降低冶炼成本的一个重要手段就是提高喷煤比。燃料比是另一个高炉生产经济性能指标，它是指焦比、喷煤比和焦丁比的加和，是高炉综合燃料消耗情况的表征。

（3）能源利用指标。在高炉生产中，煤气利用率表征高炉内 CO 转换为 CO_2 的比率，是衡量生产中气相发生还原反应程度的关键参数，可通过炉顶煤气成分检测装置计算得到。实际中，煤气利用率是炉长最为关注的生产指标之一，它能综合评价整体煤气流分布的情况，及时掌握高炉炉内反应效率和当前生产状态的好坏。煤气利用率越高，说明炉内化学反应越充分。

（4）顺行指标。实现高炉高产低耗的先决条件就是保持高炉的顺行，表征高炉顺行的参考指标主要有透气性指数和炉料下降速度。

透气性指数表征高炉料柱透气性的变化。若高炉内部透气性变差，将会导致炉身静压升高和炉料下降困难，也会引起因气流分布不均的炉况异常，使煤气利用率下降，从而影响正常生产。

炉料下降是炉料自身的重力克服了煤气向上运动的阻力才能使炉料顺利下降，否则会出现悬料或崩料。

（5）运行参数指标。在高炉生产过程中，涉及的参数有很多，与生产运行密切相关的参数分为上部运行参数、中部运行参数与下部运行参数。

上部运行参数包括顶温、顶压、炉顶煤气成分、十字测温温度和料线深度等；中部运行参数包括热负荷、炉身静压和压差；下部运行参数包括风温、风压、风量和富氧率。

3.3　基于机理的高炉生产过程建模及分析

3.3.1　基于动力学的建模及分析

基于反应动力学和信息流传输理论的反应动力学高炉数学模型经历了以下几个发展阶段。

（1）最早获得发展的是高炉一维模型，先有静态模型，随后逐渐发展为动态模型。鞭严等人在20世纪60年代末期开发的高炉静态一维模型是其中最完备、最成功的一个。在静态模型中，考虑了炉内的主要化学反应和传热过程，其模拟结果给出了主要工艺变量沿高炉高度方向上的分布。后来，许多研究者建立了一系列用于解决不同问题的高炉数学模型。这些早期的高炉模型很好地把握了对微元高炉体积和全高炉的能量平衡、物质平衡这一基本规律，因而在模拟高炉现象、分析操作参数对炉况和冶炼指标的影响、指导开停炉等方面获得了相当的成功，一些模型已经被应用于分析鼓风压力波动对高炉操作的影响、预计最低燃料比、模拟高顶压操作等实践。但是，对于高炉的一维模型来说，过程参数在高炉半径方向被假设为均匀分布（而高炉的解剖和取样分析证实气体温度和炉内物质成分等在高炉半径方向上都是非常不均匀的）。另外，在这些模型的建模过程中，炉内物质和能量的传输过程只能通过常微分方程来描述，再加上边界值设定等问题，这些早期一维模型的预测精度和应用范围都有所限制。

（2）到了20世纪80年代，计算机技术的发展允许模型处理更大的矩阵，新建立的模型可以采用偏微分方程作为它们的控制方程。在这期间，大量的二维高炉模型被开发，它们可以详细地描述炉内更复杂的现象。其中，较为知名的有Hatano和Kurita模型，Yagi、Takeda和Omori模型，Sugiyama和Sugata的BRIGHT模型。高炉的二维模型主要用于评估操作条件的变化对高炉操作性能和炉况的影响，分析软熔带形状和性能的变化。另外，它们还被用于模拟和开发一些新的高炉炼铁技术，对指导实际的高炉操作和炼铁技术的进步做出了一定的贡献。

（3）到了20世纪90年代初期，一个基本的概念被提出：必须用多相流和相间双向相互作用来描述发生在炉身下部的现象，而且炉内物质相应通过流动机理来加以区分。因此，除了最基本的物质三态（气、固、液）外，被炉内气流挟带的未燃煤粉被处理为一个独立的粉相，这个概念也称为多流体理论。在随后基于这个理论而发展的高炉数学模型中，根据物性的不同，液相又被划分为渣相和熔铁相，而粉相又分为静态滞留粉相和动态滞留粉相。目前的模型能够更加合理地分析处理二维或三维的静态或动态问题，这些模型总称为多流体高炉数学模型，是迄今为止最复杂最全面的高炉反应动力学模型之一，代表着高炉过程模拟控制的最新研究成果。

3.3.2 多流体高炉数学模型

多流体模型采用多相流体力学、传输现象理论和化学反应动力学作为其框架，该模型主要考虑从炉缸部渣面到炉喉部料面高度的整个领域，而且认为高炉是轴对称的。多流体模型基于运动机理来划分炉内的物质流动，把气相、固相（焦炭和含铁炉料）、铁水、熔渣和粉（煤粉和粉矿）处理为不同的相，且每一相具有其独特的流动机理。每一相由一个或多个组元构成，每个组元具有各自的组成和物性，所有相在炉内的行为通过质量、动量、热及物质组分的守恒方程来加以描述。由于双向相互作用，所有的方程考虑了相间质量、动量和能量的交换，故这些方程必须同时求解。因而，整个模型由一系列强烈耦合的偏微分方程组成，所有的守恒控制方程可以通过一个统一化的形式描述。

$$\frac{\partial}{\partial x}(\varepsilon\rho_i\mu_i\psi)+\frac{1}{r}\frac{\partial}{\partial r}(r\varepsilon\rho_i\nu_i\psi)=\frac{\partial}{\partial x}\left(\varepsilon_i\Gamma_\psi\frac{\partial\psi}{\partial x}\right)+\frac{1}{r}\frac{\partial}{\partial r}\left(r\varepsilon\Gamma_\psi\frac{\partial\psi}{\partial r}\right)+S_\psi \tag{3-1}$$

式中 下标 i——所考虑的相，也即气、固、铁水、熔渣和粉相；

ψ——所要求解的变量，通过改变 ψ，上述统一化的方程可以变成质量、动量、焓和物质组分的守恒方程；

ε_i——每相的体积分量；

Γ_ψ——有效扩散系数，表征对每一个待求解的独立变量其具有不同意义；

S_ψ——源相，主要是由于化学反应、相间相互作用、外力以及相变等因素而产生。

如图 3-1 所示，多流体高炉模型考虑了多相间的同时相互作用。实线双箭头代表着完全的相互作用（包括质量、动量和能量的传输），点线双箭头表示仅考虑质量传输。固相和气相被认为与所有其他相之间具有完全的相互作用，因此，固相、气相和其他相交换质量、动量和能量。液相（包括炉渣和铁水）和粉相被视为不连续相，液相和粉相之间被认为不存在动量交换但它们允许通过化学反应和相变来交换质量和能量。

不同的相 j 和相 i 之间产生动量交换，主要是因为速度差的存在。在多流体模型中，动量的传输量通过下式来计算。

$$\boldsymbol{F}_i^j = f_{i-j}(\boldsymbol{U}_i - \boldsymbol{U}_j) \tag{3-2}$$

式中　$\boldsymbol{F}_i^j$——相 j 和相 i 之间的动量传输量；

$\boldsymbol{U}_i$，$\boldsymbol{U}_j$——相 j 和相 i 的速度；

f_{i-j}——动量传输系数。

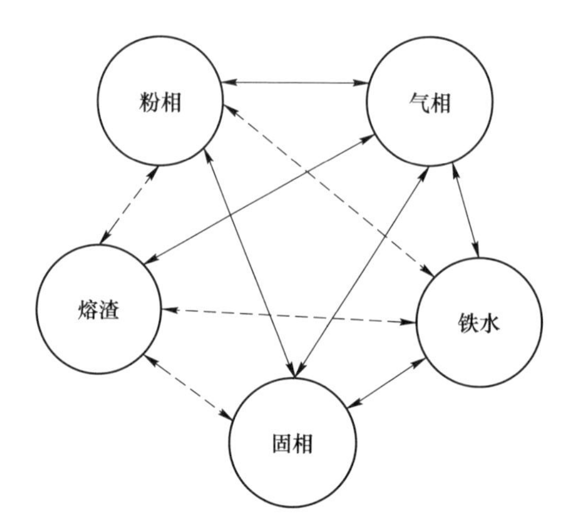

图 3-1　多流体高炉模型中考虑的相间相互作用

能量方程的源相包括反应热和相间的对流换热，在模型中通过下式计算相间的对流换热量。

$$\dot{E}_i^j = h_{i-j}A_{i-j}(T_i - T_j) \tag{3-3}$$

式中　$\dot{E}_i^j$——相 j 和相 i 之间的对流换热量；

T_i，T_j——相 j 和相 i 的温度；

A_{i-j}——相 j 和相 i 之间的界面接触面积；

h_{i-j}——对流热系数。

所有的方程同时求解。首先，整个研究的高炉领域利用 BFC 方法（Boundary Fitted Coordinatet）即边界自适应坐标体系进行数字网格化。相对于传统的直角正交坐标体系，BFC 网格很好地解决了边界值的设定问题，减少了边界溢出，从而加快了计算进度，提高了计算的精度。随后，利用控制单元体方法（Control Volume Method）在整个数字网格内对所有的守恒控制方程进行离散化。最后，采用 SIMPLE 方法和迭代矩阵法对所有离散后的方程进行求解。模型计算的结果可以给出炉内工艺变量（温度、压力、流速、反应速度和相物质组成等）的详细分布和所有的生产指标（产量、利用效率、冶炼强度、焦比、煤比、还原剂消耗总量、炉顶煤气利用效率等）。

3.3.3 高炉冶炼过程多目标系统优化模型

3.3.3.1 高炉冶炼过程目标函数的复杂性

高炉炼铁生产中经常需要了解在经济及原燃料供应条件发生变化时，为达到规定的生产目标需要决定怎样操作高炉；在高炉过程输入输出系统中的某些参数变动时，需要分析系统的稳定性，并决定采用何种途径达到最佳操作；当进行新的生产方案或设备大修改造时需要论证诸如炉容、热风炉能力及喷吹装料等设备对生产过程的影响。上述高炉过程的稳定性及最佳化是高炉操作人员非常关心的问题，而高炉过程多目标优化模型正是探讨这一问题既经济且有效的方法。线性规划理论及里斯特（Rist）操作线等炼铁基本理论为高炉过程多目标优化的研究奠定了基础。

高炉的主要任务是高效率地生产成分合格的铁水，生铁成本最小，经济效益最大，焦炭消耗量小，即在任意给定的原燃料及经济条件下，做到生产率最高，产品质量合格。因此，高炉过程优化模型的建立应充分考虑上述要求。

针对中国高炉的客观实际，炼铁界提出的“炼铁目标”和“操作方针”是：优质、低耗、高产、长寿和安全、稳定、均衡、顺行。经过长期生产实践研究，结合冶金反应工程学原理，提出的理论数学模型如下：

$$U(t)=\int_{t_0}^{t_0+T}F_1\left(Y,\ \frac{\partial Y}{\partial \tau},\ K,\ \frac{\partial K}{\partial \tau},\ X,\ \frac{\partial X}{\partial \tau}\right)\mathrm{d}\tau \rightarrow \mathrm{Max} \tag{3-4}$$

$$J(t)=\int_{t_0}^{t_0+T}F_2\left(Y,\ \frac{\partial Y}{\partial \tau},\ K,\ \frac{\partial K}{\partial \tau},\ X,\ \frac{\partial X}{\partial \tau}\right)\mathrm{d}\tau \rightarrow \mathrm{Min} \tag{3-5}$$

$$[\mathrm{S}](t)=\int_{t_0}^{t_0+T}F_3\left(Y,\ \frac{\partial Y}{\partial \tau},\ K,\ \frac{\partial K}{\partial \tau},\ X,\ \frac{\partial X}{\partial \tau}\right)\mathrm{d}\tau \leqslant [\mathrm{S}]_0 \tag{3-6}$$

$$[\mathrm{Si}](t)=\int_{t_0}^{t_0+T}F_4\left(Y,\ \frac{\partial Y}{\partial \tau},\ K,\ \frac{\partial K}{\partial \tau},\ X,\ \frac{\partial X}{\partial \tau}\right)\mathrm{d}\tau \in ([\mathrm{Si}]_0-A,\ [\mathrm{Si}]_0+A) \tag{3-7}$$

上述模型中，Y 表示原燃料参数，X 表示状态参数；式（3-4）代表高炉生产效率的极大化，即利用系数 U 最大化；式（3-5）代表吨铁能耗的极小化，即焦比 K 的最小化；式（3-6）代表铁水质量（以含硫量［S］衡量）满足炼钢的质量要求；式（3-7）则表示炉温［Si］的平稳控制要求，$([\mathrm{Si}]_0-A,\ [\mathrm{Si}]_0+A)$ 是炉温的优化控制范围，$[\mathrm{Si}]_0$ 是其“控制中线”；式（3-7）是实现高炉冶炼过程的安全稳定均衡顺行和设备长寿的必要条件。t_0 与 T 表示某一炉铁冶炼的起始时间与冶炼周期。因此，建立并研究高炉冶炼过程优化的数学模型是炼铁生产实现多目标优化的客观要求，也是高炉过程智能控制自动化的要求。

对生产实际数据分析表明：上述变分问题的优化解是客观存在的，关键技术是建立算法把优化解计算出来，在离散数值条件下求解变分问题的方法即所谓数值变分方法。基于多目标优化模型的变频统计方法是我们建立的高炉过程非线性系统寻求优化解集的独特算法。它可以对每一座特定高炉进行工艺参数的系统优化，求解其关键参数的最佳范围和最佳组合。

3.3.3.2　高炉冶炼过程众多影响因素之间以及与目标函数之间的关联复杂性

在多目标优化模型中，高炉冶炼过程的众多影响因素包括原燃料参数、控制参数、状态参数、设备参数以及这些参数随时间的变化率。在建立的 SQL-Server 数据库中，每一类数据表的参数都有几十项、上百项字段。例如，原燃料参数包括烧结、球团、生矿、焦炭、石灰、萤石等不同矿种，每一矿种的成分又包括 TFe、FeO、CaO、SiO_2、S、碱度 R_2 等字段。这些原燃料参数组成“料批向量”和“成分矩阵”，各种成分以一定的均值和方差在生产过程随机波动着。

影响因素的复杂性还在于各类参数的采样频率不同。在高炉数据库中，有几秒钟采样 1 次的秒级数据自动采样；有每炉一次的铁水与炉渣成分手工采样；有每班 1~2 次的原燃料参数数据；有 8h/次的煤气分析数据等，由此带来数据关联与融合的计算复杂性。

影响因素的复杂性还表现在各类参数之间关联的时间滞后量的非线性。在正常炉况下，原燃料参数的分布变动、状态参数的变动引发控制参数的调整，以保持目标函数的变动不超出要求的范围。这一系列相互影响的时间滞后量，在炉况平稳时有一定的滞后规律；当炉况变差时，滞后量将发生非线性的变化，此时预测控制的规律完全改变。图 3-2 从物质能量流和信息流角度反映了高炉冶炼过程众多影响参数间的关联复杂性。

实际高炉生产过程的控制环节包括工长综合炉前观察、高炉仪表（或计算机采集系统）和原始记录的各种信息，在控制室做出炉况的总体分析与判断，然后发布控制指令给各控制岗位：热风炉车间按照工长的要求调整送风参数（风量、风温、风压等）；喷煤车间按照要求调整喷煤参数（喷煤速率、压力等）；槽下系统按工长下达的配料单变更料批参数（批重、配比、负荷、碱度等）；卷扬系统则按要求调整料线与布料参数（料序、角度、圈数等）。控制途径的多样性、灵活性带来高炉冶炼过程控制的复杂性。在各类控制途径中，灵活多样的变化与组合包含着单项控制或组合控制。从过程优化角度分析，并不是所有的控制方式都能够达到优质、低耗和高产的多目标要求，因此存在着最优控制策略。

在各种控制方案中，对炉况的判断和调控的时机不同，都将导致控制量不同，这就是高炉冶炼过程控制计算上的复杂性和非线性。国外高炉的控制甚至

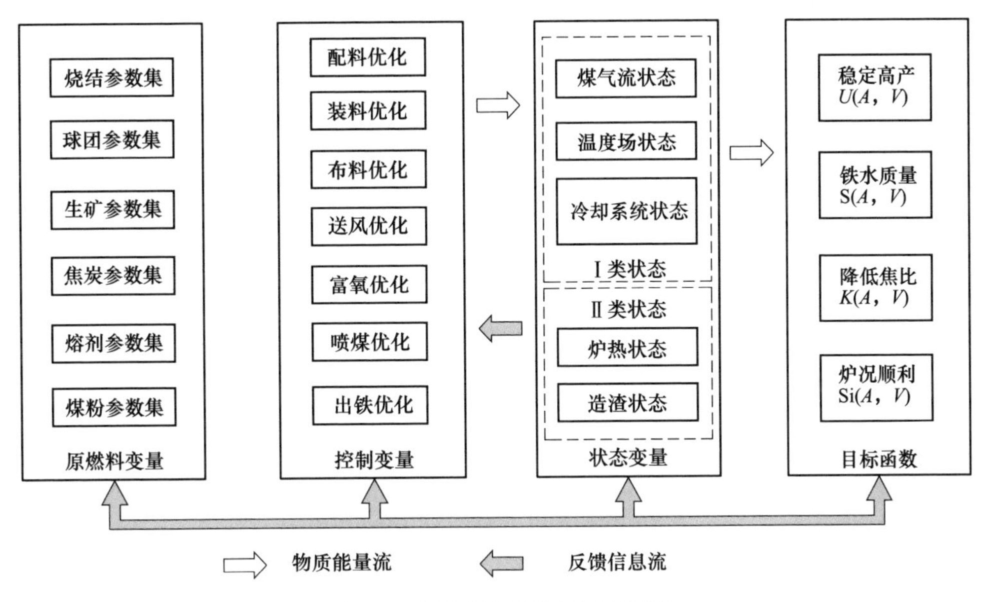

图 3-2 高炉冶炼过程变量关联图

罗列了 3000 多条规则和数万种控制案例，可见高炉冶炼过程控制量计算的复杂性。

3.3.4 高炉冶炼过程智能控制数学模型

高炉冶炼过程控制各个环节建立的几十个模型（见图 3-3），可以分为三种不同类型的数学结构，即随机可控模型、确定性模型和数理逻辑模型。

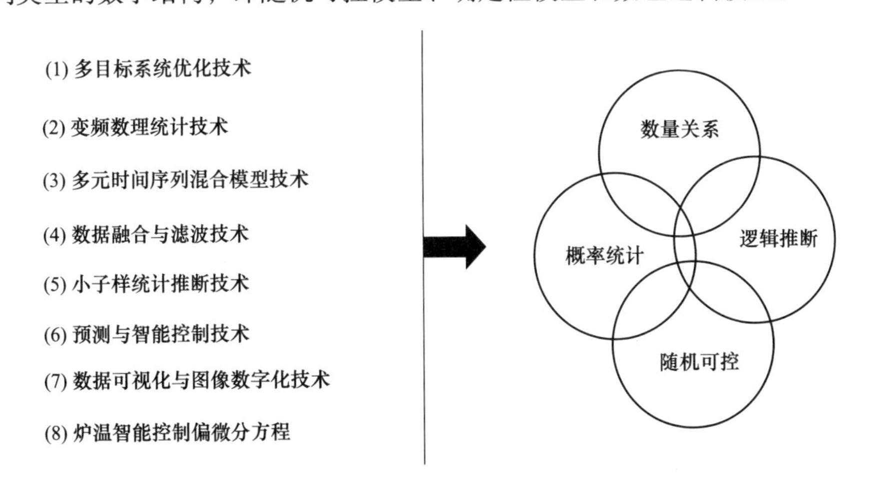

图 3-3 高炉过程数学模型技术类型图

（1）概率统计模型。这是众多原燃料参数 Y、状态参数 X 和目标函数组成的分布类参数分析中必须使用的模型。它们的随机分布特性影响着过程控制，需要通过数理统计方法处理数据把统计特性归纳、计算出来。在统计分布分析中，所谓“统计特征值”包括样本均值、方差、数据量、最大值（max）、最小值（min）和 t 分布差异显著性检验值 t_a。

（2）确定性计算模型。它主要用于计算各种可控参数的控制量，如配料计算。在不同炉况等级下，在不同时机，对不同优先级的控制参数，计算其控制强度。这种计算包括某些热平衡与物料平衡的线性计算，更多情况是不同炉况等级下的非线性定量计算。

（3）智能逻辑判断模型。在错综复杂的高炉炉况特性中，如何在正常冶炼过程中判断异常炉况发生的苗头与征兆，以及提出消除的措施。其中重要的有：对炉墙结厚→结瘤→顽固性结瘤的智能化判断；对悬料、管道（中心或边缘）、炉缸堆积（中心或边缘）等炉况顺行状态正常与否的智能型判断。它需要借助于炼铁专家的知识以建立判断的规则；需要按照优化计算结果建立判断的标准“临界值”，能建立起智能判断模型结构。计算机智能化逻辑判断能够帮助工长及早采取措施，尽可能避免异常炉况的发生。

3.3.5　高炉冶炼过程控制的数学模型流程

为建立高炉冶炼过程的计算机优化控制系统，需要在各个环节开发不同的数学模型，如多目标系统优化模型、变频统计与样本空间模型、集合优选模型、多元统计模型、时间序列模型、回归模型、滤波模型、热平衡与物料平衡计算模型、配料计算模型以及生产过程管理统计与成本分析模型等。只有切合实际综合应用不同类型的数学方法，才能逐层建立符合生产实际的过程控制方案。总结高炉冶炼过程控制的决策流程是：

（1）过程参数分布的统计优化计算，建立过程优化知识库、规则库和标准临界值。

（2）异常炉况的检查判断与当前炉况等级的智能化判断。

（3）平稳炉况下炉温［Si］的预测计算。

（4）三维控制向量的计算与实施优先控制方案。

3.3.6　高炉生产过程机理建模存在的问题

从模型的适用性上来看，机理建模的优点是根据物理化学平衡建模，容易理解。但是这类模型是建立在忽略实际生产工况波动和干扰的理想情况下，机理知识建立的模型需要很多的约束条件，需要的理想假设在实际中未必满足，从而导致形成的理论并不能更好地指导实际的生产实践。

从模型的复杂度来看，机理建模过程多基于复杂的现代数学理论，建模过程中需要辨识大量参数，建模复杂度较大。在应用过程中，对模型做了简化，没有充分考虑各种变量之间的耦合性，对初始条件非常敏感。

从模型的普适性来看，受高炉本身的限制，移植性较差。

3.4 基于专家系统的高炉生产过程优化及分析

高炉作为一种成熟的炼铁工艺有一百多年的历史了，由于高炉炼铁过程十分复杂，它涉及气、固、液三相的交互作用，全面而正确地理解高炉内发生的各种现象很困难。为了克服这些困难，借助专家系统实现对高炉的描述和控制是当今高炉实现计算机控制技术的发展方向。高炉专家系统被称为“高炉操作的第三代技术”。高炉专家系统是利用经验丰富的高炉工艺专家及操作人员的知识，结合冶金学理论知识，采用先进的控制理念集成的高炉控制系统。其作用是检测和预报高炉生产过程的状态及发展趋势，以语音、文字和图形等方式显示高炉冶炼过程的变化，包括非正常炉况的预警、提出最佳的操作方案、为操作人员提供指导，从而实现高炉生产安全、稳定、顺行，达到高产、低耗、长寿的目的。

初期的高炉专家系统主要是用于炉热状态、异常炉况两个方面，现在还可用于布料控制、软熔带位置及形状的推断、炉体炉底耐火材料砌体的侵蚀推断、炉体设备诊断以及热风炉燃烧控制等许多方面。目前，高炉专家系统的功能类型也是很多的，除了有诊断型、解释型和控制型的专家系统外，还发展了计划型和设计型专家系统。自 20 世纪 80 年代以来，日本一些钢铁公司的高炉研究工作者开始引入了人工智能的方法，开发预报高炉炉况的专家系统，如 GO-STOP 系统和 BAISYS 系统等，取得了较好的成效。在系统中，对炉料下降异常（如崩料、管道行程和悬料等）和炉热走向（向凉或向热）进行经验的总结和知识的提取。在知识表示和知识推理中引入了模糊数学的方法，并采用产生式规则的描述方法。这些系统在实际运行中，根据其中的规则，结合实际情况，进行推理，得到关于炉况异常情况的报告。

我国的高炉专家系统开发和研究始于 20 世纪 80 年代末至 90 年代初，首钢、武钢、宝钢等公司做了很多这方面的工作，也取得了很大的成绩，其中也存在很多的问题。其原因，一是由于我国的检测手段和维护手段落后；二是绝大多数专家系统都是围绕炉热指数一个单一的指标来做文章，而高炉是一个复杂的综合体系，只靠一个指标不能够完全反映高炉的真实情况。

各种高新技术的进步将推动高炉专家系统不断发展，并使高炉专家系统进入一个崭新的阶段。将人工智能技术引入高炉炉况判断中，实现各种技术的集成，建立高炉集成智能系统，这一工作的前景是十分广阔的。

3.4.1 高炉专家系统的构成及特征

专家系统是一种模拟人类专家解决领域问题的计算机程序系统。专家系统技术是以计算机为工具，利用专家知识及知识推理来理解与求解问题的知识系统。模拟人类领域专家的宏观推理活动，是一种利用计算机对于符合模型描述的领域知识进行符号推理的技术。

专家系统是以知识库、推论引擎及接口为基础而组成的计算机系统，其目的在对于某一特定领域的问题作判断、解释及认知。由于此特定领域可大可小，且对认知的定义有不同的解释，故可有小如某些汽车专家系统只能依照外形等特征辨认十余种车，亦有大如某些医学专家系统可依据 12 万个不同的医学表征分辨 8000 余种疾病。尽管专家系统的定义未尽明确，但基本上，当此系统所能处理的问题，其复杂性、对专业知识的需求以及其执行的信度及效度足可与专家相匹敌时，我们便可称之为专家系统。由于专家系统能够提供智能型的决策与辅助、解决问题、对求解的过程做某种程度的解释，因而也可以称为“智能型知识库系统”（Intelligent Knowledge-Based System，IKBS）。

提出专家系统思想的最大贡献就是，它使人们对知识在智能的人工实现中的作用开始有所认识，要使一个程序具有智能，就要向它提供关于某些问题领域的大量的高质量的专门知识。在专家系统诞生之前，人工智能研究主要是以形式推理，特别是各种搜索策略为中心进行的。专家系统是人工智能的一个分支，它大量利用专业知识解决只有专家才能解决的问题。

3.4.1.1 专家系统的构成

一个专家系统是由知识库、推理机等若干个具有特殊功能的程序模块组成的，常见的专家系统结构如图 3-4 所示。

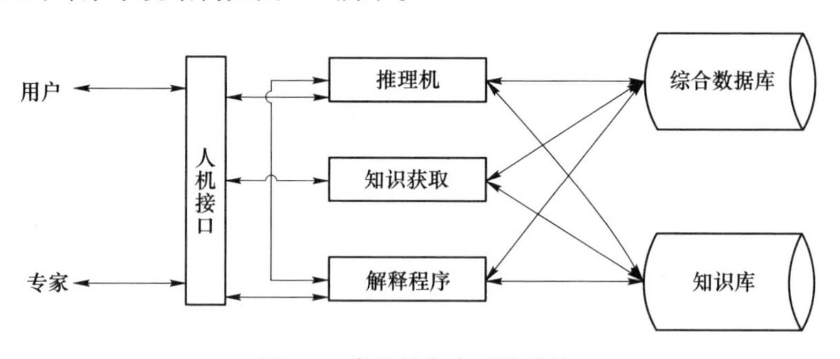

图 3-4 常见的专家系统结构

A 知识库

知识库是领域知识的存储器，它存储专家经验、专门知识与常识性知识，是专家系统的核心部分。知识库可以由事实性知识和推理性知识组成，知识是决定一个专家系统性能的主要因素。一个知识库必须具备良好的可用性、确实性和完善性。要建立一个知识库，首先要从领域专家那里获取知识即称为知识获取；然后将获得的知识编排成数据结构并存入计算机中，这就形成了知识库，可供系统推理判断之用。知识库系统的主要工作是搜集人类的知识，将之有系统地表达或模块化，使计算机可以进行推论、解决问题。知识库中包含两种形态：一是知识本身，即对物质及概念作实体的分析，并确认彼此之间的关系；二是人类专家所特有的经验法则、判断力与直觉。知识库与传统数据库在信息的组织、并入、执行等步骤与方法均有所不同，概括来说，知识库所包含的是可做决策的知识，而传统数据库的内容则是未经处理过的数据，必须经由检索、解释等过程才能实际被应用。

B 推理机

推理机用来控制、协调整个系统，它根据当前输入的数据即数据库中的信息，利用知识库中的知识，按一定的推理策略，去解决当前的问题，并把结果送到用户接口。

在专家系统中的推理方式有：正向推理、反向推理、混合推理。在上述三种推理方式中，又有精确推理与不精确推理之分。因为专家系统是模拟人类专家进行工作，所以推理机的推理过程应与专家的推理过程尽可能一致。推理机是由算法或决策策略来进行与知识库内各项专门知识的推论，依据使用者的问题来推得正确的答案。推理机的问题解决算法可以区分为以下三个层次。

(1) 一般途径：利用任意检索（Blind Search）随意寻找可能的答案，或利用启发式检索（Heuristic Search）尝试寻找最有可能的答案。

(2) 控制策略：有前推式（Forward Chaining）、回溯式（Backward Chaining）及双向式（Bi-directional）三种。前推式是从已知的条件中寻找答案，利用数据逐步推出结论；回溯式则先设定目标，再证目标成立。

(3) 额外的思考技巧：用来处理知识库内数个概念间的不确定性，一般使用模糊逻辑（Fuzzy Logic）来进行演算。

推理机会根据知识库、使用者的问题及问题的复杂度来决定适用的推论层次。推理机的推理流程图如图 3-5 所示。

C 人机接口

人机接口是专家系统与用户通信的部分。它既可接受来自用户的信息，将其翻译成系统可接受的内部形式，又能把推理机从知识库中推出的有用知识送给用户。接口的主要功能是提供相关数据的输入与输出，可分为以下三个主要部分。

(1) 开发者接口：目的是方便协助系统开发者进行知识萃取、知识库与推理机的编辑与修订，能对专家系统进行测试、记录，并说明系统运作的过程、状

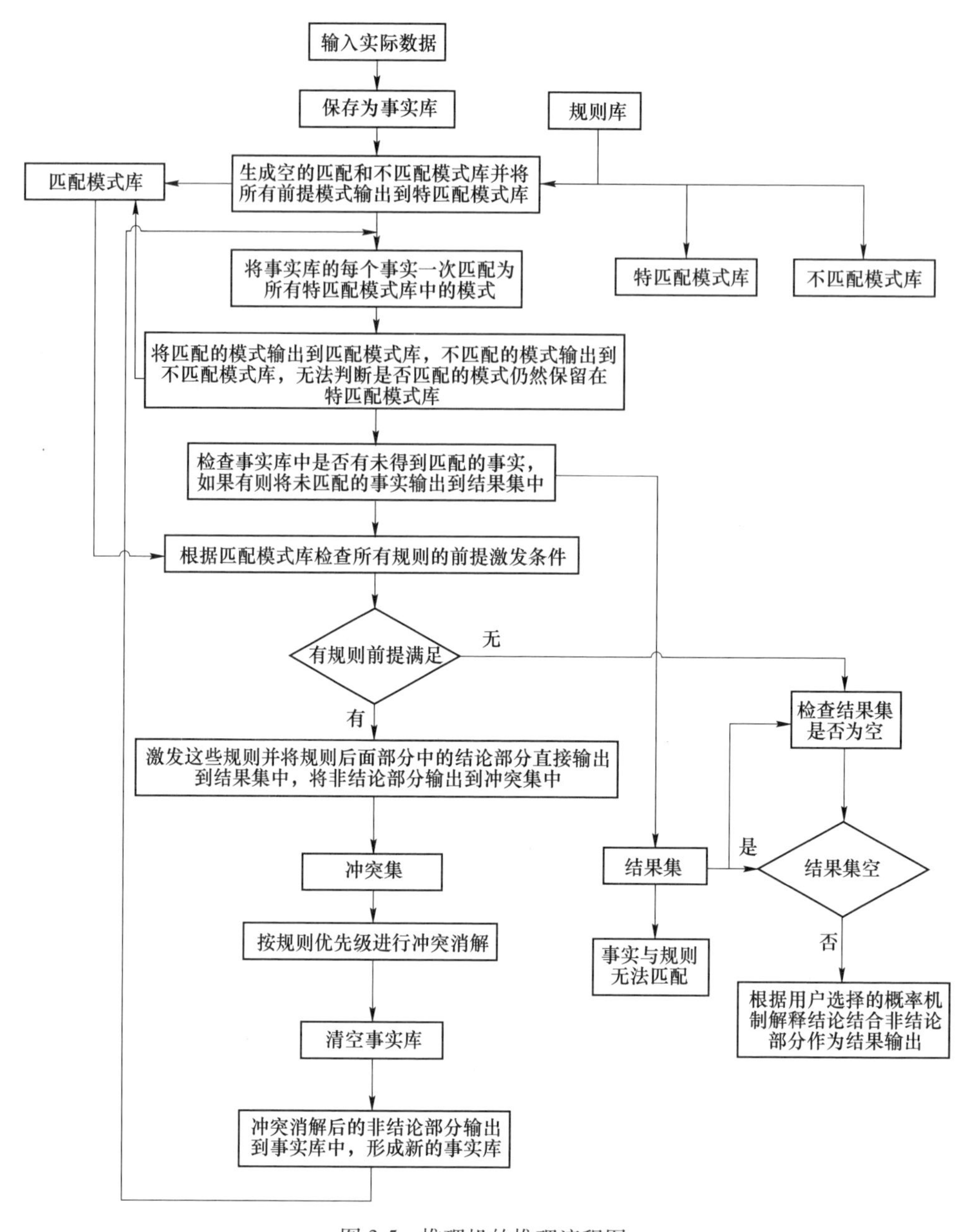

图 3-5　推理机的推理流程图

态与结果。

（2）使用者接口：是专家系统与使用者之间的沟通桥梁，强调系统使用的亲和性与简易性，提供多种操作方法，并指示正确的行为模式。

（3）系统接口：对系统与其他软硬件设备的整合管理，例如连接其他数据库系统、外部档案、绘图软件或传感器等，均需通过此系统接口来进行。

D 综合数据库

数据库用于存储领域内的初始数据和推理过程中得到的各种信息，数据库中存放的内容是该系统当前要处理的对象的一些事实。综合数据库的主要功能是：存放初始数据，推理结果，控制信息，最终结论，管理数据等。

E 知识获取

知识获取部分为修改、扩充知识库中的知识提供手段，这里指的是机器自动实现的知识获取，它对于一个专家系统的不断完善、提高起着重要的作用。通常，知识获取应具备能删除知识库中不需要的知识及把需要的新知识加入知识库中的功能；最好还具有能根据实践结果，发现知识库中不合适的知识以及能总结出新知识的功能。因此，知识获取部分实际上是一种学习功能。

专家系统的一个重要特征是知识库与推理机分离，系统允许在运行过程中不断修改知识，增加新知识，使系统性能不断提高。知识获取是指：编辑（设计者与专家交互输入）和自学习（机器感知识别学习，自动补充）。

F 解释程序

解释程序的作用是：解答用户问题，了解运行步骤，验证推理的合理性和正确性。

综上可知，一个专家系统不仅能提供专家水平的建议与意见，而且当用户需要时，能对系统本身行为给出解释，同时还有知识获取功能。专家系统的工作特点是运用知识进行推理，因此知识获取（包括人工方式的知识获取和机器学习）、知识表示和知识运用是建造专家系统的三个核心部分。专家系统技术覆盖了计算机应用的许多领域，按其所完成的任务性质和特征，可以分为解释专家系统、预测专家系统、设计专家系统、规划专家系统、诊断专家系统、控制专家系统、决策专家系统、咨询专家系统等类型。

3.4.1.2 专家系统的特征

高炉冶炼过程专家系统实际上是一类计算机软件系统，它根据计算机科学中的专家系统，依靠由优秀高炉冶炼专家提供的经验和知识所建立的知识库，凭借系统的推理机进行逻辑推理和判断，模拟高炉冶炼专家处理冶炼过程中出现的各种复杂问题的能力，从而对高炉生产进行指导。专家系统是一种智能的计算机程序，与传统应用程序相比，高炉冶炼过程专家系统具有以下特点：

（1）利用专家系统可以大大地减轻高炉操作人员的负担。随着生产的发展，高炉操作人员所面临的压力越来越大，人员越来越少，而对高炉操作稳定性的要求越来越高，这就迫切需要将高炉操作人员从一般性的事物中解放出来，一些常规的、重要的管理工作，例如：水温差的测定、热负荷的计算等让计算机控制系统去完成；高炉操作人员则专注于根据各种信息对高炉过程进行分析与判断，从而发现问题的症结所在。专家系统的使用，使测量数据以及测量指标的监测效率大大提高。

（2）专家系统主要是由高炉操作人员的经验和知识所构成的知识系统，参照操作条件和管理条件的变化，使炉况判断定量化，可以避免漏判和误判，达到较准确控制高炉的目的。

（3）专家系统是一种开放性的知识系统，高炉操作人员可以根据高炉状况的变化及时修改知识库中的内容，从而确保系统的可靠性，提高系统的命中率。

（4）利用专家系统提供的大量信息，可以加快对高炉操作人员的培养过程，丰富他们对高炉过程的认识。

（5）与传统的过程控制相比，专家系统较易实现高炉的标准化和规范化。采用专家系统后，过程控制人员的专业素养将得到提高，根据专家系统的预报和建议，不同操作班次之间的过程控制思想容易统一，工艺操作将更加平顺。

3.4.2　高炉专家系统存在的问题

高炉动态优化方面，20 世纪 60 年代开始使用较为成熟的有描述炉内高温区热平衡炉热指数 *Wu* 指数模型，反映高炉实际热收入和标准热需求之差的 *Ec* 指数模型，刻画风口水平炉料平均温度和实际铁水温度之间关系的 *Ts* 指数模型、基于神经网络的铁水硅含量预报模型等。目前，这些成熟的模型只能模拟局部过程，难以描述变化的过程，参与高炉过程动态优化，效果有限。

高炉生产优化方面，从 20 世纪 80 年代至今，具有代表性的应用研究成果有：以软熔带推断模型为主建立的模型集成系统、以无钟炉顶炉料布料模型为主建立的集成系统、以炉温预报、异常炉况判断及炉缸侵蚀预报为主的专家系统、数学模型与专家系统结合的混合型专家系统、炉况判断的 GO-STOP 模型系统等，这些专家系统依据专门模型制定操作指导或建立规则，缺乏自适应功能，普适性差。

高炉生产预测方面，在当前的高炉生产过程预报、异常监测与诊断中，主要采取从国外引进和自主研发两种形式，或者从国外引进再进行二次开发，具有代表性的有：首钢开发的人工智能高炉冶炼专家系统，包括三个子系统：［Si］预报子系统、炉况顺行子系统（悬料、崩料、滑料等）和炉体判断子系统（炉墙结瘤、冷却壁烧穿及漏水等）；鞍钢 10 号（2580m^3）高炉冶炼专家系统，由北京科技大学、东北大学和鞍钢三家合作开发，经过 6 年努力，在炉况诊断等方面取得了一定成果。

综上所述，高炉炼铁已有的信息化系统偏重于基础自动化和生产计划管理，较少涉及冶炼全过程的优化控制，已有的模型或专家系统难以模拟高炉复杂的滞后变化和过程变量对高炉操作的影响，对异常炉况预报和处理作用不大。另外，高炉内部工作状态诊断困难，操作仍以人工经验和主管判断为主，炼铁数据未能全利用。

3.5 高炉大数据建模与智能优化

制造业数字化、网络化、智能化是新一轮工业革命的核心技术，是钢铁工业转型的制高点、突破口和主攻方向。钢铁工业是国民经济的重要基础产业，要实现可持续协调发展，必须在信息化和工业化深度融合的基础上，通过物联网、云计算、移动互联网、大数据等技术的应用，加快实现自动化、数字化、智能化制造进程，构建具有高价值、低成本、低资源消耗、低污染的新型生产管理模式，这是钢铁行业提高自身竞争力的战略选择。

高炉工艺为“黑箱”操作，冶炼工艺过程不可预见。高炉在长期运行过程中，会积累大量冶炼过程数据，充分发挥大数据的价值，并通过人工智能技术深度挖掘大数据中蕴藏的内在规律，有效预测和指导生产，最终实现精细化、智能化炼铁，对于钢铁行业意义重大。

以检化验数据、MES 系统的生产计划数据、DCS 系统的过程控制数据、ERP 系统的成本设备数据、模型计算及分析结果形成的数据和现场实际生产过程中的经验数据等为核心，整合铁前全流程数据，构建高炉私有云；利用大数据分析技术，对可观测历史数据进行梳理性关联分析，同时，结合高炉冶炼机理深度解析，挖掘高炉内部耦合规律，为操作规则制定提供参考，改善专家系统的普适性；实现数据的深度挖掘，挖掘多个工序和领域之间的关联规律，诠释高炉生产全过程全时段的客观状态，发现炉况征兆间的关联关系和诸多状况间的规律性；通过机器学习等技术，挖掘数据中蕴含的价值，构建基于大数据的高炉生产预报系统，突破传统专家系统的局限性，实现高炉生产过程的精确预报、异常炉况的准确判断和操作水平的优化指导；提供自主学习环境，为各级操作人员学习提供参考。高炉大数据建模与智能优化系统的整体架构如图 3-6 所示，其中，数据感知层完成铁前全流程数据的整合，数据分析与存储层实现高炉大数据的数据分析与挖掘，数据应用层利用数据分析与挖掘的结果完成解析与建模，数据展现层为炉长操作、高炉日常维护、管理和操作学习提供服务和指导。

3.5.1 高炉大数据建模与智能优化系统设计

通过物联网搭建前端高炉大数据采集和传输系统，通过云平台进行大数据的处理和分析，有效提升企业管理效率和生产流程优化，促进传统钢铁企业走向智慧化钢铁企业。在不影响钢铁企业既有系统和应用架构的前提下，通过整合现有高炉信息系统，构建企业内高炉大数据私有云服务系统。通过大数据云平台交互

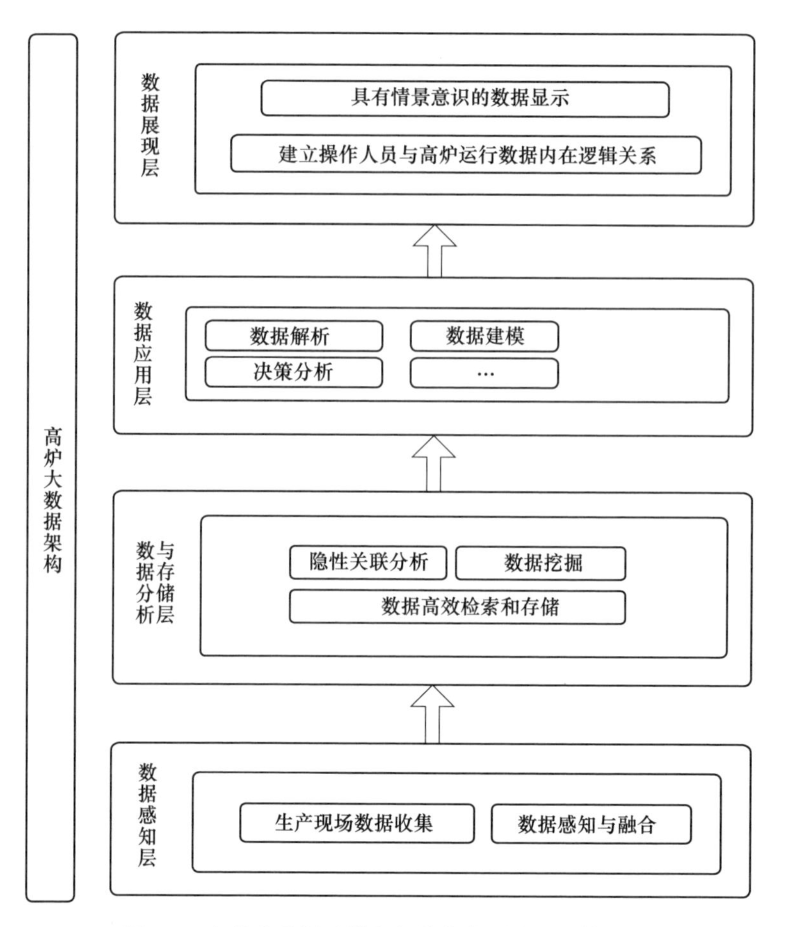

图 3-6　高炉大数据建模与智能优化系统的整体架构

功能设计与研发，实现高炉大数据采集、数据处理、数据存储、客户端交互。

由边缘计算机完成高炉生产实时数据采集和数据预处理，在高炉私有云部署数据关联分析与挖掘系统、高炉机理建模与数字化模拟系统、高炉过程分析与预测及炉况综合评价系统、工长支持系统、基于数据的自主学习系统和高炉可视化系统。

（1）高炉私有云。高炉私有云为在网络、服务器等硬件基础设施上提供依托，用于部署数据关联分析与挖掘系统、高炉机理建模与数字化模拟系统、高炉过程分析与预测及炉况综合评价系统、工长支持系统、智慧高炉可视化系统和基于数据的自主学习系统。

（2）高炉大数据关联分析与挖掘子系统。现行的操作制度是基于炉长经验的操作参数设置模式，没有充分利用过程工况指标与各操作参数之间的影响关系。该子系统的功能主要包括：冶炼参数间的关联分析、操作规则的关联分析和历史数据溯源；从高炉大数据云平台获取高炉生产全流程数据，分析高炉炼铁PLC生产操作数据、工业传感器检测数据、LIMES系统的检化验数据、MES系统的生产计划数据、DCS系统的过程控制数据和ERP系统的成本设备数据等，利用上述数据归纳、分析、预报和监控高炉工长在操作中所关注的问题（高炉顺行、炉温控制、炉渣碱度、铁水质量、出铁出渣管理、炉型管理等），追溯高炉生产环节链中出现波动或者异常的主因和隐因，按照炉况稳定顺行、基本顺行、波动、炉况失常等挖掘各冶炼环节和工序之间的关联规则，为高炉冶炼操作规则制定提供依据。

（3）高炉机理建模与数字化模拟子系统。该子系统建立多流体高炉数学模型，建立数字化高炉仿真平台，深度解析高炉冶炼机理以及高炉多元多相多场强耦合的内部现象，合理预测高炉生产指标，形成炉况智能化预测技术；将高炉冶炼机理与数据分析融合，修正与重构高炉数学模型，基于操作工艺和实时数据分析诊断，优化操作工艺参数。

（4）高炉过程分析与预测子系统。该子系统从云平台获取历史数据，从关联分析与数据挖掘系统获取与预测相关的输入变量、与炉况异常相关的规则、与操作指导相关的综合操作指导规则，从机理建模与数字化模拟系统获取预报模型所需要的中间计算参数；最后，基于这些数据和规则，使用机器学习等大数据分析方法，对高炉生产过程中的炉况、质量、异常等进行分析、判断和预报，以更好地指导实际高炉操作。同时，该子系统还能够为机理模型仿真提供校正，从而帮助改进机理模型。

（5）炉长支持子系统。该子系统归纳、分析和监控炉长在操作中关注的问题，包括：炉型控制、顺行状态、长寿管理、成本控制、操作方针调整等方面，从实现高炉长期稳定顺行、降低成本的角度为炉长的操作提供参考。建立高炉顺行状态与高炉炉况的关联度，量化高炉操作调整范围，推送高炉操作指导建议。

（6）自主学习子系统。随着高炉冶炼生产过程的持续，操作调整优化可借鉴之前的案例。通过自主学习系统可查找历史数据中的相关参数、进行趋势等，实现自我学习和借鉴。

自主学习子系统提取历史环境变量、历史操作参数和操作变更等特征参数，提炼操作间的相互影响规律，给出炉况评价基本方法和炉长、工长操作实例，为人才培养提供有效的经验和环境。

3.5.2　基于关联分析的高炉大数据建模方法

3.5.2.1　面向高炉生产数据的关联规则

高炉生产具有明显“黑箱”特性，生产时各子环节的上百项参数变量间的耦合关系加强了冶炼的繁杂度。为了进一步明晰参数变量间的耦合关系和操作指导的影响，有必要从数据角度进一步研究能刻画生产和操作关系的建模方法。

关联规则一般可以描述如下：

给定一组数据集，$D = Database\{Trans_1, Trans_2, \cdots, Trans_m\}$ 表示数据库中包含 m 个 $I = \{i_1, i_2, \cdots, i_n\}$ 事务，表示共有 n 个项目集。一个关联规则是形如 $X \subset Y$ 的蕴含式，其中 X 和 Y 都是项目集，且 $X \subset I$，$Y \subset I$，并且 $X \cap Y = \varnothing$，其中 X 和 Y 分别称为关联规则 $Rule$：$X \to Y$ 的前提和结论。关联规则中有两个十分重要的标准分别是支持度（*Support*）和置信度（*Confidence*），其中规则 $Rule$ 的支持度定义为：X 和 Y 同时出现在同一个事务的概率；而规则 $Rule$ 的置信度定义为：X 在某事物中出现的条件下 Y 出现的概率，其数学公式描述如下：

$$Support(X \to Y) = Support(X \cup Y) = P(X \cup Y) \tag{3-8}$$

$$Confidence(X \to Y) = \frac{Support(X \to Y)}{Support(X)} = P(Y \mid X) \tag{3-9}$$

支持度表示关联规则在事务库中出现的频率，支持度越大表示规则在事务库中出现得越频繁。置信度是衡量规则关联规则算法挖掘规则的真实性和可信性，置信度越大表示该规则的可信性越强。当规则的支持度小而置信度很大时表示得到的规则非常罕见，但规则描述的准确度十分高。

高炉生产过程是典型的流程工业生产过程，其生产参数数据具有时序性，且蕴含信息丰富、关联性强。为此，需要对时间序列关联规则进行研究，研究对时间序列进行关联规则挖掘的算法 TSARM-UDP，并将该算法应用于高炉生产数据中发现具有时间关系的规则进而建立知识库。利用带有时间尺度的关联规则可以很好地发现多变量之间在时间上的联系，从而更好地起到辅助决策的作用。

A　一维时间序列关联规则

一维时间序列关联规则可以简单地描述为：如果 X 发生，Y 将在 T 单位时间之后发生，规则的形式是：$Rule(X \xrightarrow{T} Y)$。一维时间序列关联规则只包含两个项，其支持度计算为：

$$Support(X \xrightarrow{T} Y) = \frac{F(X, Y, T)}{|D| - T} \tag{3-10}$$

式中　$F(X, Y, T)$ ——满足条件：如果 X 在时间 t 时发生，则 Y 在 $t+T$ 时发生的事务的计数；

$|D|$ ——事务集中的总的事务数。

下面给出一维时序关联规则的置信度公式：

$$Confidence(X \xrightarrow{T} Y) = \frac{Support(X \xrightarrow{T} Y)}{Support(X)} \tag{3-11}$$

式中　$Support(X \xrightarrow{T} Y)$ ——可以使用式（3-10）计算；

$Support(X)$ ——X 的支持度。

B　多维时序关联规则

在高炉生产领域，时序关联规则的挖掘并不局限于两项之间的关联规则。我们希望发现多项之间的关联规则，而一维时序关联规则中的支持度和置信度的计算公式不能满足要求，我们必须将公式推广到多维时序关联规则。其中多维时序关联规则一般可以表述为：

$$Rule: X_1 \wedge X_2 \wedge X_3 \wedge \cdots \wedge X_m \xrightarrow{T} Y_1 \wedge Y_2 \wedge Y_3 \wedge \cdots \wedge Y_n \tag{3-12}$$

上述公式表示当 X_1，X_2，X_3，…，X_m 在 t 时刻出现时，经过 T 时间后 Y_1，Y_2，Y_3，…，Y_n 将同时出现。

多维时序关联规则的支持度和置信度公式的计算方法如下：

$$Support(X_1 \wedge X_2 \wedge X_3 \wedge \cdots \wedge X_m \xrightarrow{T} Y_1 \wedge Y_2 \wedge Y_3 \wedge \cdots \wedge Y_n) = \frac{F(X_1 \wedge X_2 \wedge X_3 \wedge \cdots \wedge X_m, Y_1 \wedge Y_2 \wedge Y_3 \wedge \cdots \wedge Y_n, T)}{|D| - T} \tag{3-13}$$

$$Confidence(X_1 \wedge X_2 \wedge X_3 \wedge \cdots \wedge X_m \xrightarrow{T} Y_1 \wedge Y_2 \wedge Y_3 \wedge \cdots \wedge Y_n) = \frac{Support(X_1 \wedge X_2 \wedge X_3 \wedge \cdots \wedge X_m \xrightarrow{T} Y_1 \wedge Y_2 \wedge Y_3 \wedge \cdots \wedge Y_n)}{Support(X_1 \wedge X_2 \wedge X_3 \wedge \cdots \wedge X_m)} \tag{3-14}$$

其中，式（3-13）中的 $F(X_1 \wedge X_2 \wedge X_3 \wedge \cdots \wedge X_m, Y_1 \wedge Y_2 \wedge Y_3 \wedge \cdots \wedge Y_n, T)$ 表示满足条件：当 X_1，X_2，X_3，…，X_m 发生时，经过 T 时间后，Y_1，Y_2，Y_3，…，Y_n 同时出现的事务的数量。

C　更新

在传统的关联规则研究算法中对于挖掘频繁项集的方法仅仅依赖于支持度阈值的方法，但是在某些事务并不是频繁出现在整个事务集中而是可能频繁出现在事务集中的一部分，利用传统的支持度阈值的方法很难挖掘到这样的规则。Hong 等人首次提出了 up-to-date patterns 的概念，利用 up-to-date patterns 的方法可以有效地挖掘出事务集中的隐含关联规则。

借鉴 UDP 方法中的不等式，并将其与 Apriori 算法相结合，利用修改的支持度以及置信度公式，挖掘多项之间的时序关联规则。不等式如下：

$$n\text{-}First\_ID(i) + 1 \leqslant \frac{count(i)}{min\_sup} \tag{3-15}$$

其中，$count(i)$ 表示项集 i 在数据库 D 中出现的总次数；$First\_ID(i)$ 表示项集 i 在 D 中第一次出现的位置；min_sup 表示最小支持度。

基于 UDP 的时间序列关联规则挖掘算法（TSARM-UDP）的目的是挖掘时间序列中多项之间的关联规则。具体步骤如下：

输入：事务数据库 D，时间 T，最小支持度 min_sup，最小置信度 min_conf。

输出：时序关联规则。

步骤 1：扫描数据库并形成候选一个项集 C_1 并记录每一个项集的 *Count* 值和 $Timelist(i)$。

步骤 2：对候选一个项集 C_1 中的项完成以下步骤：

子步骤 2.1：计算 C_1 中的每个项的支持度；

子步骤 2.2：对于 C_1 中满足支持度阈值的项将其放到 $Template\text{-}L_1$；将不满足支持度阈值的项放到 S_1 中，并运行步骤 3。

步骤 3：对 S_1 中的项完成以下步骤：

子步骤 3.1：对于 S_1 中的项，将其 $First\_ID(i)$ 设置为 $Timelist(i)$ 中的第一项并检验是否满足式（3-15），如果满足则将其保留在 S_1 中，否则运行子步骤 3.2。

子步骤 3.2：将不满足式（3-15）的项的 $Timelist(i)$ 中的下一项设置为 $First\_ID(i)$，并将 $count(i)$ 减 1 并返回子步骤 3.1，此过程直至 $count(i)$ 为 0 时停止。如果 $count(i)$ 为 0 时依然不满足式（3-15），则将该项集从 S_1 中删掉。

步骤 4：合并 S_1 和 $Template\_L_1$ 来形成频繁 1 项集，并设置 $r=1$，其中 r 表示目前处理的频繁项集的个数。

步骤 5：考虑项集的时序问题并产生候选 $r+1$ 项集。

步骤 6：仿照步骤 2 和步骤 3 生成频繁 $r+1$ 项集。

步骤 7：如果 L_{r+1} 为空，则执行下一步；否则，执行步骤 5 和步骤 6。

步骤 8：计算频繁项集的置信度和提升度，将满足置信度阈值的项集生成规则。

步骤 9：输出时序关联规则。

图 3-7 为 TSARM-UDP 算法与传统关联规则算法在所能挖掘到的频繁项集以及规则数量上的对比。由图 3-7 可知，所研究的算法 TSARM-UDP 不论在所能挖掘到的最大频繁项集上或者在规则的数量上都能优于传统的关联规则算法。通过所研究的算法可以有效地挖掘到传统关联规则无法找到的隐含关联规则，而且这些规则所描述的知识很难由专家经验获得。通过这些规则可以更好地起到辅助决策的作用，避免了以往高炉生产中大量依靠人为经验操作的问题。

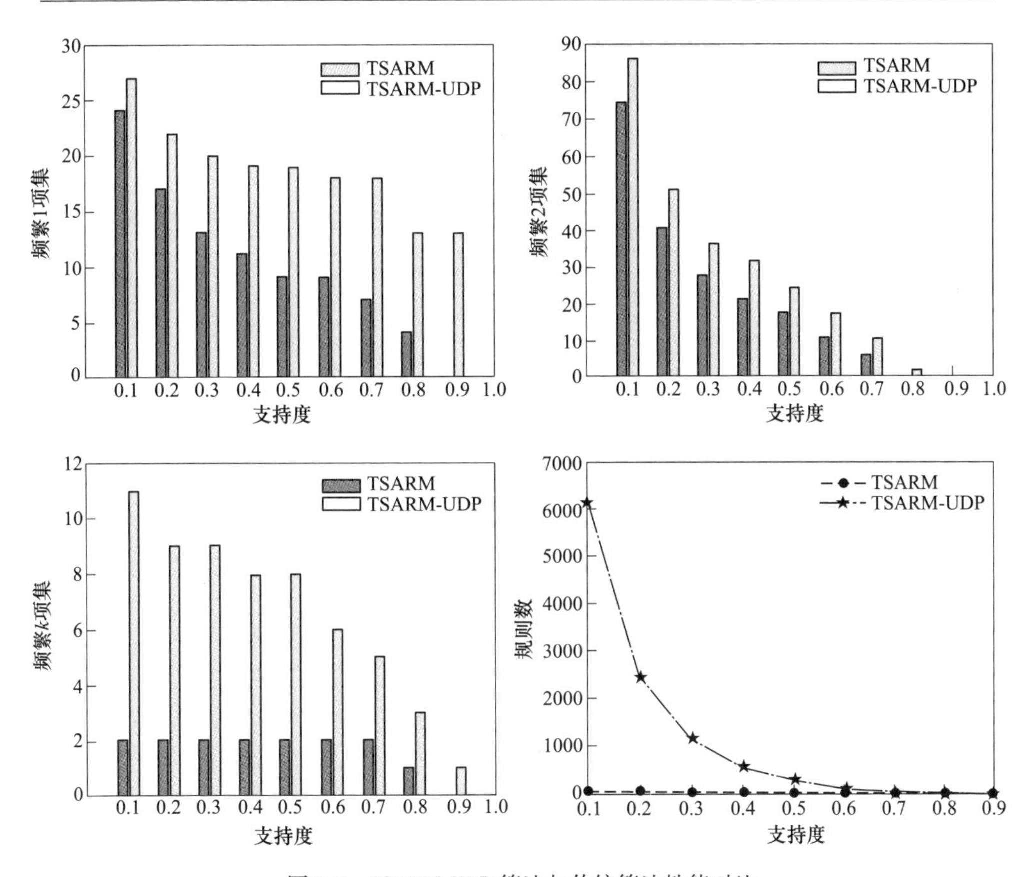

图 3-7 TSARM-UDP 算法与传统算法性能对比

3.5.2.2 基于数据关联规则分析的建模

自适应模糊神经推理系统（ANFIS）是一种新型的神经网络结构，其主要特点是同时结合了神经网络的学习能力和模糊推理可解释性的优点，目前，该方法已经广泛应用于工业生产过程中的关键指标预测。规则库是 ANFIS 系统中十分重要的一部分，其中规则的质量直接影响了 ANFIS 模糊推理的结果，因此构建一个高质量的规则库是十分必要的。

为了构建高质量的规则库，将表 3-1 中得到的时序关联规则挖掘得到的规则应用于 ANFIS 系统中，期待能得到更好的预测结果。具体地，将 TSARM-UDP 所挖掘得到的时序关联规则用于构建 ANFIS 中的规则库，并对高炉中关键指标透气性指数进行预测。ANFIS 操作流程图如图 3-8 所示，其中训练集样本和测试集样本的个数分别为 1240 和 154 组数据。首先将训练集数据输入到 ANFIS 中，其中输入变量分别为：风量、热风压力、实际风速、富氧量、富氧率、顶温平均值、实际喷煤量，PI 为输出数据。本实验中选用的模糊隶属度函数均为高斯隶属度函数；随后根据 TSARM-UDP 算法挖掘出的与 PI 值相关的时序关联规则编辑 ANFIS的规则库。ANFIS 训练过程中利用反向传播的方法更新系统参数，实验中将目标误差设为 0.01、训练周期为 5000 次。

表 3-1 TSARM-UDP 算法挖掘的规则

序号	规则	置信度	提升度
1	12→92	0.95491	1.0881
2	32→102	0.94573	1.0633
3	43→92	0.88889	1.0129
4	12 43→102	0.93939	1.0562
5	12 52→102	0.96122	1.1359
6	43 52→92	0.98271	1.1198
7	43 63→92	0.88718	1.0109
8	52 63→92	0.98968	1.1277
9	43 52→92 102	0.94236	1.1172
10	12 43→92 102	0.93939	1.1136

将 TSARM-UDP 算法、LTARM 挖掘得到的时序关联规则分别应用 ANFIS 系统预测 PI 值，预测结果如图 3-9 和图 3-10 所示。图 3-11 为不使用时序关联规则时 ANFIS 系统的预测结果。

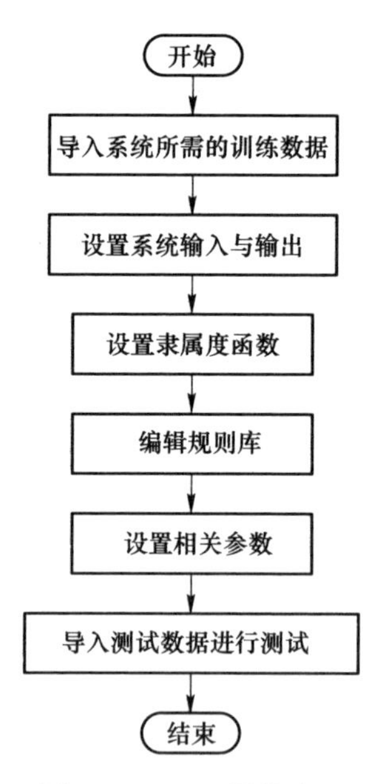

图 3-8 ANFIS 操作流程

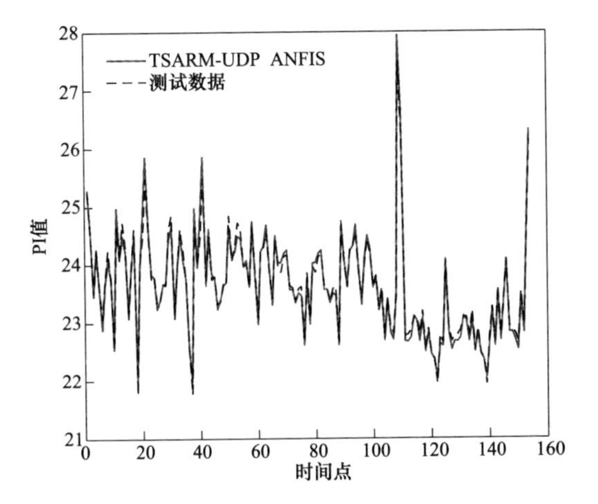

图 3-9 TSARM-UDP ANFIS 输出

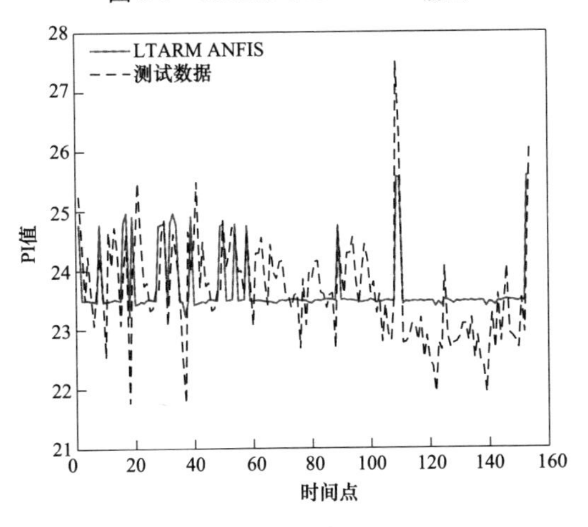

图 3-10 LTARM ANFIS 输出

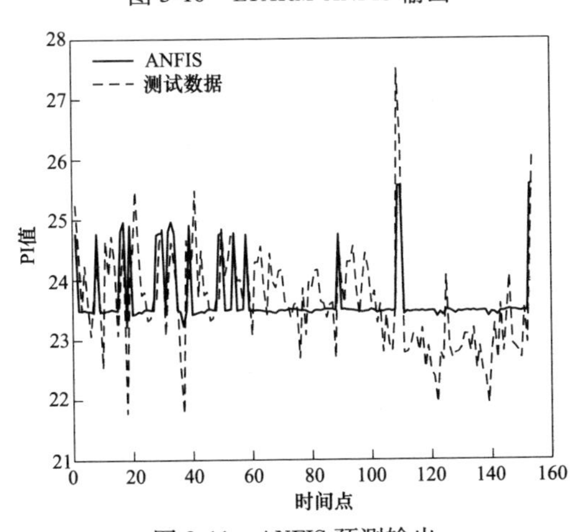

图 3-11 ANFIS 预测输出

通过表 3-2 中 RMSE 的对比以及图 3-11 所示预测结果的对比，可以看出，通过将 ANFIS 与时序关联规则相结合的方式可以提升预测的精度。

表 3-2　预测结果 RMSE 对比

方　法	RMSE 值
TSARM-UDP ANFIS	0. 0143
LTARM ANFIS	0. 0443
ANFIS	0. 0447

3. 5. 3　基于高炉大数据的生产指标智能预测方法

长期稳定的运行是高炉高产低耗的前提，也是延长高炉寿命的必要条件。面向高炉生产过程的复杂性、非线性以及强耦合、多变量、难测量等特点，基于高炉大数据分析研究多变量智能预测模型，对高炉生产过程进行建模。以透气性指数预测为例，整个系统分为两部分：首先离线建立不同工况下透气性指数多变量预测模型；然后运用模糊逻辑推理建立各模型输出、实际输出与模型权重之间的对应关系，并对其进行在线调整以优化预测过程。研究结果表明：采用此方法计算周期短，对被控对象的变化有较强的鲁棒性；该系统预测误差小，能够快速适应工况的变化，实用性好。

由于高炉冶炼过程环境复杂、传感器自身的局限、网络传输不畅等多种原因，高炉检测数据往往存在数据质量不高的问题，这对于基于高炉大数据建模以及后续智能优化将产生巨大影响；利用包含异常数据和缺失数据建立的模型不能正确刻画高炉的实际生产状态，必须对数据进行预处理。

高炉作为特殊的工业生产对象，具有明显的个体差异，这种特殊性在高炉生产数据中的表现可以理解为：正常的炉况对应的某个状态参数的均值和标准差不同，甚至具有较大差距；在相同的生产条件下，对应的炉况也不尽相同。为此，将高炉参数划分为两类：一类是操作参数，另一类是状态参数。操作参数是高炉操作人员根据自己多年的高炉冶炼经验做出的总结，因此操作参数的值因人而异，其中包含了个人的经验因素，因此操作参数并不一定能完全正确地反映炉况。

高炉在冶炼过程中通过传感器采集操作参数和状态参数等表征高炉炉况的信息，这些参数对于建模的重要性不同；另外，这些参数之间存在冗余。因此，还需对参数关联性进行分析。

综上分析，由于高炉现场操作环境复杂，从高炉现场获得的高炉生产数据包含大量噪声，需预先对数据进行噪声处理。采用小波分析法对数据进行去噪，以高炉透气性指数为例，去噪效果如图 3-12 所示。

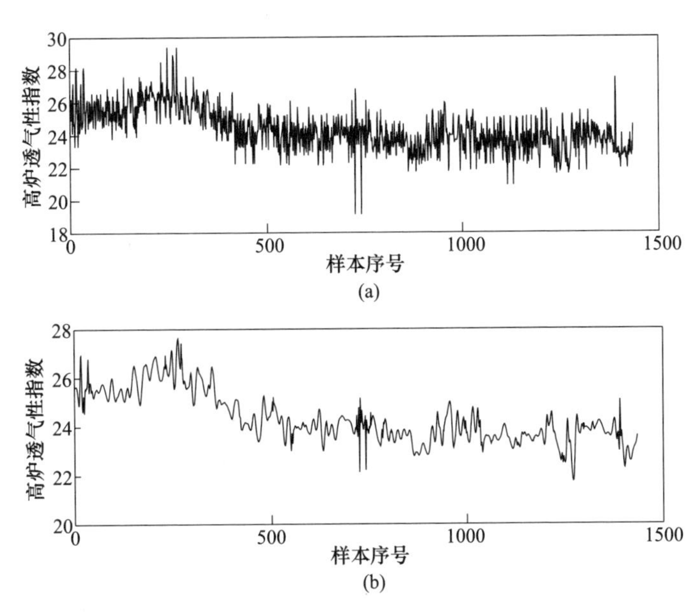

图 3-12　高炉透气性指数去噪效果
（a）去噪前；（b）去噪后

由高炉内部的机理分析确定影响高炉透气性指数的变量。经过互信息分析各个操作变量之间的相关程度，最终确定选择的输入变量为风量、风温、热风压力、富氧量、鼓风动能以及前一时刻的高炉透气性指数。由表 3-3 可知，输入变量与透气性指数的互信息系数都大于 0.5，即具有强相关性。

表 3-3　各个操作变量与预测指标之间的互信息系数

操作参数	互信息
风量	0.6497
风温	0.6965
热风压力	0.6532
富氧量	0.7817
鼓风动能	0.7880
前一时刻高炉的透气性指数	0.8028

基于 BA 优化算法的 TS 模糊神经网络预测模型的输入层包含了 6 个变量，即 6 个输入节点。其中，涉及 k 时刻以及 $k-1$ 时刻的操作参数，包含了对被预测对象影响较大的各个操作变量。预测模型的隐含层选取 12 个节点，输出层为高炉的透气性指数。模糊神经网络各层节点的隶属函数为高斯函数，训练误差作为 BA 优化算法的适应度函数。BA 优化算法对 TS 模糊神经网络的连接权，隶属函数的中心和宽度进行寻优。将最后一次的优化结果作为预测模型的最终参数，选

择未参与训练的数据测试模型的泛化性能。

采用某钢厂某号高炉的生产过程的 1500 组实测数据，并对数据进行归一化处理。其中，将 1200 组作为训练数据，300 组作为测试数据进行高炉透气性指数预测建模，结果如图 3-13 和图 3-14 所示。从图中可以看出，高炉透气性指数的

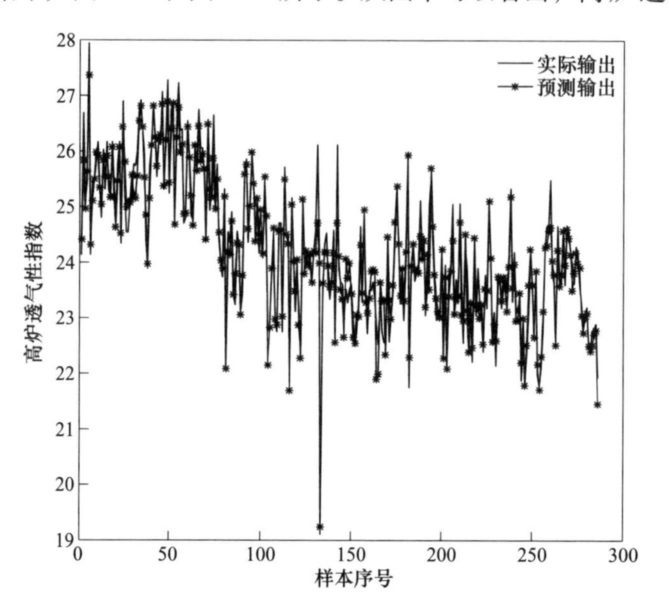

图 3-13　高炉透气性指数预测效果

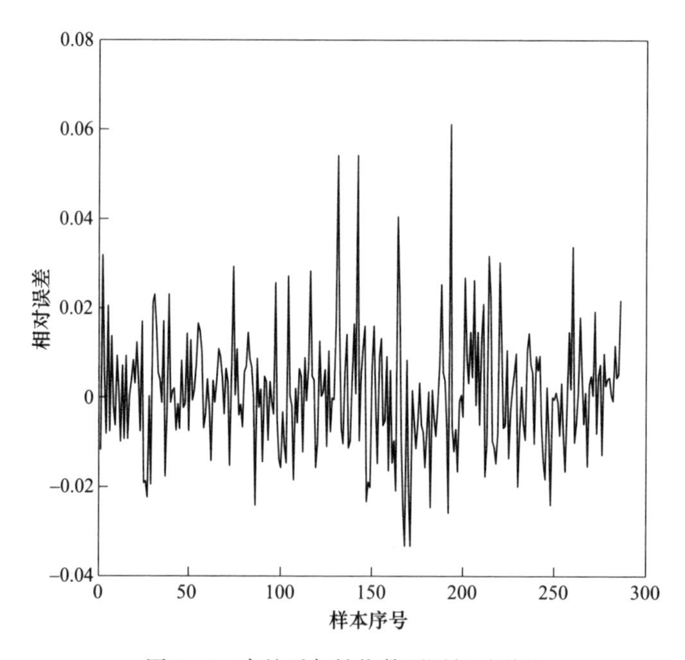

图 3-14　高炉透气性指数预测相对误差

预测值与实际数据中的测试分量接近吻合，相对误差小于8%，满足生产现场的要求；并且分别与基于粒子群优化算法的TS模糊神经网络模型（PSO-TS-FNN）和TS模糊神经网络基础模型（TS-FNN）进行对比，对比结果见表3-4。从表3-4中可以看出，基于大数据的建模方法得到的预测结果精度较好，可满足现场生产需要。

表3-4 三种模型的MSE指标对比

项目	TS-FNN	PSO-TS-FNN	BA-TS-FNN
训练集	0.0104	0.0100	0.0096
测试集	0.0312	0.0262	0.0197

4 炼钢过程智能模型与优化

炼钢是钢铁生产流程中很重要的工序,将大数据技术、智能算法、机器学习等新理论和新技术引入到炼钢生产中，实现智能炼钢是钢铁工业智能制造的重要环节。

现代转炉炼钢流程包括铁水预处理→顶底复吹转炉炼钢→炉外精炼（RH真空精炼、LF精炼）→连铸主要生产工序。铁水预处理、转炉炼钢吹炼和炉外精炼都属于渣-金-气的多相反应动态变化的复杂黑箱系统，涉及高温熔体的成分和温度、操作工艺等诸多参数的相互影响，这些影响因素具有强耦合、多变量、非线性的特点，使得铁水预处理、转炉炼钢和炉外精炼过程精准控制非常困难。

炼钢过程控制经历了经验控制、静态控制、动态控制、全自动控制、智能控制五个阶段。传统的炼钢自动化数学模型（如传统机理模型、增量模型、神经网络模型、经验模型、统计模型、专家系统等）的不足之处是适应性差，精度需要进一步提高，智能程度低，只能进行局部优化，不能用于高精度的动态协调控制和全局优化。

基于信息化、数字化、网络化、大数据技术和云计算背景下的智能制造，可以优化生产工艺过程，提升生产效率和技术经济指标。钢铁智能制造对于在钢铁生产过程中减少碳排放，降低原材料消耗，减少污染物排放，改善环境，高效化生产，稳定产品质量，降低成本等具有重要的意义。

利用“工业大数据+人工智能+冶金机理”建立智能数学模型，开发与铁水预处理、转炉吹炼、炉外精炼物理实体完全对应的、具有感知、分析、决策、执行能力的数字孪生系统，使其能够真实地反映实际炼钢过程的行为和状态，增强模型的适应性和智能水平，实现铁水预处理、转炉吹炼、炉外精炼智能优化控制，提高控制命中率，为炼钢系统的智能制造以及从炼铁、炼钢、连铸到轧钢整个产线实施智能制造打下基础。在铁水预处理、转炉炼钢、炉外精炼方面，可以实现降低炼钢物耗和能耗、提高钢水质量、提高生产效率、降低生产成本、达到绿色低碳生产的目的。

不论何种智能建模方法，都离不开数据，要对被控对象实现智能控制，需要建立智能模型。用大数据建模，除了需要了解过程机理外，还需要应用相应的智能算法。因此，在生产过程智能控制中，“大数据是基础，智能模型是核心，智能算法是手段”。本章主要涉及建立铁水预处理、转炉炼钢的智能模型和优化方面的内容。

4.1 铁水预处理脱硫智能模型

铁水预处理脱硫技术是洁净钢生产中的一个重要工艺，有助于降低焦比和高炉脱硫负荷。在炼钢过程中，低硫铁水可以减少渣量，提高产量。将铁水预处理脱硫、转炉炼钢和二次精炼相结合，可以实现超低硫钢的冶炼，从而满足消费者对钢材质量不断提高的需求。

目前，常见的铁水预处理脱硫工艺有单喷金属镁脱硫、混喷金属镁-石灰脱硫和 KR 机械搅拌脱硫。

4.1.1 铁水单喷金属镁脱硫机理模型

铁水单喷金属镁脱硫技术是 20 世纪 60 年代苏联乌克兰钢铁研究院开发成功的。单喷金属镁脱硫技术是用氮气作载气，将金属镁固体粉粒吹入铁水内部一定深度，镁溶于铁水中后与铁水中的硫结合生成稳定的硫化镁化合物，并随喷吹气泡上浮进入渣中，达到铁水脱硫的目的。载气的气泡上浮作用既可以加速脱硫剂的熔化和溶解，也大大增加了反应界面，同时还强烈搅拌铁水，加速了脱硫反应的传质过程和反应速率。以下介绍铁水预处理单喷金属镁脱硫的智能建模方法。

金属镁的脱硫反应为：

$$[\mathrm{Mg}] + [\mathrm{S}] = (\mathrm{MgS})_{\mathrm{s}} \tag{4-1}$$

脱硫反应的平衡常数为：

$$\log K_{\mathrm{Mg}} = \log f_{\mathrm{S}} w(\mathrm{S}) f_{\mathrm{Mg}} w(\mathrm{Mg}) = \frac{-17026}{T} + 5.161 \tag{4-2}$$

式中 K_{Mg}——金属镁脱硫反应平衡常数；

f_{S}，f_{Mg}——硫和镁在铁液中的活度系数；

$w(\mathrm{S})$，$w(\mathrm{Mg})$——硫和镁的质量分数，%；

T——铁水温度，K。

对于碳饱和的铁液，在 1260℃ 时，$f_{\mathrm{Mg}} = 0.22$。硫的活度系数可以由下式计算。

$$\log f_{\mathrm{S}} = e_{\mathrm{S}}^{\mathrm{S}} w(\mathrm{S}) + e_{\mathrm{S}}^{\mathrm{C}} w(\mathrm{C}) + e_{\mathrm{S}}^{\mathrm{Si}} w(\mathrm{Si}) + e_{\mathrm{S}}^{\mathrm{Mn}} w(\mathrm{Mn}) + e_{\mathrm{S}}^{\mathrm{P}} w(\mathrm{P}) \tag{4-3}$$

其中，$e_{\mathrm{S}}^{\mathrm{S}} = -0.046$，$e_{\mathrm{S}}^{\mathrm{C}} = 0.11$，$e_{\mathrm{S}}^{\mathrm{Si}} = 0.075$，$e_{\mathrm{S}}^{\mathrm{Mn}} = -0.026$，$e_{\mathrm{S}}^{\mathrm{P}} = 0.035$。

在高温下发生在渣金界面上的脱硫反应达到平衡，可得：

$$w(\mathrm{Mg})^* = \frac{K_{\mathrm{Mg}}}{f_{\mathrm{S}} f_{\mathrm{Mg}} w(\mathrm{S})^*} \tag{4-4}$$

式中，上角标 * 表示在渣金界面处。脱硫反应的反应物向渣金反应界面的传质通量为：

$$J_{\mathrm{Mg}} = k_{\mathrm{Mg}}(C_{\mathrm{Mg}} - C_{\mathrm{Mg}}^*) \tag{4-5}$$

$$J_{\mathrm{S}} = k_{\mathrm{S}}(C_{\mathrm{S}} - C_{\mathrm{S}}^*) \tag{4-6}$$

式中　J——传质通量，$\mathrm{mol/(m^2 \cdot s)}$；

k——传质系数，m/s；

C——反应物浓度，$\mathrm{mol/m^3}$；

上角标 * ——渣金界面；

下角标 S，Mg——铁液中的硫和镁。

假定脱硫反应中的反应物向反应界面传质的传质通量相等，即

$$k_{\mathrm{Mg}}(C_{\mathrm{Mg}} - C_{\mathrm{Mg}}^*) = k_{\mathrm{S}}(C_{\mathrm{S}} - C_{\mathrm{S}}^*) \tag{4-7}$$

由体积摩尔浓度与质量分数的关系：

$$C_i = \frac{w(i)}{100} \times \frac{\rho_{\mathrm{hm}}}{M_i} \tag{4-8}$$

可得：

$$k_{\mathrm{Mg}}(w(\mathrm{Mg}) - w(\mathrm{Mg})^*) \frac{1}{M_{\mathrm{Mg}}} = k_{\mathrm{S}}(w(\mathrm{S}) - w(\mathrm{S})^*) \frac{1}{M_{\mathrm{S}}} \tag{4-9}$$

$$w(\mathrm{Mg}) - w(\mathrm{Mg})^* = \frac{M_{\mathrm{Mg}} k_{\mathrm{S}}}{M_{\mathrm{S}} k_{\mathrm{Mg}}}(w(\mathrm{S}) - w(\mathrm{S})^*) \tag{4-10}$$

$$w(\mathrm{Mg})^* = w(\mathrm{Mg}) - \frac{M_{\mathrm{Mg}} k_{\mathrm{S}}}{M_{\mathrm{S}} k_{\mathrm{Mg}}}(w(\mathrm{S}) - w(\mathrm{S})^*) \tag{4-11}$$

$$\frac{K_{\mathrm{Mg}}}{f_{\mathrm{S}} f_{\mathrm{Mg}} w(\mathrm{S})^*} = w(\mathrm{Mg}) - \frac{M_{\mathrm{Mg}} k_{\mathrm{S}}}{M_{\mathrm{S}} k_{\mathrm{Mg}}}(w(\mathrm{S}) - w(\mathrm{S})^*) \tag{4-12}$$

$$\frac{K_{\mathrm{Mg}}}{f_{\mathrm{S}} f_{\mathrm{Mg}}} = w(\mathrm{S})^* \left(w(\mathrm{Mg}) - \frac{M_{\mathrm{Mg}} k_{\mathrm{S}}}{M_{\mathrm{S}} k_{\mathrm{Mg}}} w(\mathrm{S}) \right) + \frac{M_{\mathrm{Mg}} k_{\mathrm{S}}}{M_{\mathrm{S}} k_{\mathrm{Mg}}} w(\mathrm{S})^{*2} \tag{4-13}$$

$$\frac{K_{\mathrm{Mg}} M_{\mathrm{S}} k_{\mathrm{Mg}}}{f_{\mathrm{S}} f_{\mathrm{Mg}} M_{\mathrm{Mg}} k_{\mathrm{S}}} = w(\mathrm{S})^* \left(\frac{M_{\mathrm{S}} k_{\mathrm{Mg}}}{M_{\mathrm{Mg}} k_{\mathrm{S}}} w(\mathrm{Mg}) - w(\mathrm{S}) \right) + w(\mathrm{S})^{*2} \tag{4-14}$$

令

$$b = \frac{M_{\mathrm{S}} k_{\mathrm{Mg}}}{M_{\mathrm{Mg}} k_{\mathrm{S}}} w(\mathrm{Mg}) - w(\mathrm{S}),\quad c = -\frac{K_{\mathrm{Mg}} M_{\mathrm{S}} k_{\mathrm{Mg}}}{f_{\mathrm{S}} f_{\mathrm{Mg}} M_{\mathrm{Mg}} k_{\mathrm{S}}} \tag{4-15}$$

代入式（4-14），得：

$$w(\mathrm{S})^{*2} + b w(\mathrm{S})^* + c = 0 \tag{4-16}$$

方程式（4-16）的解为：

$$w(\mathrm{S})^{*}=\frac{-b \pm \sqrt{b^{2}-4c}}{2} \tag{4-17}$$

硫的界面浓度应满足：$w(\mathrm{S})_0>w(\mathrm{S})^{*}>0$。得到硫的界面浓度 $w(\mathrm{S})^{*}$后，利用式（4-4）就可计算出镁的界面浓度 $w(\mathrm{Mg})^{*}$。

由脱硫反应引起的铁液中镁的浓度变化速率为：

$$\left(\frac{\mathrm{d}w(\mathrm{Mg})}{\mathrm{d}t}\right)_{\mathrm{MgS}}=-\frac{k_{\mathrm{Mg}}A}{V_{\mathrm{m}}}(w(\mathrm{Mg})-w(\mathrm{Mg})^{*}) \tag{4-18}$$

式中 A——渣金界面反应的面积，m^2；

V_{m}——铁液的体积，m^3。

因镁脱硫反应，铁液中硫的浓度变化速率：

$$\left(\frac{\mathrm{d}w(\mathrm{S})}{\mathrm{d}t}\right)_{\mathrm{MgS}}=-\frac{k_{\mathrm{S}}A}{V_{\mathrm{m}}}(w(\mathrm{S})-w(\mathrm{S})^{*}) \tag{4-19}$$

在脱硫过程中，金属镁是通过载气和喷枪向铁液连续喷入的，若金属镁的喷吹速率为 $m_{i,\mathrm{Mg}}$，并考虑镁在铁液中的溶解得：

$$\frac{\mathrm{d}w(\mathrm{Mg})}{\mathrm{d}t}=R_{\mathrm{Mg}}\frac{m_{i,\mathrm{Mg}}}{W_{\mathrm{m}}}\times 100+\left(\frac{\mathrm{d}w(\mathrm{Mg})}{\mathrm{d}t}\right)_{\mathrm{MgS}} \tag{4-20}$$

初始条件： $t=0,\ w(\mathrm{S})=w(\mathrm{S})_0,\ w(\mathrm{Mg})=0$ （4-21）

式中 R_{Mg}——喷吹的镁溶解到铁液中的分率；

$m_{i,\mathrm{Mg}}$——镁的喷吹速率，kg/s；

W_{m}——铁液质量，kg；

t——时间，s。

根据铁液初始硫和镁含量的初始条件，利用式（4-18）~式（4-20）可以求得铁液硫含量、镁含量随时间的变化。根据铁水初始硫含量和预处理终点要求的硫含量，就可以确定脱硫需要喷吹的金属镁量。根据喷吹金属镁的速率，可以确定预处理喷吹金属镁的喷吹时间，从而实现对铁水喷镁脱硫过程的控制。

在铁水预处理喷吹金属镁脱硫的模型中，硫、镁在铁液中的传质系数 k_{S}、k_{Mg}、渣金反应界面积 A 和喷入的镁溶解到铁液中的分率 R_{Mg}是未知数，将传质系数与渣金反应界面积的乘积 $k_{\mathrm{S}}A$ 和 $k_{\mathrm{Mg}}A$ 分别合并为相应的一个未知数，分别称为硫和镁的容量传质系数 V_{S}、V_{Mg}。这些参数与脱硫工艺有关，需要利用实际铁水预处理喷吹金属镁脱硫的大数据和智能算法来建立这些参数预测的模型。

4.1.2 脱硫机理模型参数多元线性回归预测

根据某炼钢厂的铁水预处理喷吹金属镁脱硫的数据，进行多元线性回归，得到脱硫模型的参数预测方程为：

$$V_S = 1.7115 - 2.0001 \times 10^{-4} T_m + 0.1556 w(S)_0 + 2.0998 \times 10^{-3} W_m - 0.9212 w(S)_e + 2.7615 w(Si)_0 - 3.0354 \times 10^{-5} w(Mn)_0 - 7.9526 \times 10^{-5} w(P)_0 \tag{4-22}$$

$$V_{Mg} = 5.2196 - 1.8000 \times 10^{-3} T_m - 3.7500 w(S)_0 - 1.2800 \times 10^{-2} W_m + 2.9224 w(S)_e + 2.6859 \times 10^{-5} w(Si)_0 - 2.5406 \times 10^{-5} w(Mn)_0 - 1.2526 \times 10^{-5} w(P)_0 \tag{4-23}$$

$$R_{Mg} = 0.7370 - 2.6811 \times 10^{-4} T_m + 4.8417 w(S)_0 - 4.0171 \times 10^{-3} W_m - 6.1119 w(S)_e + 0.0340 w(Si)_0 + 3.1982 \times 10^{-2} w(Mn)_0 - 0.5834 w(P)_0 \tag{4-24}$$

式中　T_m——铁水温度,℃;

$w(S)_0$, $w(Si)_0$, $w(Mn)_0$, $w(P)_0$——铁水初始硫、硅、锰、磷含量,%;

W_m——铁水质量, kg;

$w(S)_e$——铁水脱硫终点要求的硫含量,%。

利用上述模型对实际的铁水预处理喷吹金属镁脱硫的耗镁量进行预测，得到的耗镁量计算值与实际值的比较如图 4-1 所示，图 4-2 为其中的一包铁水喷吹金属镁脱硫的铁水条件、脱硫终点条件、模型参数、喷吹参数以及铁水中硫和镁含量随喷吹时间的变化。图 4-3 给出了不同包次的脱硫模型参数 V_S、V_{Mg}、R_{Mg}，由图可知，硫的容量传质系数变化不大，在 2.1~2.2m^3/s 之间波动，镁的容量传质系数和镁溶解比率变化较大，镁的容量传质系数主要在 1.50~1.75m^3/s 之间波动，镁溶解比率主要在 0.7~0.9 之间变化。图 4-4 为连续 360 包次的计算耗镁量与实际耗镁量的比较，表 4-1 为总的预测包次在不同控制精度下的命中率。

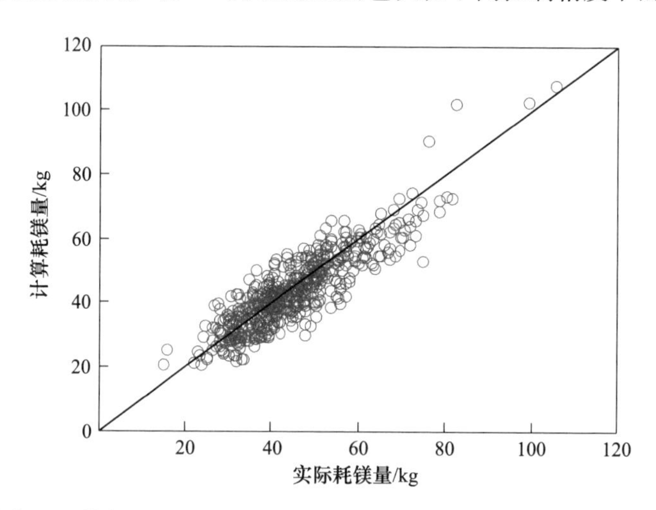

图 4-1　铁水预处理喷吹金属镁脱硫耗镁量计算值与实际值的比较

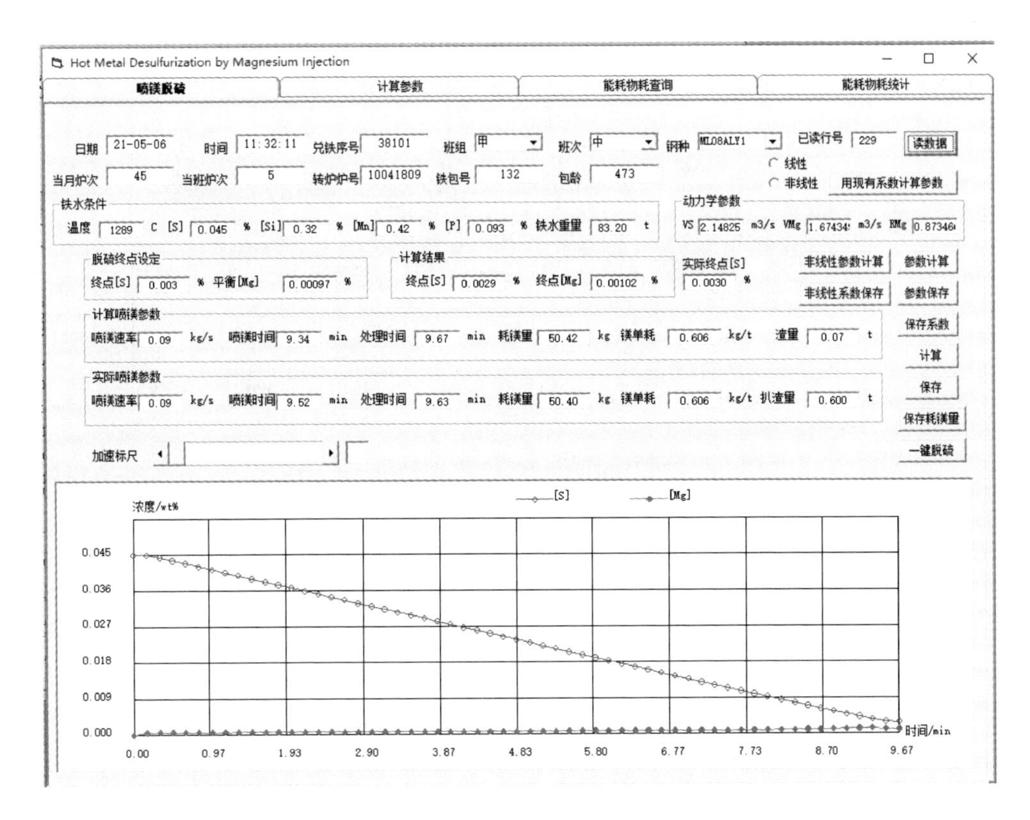

图 4-2 铁水预处理喷镁脱硫界面

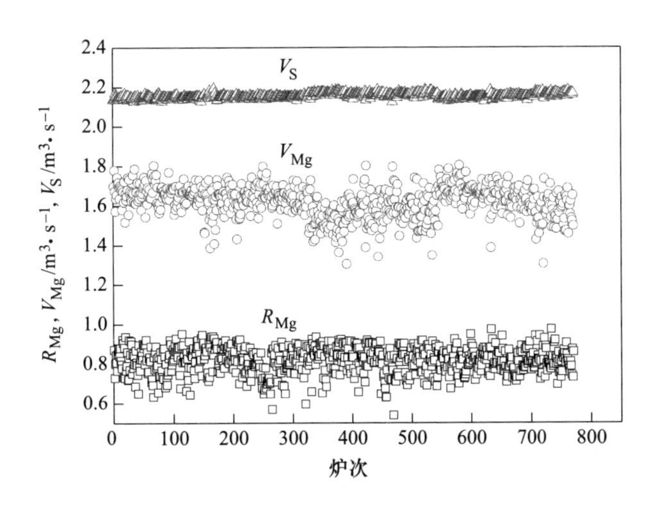

图 4-3 铁水预处理喷吹金属镁脱硫模型参数

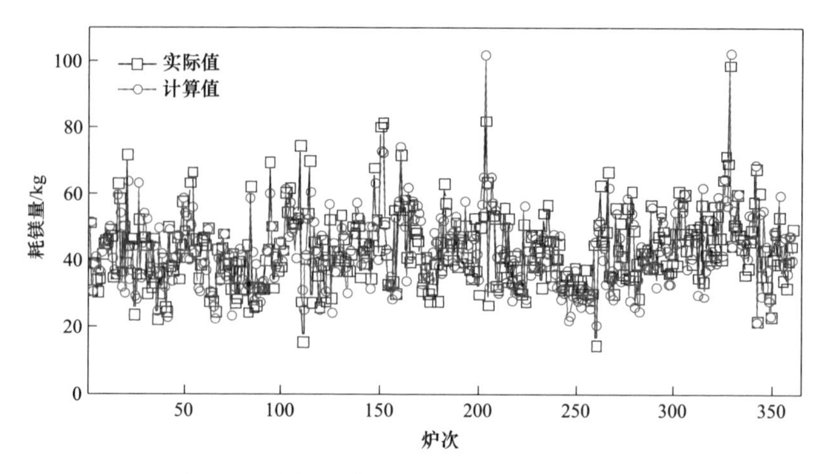

图 4-4　不同炉次实际耗镁量与计算耗镁量对比

表 4-1　不同控制精度下参数多元线性回归预测的脱硫模型的耗镁量命中率

控制精度/kg	±5	±8	±10
命中率/%	64	82	91

上述利用线性回归确定喷镁脱硫模型动力学参数的方法虽然简单易行，回归修正后的模型也能够在一定程度上适应具体现场的工艺情况。然而，该模型本质上是对整个脱硫反应过程的机理简化，对于反应过程的复杂性、作用关系的非线性、工况条件的多样性等问题难以兼顾，很大程度上限制了模型精度。

4.1.3　脱硫机理模型参数 ELM 神经网络预测

另一种可利用的建模手段是数据建模方法，由于其具有自适应能力强和学习简单等优点，此类方法已被一些学者用来开发炼钢过程钢水温度、成分等关键参数的预报模型，在实际应用中取得了一定的成果。然而，此类模型是一种黑箱模型，其预测表现完全由训练数据决定，数据需求量大，对训练数据中的噪声和离群点很敏感，容易发生过拟合问题，而且当工况变化时，此类模型的预测精度会显著退化。更重要的是，由于实际喷吹过程只进行 1 次终点采样，导致生产数据不能提供足够的过程动态信息，因此直接利用数据建模方法构建起来的纯黑箱模型，模型的泛化性与可靠性问题较为突出。

为了克服上述模型的缺点，这里提出一种混合结构的脱硫预报模型。该模型能够结合机理模型和数据建模方法的优势，具有像机理模型一样的实时预报能力，同时可以较好地学习机理模型中的难确定参数，并能够根据工况的变化进行参数的自适应调整，从而提供更优的预测精度。该硫含量混合预报模型原理如图 4-5所示。

这里采用极限学习机（Extreme Learning Machine，ELM）神经网络算法作为参数估计器的数据建模算法，ELM 是一种单隐含层前馈神经网络的快速学习算法，

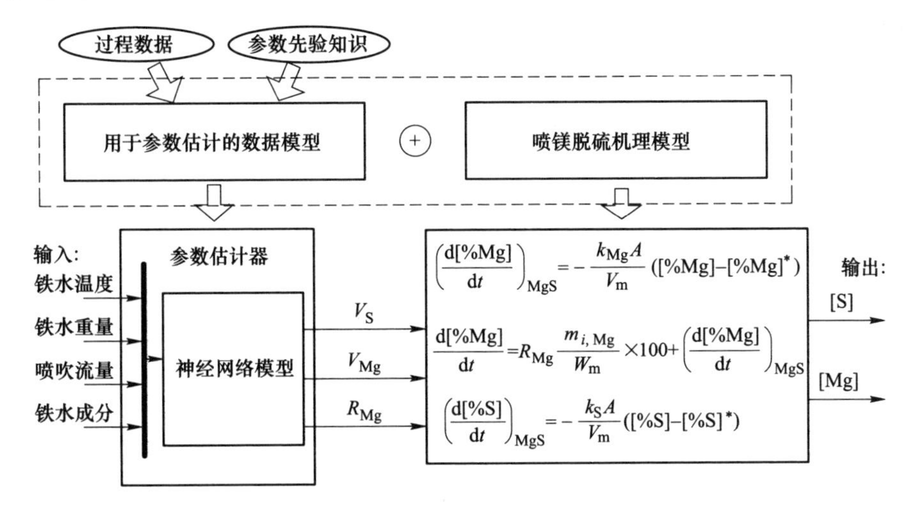

图 4-5 硫含量混合预报模型原理图

具有良好的学习能力，可以克服传统梯度算法常有的局部极小和过拟合等问题。

由喷吹脱硫过程的机理分析可知，铁水条件、喷吹速率是影响反应动力学的相关因素，因此将其作为 ELM 神经网络的输入。这样基于 ELM 的参数估计模型可以表示为：

$$f_{\text{para}}^{V_S}(\boldsymbol{x}) = \sum_{i=1}^{\tilde{N}} \beta_i^{V_S} \cdot h_i = \sum_{i=1}^{\tilde{N}} \beta_i^{V_S} \cdot \varphi(\boldsymbol{w}_i^T \cdot \boldsymbol{x} + b_i) \tag{4-25}$$

$$f_{\text{para}}^{V_{Mg}}(\boldsymbol{x}) = \sum_{i=1}^{\tilde{N}} \beta_i^{V_{Mg}} \cdot h_i = \sum_{i=1}^{\tilde{N}} \beta_i^{V_{Mg}} \cdot \varphi(\boldsymbol{w}_i^T \cdot \boldsymbol{x} + b_i) \tag{4-26}$$

$$f_{\text{para}}^{R_{Mg}}(x) = \sum_{i=1}^{\tilde{N}} \beta_i^{R_{Mg}} \cdot h_i = \sum_{i=1}^{\tilde{N}} \beta_i^{R_{Mg}} \cdot \varphi(\boldsymbol{w}_i^T \cdot \boldsymbol{x} + b_i) \tag{4-27}$$

式中 $f_{\text{para}}^{V_S}(\cdot)$，$f_{\text{para}}^{V_{Mg}}(\cdot)$，$f_{\text{para}}^{R_{Mg}}(\cdot)$——参数 V_S，V_{Mg}和 R_{Mg}的参数估计模型；

h_i——ELM 网络的第 i 个隐层节点的输出；

$\varphi(\cdot)$——连接隐层节点与输入节点的激活函数；

$\boldsymbol{w}_i = [w_{i1}, w_{i2}]^T$，$b_i$——第 i 个隐层激活函数的权值向量和偏移量，对 ELM 来说，$\boldsymbol{w}_i$ 和 b_i 是随机产生的；

$\beta_i^{V_S}$，$\beta_i^{V_{Mg}}$，$\beta_i^{R_{Mg}}$——V_S，V_{Mg}，R_{Mg}参数估计器的第 i 个隐层节点与输出节点的连接权值，可由训练数据确定，$i=1$，…，$\tilde{N}$，$\tilde{N}$ 为隐层节点的个数；

$\boldsymbol{x}$——由铁水温度、铁水质量、喷吹流量、铁水成分等过程变量组成的输入向量。

研究表明，引入先验知识是克服数据建模方法固有缺陷，提高其趋势跟踪和泛化能力的有效方法，融入先验知识的数据模型通常表现出更好的外推性能。因此，为了对未知参数进行精确估计，保证参数估计模型学习结果的工艺合理性，通过引入待估计动力学参数的先验知识，它是以估计模型的输出增益和输入输出变化趋势的形式引入，通过对 ELM 神经网络参数估计模型进行求取增益和导数操作而实现，具体形式如下：

$$
\begin{aligned}
&0 < f_{\mathrm{para}}^{V_{\mathrm{S}}}(\boldsymbol{x}) = \sum_{i=1}^{\tilde{N}} \beta_i h_i < V_{\mathrm{S}}^{\max} \\
&0 < f_{\mathrm{para}}^{V_{\mathrm{Mg}}}(\boldsymbol{x}) = \sum_{i=1}^{\tilde{N}} \beta_i h_i < V_{\mathrm{Mg}}^{\max} \\
&0 < f_{\mathrm{para}}^{R_{\mathrm{Mg}}}(\boldsymbol{x}) = \sum_{i=1}^{\tilde{N}} \beta_i h_i < V_{R_{\mathrm{Mg}}}^{\max} \\
&\frac{\partial f_{\mathrm{para}}^{V_{\mathrm{S}}}}{\partial T_{\mathrm{hm}}} = \sum_{i=1}^{\tilde{N}} \beta_i^{V_{\mathrm{S}}} h_i (1 - h_i) w_{i1} > 0 \\
&\frac{\partial f_{\mathrm{para}}^{V_{\mathrm{Mg}}}}{\partial T_{\mathrm{hm}}} = \sum_{i=1}^{\tilde{N}} \beta_i^{V_{\mathrm{Mg}}} h_i (1 - h_i) w_{i1} > 0
\end{aligned}
\tag{4-28}
$$

式（4-28）即为 ELM 参数估计模型中先验知识的显式数学表达形式，是以不等式约束的形式表示的。它将作为训练混合模型时的约束条件，以使得模型的学习过程沿着与实际经验一致的方向进行，从而保证参数估计的准确性和工艺合理性。

基于上述原理设计的混合模型结构是根据脱硫工艺过程的具体实际建立的，传统的神经网络训练算法不再适用。为了对混合模型中的 ELM 网络系数（即神经网络的网络权值）进行拟合，这里将网络系数拟合问题转化为以下的代价函数优化问题。

$$
\min J(\beta_i^{V_{\mathrm{S}}}s,\ \beta_i^{V_{\mathrm{Mg}}}s,\ \beta_i^{R_{\mathrm{Mg}}}s) = \frac{1}{2}\sum_{j=1}^{N} e_j^2 = \frac{1}{2}\sum_{j=1}^{N}\left([\hat{\mathrm{S}}]^{(j)}(b,\ \beta_i^{V_{\mathrm{S}}}s,\ \beta_i^{V_{\mathrm{Mg}}}s,\ \beta_i^{R_{\mathrm{Mg}}}s) - [\mathrm{S}]^{(j)}\right)^2
\tag{4-29}
$$

式（4-29）是一种最小二乘代价函数。其物理意义在于，通过实际数据的学习，使得混合预报模型的输出值尽可能地逼近学习样本的实际硫含量值。结合先验知识的适配性需求，该优化问题需同时满足式（4-28）的约束条件，从而混合预报模型的实现问题最终可以转化为具有约束项的非线性最小二乘优化问题。从优化问题求解角度来看，式（4-28）中优化问题的约束项的数学方程是以 $\beta_i(i=1,\ \cdots,\ \tilde{N})$ 项为决策变量的线性不等式约束形式。因此，式（4-29）和式（4-28）共同组成的网络系数拟合问题本质上是一个线性约束优化问题，需要结合这样的具体问题属性选择并设计最佳的训练算法。

SA 方法（Successive Approximation）是专用于求解线性约束最优化问题的方法，其核心思想是基于一阶导数信息迭代地对目标函数进行线性化处理，在每一迭代步骤对局部线性化后的目标函数进行线性规划求解，从而通过逐步迭代的方式求出最优化问题的解。

对于 SA 算法来说，其处理的线性约束优化问题可以定义为以下的标准型：

$$\begin{aligned}&\min f(\boldsymbol{x})\\&\text{s.t.}\\&g_i(\boldsymbol{x})=\boldsymbol{a}_i^{\mathrm{T}}\boldsymbol{x}+b_i=0,\ i=1,\ \cdots,\ t\\&g_i(\boldsymbol{x})=\boldsymbol{a}_i^{\mathrm{T}}\boldsymbol{x}+b_i\geqslant 0,\ i=(t+1),\ \cdots,\ l\end{aligned}\tag{4-30}$$

式中　向量 $\boldsymbol{x}=(x^{(1)},\ \cdots,\ x^{(m)})^{\mathrm{T}}$ ——包含了待优化的 m 个决策变量；

$\boldsymbol{a}_i$，$b_i(i=1,\ \cdots,\ l)$ ——线性约束项的常数。

假设第 k 步搜索出的式（4-30）优化问题的可行解为 $\boldsymbol{x}_k$，则第 $k+1$ 步搜索前，可将目标函数线性化表示为：

$$f(\boldsymbol{x}_k+\boldsymbol{h})\approx F(\boldsymbol{x}_k,\ \boldsymbol{h})=f(\boldsymbol{x}_k)+f'(\boldsymbol{x}_k)^{\mathrm{T}}\boldsymbol{h}\tag{4-31}$$

这里，$\boldsymbol{h}=(h^{(1)},\cdots,h^{(m)})^{\mathrm{T}}$，$f'(\boldsymbol{x}_k)=(\partial f/\partial x_k^{(1)},\cdots,\partial f/\partial x_k^{(m)})^{\mathrm{T}}$ 为目标函数在 $\boldsymbol{x}_k$ 处的偏导数向量。式（4-31）仅在局部范围内才能够精确逼近原目标函数，因此 $\|\boldsymbol{h}\|$ 应该是有所限制的。基于式（4-31）的目标函数代替原目标函数，则原优化问题第 $k+1$ 步的解可通过如下的线性规划方程求得：

$$\begin{aligned}&\min_{h^*} f(\boldsymbol{x}_k)+f'(\boldsymbol{x}_k)^{\mathrm{T}}\boldsymbol{h}\\&\text{s.t.}\\&\boldsymbol{a}_i^T\cdot(\boldsymbol{x}_k+\boldsymbol{h})+b_i=0,\ i=1,\ \cdots,\ \mathrm{t}\\&\boldsymbol{a}_i^T\cdot(x_k+\boldsymbol{h})+b_i\geqslant 0,\ i=(t+1),\ \cdots,\ l\\&-\Lambda_{k+1}\leqslant h^{(j)}\leqslant \Lambda_{k+1},\ j=1,\ \cdots,\ m\end{aligned}\tag{4-32}$$

这里，可令 $\Lambda_{k+1}=\|\boldsymbol{h}_k\|$ 作为对第 $k+1$ 步的 $\|\boldsymbol{h}\|$ 的限制。然而，这仍然难以保证对原目标函数的精确的局部逼近，从而不能保证式（4-32）的解适合于原优化问题。因此，算法中应能够根据对式（4-32）的解进行判断，进而对局部范围进行有效的收缩，以保证算法的精度，所以有：

$$\left|\frac{F(\boldsymbol{x}_k+\boldsymbol{h}^*)-f(\boldsymbol{x}_k+\boldsymbol{h}^*)}{f(\boldsymbol{x}_k+\boldsymbol{h}^*)-f(\boldsymbol{x}_k)}\right|\leqslant\rho\tag{4-33}$$

式（4-33）可用于判断式（4-32）的解 h^* 是否适合原优化问题的判断准则，$\rho(0<\rho<1)$ 为判断阈值。如果由式（4-32）求得的第 $k+1$ 步的解适合于原优化问题，则进行下一次的迭代求解；否则，则收缩 Λ_{k+1} 进行重新线性规划求解，如令 $\Lambda_{k+1}=0.5\Lambda_{k+1}$，如此反复几次，直到满足式（4-33）的约束条件为止。用于求解混合预报模型的优化问题时，ρ 取为 $\rho=0.1$。

利用混合模型对643炉测试数据进行了仿真测试，结果如下：

（1）单炉的全过程预报效果：这里从实际测试炉次数据中随机选取两炉，绘制其喷吹全过程的硫含量、镁含量实时变化曲线，如图4-6和图4-7所示。从两个测试炉次可以看出，混合模型继承了机理模型的优点，可以实现全过程的硫含量预测，并且由于结合了数据建模算法的自学习能力，可以对机理模型中的参数进行智能的学习，能够使得机理模型参数不再是一成不变的，而是能够结合每一炉次的铁水条件动态进行设定，从而更能适应炉次进行反应条件的变化，得到更为准备的预测精度。

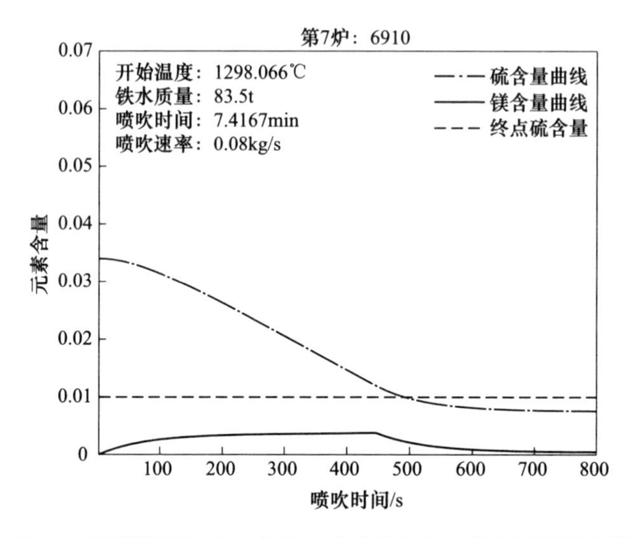

图4-6　随机测试炉次1号的全过程硫含量、镁含量预报曲线

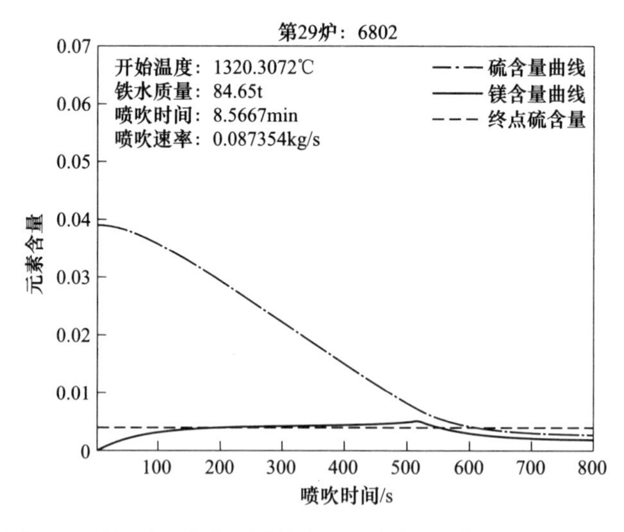

图4-7　随机测试炉次2号的全过程硫含量、镁含量预报曲线

（2）所有测试炉次上的总体预报效果：这里对所有测试炉次的计算喷镁量和实际喷镁量进行了对比分析，如图 4-8 和图 4-9 所示。为了方便预测结果的观察，绘制了计算值与实际值偏差的误差分布直方图，如图 4-10 所示。此外，分别统计了控制精度为±5kg、±8kg 和±10kg 的命中率，列于表 4-2 中。

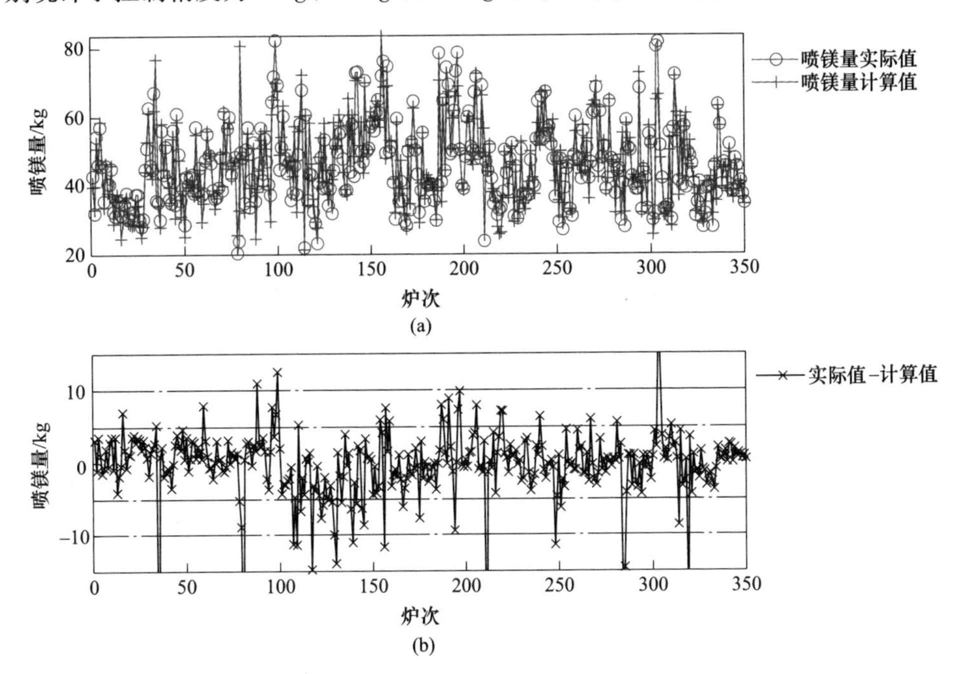

图 4-8 第 1~350 测试炉次的实际耗镁量与计算耗镁量对比
（a）第 1~350 炉的模型计算结果；（b）第 1~350 炉的模型计算误差

表 4-2 不同控制精度下参数 ELM 预测的脱硫模型的命中率

控制精度/kg	±5	±8	±10
命中率/%	85.4	93.6	95.7

从表 4-2 的总体控制精度可以看出，计算值与实际值的吻合程度较表 4-1 的结果有较大提升，±5kg 的命中率提升近 20%。可以看出，基于 ELM 神经网络的机理参数自学习模型较线性回归的参数拟合算法更为合理，对过程非线性特性的刻画更为准确，从而获得了较好的预报效果。

4.1.4 铁水预处理 KR 法脱硫

KR 搅拌法是铁水预处理脱硫常用的手段之一，KR 脱硫具有效率高、效果好等优点，近年来被大多数企业所采用。KR 脱硫原理如图 4-11 所示。在铁水包液面以下一定深度插入一个带有耐火材料保护层的搅拌桨，当向铁水中加入脱硫剂

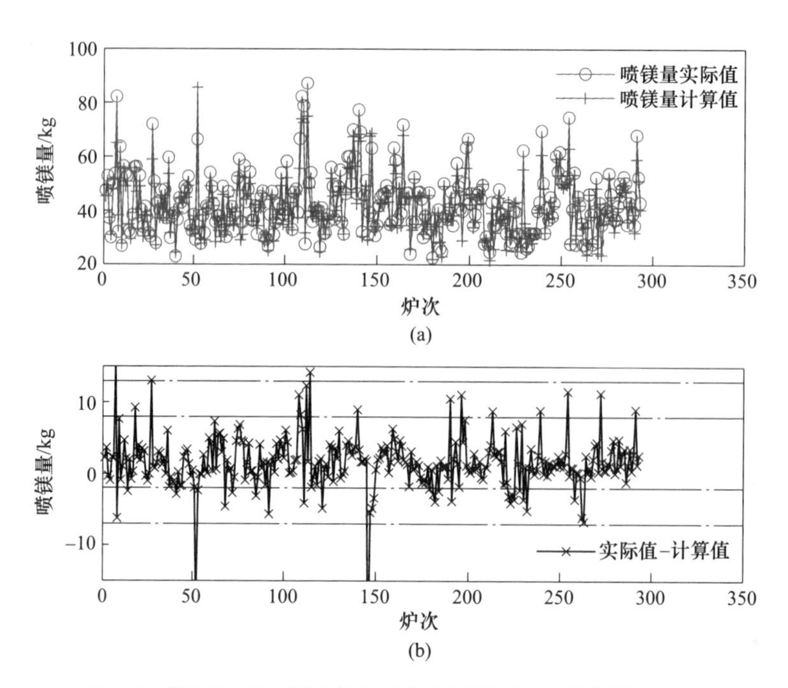

图 4-9　第 351~643 测试炉次的实际耗镁量与计算耗镁量对比

(a) 第 351~643 炉的模型计算结果；(b) 第 351~643 炉的模型计算误差

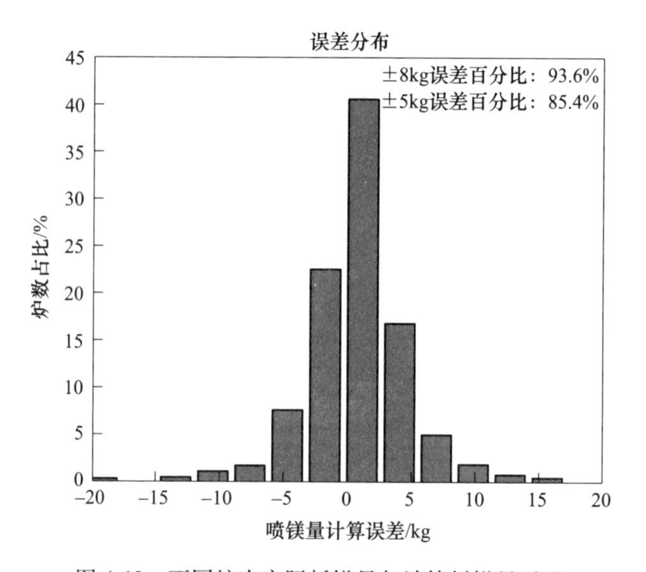

图 4-10　不同炉次实际耗镁量与计算耗镁量对比

后，转动搅拌桨搅拌铁水，使铁水液面形成漩涡。由于铁水的湍流作用，脱硫剂颗粒分散在搅拌桨的端部，并沿半径方向“吐出”，使脱硫剂颗粒悬浮、绕轴旋

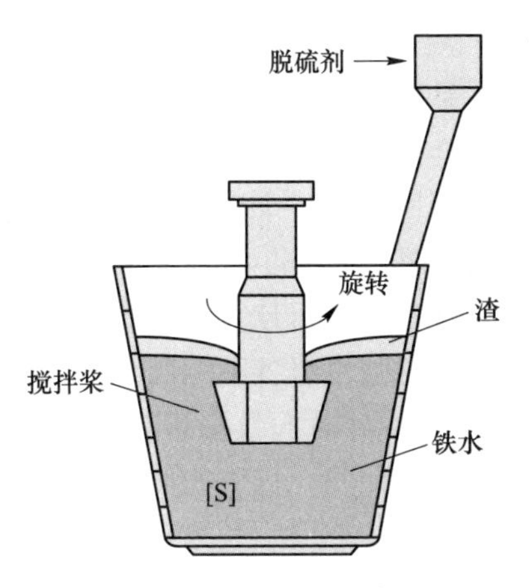

图 4-11 KR 脱硫示意图

转或漂浮在铁水中。通过搅拌桨搅拌，脱硫剂与铁水充分接触和反应，降低了铁水中的硫含量，从而达到脱硫的目的。脱硫剂通常采用石灰石，即 CaO。CaO 与铁水中的硫反应生成高熔点产物 CaS，借助铁水中的碳转化为熔渣，铁水中的化学反应式如下：

$$\mathrm{CaO(s)} + [\mathrm{S}] + [\mathrm{C}] = (\mathrm{CaS}) + \mathrm{CO(g)} \qquad \Delta G^{\ominus} = 86670 - 68.96T$$

固体氧化钙与铁水中的硫发生反应，反应速度很快。在铁水中，碳是还原剂，可以与反应生成的氧气结合，形成一氧化碳气体。因此，脱硫产物为硫化钙和一氧化碳。在脱硫过程中，CaO 颗粒与铁水中的硫接触，形成 CaS 的渣壳，阻碍硫和氧在铁水中的扩散，导致脱硫速度减慢。KR 搅拌停止后，除去浮在铁水表面的熔渣，将硫从铁水中分离出来，即完成脱硫。

由于 KR 脱硫过程会发生复杂的物理变化和化学反应，工艺参数与脱硫终点之间的关系十分复杂，是一个复杂的黑箱系统。对于黑箱系统，数据驱动建模技术是建立输入-输出对应关系的可行方法。依托工业数据，研究者借助智能算法开发出大量的过程控制模型，用于指导铁水预处理终点预测及控制，达到提高生产效率、降低生产成本的目的。

4.1.4.1 KR 铁水预处理脱硫过程建模方法

随着信息技术、计算机技术、数据库技术的进步，钢铁工业生产过程可以采集大量的过程数据，这为数据驱动建模技术的发展提供了强大的支撑。数据驱动模型分为线性模型和非线性模型。当将研究对象考虑为线性问题时，可以采用简单的多元线性回归（Multiple Linear Regression，MLR）进行求解；当将研究对象考虑为非线性问题时，可以采用人工神经网络（Artificial Neural Network，ANN）进行求解。本节分别对多元线性回归和人工神经网络这两种常用的建模方法进行介绍。

A　多元线性回归

铁水预处理 KR 脱硫过程是一个高温过程，各工艺参数与脱硫终点指标存在复杂的对应关系，脱硫终点会同时受多个因素影响。处理这种具有两个或两个以上自变量的问题时，多元线性回归是一个简单常用的数据驱动建模方法。多元线性回归的基本原理与一元线性回归相同，由于要处理多个自变量，计算量较大，通常需要通过编程或借助统计软件进行计算。

过程数据中不同工艺参数的数量级各不相同，为了明确不同自变量对因变量的影响权重，在建模前通常需要对输入数据进行归一化，将其转换至相同数量级。对于转换后的数据进行线性回归，这时的回归方程称为标准回归方程，回归系数称为标准回归系数，得到的标准回归系数在某一特定环境下可以反映各个自变量对因变量的影响权重。多元线性回归方程可以表示为：

$$Y = \alpha_0 + \alpha_1 X_1 + \alpha_2 X_2 + \cdots + \alpha_i X_i + \cdots + \alpha_l X_l \tag{4-34}$$

式中　X——自变量；

Y——因变量；

l——参与回归的自变量数目；

α_i——回归模型参数，可以采用最小二乘法进行参数估计。

同一元线性回归类似，经过模型参数估计后，需要对模型及模型参数进行统计检验。

B　人工神经网络

人工神经网络是一种广泛应用的机器学习方法，它通过模拟大脑内部的信息流动来建立输入信息和输出信息之间的关系。图 4-12 示出了一个三层前馈神经网络的典型结构，它包含一个输入层、一个输出层和一个隐藏层。人工神经网络的基本单位为神经元，神经元通过激活函数处理输入到神经元内的数据。每一层神经网络包含若干个神经元，每一层的神经元与下一层的所有神经元都相互连接，同一层的神经元彼此互不连接。连接用权重用 w 表示，每个神经元都有一个阈值，用 b 表示。当数据样本进入输入层后，被激活的神经元对数据进行处理，并将处理后的数据传输至隐藏层，隐藏层神经元对数据处理后将数据传输至输出层。人工神经网络通过不断调整其权值和阈值来减小输出值与实际值之间的误差。经过不断迭代反复调整人工神经网络的权值和阈值，人工神经网络的输出值逐渐接近于实际值，这个过程就是训练的过程，人工神经网络就是通过这种方式提高了模型的预测能力。

在人工神经网络中，每个神经元执行一个基本的计算并产生输出。输入层对输入数据进行处理得到输出后，将输出结果作为下一层神经元的输入。整个网络的输出值可通过式（4-35）和式（4-36）获得。

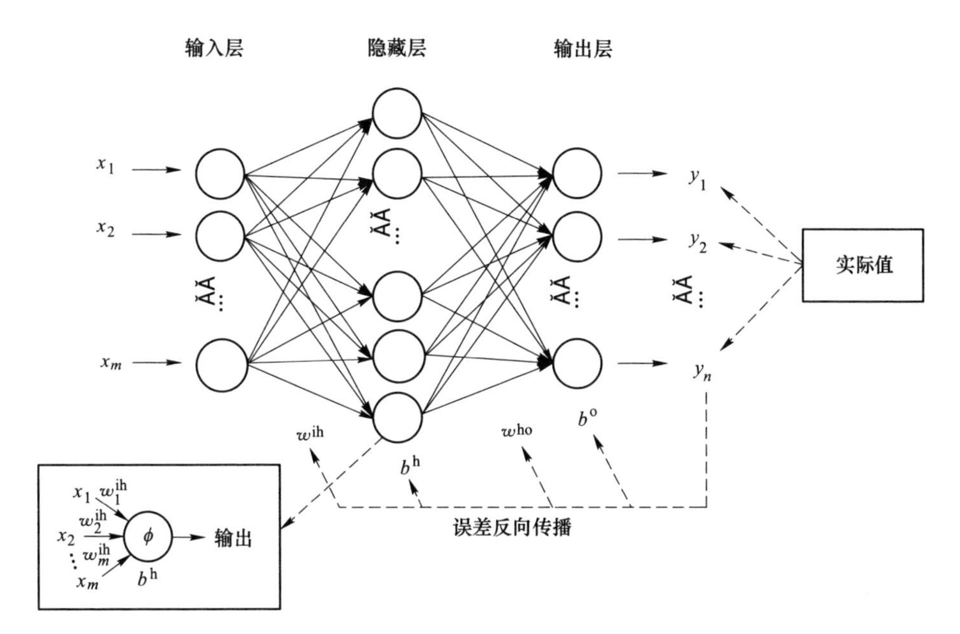

图 4-12 三层前馈神经网络结构

$$o^h = \phi^h\left(\sum_{j=1}^{m} w_j^{ih} x_j + b^h\right) \tag{4-35}$$

$$y = o^o = \phi^o\left(\sum_{j=1}^{k} w_j^{ho} o_j^h + b^o\right) \tag{4-36}$$

式中 x, y——输入变量和输出变量；

o^h, o^o——隐藏层神经元和输出层神经元的输出；

w_j^{ih}——输入层和隐藏层之间的权值；

w_j^{ho}——隐藏层和输出层之间的权值；

b^h, b^o——隐藏层和输出层的阈值；

m——变量数目；

k——隐藏层神经元的数目；

ϕ^h, ϕ^o——隐藏层和输出层神经元的激活函数。

常用的神经元激活函数有三种，如图 4-13 所示。图 4-13（a）中的函数为 tansig 的函数，在数学上也称双曲正切函数。图 4-13（b）中的函数为 logsig 函数，在早期被认为是神经网络标准函数。相比于 logsig 函数，tansig 函数具有更强的梯度或更高的导数，可以更快地收敛。purelin 函数是一个纯线性函数，通常用于输出层。

神经网络的预测误差可以用均方误差函数（Mean Square Error，MSE）来计算，其表达式为：

$$\mathrm{MSE} = \frac{1}{N}\sum_{i=1}^{N}(y_i - a_i)^2 \tag{4-37}$$

式中　y_i，a_i——人工神经网络的输出值和实际值；

N——数据数目。

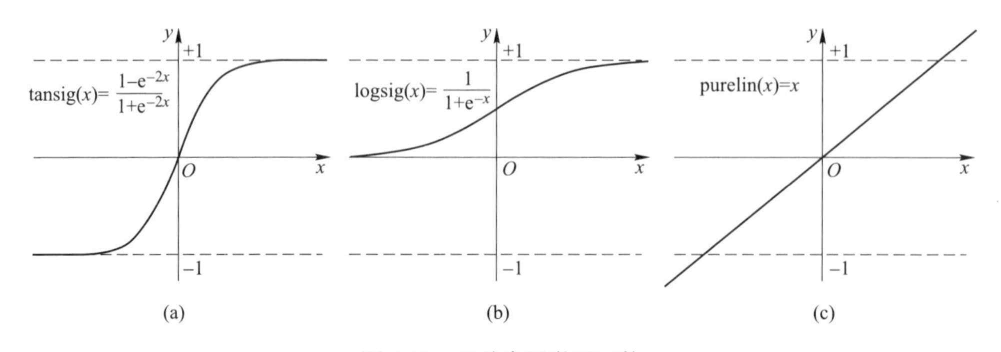

图 4-13　三种常用激活函数

（a） tansig 函数；（b） logsig 函数；（c） purelin 函数

均方误差函数用来指导神经网络权值和阈值的调节。训练过程中通过不断调节权值和阈值反复计算人工神经网络预测的均方误差，直到训练达到训练终止条件。人工神经网络权值可按式（4-38）和式（4-39）进行更新。

$$w_{jk}^{\mathrm{ho}}(u+1) = w_{jk}^{\mathrm{ho}}(u) - \eta(t_k - o_k^{\mathrm{o}})\phi^{\mathrm{o}'}(net_k^{\mathrm{o}})o_j^{\mathrm{h}} \tag{4-38}$$

$$w_{ij}^{\mathrm{ih}}(u+1) = w_{ij}^{\mathrm{ih}}(u) - \eta\phi^{\mathrm{h}'}(net_j^{\mathrm{h}}) \sum_{k=1}^{M}\left[(a_k - o_k^{\mathrm{o}})\phi^{\mathrm{o}'}(net_k^{\mathrm{o}})w_{jk}^{\mathrm{ho}}(u+1)\right] \tag{4-39}$$

式中　w_{ij}^{ih}——输入层第 i 个神经元和隐藏层第 j 个神经元相连接的权值；

w_{jk}^{ho}——隐藏层第 j 个神经元和输出层第 k 个神经元相连接的权值；

a_k——第 k 个实际值；

o_k^{o}——第 k 个神经元的输出值；

o_j^{h}——隐藏层第 j 个神经元的输出值；

net_j^{h}——隐藏层第 j 个神经元输入值；

net_k^{o}——输出层第 k 个神经元的输入值；

$\phi^{\mathrm{o}'}$，$\phi^{\mathrm{h}'}$——隐藏层和输出层神经元激活函数的导数；

η——学习速率；

M——输出层神经元数目；

u——当前迭代次数。

4.1.4.2　误差评价指标

为了评价已建立模型的预测效果，可采用相关系数（Correlation Coefficient，

R)、平均绝对相对误差（Mean Absolute Relative Error，MARE）、均方根误差（Root Mean Square Error，RMSE）来评价模型的预测性能。R 反映了预测值分布与实际值分布的一致性，其范围为 0~1。R 越接近 1，相关性越强；反之，相关性较弱。*MARE* 和 *RMSE* 分别从相对误差和绝对误差的角度比较了模型的预测性能，这些误差指标可以通过式（4-40）~式（4-42）计算获得。

$$R = \frac{\sum_{i=1}^{n}(A_i - \overline{A})(P_i - \overline{P})}{\sqrt{\sum_{i=1}^{n}(A_i - \overline{A})^2 \sum_{i=1}^{n}(P_i - \overline{P})^2}} \tag{4-40}$$

$$\mathrm{MARE} = \frac{1}{n}\sum_{i=1}^{n}\left|\frac{P_i - A_i}{A_i}\right| \tag{4-41}$$

$$\mathrm{RMSE} = \sqrt{\frac{\sum_{i=1}^{n}(P_i - A_i)^2}{n}} \tag{4-42}$$

式中 A，P——实际值和预测值；

$\overline{A}$，$\overline{P}$——实际值和预测值的平均值；

n——数据数目。

4.1.4.3 铁水预处理过程终点硫含量预测效果

本节针对铁水预处理 KR 脱硫过程，采用人工神经网络方法研究 KR 脱硫终点预测模型，研究隐藏层神经元数目、激活函数以及训练函数对人工神经网络预测性能的影响。为了降低随机初始权值对人工神经网络预测性能的影响，采用模拟退火算法改进的粒子群优化算法（Artificial Neural Network Optimized by Simulated Annealing Particle Swarm Optimization，SAPSO-ANN）对神经网络的初始权值进行优化，建立模拟退火粒子群算法优化的人工神经网络模型，提高模型的预测精度。为了验证该模型的性能，将该模型与传统人工神经网络模型和多元线性回归模型进行了比较。最后，利用已经建立的模型计算脱硫剂用量，优化 KR 脱硫工艺，并通过实验验证模型的有效性。

铁水预处理 KR 脱硫的工业数据源于国内某钢厂。结合冶金学原理，选择初始硫含量、石灰质量、萤石质量、铁水质量、铁水温度、KR 处理后铁水温度、除渣量、搅拌时间、液面高度、中速搅拌速度、中速搅拌时间、中速搅拌深度、高速搅拌速度、高速搅拌时间、高速搅拌深度共 15 个工艺变量来预测 KR 脱硫终点硫含量。经过数据处理后，剩下 1521 条数据。由于数据中各个变量具有不同的数量级，需要将数据进行归一化处理，使不同数量级的数据易于比较。按照 3∶1 的比例将数据随机分为训练数据和测试数据两部分，其中训练数据共 1141

组，测试数据共380组。训练数据用于构建模型，测试数据用于测试模型的预测性能。

人工神经网络的预测性能受隐藏层神经元数目、每层激活函数和神经网络训练方法的影响，选择合适的隐藏层神经元数目对获得高精度人工神经网络模型十分重要。如果隐藏层神经元数目过多则会使网络计算复杂，如果隐藏层神经元数目过少则会导致模型预测不精确。激活函数可以对输入到人工神经网络中的数据进行处理，这对人工神经网络的收敛性具有重要的影响。不同的训练函数通过不同的方法更新人工神经网络权值来影响网络的性能。图4-14示出了不同隐藏层神经元数目的人工神经网络在训练数据和测试数据上的相关系数和均方误差，可

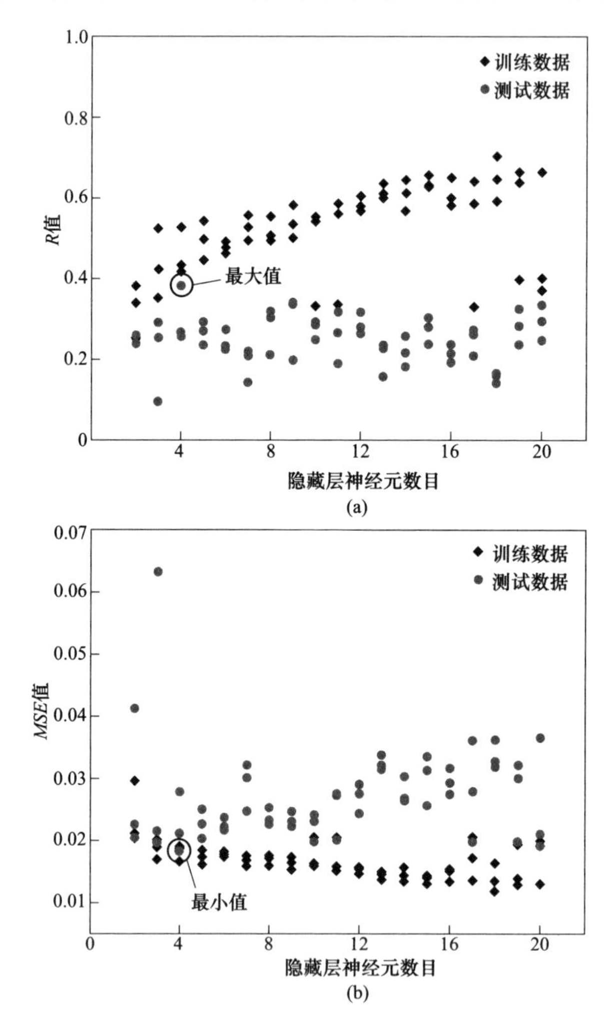

图4-14　不同隐藏层神经元数目的人工神经网络在训练数据和测试数据上的预测性能对比
（a）*R*值；（b）MSE值

以看出，随着隐藏层神经元数目的增加，人工神经网络在训练数据上的预测性能有所提高，而在测试数据上的预测性能因网络复杂度的增加而先提高后降低；结果表明，隐藏层神经元数目为 4 的人工神经网络的相关系数最高，均方误差最小。图 4-15 示出了不同隐藏层神经元激活函数和输出层神经元激活函数的人工神经网络在训练数据和测试数据上的相关系数和均方误差，图中横坐标“t-t”表示隐藏层神经元和输出层神经元的激活函数采用 tansig 函数；“t-l”表示隐藏层神经元的激活函数采用 tansig 函数，输出层神经元的激活函数采用 logsig 函数；“t-p”表示隐藏层神经元的激活函数采用 tansig 函数，输出层神经元的激活函数采用 purelin 函数；“l-t”表示隐藏层神经元的激活函数采用 logsig 函数，输出层

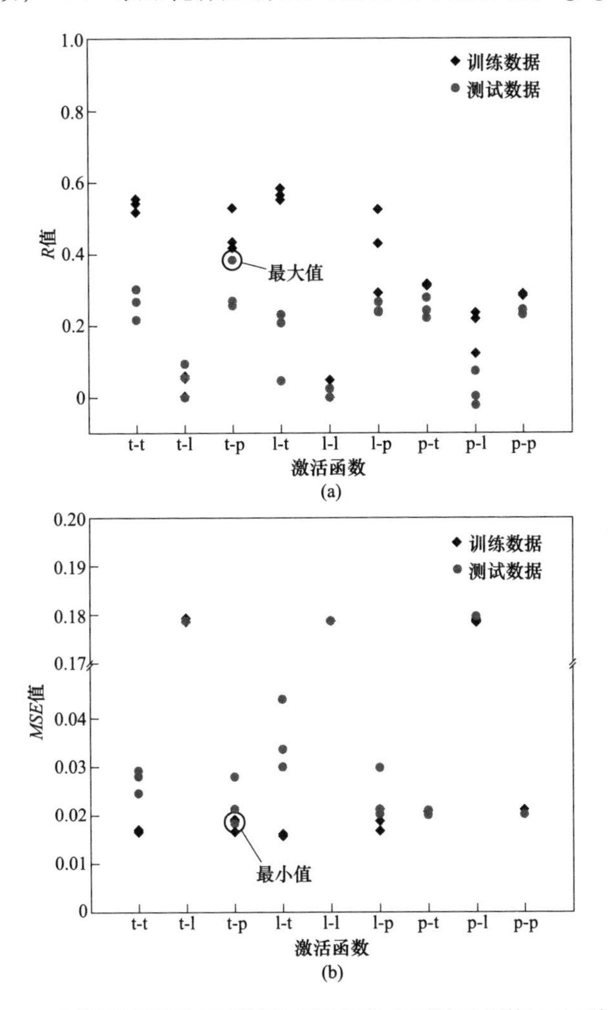

图 4-15 不同隐藏层神经元激活函数和输出层激活函数的人工神经网络在训练数据和测试数据上的预测性能对比

(a) R 值；(b) MSE 值

神经元的激活函数采用 tansig 函数；“l-l” 表示隐藏层神经元和输出层神经元的激活函数均采用 logsig 函数；“l-p” 表示隐藏层神经元的激活函数采用 logsig 函数，输出层神经元的激活函数采用 purelin 函数；“p-t” 表示隐藏层神经元的激活函数采用 purelin 函数，输出层神经元的激活函数采用 tansig 函数；“p-l” 表示隐藏层神经元的激活函数采用 purelin 函数，输出层神经元的激活函数采用 logsig 函数；“p-p” 表示隐藏层神经元和输出层神经元的激活函数采用 purelin 函数。可见，隐藏层神经元激活函数为 tansig，输出层神经元激活函数为 purelin 的人工神经网络可以获得最佳的预测性能。图 4-16 为不同训练函数的人工神经网络在训

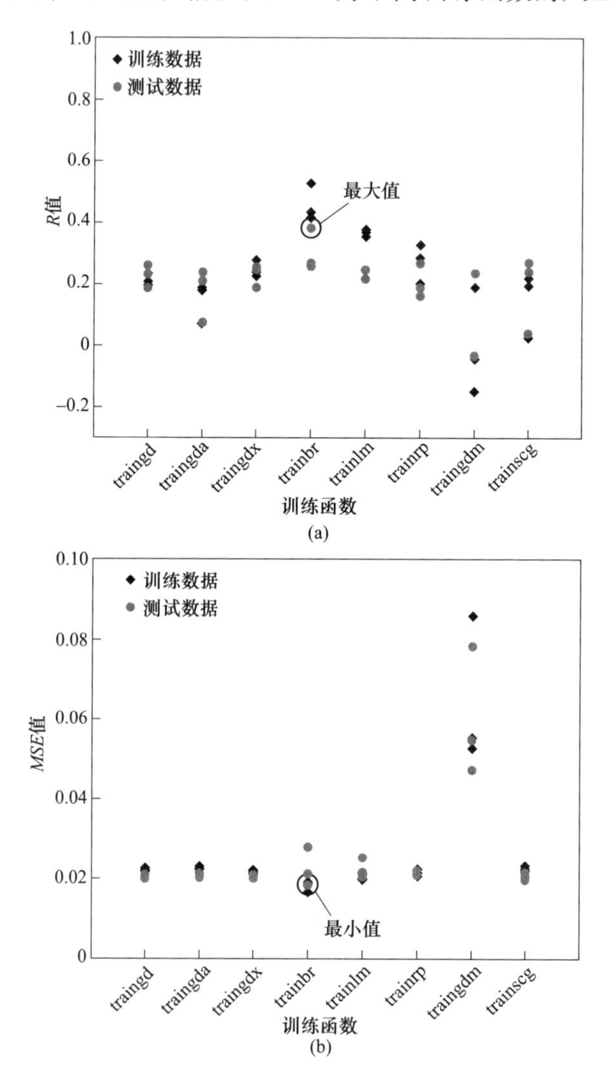

图 4-16　不同训练函数的人工神经网络在训练数据和测试数据上的预测性能对比

（a）R 值；（b）MSE 值

练数据和测试数据上的预测性能对比，由图可见，训练函数为 trainbr 的人工神经网络的相关系数最大，均方误差最小。综上所述，神经网络的隐藏层神经元数目为 4，隐藏层神经元的激活函数为 tansig，输出层人工神经元的激活函数为 purelin，训练函数为 trainbr 时，其预测性能最佳。

人工神经网络初始权值的选取对预测性能有很大影响。从图 4-14~图 4-16 可以看出，使用不同的随机种子生成初始权值和阈值的人工神经网络预测性能并不相同。为了进一步提高人工神经网络的预测精度，采用模拟退火粒子群算法对人工神经网络的初始权值进行优化，然后利用 SAPSO-ANN 模型对铁水终点硫含量进行预测。图 4-17 示出了 SAPSO-ANN 模型的计算流程图[16]。

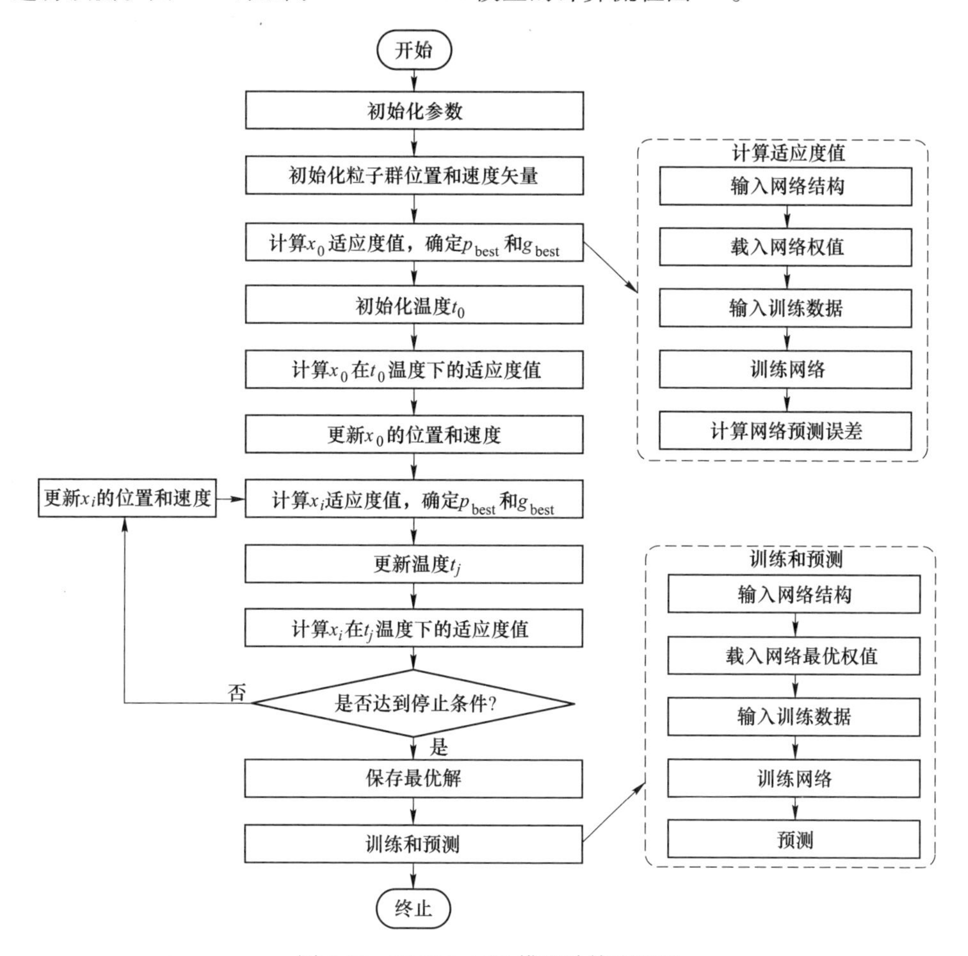

图 4-17 SAPSO-ANN 模型计算流程图

SAPSO-ANN 模型是对前面预测性能最好的 ANN 模型进行了进一步的优化。在 SAPSO 算法初始化过程中，根据人工神经网络的权值对粒子进行编码，权值和阈值的总数可通过式（4-43）计算。

$$n_{total} = n_{input} \times n_{hidden} + n_{hidden} + n_{hidden} \times n_{output} + n_{output} \tag{4-43}$$

式中　n_{input}，n_{hidden}，n_{output}——神经网络输入层、隐藏层和输出层的神经元数目。

因此，种群中的每个粒子都是人工神经网络权值的组合，适应度函数可以定义为人工神经网络在测试数据上的预测误差。

为了比较 SAPSO-ANN 模型的预测效果，同时建立了多元线性回归（Multiple Linear Regression，MLR）模型和人工神经网络（Artificial Neural Network，ANN）模型作为对照实验，并额外选取 190 组数据对三种模型的预测效果进行测试。

图 4-18 示出了三种模型的预测误差盒子图，显示了三种模型预测误差的均值和波动范围。由图可见，SAPSO-ANN 模型与 ANN 模型和 MLR 模型相比，预测平均误差最小，为 $5.32\times10^{-5}\%$。此外，ANN 模型和 SAPSO-ANN 模型的误差波动范围和标准差小于 MLR 模型。为了进一步量化模型预测误差，采用相关系数来衡量模型预测值与实际值的变化趋势，采用 RMSE 和 MARE 对模型的预测误差进行量化。图 4-19 示出了三种模型在测试数据上取得的 R、RMSE 和 MARE。SAPSO-ANN 模型的 R 值大于 ANN 模型和 MLR 模型，而 SAPSO-ANN 模型的 MARE 和 RMSE 小于 ANN 模型和 MLR 模型。结果表明，由于人工神经网络具有极强的非线性拟合能力，降低了铁水预处理过程终点硫含量预测的绝对误差，使模型的预测性能较多元线性回归模型有了进一步提高，即铁水预处理脱硫过程更适合采用非线性方法建模。利用 SAPSO 算法对人工神经网络初始权值进行优化后，又进一步提高了模型的预测精度，获得了精度较高的预测模型。图 4-20 示出了 SAPSO-ANN 模型的预测误差分布，可以看出，SAPSO-ANN 模型在误差为 ±0.0005%范围内的命中率为 98.95%。

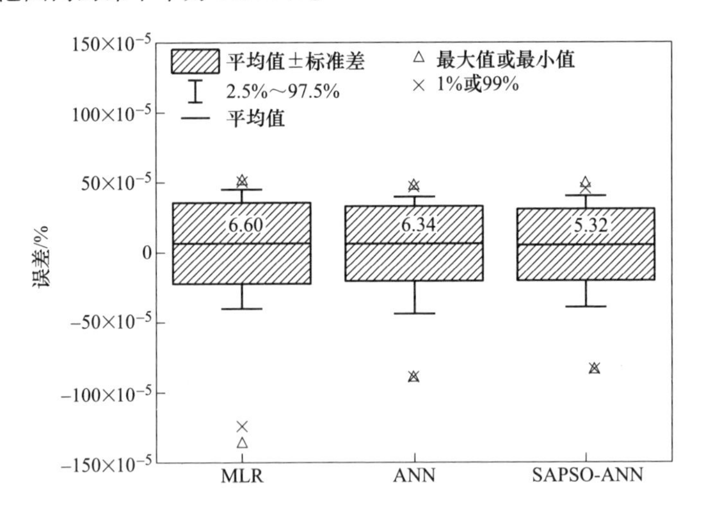

图 4-18　三种模型预测误差盒子图

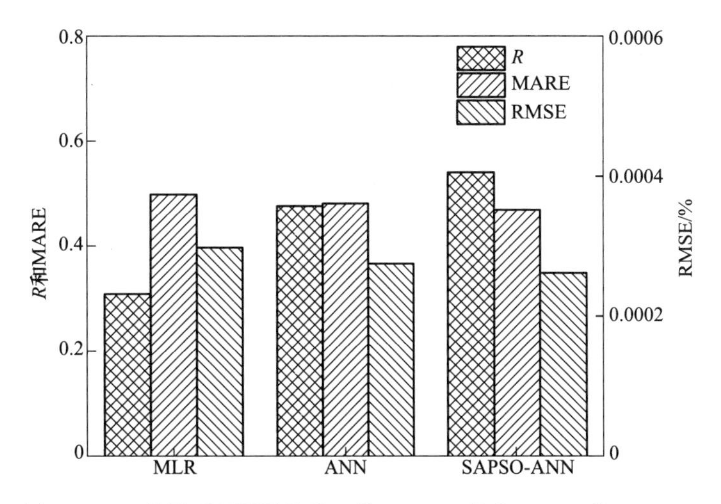

图 4-19　三种模型预测误差的 R 值，RMSE 值和 MARE 值

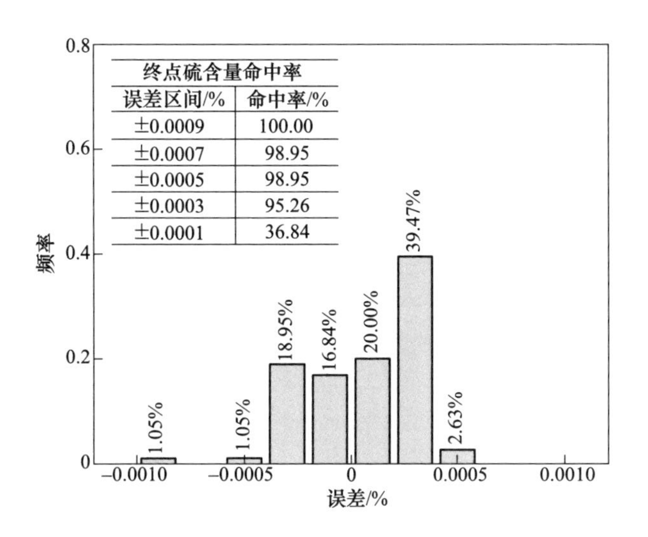

终点硫含量命中率	
误差区间/%	命中率/%
±0.0009	100.00
±0.0007	98.95
±0.0005	98.95
±0.0003	95.26
±0.0001	36.84

图 4-20　SAPSO-ANN 模型的预测误差分布

为了进一步验证模型的合理性，利用 SAPSO-ANN 模型研究了 KR 脱硫过程中铁水脱硫率随工艺参数的变化。图 4-21 示出了初始硫含量和石灰质量对脱硫率的影响，脱硫率 ζ 可由式（4-44）计算获得。

$$\zeta = \frac{w(\mathrm{S})_{\mathrm{ini}} - w(\mathrm{S})_{\mathrm{end}}}{w(\mathrm{S})_{\mathrm{ini}}} \tag{4-44}$$

式中　$w(\mathrm{S})_{\mathrm{ini}}$，$w(\mathrm{S})_{\mathrm{end}}$——铁水预处理初始硫含量和终点硫含量。

从图 4-21 中可以看出，脱硫率与工艺参数呈非线性关系。当初始硫含量从 0.0102%增加到 0.0589%时，脱硫率由 85.2%提高到 92.0%。随着脱硫剂

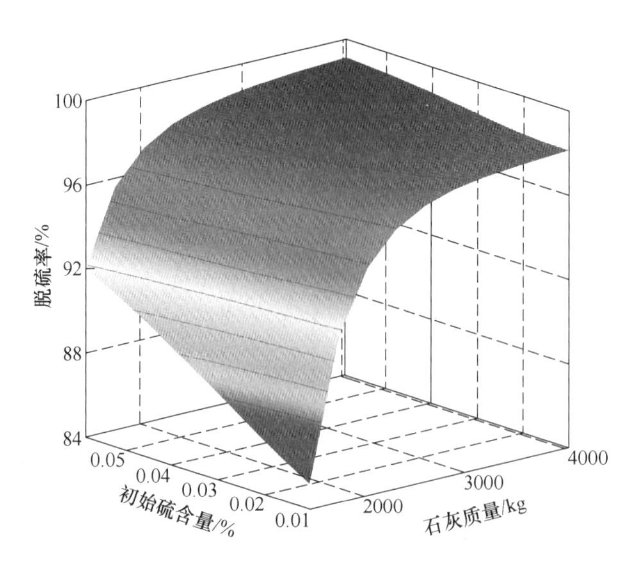

图 4-21　初始硫含量和石灰质量对脱硫率的影响

中石灰质量的增加，脱硫率提高。该模型可用于计算石灰添加量，以确保用最经济的成本获得较高的脱硫率。表 4-3 中给出了五组铁水包的生产数据，在其他工艺参数保持不变的情况下，根据 SAPSO-ANN 模型绘制脱硫率初始硫含量与石灰质量的关系，从而设计石灰添加量。通过基于 SAPSO-ANN 模型计算的石灰添加量和实验值的比较可以看出，计算结果与实验结果吻合较好，验证了模型的有效性。

表 4-3　石灰添加量计算结果和实验结果比较

数据类别	$w(S)_{ini}$/%	高速搅拌深度/mm	石灰质量/kg	$w(S)_{end}$/%	脱硫率/%
计算值	0.0255	1745	1932.8	0.00177	93.05
实际值			1906	0.00180	92.94
计算值	0.0224	1795	2544.7	0.00107	95.21
实际值			2560	0.00100	95.54
计算值	0.0329	1798	3065.0	0.00059	98.20
实际值			3083	0.00050	98.48
计算值	0.02760	1796	1909.8	0.00056	97.97
实际值			1925	0.00050	98.19
计算值	0.02130	1745	2020.8	0.00101	95.28
实际值			2010	0.00100	95.31

4.2 转炉炼钢终点预报智能模型

4.2.1 基于大数据的转炉吹炼终点碳含量和温度预测模型

转炉吹炼终点的判定是转炉吹炼后期的重要环节，提高转炉吹炼终点温度、碳含量命中率可以提高钢水质量，终点温度、碳含量控制不准确将会延长冶炼时间，降低炉衬寿命，增加金属消耗，影响钢的质量等。由于转炉炼钢是一个具有多变量的输入、输出以及严重非线性关系、强耦合的复杂系统，其间存在很多难以定量的因素，所以无法很好地用数学方程线性描述，这时可以利用大数据+智能算法建立数据驱动模型来预测转炉吹炼终点碳含量和温度。

在实际生产过程中，由于多种原因可能导致转炉炼钢数据的采集在某些变量上存在一些缺失值、零值以及一些不合理的离散化数值，如果利用这样的数据用来训练模型，则会使模型最终输出的预测值与实际值之间偏差较大，导致预测效果较差，所以在建模之前要对原始数据进行数据处理。对实际数据采用以下措施进行数据处理。

（1）如果缺失的数据量并不多，可以用缺失值剔除函数对各变量中含有缺失值的炉次进行剔除。

（2）对于某些变量的异常零值进行均值填充处理，以保证充足的可供训练的样本数。

（3）数据集存在重复的行或者几行中某几列的值重复会对模型最终的预测精度产生影响，同时还会消耗计算机资源，延长训练时间，所以对数据集参数的重复项进行去除。

（4）数据中由于某些原因会存在一些过大、过小的异常离散值，为保证模型的预测精度，在将数据输入到模型训练之前要使用3倍均方差方法对异常值进行剔除。

（5）由于原始数据中包含的特征变量较多，其中包含一些相关性较小，甚至负相关的特征，如果使用这样的数据训练模型很难达到预期预测效果，所以在输入模型前使用特征工程中的相关系数法将这种类型的变量删除。

根据影响转炉终点碳含量、温度的理论基础及生产实际，最终保留数据集中的18个变量作为转炉吹炼终点温度和碳含量预测模型的输入变量：枪龄、炉龄、铁水温度、铁水质量、废钢质量、生铁质量、铁水Si、铁水Mn、铁水P、铁水S、石灰、矿石、镁球、萤石、平均氧气流量、最高枪位、最低枪位、最高CO含量。

对不同量纲的变量数据采用（4-45）式进行归一化处理。

$$x_i^* = \frac{x_i - x_{i\min}}{x_{i\max} - x_{i\min}} \tag{4-45}$$

式中　x_i——输入的特征变量；

$x_{i\max}$，$x_{i\min}$——训练样本中特征变量数据的最大值和最小值。

2014年陈天奇和Guestrin Carlos提出的XGBoost（eXtreme Gradient Boosting，极限梯度提升）算法，由于其较高的运算速率和较好的收敛能力而被广泛应用于许多领域的建模研究中。这里应用XGBoost算法对转炉吹炼终点碳含量和温度建立预测模型，并采用BP、优化BP神经网络模型做对比，分析这三种数据建模方法的预测结果。XGBoost是在梯度提升树GBDT（Gradient Boosting Decision Tree）算法中的一种改进算法，由于其较高的运算速度和效率，所以又称极限梯度提升算法。XGBoost算法的基础是分类回归树（Classification and Regression Trees，CART），利用贪心算法不断枚举树结构，利用打分函数来寻找一个最优结构的树加入到模型中，不断重复这样的操作，直到最后一个最优结构的树加入到模型中训练完成。

4.2.1.1　BP神经网络建模方法

BP神经网络是一种误差反向传播（简称误差反传）训练的前馈网络，利用梯度下降技术缩小网络预测值和实际值的偏差。网络的训练学习主要包括前向传播和误差的反向传播两个过程。在正向传递过程中网络中每个节点的输出值都是根据上一层所有节点的输出值、当前节点与上一层所有节点的权值和当前节点的阈值以及激活函数来实现的，公式为：

$$S_j = \sum_{i=0}^{m-1} w_{ij}x_i + b_j \tag{4-46}$$

$$x_j = f(S_j) \tag{4-47}$$

式中　w_{ij}——节点i和节点j之间的权值；

b_j——节点j的阈值；

m——上一层节点数；

x_i——上一层节点输出值；

x_j——当前节点的输出值；

f——激活函数。

模型的训练过程是基于Widrow-Hoff学习规则（δ学习规则），通过沿着相对误差平方和的最速下降方向，反复调整网络的权值和阈值，使误差函数值不断缩小。令输出层的所有输出结果为d_j，则误差函数如下：

$$E(w,\ b) = \frac{1}{2}\sum_{j=0}^{n-1}(d_j - y_j)^2 \tag{4-48}$$

式中　n——样本数；

y_j——样本实际值。

在误差函数关系式确定之后，根据梯度下降法，权值矢量的修正正比于当前位置上 $E(w, b)$ 的梯度，则对于第 j 个输出节点的权重有：

$$\Delta w(i,j) = -\eta \frac{\partial E(w,b)}{\partial w_{ij}} \tag{4-49}$$

式中 η——学习速率。

接下来，针对 w_{ij} 有：

$$\frac{\partial E(w,b)}{\partial w_{ij}} = \frac{\partial}{\partial w_{ij}}\left[\frac{1}{2}\sum_{j=0}^{n-1}(d_j - y_j)^2\right] = (d_j - y_j) \times \frac{\partial x_j}{\partial w_{ij}} = (d_j - y_j) \times f'(S_j) \times \frac{\partial S_j}{\partial w_{ij}}$$
$$= (d_j - y_j) \times f'(S_j) \times x_i = \delta_{ij} \times x_i \tag{4-50}$$

其中 $\delta_{ij} = (d_j - y_j) \times f'(S_j)$，同理对于 b_j 有：$\frac{\partial E(w,b)}{\partial b_j} = \delta_{ij}$。根据梯度下降法，对于隐含层和输出层之间的权值和阈值调整如下：

$$w_{ij}^* = w_{ij} - \eta \frac{\partial E(w,b)}{\partial w_{ij}} = w_{ij} - \eta \times \delta_{ij} \times x_i \tag{4-51}$$

$$b_j^* = b_j - \eta \frac{\partial E(w,b)}{\partial b_j} = b_j - \eta \times \delta_{ij} \tag{4-52}$$

BP 神经网络建模方法：首先采用传统 BP 神经网络建模，其中模型的主要参数为网络层数为 3，各层节点数分别为 18、10、1；激活函数采用 relu 函数，见方程式（4-53），优化器采用 SGD 方法（梯度下降法）。具体的 BP 神经网络模型结构如图 4-22 所示。

$$f(x) = \begin{cases} x, & x > 0 \\ \lambda x, & x \leqslant 0 \quad \lambda \in (0, 1) \end{cases} \tag{4-53}$$

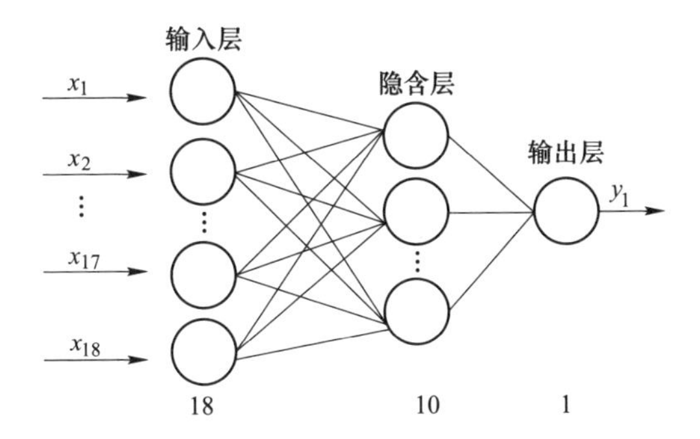

图 4-22 采用的 BP 神经网络模型结构

4.2.1.2 优化 BP 神经网络建模方法

对传统 BP 神经网络模型进行优化，增加网络层数、减小学习率，同时加入 Dropout（）层来抑制过拟合。网络层数多，模型复杂，越容易学习到更加具体的信息，但容易导致过拟合，从而对终点预测产生一定影响。经多次实测，优化不同参数，以提高优化 BP 神经网络的转炉终点碳含量和温度预报模型的预测精度。优化后模型的主要参数为网络层数为 8，各层节点数分别为 18、120、100、80、60、40、20、1；激活函数采用 elu 函数，见方程式（4-54）；优化器采用 Adam 法（Adaptive Moment Estimation，自适应矩估计），优化 BP 神经网络模型结构如图 4-23 所示。

$$f(x)=\begin{cases}x, & x>0\\ \alpha(e^x-1), & x\leqslant 0 \quad \alpha\in(0,1)\end{cases} \tag{4-54}$$

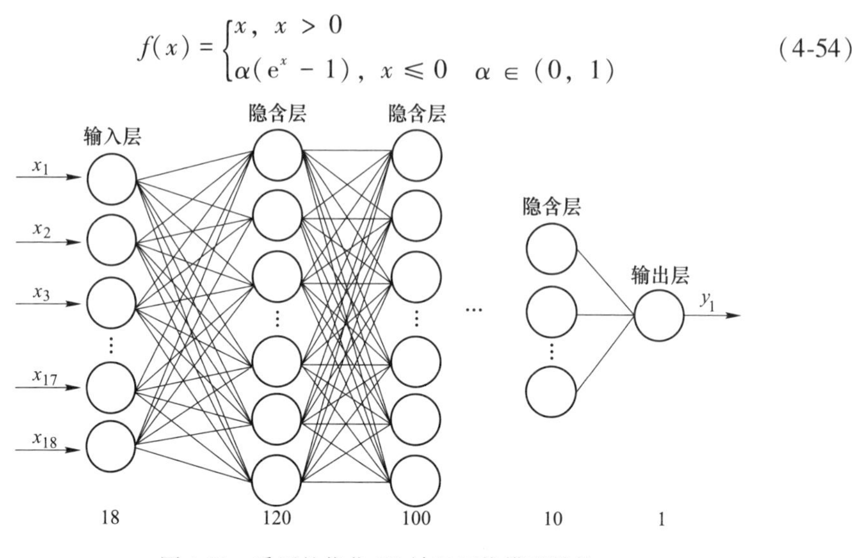

图 4-23　采用的优化 BP 神经网络模型结构

激活函数 elu 是对 relu 函数的一个改进型，相比于 relu 函数，在输入为负数的情况下，有一定的输出，而且这部分输出还具有一定的抗干扰能力。Adam 法是在 SGD 法（梯度下降法）的基础上引入了一阶动量和二阶动量，可以防止模型运算过程中陷入局部最优点。

将数据集按 75%∶25%的比例随机划分为训练集和测试集，划分后终点温度模型训练集为 1005 炉，测试集样本数为 336 炉，终点碳含量模型数据集划分后训练集为 987 炉，测试集样本数为 329 炉。使用训练集的数据训练模型，然后用测试集数据来验证终点温度和终点碳含量模型的预测能力[19]。BP 神经网络终点温度和终点碳含量模型的终点温度、终点碳含量的实际值和预测值如图 4-24 所示，由图可以看出传统 BP 模型的预测效果较差，这是由于传统 BP 神经网络的网络层数较少，拟合能力有限。经统计，BP 神经网络的终点温度、终点碳含量预测模型在出钢温度允许误差为±15℃、±10℃时终点命中率分别为 86.08%、69.32%；出钢碳含量允许误差为±0.015%、±0.01%时终点命中率分别为 56.12%、36.74%。可见，采用常规 BP 神经网络建立的预测模型，对出钢温度预测的命中率尚可，但终点碳的命中率较低，需要进一步改进模型结构。

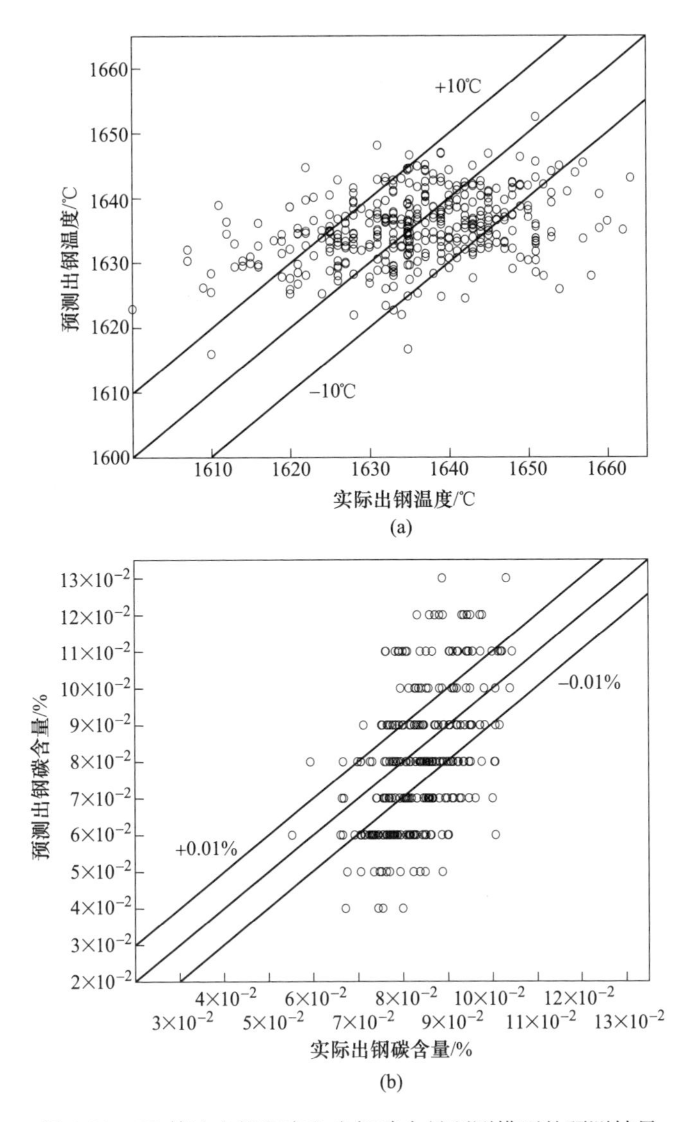

图 4-24　BP 算法出钢温度和出钢碳含量预测模型的预测结果

（a）出钢温度；（b）出钢碳含量

通过增加常规 BP 神经网络的隐含层层数，且各层相应增加节点数来建模，并对其结构和参数进行了优化，最后优化 BP 模型的隐含层层数为 6 层，各层的节点数分别为 120、100、80、60、40、20。优化 BP 神经网络的出钢温度和出钢碳含量预测模型终点出钢温度和出钢碳含量预测的实际值和预测值如图 4-25 所示，由图可知，采用优化 BP 神经网络预测转炉终点温度和终点碳含量的预测能力有所提升，但还未达到理想状态。通过统计可知，在出钢温度允许误差为±15℃、±10℃时出钢温度终点命中率由 86.08%、69.32%分别提升至 88.11%、

70.28%；出钢碳含量允许误差为±0.015%、±0.01%时终点碳含量命中率由56.12%、36.74%分别提升至66.89%、44.60%。

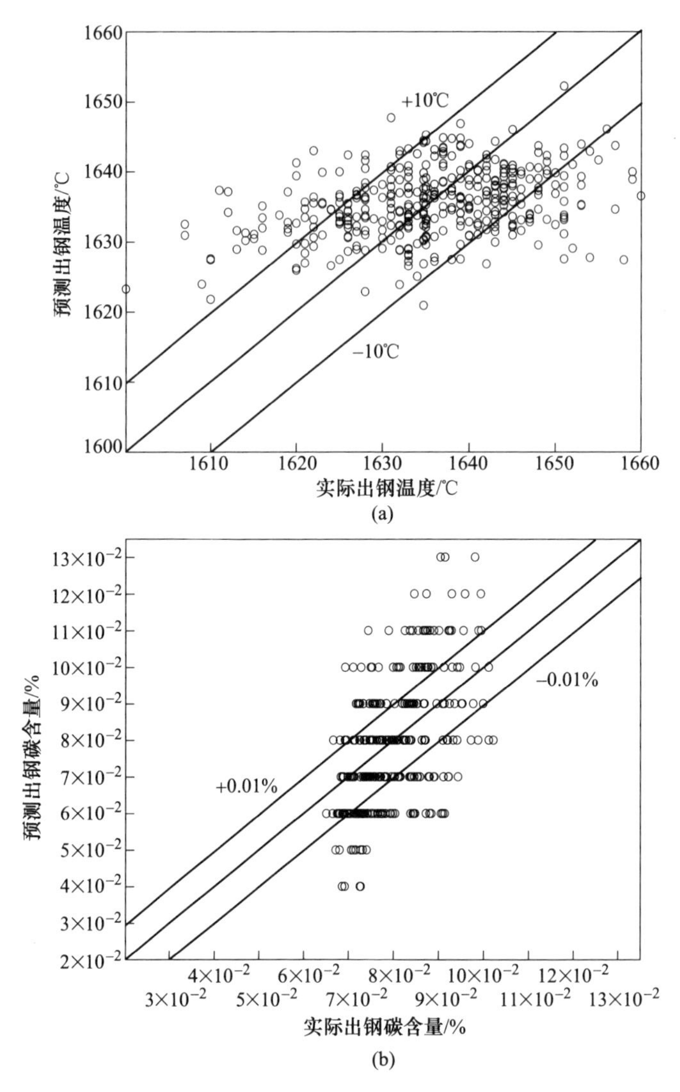

图 4-25　优化 BP 算法出钢温度和出钢碳含量预测模型的预测结果

（a）出钢温度；（b）出钢碳含量

由于 BP 算法极易收敛于局部极小点，往往停滞于误差梯度曲面的平坦区，收敛缓慢甚至不能收敛、过拟合等问题，所以由图 4-24 和图 4-25 可以看出，无论是常规 BP 网络还是优化 BP 网络模型，出钢温度和出钢碳含量预测模型的拟合效果并没有达到理想的效果提升。为了提高转炉吹炼终点的温度和终点碳含量的命中率，采用 XGBoost 算法建模来预测转炉吹炼终点碳和温度。

4.2.1.3 XGBoost 建模方法

XGBoost 是一种加法模型和前向优化算法，通过不断进行特征分裂来增加一棵树去拟合前次预测的残差。与传统的梯度树相比，该方法能较好地权衡偏差，具有良好的推理性。其目的是对原有目标函数进行改写和优化，同时进行泰勒展开，使算法收敛得更快，最终获得最优解。XGBoost 残差拟合的迭代过程如下：

$$\begin{aligned}
\hat{y}_i^{(0)} &= 0 \\
\hat{y}_i^{(1)} &= f_1(x_i) = \hat{y}_i^{(0)} + f_1(x_i) \\
\hat{y}_i^{(2)} &= f_1(x_i) + f_2(x_i) = \hat{y}_i^{(1)} + f_2(x_i) \\
&\vdots \\
\hat{y}_i^{(t)} &= \sum_{k=1}^{t} f_k(x_i) = \hat{y}_i^{(t-1)} + f_t(x_i)
\end{aligned} \tag{4-55}$$

式中 $\hat{y}_i^{(t)}$ ——第 i 个样本迭代 t 次后的预测值；

$\hat{y}_i^{(0)}$ ——第 i 个样本的初始值。

通过最小化损失函数来构建最优模型，则有：

$$Obj^{(t)} = \sum_{i=1}^{n} l[y_i, \hat{y}_i^{(t-1)} + f_t(x_i)] + \Omega(f_t) + C \tag{4-56}$$

式中 t——模型迭代次数，即生成树的个数；

y_i——第 i 个样本的实际值；

l——损失函数，即 y_i 和 $\hat{y}_i^{(t)}$ 的差值；

$f_t(x_i)$ ——决策树函数；

$\Omega(f_t)$——L2 正则化项，可以有效防止过拟合；

C——常数项。

L2 正则化公式为：

$$\Omega(f) = \gamma T + \frac{1}{2}\lambda \parallel \boldsymbol{w} \parallel^2 \tag{4-57}$$

式中 T——回归树的叶子节点的个数；

$\parallel \boldsymbol{w} \parallel$ ——叶子节点向量的模；

γ——节点切分的难度；

λ——L2 正则化（模型复杂度表示为权重的平方和）系数。

γ，λ 表示对具有较多叶子节点的树的惩罚力度。

将第 t 次的损失函数作为目标函数用二阶泰勒展开为：

$$Obj^{(t)} \approx \sum_{i=1}^{n}\left[l(y_i, \hat{y}_i^{(t-1)}) + g_i f_t(x_i) + \frac{1}{2}h_i f_t^2(x_i)\right] + \Omega(f_t) + C \tag{4-58}$$

式中 g_i，h_i——目标函数 $l(y_i, \hat{y}_i^{(t-1)})$ 对 $\hat{y}_i^{(t-1)}$ 的一阶导数和二阶导数。

$$g_i = \frac{\partial l(y_i, \hat{y}_i^{(t-1)})}{\partial \hat{y}_i^{(t-1)}}$$

$$h_i = \frac{\partial^2 l(y_i, \hat{y}_i^{(t-1)})}{\partial (\hat{y}_i^{(t-1)})^2}$$

定义每个叶子节点的一阶、二阶的导数和为：

$$G_i = \sum_{i \in I_j} g_i, \ H_j = \sum_{i \in I_j} h_i \tag{4-59}$$

式中　I_j——每个叶子上的样本集合，$I_j = \{i | q(x_i) = j\}$ ；

$q(x_i)$——每棵树结构。

由式（4-57）~式（4-59）将式（4-56）化简得：

$$Obj^{(t)} = \sum_{j=1}^{T} \left[G_i w_j + \frac{1}{2}(H_j + \lambda) w_j^2 \right] + \lambda T \tag{4-60}$$

式（4-60）对 w_j 求导，为了取极小值，令其导数等于 0，则得到未知函数 w_j 的解 $w_j^* = -\frac{G_j}{H_j + \lambda}$，将 w_j^* 代入式（4-60）中的 w_j 求得最优目标函数：

$$Obj^{(t)} = -\frac{1}{2} \sum_{j=1}^{T} \frac{G_j}{H_j + \lambda} + \gamma T \tag{4-61}$$

目标函数是用来衡量第 t 棵树结构的好坏的，分裂过程中利用贪心算法遍历所有的分割点，分别计算损失值，然后选择增益值最大的分割点，增益损失的最大值数值越小，代表模型预测越好，其中树的生成和生长过程如图 4-26 所示。

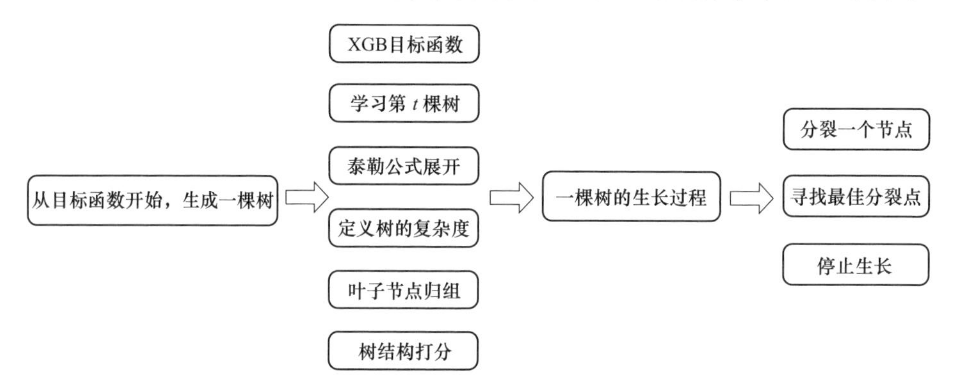

图 4-26　一棵回归树的生成和生长过程

在 XGBoost 算法中，用于建模的模型参数如 learning_rate（学习速率）、n_estimators（迭代次数）和 max_depth（树的最大深度）的确定很重要，这些模型参数的默认值分别是 0.1、100、6，即模型默认采用一个较少迭代次数，大的学习率的运算方式，这样会大大缩短训练时间，提升运算效率，但也会使模型在运算过程中难以收敛到全局最优解。对于参数 max_depth，如果数据少或者特征变量少的时候可以使用默认值，但如果模型样本量多、特征变量也多的情况下，需要限制树的最大深度（一般取 3～10）；随着 max_ depth 的增大，模型会学到更具体更局部的样本信息，max_ depth 的值较小会导致模型出现过拟合，影响预测精度。在建模中直接使用 XGBoost 算法的默认参数建模，得到的转炉终点温度和终点碳含量的实际值和预测值如图 4-27 和图 4-28 所示，各取 300 个炉次的实际值与预测值绘制折线图，如图 4-29 和图 4-30 所示。由这些图可知，与 BP 神经网络模型相比，出钢温度预测效果改善明显，大部分炉次的出钢温度预测值与实际值的误差在±10℃内，但碳含量的预测效果相对较差。在出钢温度允许误差为

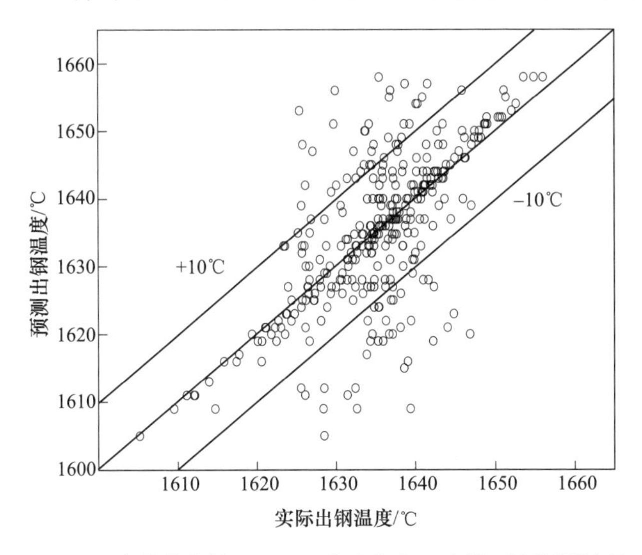

图 4-27 参数优化前 XGBoost 算法终点温度模型的预测结果

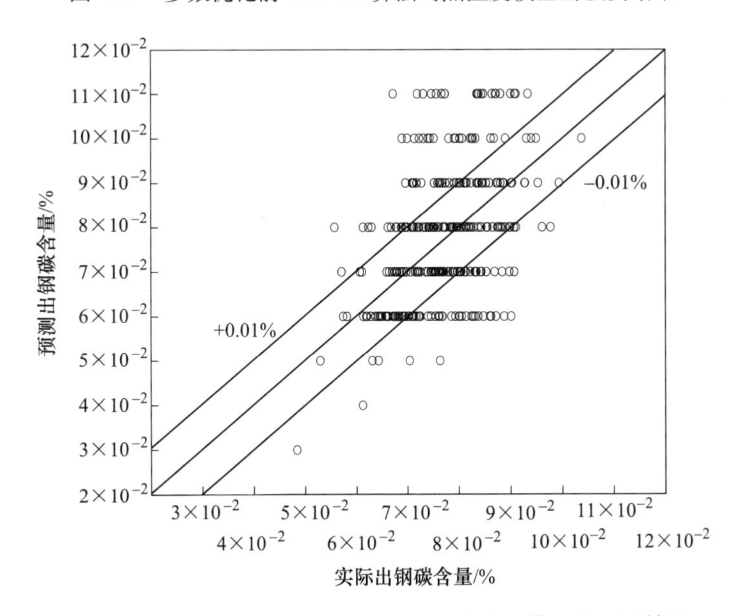

图 4-28 参数优化前 XGBoost 算法出钢碳含量模型的预测结果

±15℃、±10℃时终点命中率分别为 88.96%、77.91%；出钢碳含量允许误差为 ±0.015%、±0.01%时终点命中率分别为 73.56%、55.32%。

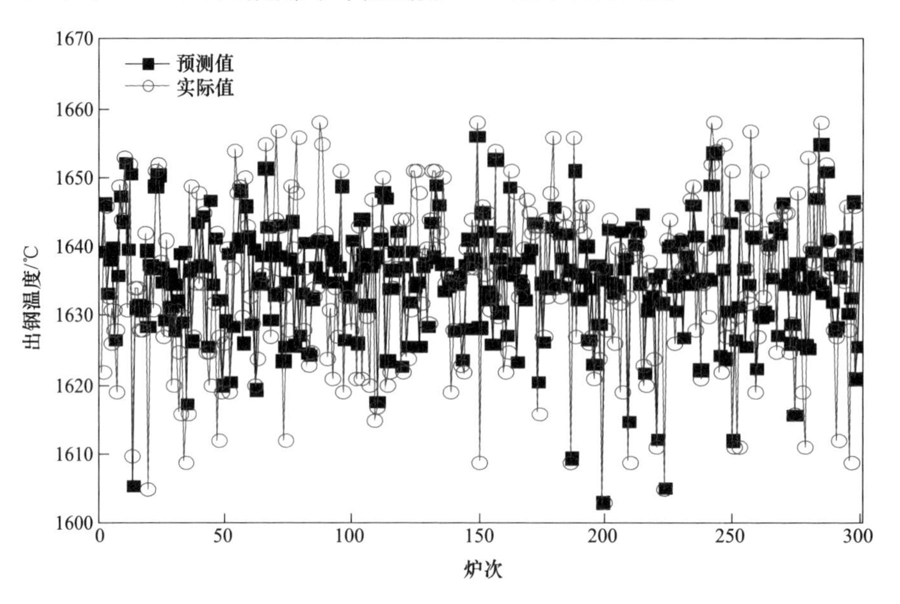

图 4-29　参数优化前 XGBoost 算法出钢温度模型的实际值与预测值

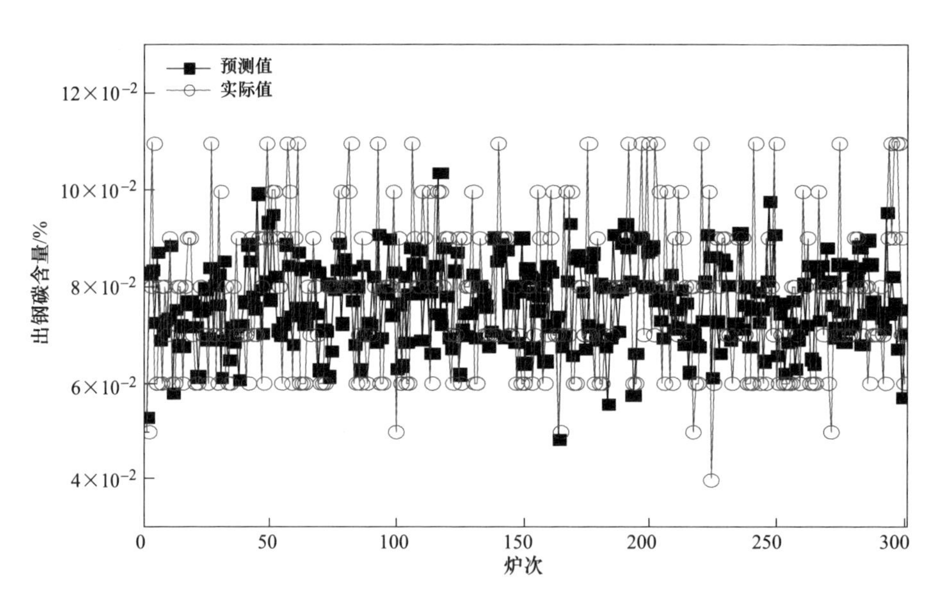

图 4-30　参数优化前 XGBoost 算法出钢碳含量模型的实际值与预测值

为进一步提高终点碳含量和终点温度的终点命中率，采用小学习速率搭配较多迭代次数的运算方法训练模型，经反复试验研究，最终确定将 learning_rate 和

n_estimators 的值分别设为 0.05 和 1500，为防止过拟合将 max_depth 的值由 6 调整为 7。经参数优化后，XGBoost 出钢温度和出钢碳含量预测模型的终点温度和终点碳含量的实际值和相应模型的预测值如图 4-31 和图 4-32 所示。对出钢温度和出钢碳含量预测模型各取 300 个炉次的实际值与预测值绘制折线图，得到如图 4-33和图 4-34 所示的结果。对比图 4-27～图 4-30 和图 4-31～图 4-34 可以发现，参数优化后，XGBoost 出钢温度和出钢碳含量预测模型的预测能力都得到较好的提升，尤其在终点碳含量的预测上提升最为显著，终点出钢温度、出钢碳含量的

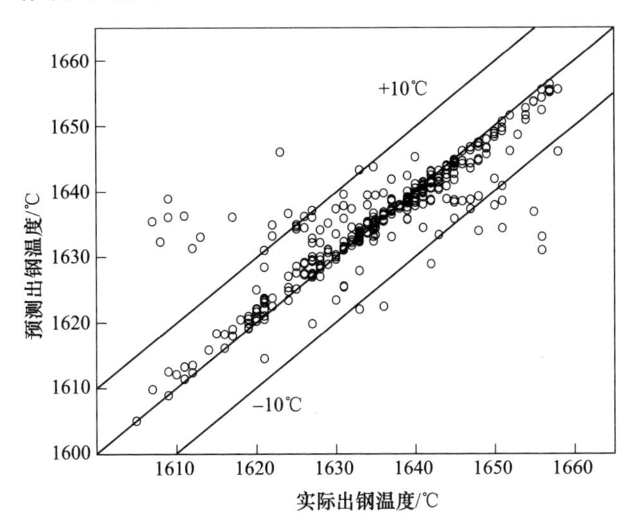

图 4-31 参数优化后 XGBoost 算法终点温度模型的预测结果

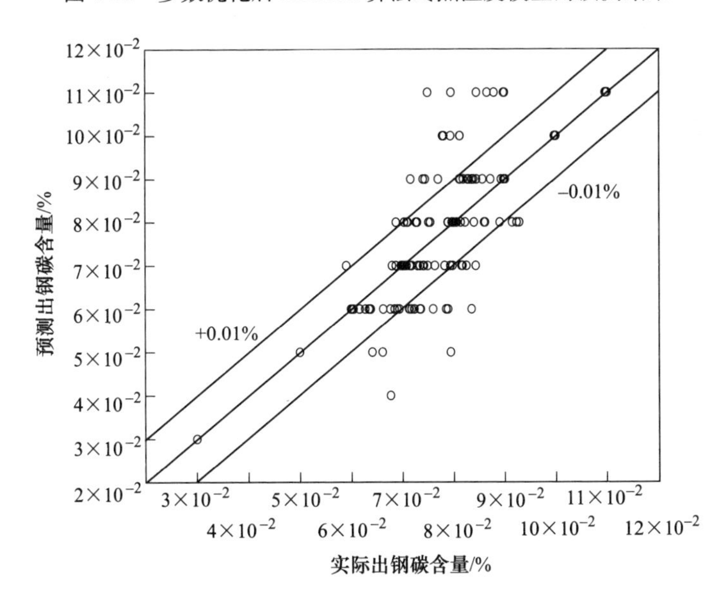

图 4-32 参数优化后 XGBoost 算法出钢碳含量模型的预测结果

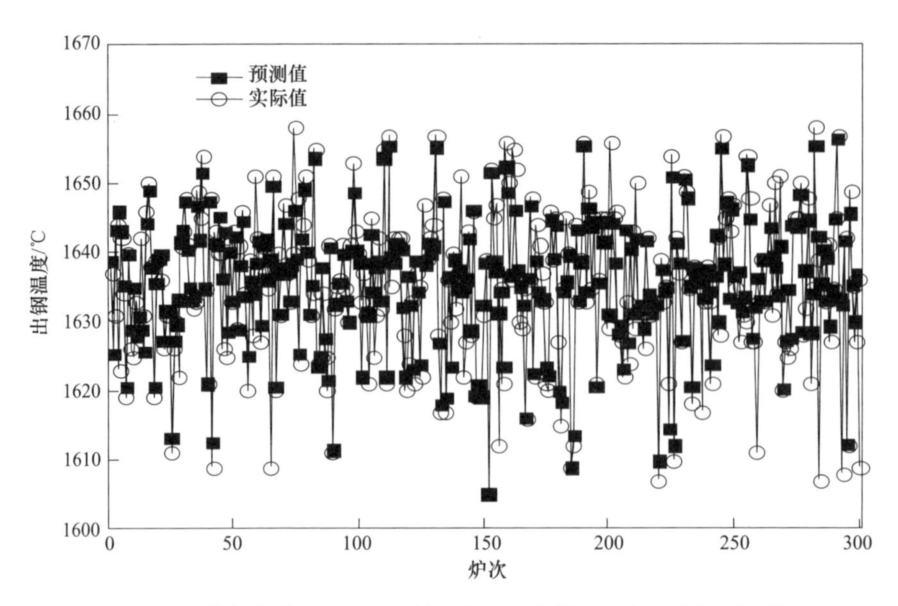

图 4-33　参数优化后 XGBoost 算法出钢温度模型的实际值与预测值

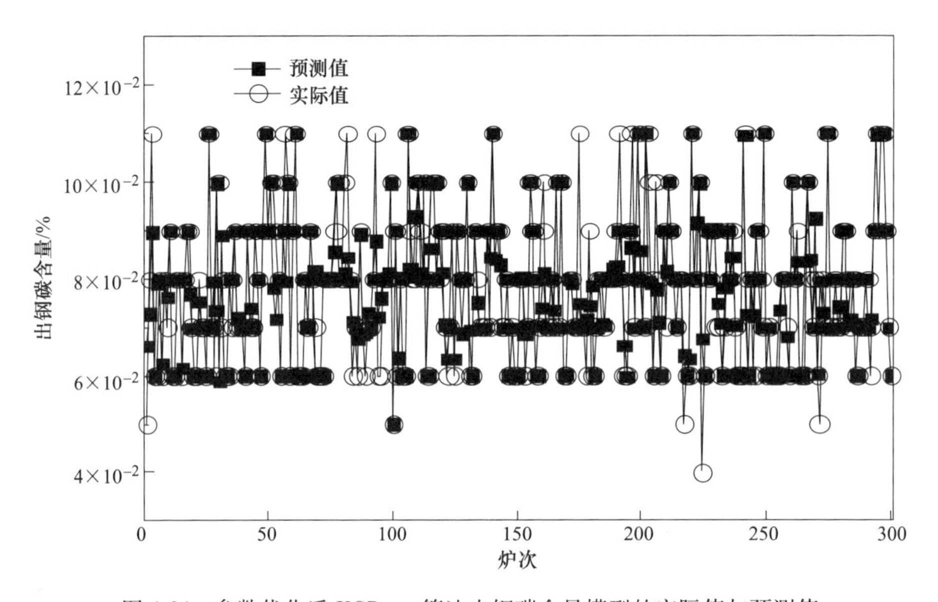

图 4-34　参数优化后 XGBoost 算法出钢碳含量模型的实际值与预测值

大部分预测值与实际值吻合较好，只有少数炉次的预测值与实际值偏差超出控制精度范围之外。

根据测试集样本的实际值和其相应的预测值，按照方程（4-62）计算不同终点温度和终点碳含量模型的均方根误差（RMSE）以及在不同控制精度下的命中率，分别列于表 4-4 和表 4-5 中，RMSE 函数为：

$$\mathrm{RMSE} = \sqrt{\frac{1}{m}\sum_{i=1}^{m}(y_i - \hat{y}_i)^2} \tag{4-62}$$

式中 m——样本数。

由表 4-4 和表 4-5 可以看出，与其他几种算法模型相比，参数优化后的 XGBoost 算法出钢温度和出钢碳含量预测模型在终点温度和终点碳含量的预测上取得了最好的效果，其均方根误差最小，命中率最高。

表 4-4 不同出钢温度模型的均方根误差和命中率

模 型	RMSE	命中率/%	
		±15℃	±10℃
BP	10.88	86.08	69.32
优化 BP	10.72	88.11	70.28
XGB	8.57	88.96	77.91
参数优化后 XGB	5.94	95.84	91.69

表 4-5 不同出钢碳含量模型的均方根误差和命中率

模 型	RMSE	命中率/%	
		±0.015%	±0.01%
BP	1.81	56.12	36.74
优化 BP	1.57	66.89	44.60
XGB	1.37	73.56	55.32
参数优化后 XGB	0.69	93.31	87.84

4.2.2 基于卷积神经网络的转炉吹炼终点 Mn 和 P 含量预报模型

全连接神经网络如 BP 网络处理图像最大的问题在于全连接层的参数太多，参数增多除了导致计算速度减慢，还很容易造成模型预测过拟合问题。所以需要一种更合理的神经网络结构来有效地减少神经网络中参数的数目，而卷积神经网络（Convolutional Neural Network，CNN）可以达到此目的。

卷积神经网络是一类包含卷积计算并且含有深层次结构的深度前馈神经网络，是语言、图像和视频深度学习的最流行算法之一，卷积计算可以减少多层网络占用的内存量，有效地减少网络的参数个数，缓解模型的过拟合问题。像其他神经网络一样，CNN 由一个输入层、一个输出层和中间多个隐藏层组成，这些隐藏层主要由卷积层、池化层、Flatten 层和全连接层组成，卷积层和池化层通常交替出现并且是实现卷积神经网络特征提取功能的核心层。采用多隐层的人工神经网络，可使网络具有优异的特征学习能力，学习到的数据更能反映数据的本质特征，有利于可视化或分类；多隐层的深度神经网络在训练上的难度，可以通过逐层无监督训练有效克服。

卷积层中的每一个节点的输入只是上一层神经网络中的一小块区域（采样域）的节点输出，对于二维卷积这个小块区域常用的矩阵大小有 3×3 或者 5×5，称为卷积过滤器，输入图像通过卷积过滤器的卷积运算可以提取出图像的特征，使得原始信号的某些特征增强，并且降低噪声；池化层通过执行非线性下采样，可以进一步缩小最后全连接层中节点的个数，从而达到减少整个神经网络参数的目的，池化有最大值池化、平均值池化和均方值（L2）池化，最大值池化（Max pooling）是取采样域的最大值，平均值池化（Average pooling）是取采样域的平均值，L2 池化取采样域的均方值；Flatten 层用来将输入“压平”，多维的数据输入 Flatten 层后数据以一维输出，常用在从卷积层或池化层到全连接层的过渡。经过多轮卷积层和池化层的处理后，可以将图像中的信息提取得到信息含量更高的特征，CNN 的最后一般由 1~2 个全连接层来给出最后的网络输出结果。

卷积神经网络通常采用监督学习方法，该网络模型通过采用梯度下降法最小化损失函数对网络中的权重参数逐层反向调节，通过反复迭代训练提高网络的预测精度。卷积神经网络在本质上是一种输入到输出的映射，它能够学习大量的输入与输出之间的映射关系，而不需要任何输入和输出之间精确的数学表达式，只要用已知的输入与输出的对应数据对卷积网络加以训练，网络就具有通过输入得到与之相对应的输出之间的映射能力。

对于数据驱动的模型一般依赖于数据集的大小，CNN 和其他数据模型一样，能够适用于任意大小的数据集，但用于训练的数据集应该足够大，能够覆盖问题域中所有已知可能出现的问题，设计 CNN 的时候，数据集应该包含三个子集：训练集、测试集、验证集。训练集是在训练阶段用来调整网络的权重；测试集是在训练的过程中用于测试网络对训练集中未出现的数据的预测性能，根据网络在测试集上的预测性能表现，网络的结构可能需要做出调整，或者增加训练循环次数；验证集中的数据应该是在测试集和训练集中没有出现过的数据，用于在网络确定之后能够更好地测试和衡量网络的预测性能。一般数据集的 65%用于训练，25%用于测试，10%用于验证。

采用数据对卷积神经网络进行训练建模时的步骤如下：

（1）选定训练样本，从数据样本集中随机地选择一定组数的数据样本作为训练样本。

（2）将网络的各权值、阈值都置成接近于 0 的随机值，并给定精度控制参数和学习速率。

（3）从训练样本中取一组输入值加到网络的输入层。

(4) 计算出各隐含层输出向量和网络输出向量。

(5) 将网络输出向量中的元素与输入值相对应的实际输出向量中的元素进行比较，计算出输出误差，判断误差是否满足精度要求。

(6) 如果不满足，根据误差，依次计算出各权值的调整量和阈值的调整量，调整权值和调整阈值，返回 (4)。

(7) 如果满足，判断是否全部训练样本都训练完成。

(8) 如果未训练完成，就输入下一组训练样本，返回 (4) 继续训练网络。

(9) 如果所有训练样本训练完后，训练结束，将权值和阈值保存在文件中。

这时可以认为各个权值已经达到稳定，模型已经建立，可以用模型进行预测。如果有新的样本用于模型再次训练时，可直接从已保存的文件导出权值和阈值进行训练，不需要再对权值和阈值进行初始化。

采用卷积神经网络建立转炉吹炼终点 Mn 和 P 含量预测模型，首先根据特征工程中的方法提取转炉吹炼终点 Mn 和 P 含量预测模型主要输入变量，常用的特征选择方法主要有方差选择法、相关系数法和卡方检验。由于建立模型涉及各参数与预测目标值的相关性问题（即自变量与目标变量之间的关联），所以选用相关系数法进行主要特征提取。相关系数衡量的是变量之间的线性相关性，取值范围在-1～+1 之间，-1 表示完全负相关，+1 表示完全正相关，0 表示线性无关。

选择的初始特征有铁水温度、铁水 C、铁水 Si、铁水 Mn、铁水 P、铁水 S、TSO 温度、TSO 碳含量、TSO 氧含量、石灰量、白云石量、萤石量、石灰量、氧气量、底吹氮气量、底吹氩气量、炉龄、铁水质量、TSC1 温度、TSC1 碳含量、TSC 碳含量、二次氧耗。经过相关性分析，转炉吹炼终点 Mn 预测模型的主要输入变量为 TSC1 温度、TSO 碳含量、铁水 Mn、TSO 温度、铁水温度、铁水 P、铁水 Si；转炉吹炼终点 P 预测模型主要输入变量为 TSO 温度、TSC1 温度、铁水 P、炉龄、TSC1 碳含量、TSC 碳含量、TSO 氧含量。提取的转炉吹炼终点 Mn、P 预测模型主要输入变量的相关系数分别如图 4-35 和图 4-36 所示。

然后对原始数据进行数据处理。对实际数据采用以下措施进行数据处理，包括：用缺失值剔除函数对各变量中含有缺失值的炉次进行剔除；对某些变量的异常零值进行均值填充处理，以保证充足的可供训练的样本数；数据集中存在重复的行或列会对模型最终的预测精度产生影响，同时还会消耗计算机资源，延长训练时间，所以对数据集中参数的重复项要去除；数据中由于某些原因会存在一些过大、过小的异常离散值，为保证模型的预测精度，在将数据输入到模型训练之前同样要使用 3 倍均方差方法对异常值进行剔除；由于原始数据中包含的特征变量较多，其中包含一些相关性较小，甚至负相关的特征，如果使用这样的数据训练模型很难达到预期预测效果，所以在输入模型前使用特征工程中的相关系数法将这种类型的变量删除。之后，对所有的不同量纲的变量数据采用 (4-45) 式进

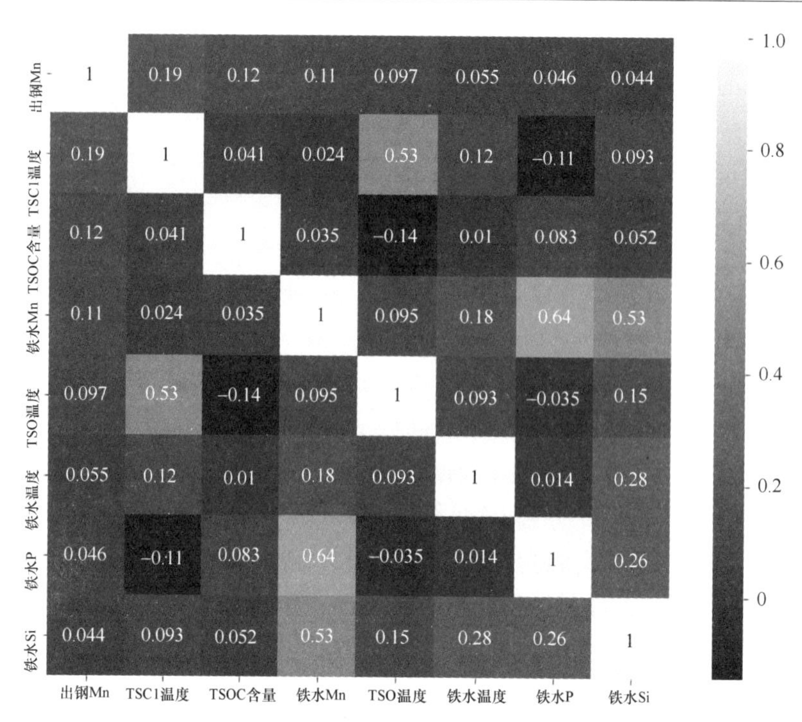

图 4-35　转炉出钢 Mn 预测模型特征提取得到的相关系数

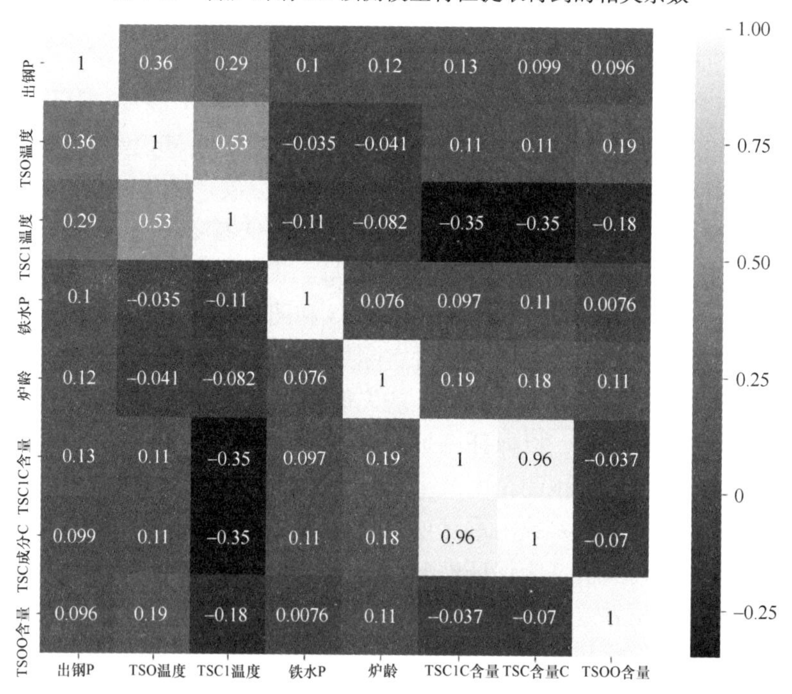

图 4-36　转炉出钢 P 预测模型特征提取得到的相关系数

行归一化处理。

最后确定卷积神经网络模型结构，这是一个模型层数以及各参数不断通过学习不断进行调整的过程。对于转炉吹炼终点 Mn、P 预报卷积神经网络模型，开始采用的网络结构如下：输入层→卷积层×1→池化层×1→全局平均池化层×1→flatten 层×1→全连接层×1→输出层。网络模型的损失函数采用预测值 y_i 与真实值 Y_i 的均方差函数（MSE）计算：

$$E = \frac{1}{2m}\sum_{i=1}^{m}(y_i - Y_i)^2 \tag{4-63}$$

采用上述的模型结构建立的转炉吹炼终点 Mn 和 P 含量预测模型的训练集和验证集得到的模型损失函数随迭代次数下降的曲线如图 4-37 和图 4-38 所示，由图可知，训练集的损失函数曲线随迭代次数增加不断下降，但是验证集的损失函数曲线开始下降，当迭代次数大于一定值（终点 P 含量预测模型 50 次、终点 Mn 含量预测模型 450 次）后，不再下降。由此说明采用的网络结构过于简单，模型预测能力较差即欠拟合。

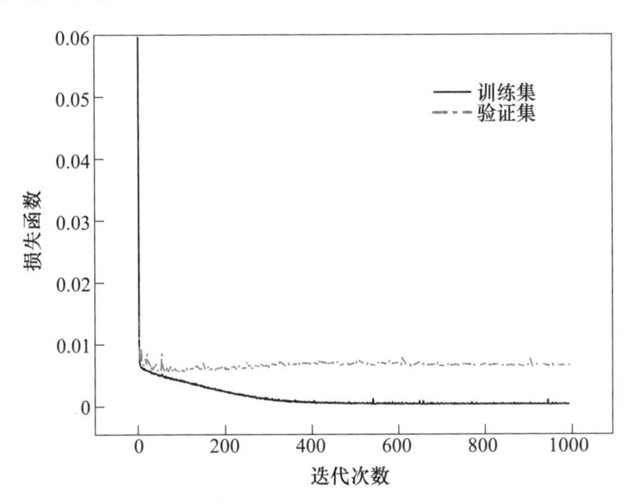

图 4-37 欠拟合时终点 P 含量预测模型的损失函数值与迭代次数的关系

为了进一步提高模型的预测能力，不断调整网络结构，观察模型的损失函数变化。最终模型采用：输入层→卷积层×2→池化层×1→卷积层×2→池化层×1→全局平均池化层×1→flatten 层×1→全连接层×1→dropout 层×1→全连接层×1→dropout 层×1→输出层的网络结构，在模型中加入了两个 dropout 层，主要是在模型训练过程中随机丢弃一些神经元，目的是在模型训练过程中消除或减弱过多的神经元节点间表征特征时的重复和冗余，增强泛化能力，可以有效抑制过拟合。这样建立的模型损失函数下降曲线如图 4-39 和图 4-40 所示。由图可知，随迭代

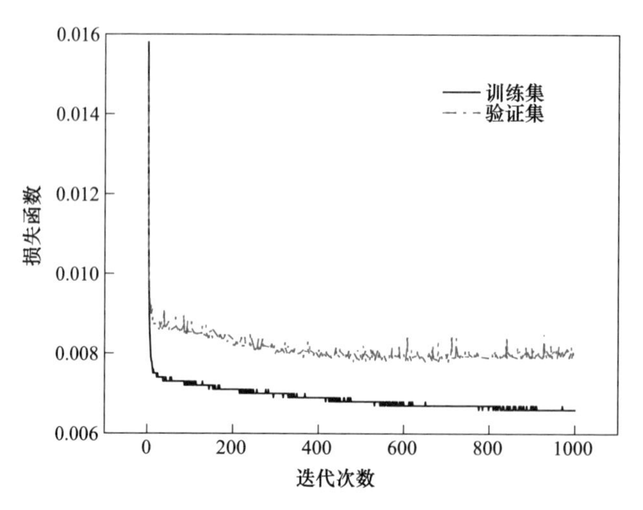

图 4-38　欠拟合时 Mn 含量预测模型的损失函数值与迭代次数的关系

次数增加，训练集和验证集的样本的损失函数值都在下降，当迭代次数大于一定次数后，可以以相同的损失函数值降低。

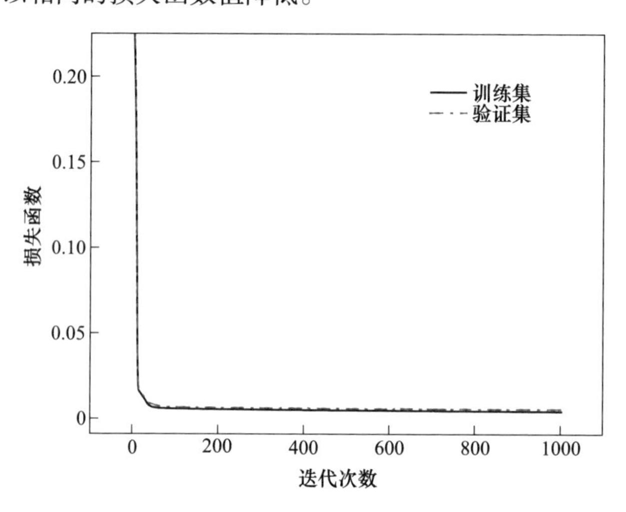

图 4-39　优化网络结构的终点 P 含量预测模型损失函数值与迭代次数的关系

通过优化模型的网络结构可以在一定程度上提高模型的拟合能力，但是当模型在最佳拟合效果时，如果继续增加网络的层数，就会造成模型学习到过多具体的细节，从而造成过拟合。如把模型网络结构设计为：输入层→卷积层×2→池化层×1→卷积层×2→池化层×1→全局平均池化层×1→flatten 层×1→全连接层×1→dropout 层×1→全连接层×1→dropout 层×1→全连接层×2→输出层的网络结构，即在优化网络结构的基础上再增加两层全连接层后，训练集的损失函数值不断下

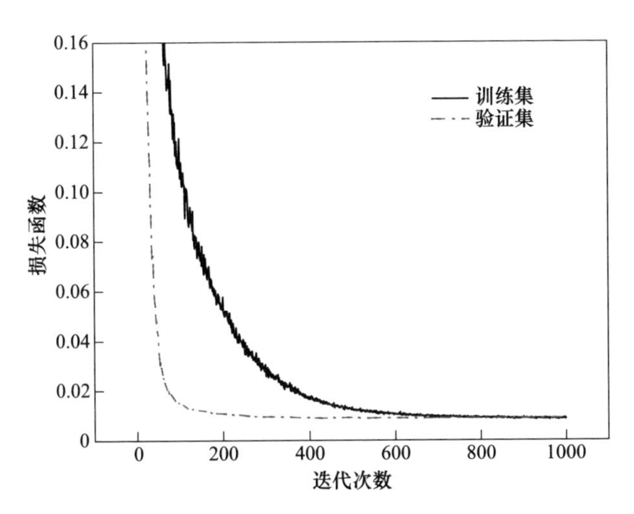

图 4-40 优化网络结构的终点 Mn 含量预测模型损失函数值与迭代次数的关系

降，但是验证集的损失函数值在下降到一定程度后会开始上升，造成目标值的预测效果变差的后果。这样的网络结构模型得到的损失函数值随迭代次数变化的结果如图 4-41 和图 4-42 所示，可以看出，终点 P 含量预测模型在迭代至第 200 次后验证集的损失函数值开始上升，终点 Mn 预测模型在迭代次数 100 次后验证集的损失函数值就几乎不再下降。

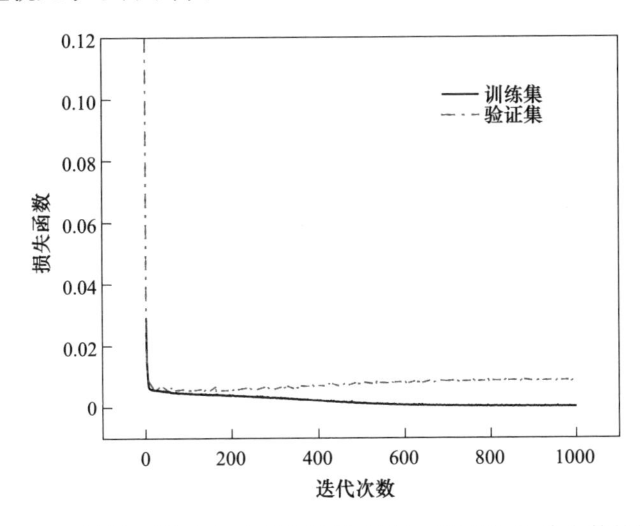

图 4-41 过拟合时终点 P 含量预测模型损失函数值与迭代次数的关系

采用最佳结构的卷积神经网络模型预测转炉吹炼终点 P 和 Mn 含量的预测结果与实际终点 P 和 Mn 含量的对比分别如图 4-43~图 4-46 所示，不同精度范围的命中率列于表 4-6 和表 4-7 中，由这些图和表可知，终点 P 和 Mn 含量预测卷积

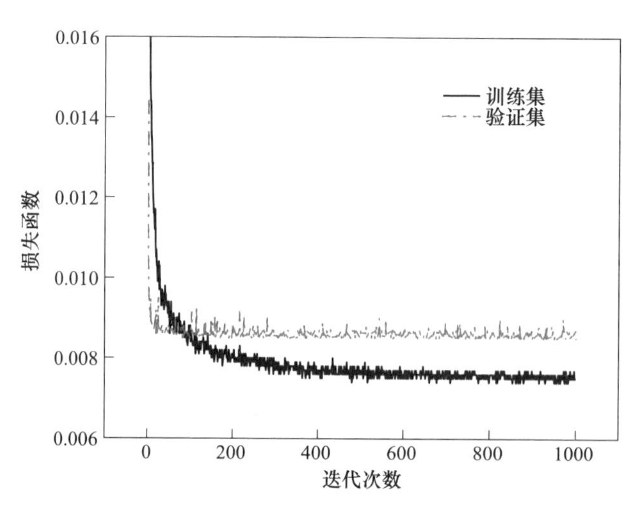

图 4-42　过拟合时终点 Mn 含量预测模型损失函数值与迭代次数的关系

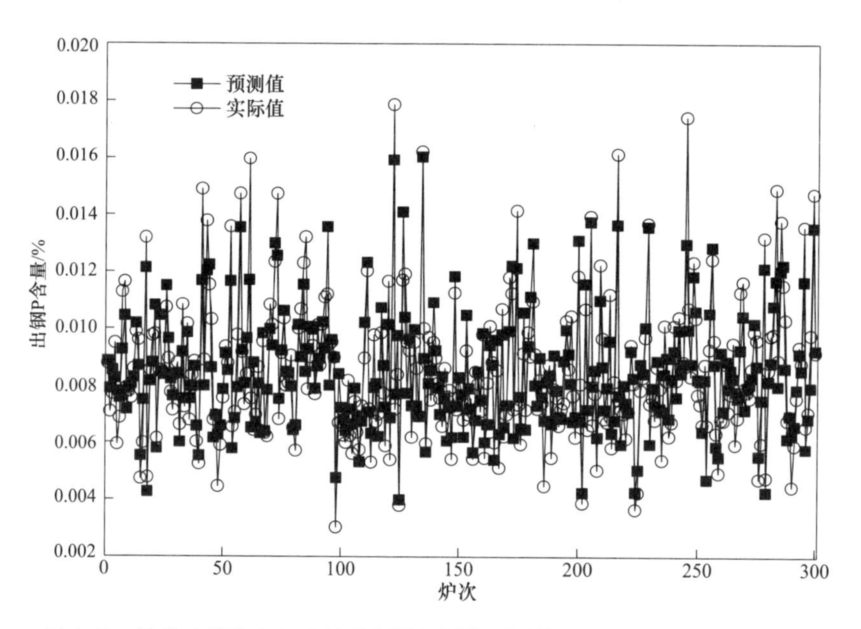

图 4-43　转炉吹炼终点 P 含量卷积神经网络预测模型 300 炉的预测结果对比

神经网络模型得到了较好的预测效果，大部分炉次的预测值落在控制终点 P 和 Mn 含量的精度范围内，在终点 P 含量控制精度在±0.0020%和±0.0015%时，终点 P 预测模型的命中率分别为 92.72%、82.75%；在终点 Mn 含量控制精度在±0.015%和±0.010%时，终点 Mn 含量预测模型的命中率分别为 94.82%、83.37%。

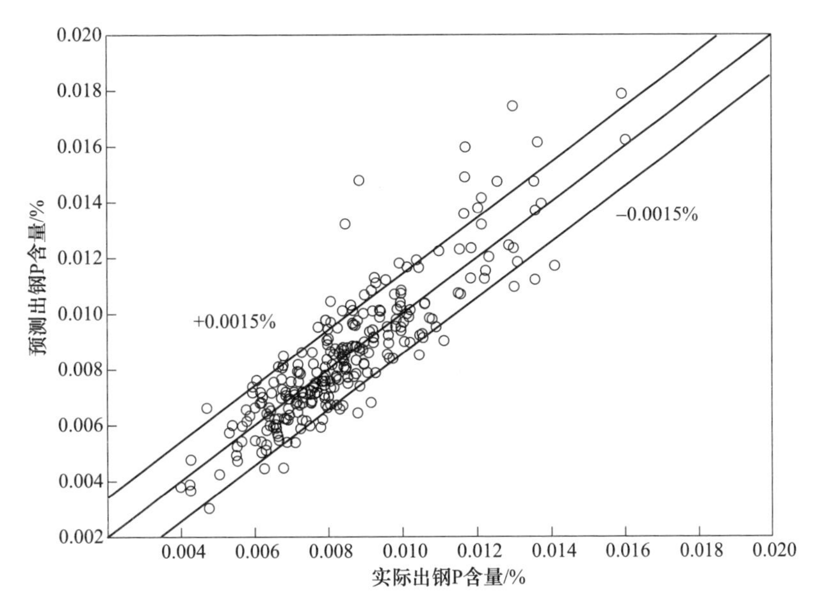

图 4-44　转炉吹炼终点 P 含量卷积神经网络预测模型预测与实际 P 含量对比

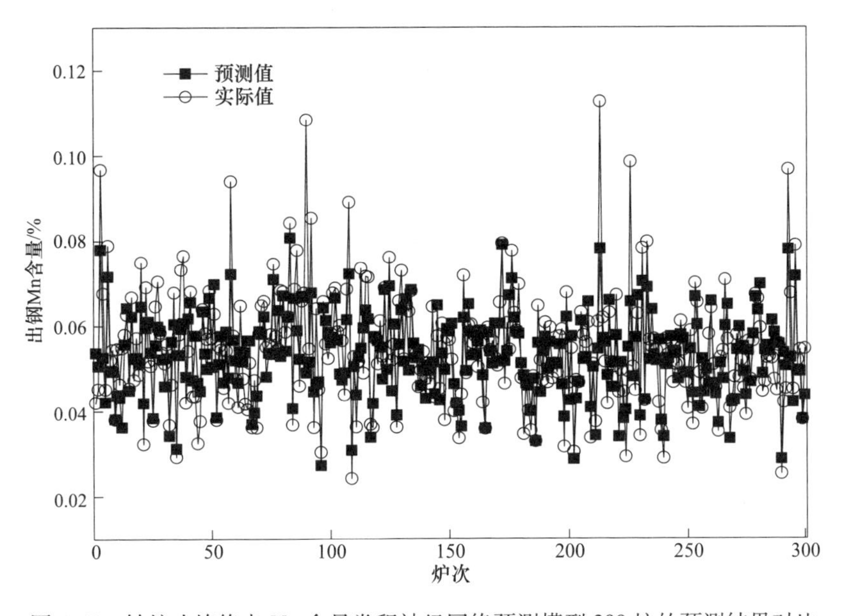

图 4-45　转炉吹炼终点 Mn 含量卷积神经网络预测模型 300 炉的预测结果对比

表 4-6　转炉吹炼终点 P 含量卷积神经网络预测模型命中率

P 含量偏差/%	±0.002	±0.0015
命中率/%	92.72	82.75

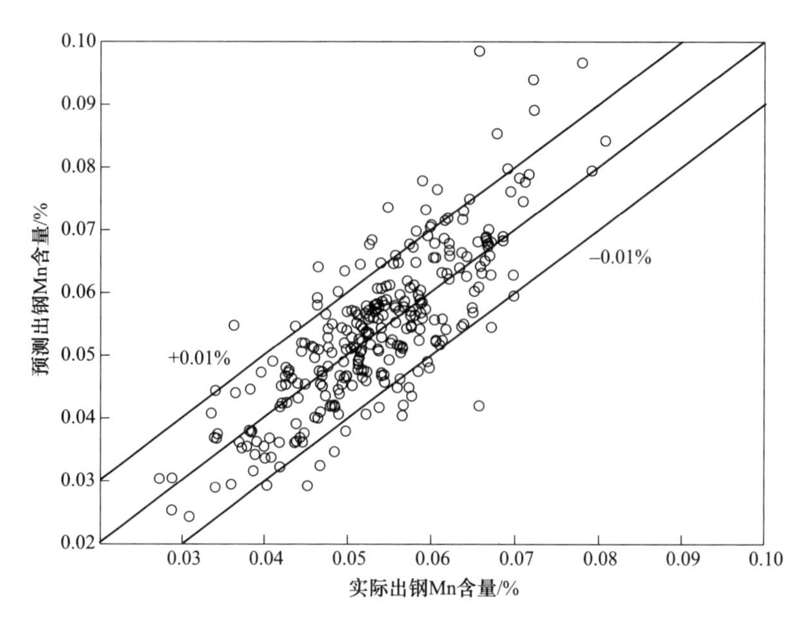

图 4-46　转炉吹炼终点 Mn 含量卷积神经网络预测模型预测与实际 Mn 含量对比

表 4-7　转炉吹炼终点 Mn 含量卷积神经网络预测模型命中率

Mn 含量偏差/%	±0. 015	±0. 010
命中率/%	94. 82	83. 37

5　连铸智能优化控制及过程监控

连铸是钢水经过冷却凝固成为钢坯的过程,其生产过程的控制不仅影响本工序产品的质量，同时由于流程工业产品质量遗传性的特点，对后续的轧钢产品质量也有着重要的影响。连铸凝固过程包含固相、固液共存相、液相等形态且诸多物质共存，同时涉及了物理和化学现象，该过程的有些机理至今有待研究。另外，由于受高温、水雾等恶劣环境影响，铸坯质量的凝固效果无法在线测量，导致连铸坯凝固无法实现闭环控制，这些都成为连铸产品质量控制的难点。

连铸工艺的优化控制是解决连铸坯质量问题的关键手段，其本质是对凝固过程的优化控制。实际生产过程受设备、操作和生产节奏等的影响，拉速和过热度等发生较为频繁的波动，经常处于非稳态过程中，影响铸坯质量的稳定性。其中，一方面连铸生产受工艺和环境恶劣条件限制，诸如温度和质量等参数无法检测；另一方面也积累了大量的可测工业数据。目前连铸已有的控制系统多是集中在基础自动化控制阶段，大量积累的连铸生产数据并未运用到在线运行的模型和系统中，造成了数据资源浪费。近年来，随着连铸控制系统自动化程度的提高以及高效连铸技术的发展，对连铸生产的可靠性也提出了越来越高的要求，因此开展连铸的智能优化控制及过程监控研究非常必要。

5.1　连铸坯凝固特点分析

连铸坯凝固过程是一个含有相变的热量传递过程，即沿液相穴在凝固温度区间由液体转变为固体，固—液交界面潜热的释放和传递过程。随着传热的进行，连铸坯温度逐渐下降，凝固坯壳发生 $\delta \rightarrow \gamma \rightarrow \alpha$ 的相变，特别是在二冷区，坯壳温度的反复下降和回升，使得铸坯组织发生变化，实质上相当于“热处理”过程。同时由于溶质元素的偏析作用，可能发生硫化物、碳化物质点在晶界处沉淀，增加了钢的高温脆性。如果二次冷却等工艺不合理，容易引起铸坯内部裂纹、中心疏松和偏析等缺陷，因此对连铸生产进行合理有效的控制十分重要。

连铸生产过程的主要特点为：

(1) 连铸凝固过程属于黑箱控制。凝固过程是一个包含多相共存、微观—宏观现象相互影响、物理—化学过程紧密相连、内部应力—外部作用力共同作用的综合系统。其内部的实际凝固过程无法直接观察，具体实际的凝固效果无法获知。

（2）连铸凝固效果相关的直接或间接参数无法直接获取。连铸生产过程中，钢包内1550～1480℃钢水注入中间包，再经过中间包流入结晶器进行一次冷却，出结晶器后进入二冷区冷却，之后再进入空冷区，整个凝固过程铸坯大多数情况下处于高温水雾中，且表面布满了氧化铁皮，恶劣的生产环境使得铸坯内外质量无法在线检测，而且与质量密切相关的温度信息同样无法测量，这使得通过间接参数推断铸坯质量的方法也行不通。

（3）连铸是一个多物理场的耦合凝固过程。连铸凝固包含了温度场、流场、溶质场、磁场、应力场等，这些场和场之间耦合的强弱程度各不相同。有的是双向耦合，例如温度场和流场；有的是单向耦合，例如磁场与流场。多物理场耦合的求解由于计算的难度问题，也是目前研究的一个难点。

5.2　铸坯表面温度测量

5.2.1　铸坯表面温度测量现状

铸坯表面温度是凝固传热状态的重要表征。铸坯表面回温过快会导致铸坯内部应力集中，诱发铸坯质量出现问题，矫直区域铸坯表面温度过高或过低均会导致铸坯矫直裂纹的产生。因此通过铸坯表面温度实时在线检测，实现合适的液态钢水凝固速度是稳定和提高铸坯产品质量的重要手段。

连铸坯表面温度实时在线测量一直是冶金领域未能得到很好解决的问题之一，这主要是由于铸坯表面温度在线测量存在以下难点。

（1）由于二冷室内连铸坯需要利用冷却水或水雾进行冷却，导致测温环境存在一定浓度的水雾、水汽，且铸坯表面附有一定厚度的水膜，造成辐射光路干扰，给非接触式测温技术的应用带来了很大的困难。

（2）由于整个连铸生产线运行在高温环境下，且铸坯直接暴露在冷却水、空气等环境中，因此铸坯表面会存在很多块状或细小密集的氧化铁皮（特别是对于低碳钢，这种现象尤为明显），且部分氧化铁皮与铸坯实际表面发生了剥离。这些剥离的氧化铁皮和铸坯表面之间的传热方式发生了改变，由热传导变为了热对流和热辐射，导致了这些剥离的氧化铁皮与铸坯表面温度存在很大的温度梯度，从而遮挡了铸坯表面实际温度，造成了温度测量结果存在较大误差。

（3）连铸现场灰尘较大，对于视场角度较大的非接触测温仪器来说，长时间运行，会累积一定厚度的灰尘，造成辐射能量衰减，导致测温误差。

（4）铸坯处于运动状态，接触式测温技术实施困难。

（5）现场环境温度高达80℃、水蒸气问题严重，对测温仪器的耐热性能和长期运行的可靠性提出了很高的要求。

虽然连铸坯表面温度测量得到了众多研究学者们的关注，但由于氧化铁皮、水雾、现场恶劣环境以及被测目标运动等客观因素的限制，目前国内外大多铸机由于现有测温装置测量不准确和稳定性差并没有实际安装，或者安装后由于测量值不稳定没有得到有效关注，直接导致了连铸二冷水控制仍然处于开环状态，铸坯产品质量得不到有效控制，连铸机的自动化水平也无法继续提高。因此，研制出一种准确的、可靠的铸坯表面温度场在线测量装置是非常重要且迫切的任务。

根据辐射测温理论和 CCD 探测器工作原理，针对连铸生产过程，东北大学研发设计一款用于铸坯表面温度测量装置。

5.2.2 窄光谱 CCD 辐射测温仪工作原理

结合几何应用光学理论建立窄波段光谱辐射 CCD 测温模型，做以下基本假设：

（1）被测物体表面为余弦辐射体，即被测物体各个方向的辐射亮度相同。

（2）被测物体可以分割为若干个微小面元，且单个面元温度基本相同。

（3）镜头可对被测物体清晰成像，每一个像素点只接受其对应面元的光辐射能量。

图 5-1 所示为一基本光学成像系统，图中 dS 为物体微元面积，dS'为像的微元面积，U 为物的孔径角，U'为像的孔径角，则在上述三个假设的前提下，根据辐射测温基本原理进行推导。

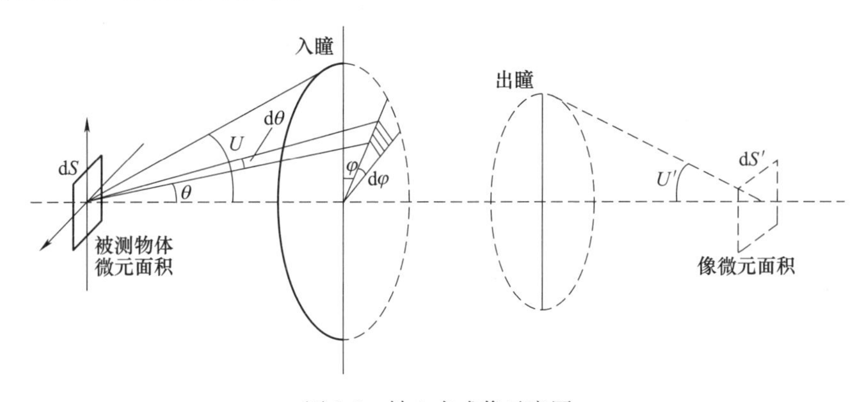

图 5-1 轴上点成像示意图

结合 CCD 的工作原理，CCD 单个像素的面积为 S_d，则单光谱在 CCD 单个像素上产生的电荷量 Q 如下：

$$Q = \frac{\tau \pi L \eta q S_d t \sin^2 U'}{h\nu} \tag{5-1}$$

其中 t 为 CCD 摄像头的曝光时间，电荷量 Q 经过后续读出电路进行放大和转换，最终以灰度值的形式给出。考虑到实际像素对光谱的响应率，则在波段 $\lambda_1 \sim \lambda_2$ 的光谱作用下，其轴上点像素输出的灰度 $G(\lambda, T)$ 为：

$$G(\lambda, T)=\frac{\pi \sin^{2} U' \eta q S_{\mathrm{d}} t R_{\max}}{h\nu} \int_{\lambda_1}^{\lambda_2} \tau(\lambda) s(\lambda) L(\lambda, T) \mathrm{d}\lambda \tag{5-2}$$

式中　$s(\lambda)$——CCD 探测器相对光谱响应率；

$R_{\max}$——最大光谱响应率和电荷灰度转换系数乘积。

经过进一步推导，则 CCD 像素灰度 $G(\lambda, T)$ 与被测物体温度 T 之间的函数表达式可最终简化为式（5-3），其中 K 在固定光学系统及曝光时间的条件下为一常数，通常称为仪表常数，可通过黑体炉进行标定获取。

$$G(\lambda_0, T)=K \times \frac{\varepsilon(\lambda_0, T)}{\exp[C_2/(\lambda_0 T)]} \tag{5-3}$$

分析结果表明，灵敏度与像的孔径角成正相关，随窄带光谱中心波长先增大后减小；而温度测量范围与像的孔径角成负相关，随窄带光谱中心波长先减小后增大。同时考虑到波长对水雾的吸收特性以及本节选择的探测器响应波段等因素，最终选择的窄带滤光片中心波长为 0.78μm，带宽为 10nm。基于几何成像的基本原理，建立了辐射测温变参数模型，在黑体炉上进行了标定实验研究，分析了曝光时间、光圈、焦距以及标定距离等参数对 CCD 灰度测量的影响。

5.2.3　铸坯表面温度场测量稳定性

由于连铸坯直接暴露在高水汽、高温环境下，导致了连铸坯表面存在大量的氧化铁皮，遮挡了非接触式 CCD 辐射高温计对铸坯表面真实温度的测量，且大部分氧化铁皮与铸坯表面发生了剥离。这些剥离的氧化铁皮温度与铸坯表面真实温度相比，其温度很低，因此这些氧化铁皮的温度会“污染”整个温度测量结果，造成温度测量值偏低且会带来温度测量结果的剧烈波动，从而无法将这一测温结果引入闭环控制系统来实现二冷配水的闭环控制，失去了连铸坯表面测温的最大意义。此外，仅靠单一灰度 CCD 对连铸坯表面温度场进行测量，由于其视场角度较大，容易受到现场灰尘、水雾的影响，造成辐射能衰减，进而会导致测温结果偏低，且不同钢种的铸坯表面绝对发射率并不相同，也会造成测量结果存在一定的误差。

针对这些存在的问题，提出了基于多信息融合的连铸坯表面温度场测量稳定性解决方案，首先基于凝固传热模型分析了连铸坯表面温度场的分布特点，然后基于此信息并结合高分辨率面阵 CCD 提出了一种铸坯表面温度场重构算法，用来解决单一灰度 CCD 测温易受灰尘、铸坯表面发射率等因素影响，从而提高测量系统的可靠性。本书基于铸坯凝固传热模型对铸坯表面温度场分布的固有特征进行分析和提取，并将该分布特征信息与高分辨率 CCD 探测器直接测得的温度信息相融合，提出了一种温度场在线重构算法。现场运行结果表明，该算法可成功重构出受氧化铁皮污染的铸坯表面真实温度信息，可将温度测量波动降至±5℃以内，如图 5-2 所示。

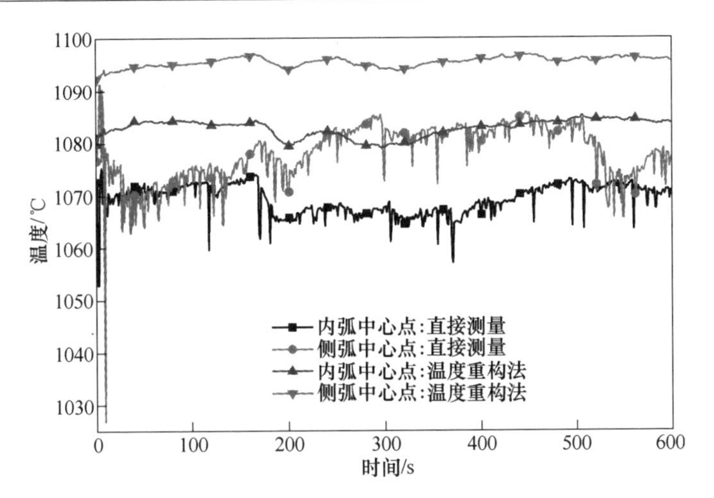

图 5-2 温度重构法与直接测量法温度测量结果对比

基于窄带光谱辐射测温原理及多信息融合的测温方法，该方法可有效降低由于不同钢种绝对发射率不确定所引起的温度测量误差，且延长了系统的维护周期，可使维护周期不小于 3 个月。

5.2.4 现场实际测量结果

现场整体安装如图 5-3 所示。实际应用结果表明，该测温系统温度测量波动

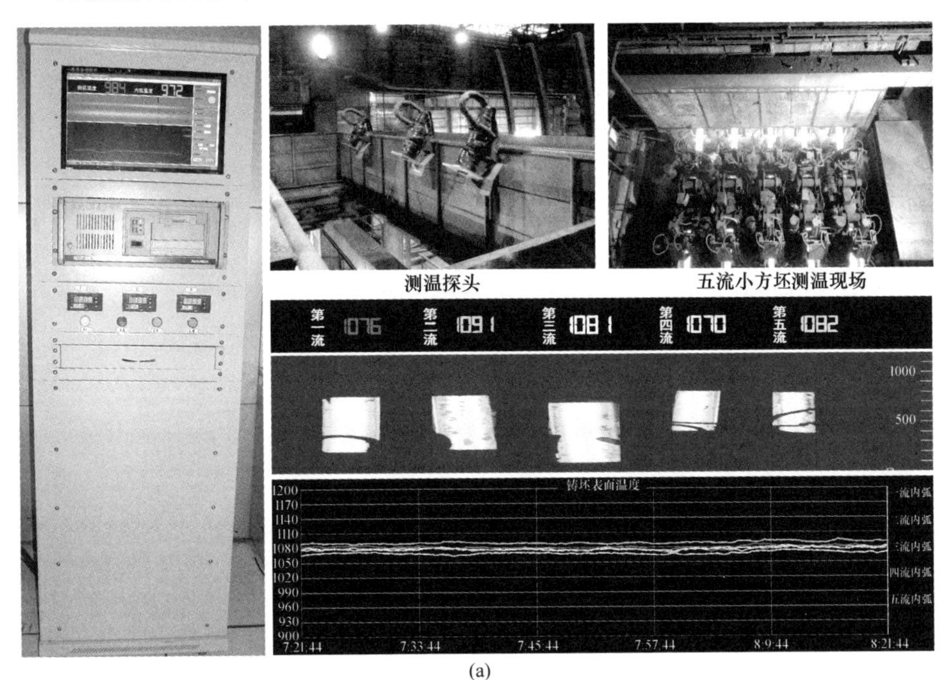

(a)

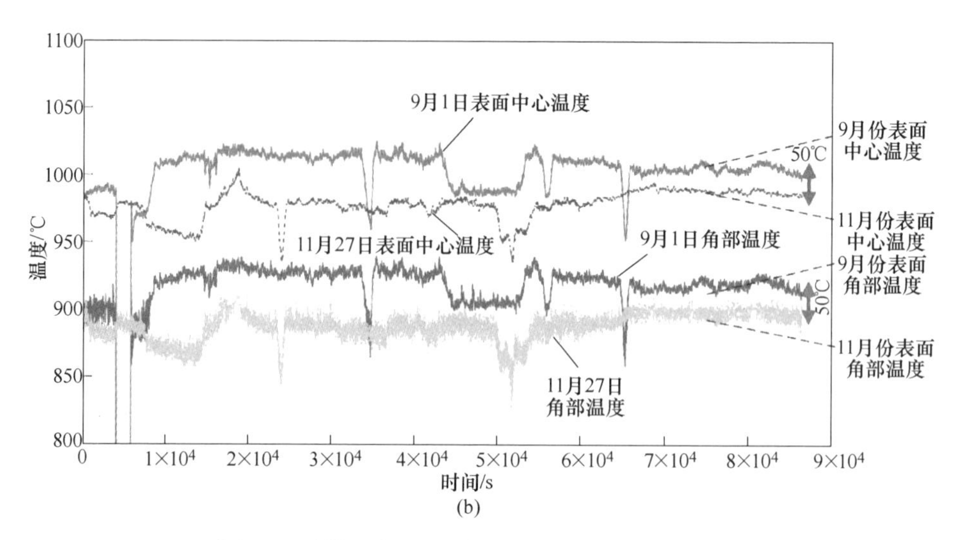

图 5-3　连铸坯表面测温装置及系统、温度测量曲线

（a）现场安装及运行的测温系统；（b）同工艺参数下 45 钢表面温度随季节变化的温度曲线

小于±5℃，适用于不同温度范围的小方坯、板坯温度测量，且通过对铸坯表面温度的在线测量可以及时地反馈出连铸工艺参数以及设备的工作情况，满足工业现场对铸坯表面温度场测量的需求，目前已在国内多台铸机得到应用。

5.3　基于机理的连铸凝固建模

连铸凝固模型是连铸过程优化控制的核心和基础。连铸凝固过程机理复杂，伴随着多相、多场、多尺度的复杂变化，具有强非线性、强耦合特征，因此建模和求解均具有相当的难度和挑战性。

凝固机理模型的发展大体经历了单场、两场、三场及以上多场耦合、多场多尺度耦合几个阶段，模型也从低维到高维，从离线到动态到在线。其中单场模型以凝固传热模型为代表，在较长时间内是作为连铸的核心模型，人们开展了大量和深入的研究。连铸凝固模型更趋于精细化，复杂性增加，对凝固现象的模拟也更加接近实际。

早期计算机运算速度极慢很难实现数值计算，主要依赖于人工采用简化的解析模型进行计算，由于过度简化，其应用价值有限。20 世纪 60~70 年代，Brimacombe、Mizika、Lait 等人最早将数值计算引入到求解凝固传热模型，做出了开创性的工作，对此后连铸工程研究与发展产生了深远影响。80 年代，Louhenkiplpi、Laitinen 等人采用一维模型对板坯连铸过程进行模拟仿真。90 年代，模型开始向在线应用方向发展。1993 年 Laitinen 对板坯连铸过程进行了实时模拟。1997 年 VAI 的 Morwald 等对板坯做了进一步研究并初步应用于生产实际。同时，模型从低维向高维、从稳态向非稳态发展，目前对板坯、方坯、圆坯以及异型坯等离线模型都已经进行了深入研究。Lally、Sediako、Hamdi、Choudahary、Lee 等人对板坯、方坯、圆坯建立了二维凝固传热模型，Reger 等人建立三维稳态模型，Kavicka 等人则建立三维非稳态传热模型。国内方面，近年来有代表性的模型由张家泉、陈登福、朱苗勇等课题组提出。离线模型在铸机设计、二冷优化、操作指导、质量分析等方面发挥了重要作用。但二冷动态控制更关注作为其核心的在线凝固传热模型，而实际可在线应用的二维、三维凝固传热模型尚未见报道。目前应用的在线凝固传热模型多针对板坯为一维模型，而一维模型并不适用于方坯、异型坯等坯型，使得二冷动态控制的应用受到限制。因此，目前对于方坯、异型坯等坯型而言，仍缺少能够应用于其二冷动态控制的高维在线凝固传热模型。

连铸凝固过程涉及多重物理现象的叠加，其建模的本质是多物理场耦合的问题。多场耦合问题（Multiphysics Problems，MPPS）是指在一个系统中，存在两个或者两个以上的物理场发生相互作用的情形。场是物质之间的相互作用，多场耦合问题在自然界中广泛存在。工程应用中主要涉及结构场、流场、浓度场、温度场、静电场和电磁场等及其耦合过程。基于研究的目的，可以从不同角度对多物理场耦合问题进行分类，从耦合的物理性质来分，有流固耦合问题、磁-结构耦合问题等。对于多物理场耦合的场的个数，目前的研究一般不超过四个场。连铸凝固过程涉及磁场、流场、温度场、凝固场、应力场、溶质场，其建模具有挑战性。

国内外在多场耦合问题方面的研究主要集中在理论建模、求解策略、实验研究、应用研究和程序编制等方面。在理论建模方面，国内侧重对特定的多场耦合问题提出其数学模型，国外更侧重建模方法上的革新；在求解策略方面，国内主要用解析法求解一些简单的问题或利用现有的软件进行交错迭代；在研究应用和软件编制方面，国外做了大量的研究，对于自编软件的应用情况报道很多，而国内更多的是使用已成熟的 Ansys、Marc 等软件，在开发研究方面甚少。

5.3.1 连铸凝固过程多物理场耦合分析

连铸坯凝固过程中质量问题的产生，通常涉及多重物理现象。例如，内部裂纹产生主要考虑热应力的影响，涉及温度场和应力场的耦合作用；中心疏松和缩孔的产生主要是考虑凝固收缩和热收缩，与温度场和凝固场相关；中心偏析则主要考虑溶质场分布，溶质场主要受流场的影响，而流场又主要受到磁场和温度场的影响。通过耦合关系强度、方向等的分析和简化，建立多物理场耦合模型，用以描述连铸工艺与质量之间的机理关系，如图 5-4 所示。

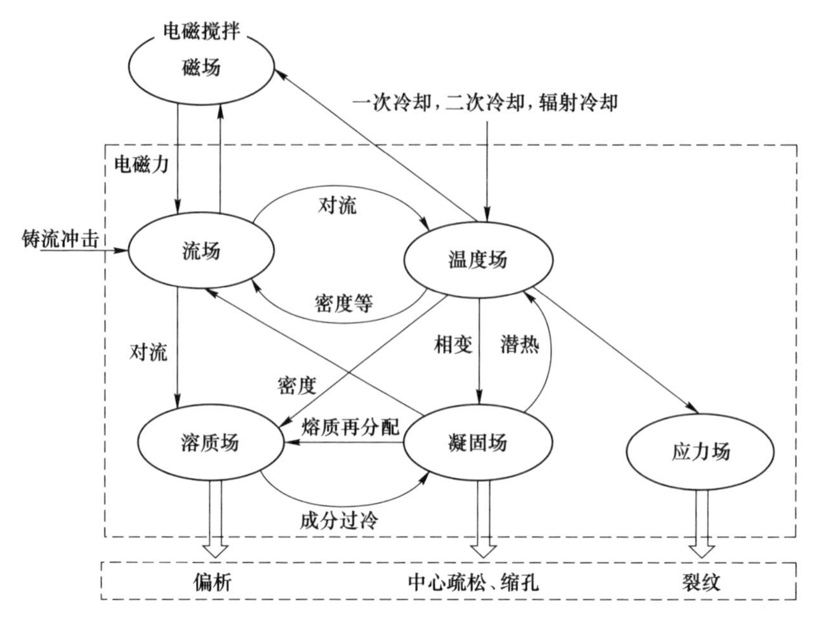

图 5-4　连铸多物理场耦合关系

多物理场耦合模型面临求解的显著困难：主要是多域求解的问题，连铸凝固过程形成物理性质具有较大差异的三个相区：固相区、液相区和固液两相区，不同相区的物理行为具有较大的差异，通常采用不同的物理方程进行描述，由此形成一个典型的多域求解问题。多域求解的主要困难则是各相区边界跟踪困难，随着凝固的进行，边界不断发生迁移。

5.3.2　连铸凝固过程数学模型

5.3.2.1　温度场数学模型

温度场模型通常称为凝固传热模型。与一般传热过程不同，连铸伴随着对流换热和凝固潜热的释放。经假设简化后，连铸凝固传热过程满足方程为：

$$\rho c \frac{\partial T}{\partial t} = \nabla \cdot \left[k_{\mathrm{eff}}(\nabla T) \right] + S \tag{5-4}$$

式中　k_{eff}——有效导热系数，简化包含了对流传热的影响，$k_{\mathrm{eff}} = f_{\mathrm{s}} k_{\mathrm{s}} + (1 - f_{\mathrm{s}})\ m k_{\mathrm{l}}$，其中 m 为对流引起的液相导热系数的增强倍数，f_{s} 为固相分率；

S——源项，包含凝固潜热释放对传热的影响。

连铸伴随着复杂的边界条件，如图 5-5 所示。连铸坯凝固过程所经历的边界条件包括结晶器区、二冷区和空冷区。

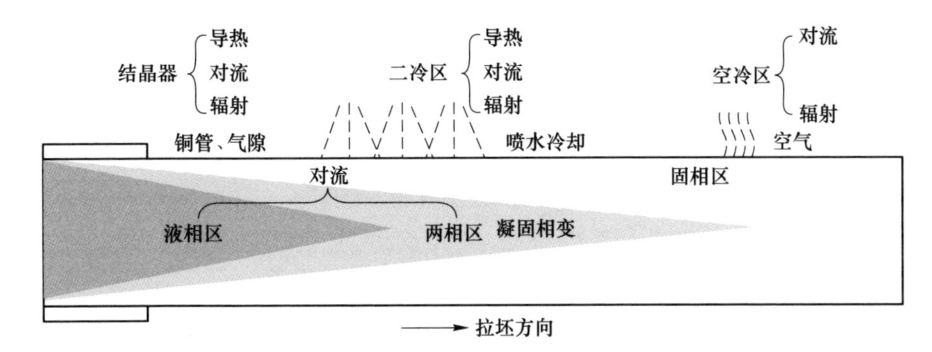

图 5-5 连铸坯凝固传热过程及其边界条件

A 结晶器区

$$-k\frac{\partial T}{\partial n}=A-B\sqrt{t} \tag{5-5}$$

式中 A，B——待定参数；

t——铸坯切片自弯月面开始在结晶器中运行的时间。

考虑到结晶器周向散热的差异：角部散热较快，中心散热较慢，进而采用以下关系式：

$$q=A-\left[B_1+\frac{x}{r_x}(B_0-B_1)\right]\sqrt{t} \tag{5-6}$$

式中 B_0，B_1——待定参数；

x——铸坯表面到角部的距离；

r_x——x 方向边长的一半。

B 二冷区

$$-k\frac{\partial T}{\partial n}=\theta_i(T-T_w)+\varepsilon\sigma(T^4-T_{air}^4) \tag{5-7}$$

式中 θ——铸坯表面与冷却水之间的传热系数；

i——冷却段号；

T_w，T_{air}——水温、环境空气温度；

ε——铸坯黑度；

σ——斯蒂芬-玻耳兹曼常数。

对于喷水冷却：

$$\theta=\frac{1570w^{0.55}(1-0.0075T_w)}{\alpha} \tag{5-8}$$

对于气雾冷却：

$$\theta=1000w/\alpha \tag{5-9}$$

式中　w——水流密度，L/(m^2 · s)；

α——待定参数。

C　空冷区

$$-k\frac{\partial T}{\partial n}=\varepsilon\sigma(T^4-T_{\mathrm{air}}^4) \tag{5-10}$$

5.3.2.2　基于相混合统一的凝固多物理场耦合模型

为了消除连铸凝固多域求解的困难，本书采用相混合统一模型建立相应的控制方程，涉及凝固所影响的温度场、流场和溶质场。其中，温度场对应能量守恒方程，流场对应于质量守恒方程和动量方程，溶质场对应溶质守恒方程。相混合统一模型是通过将守恒定律分别应用于液相、固相组分得到两相混合的守恒方程，并将此方程作为固相、液相、两相区统一的控制方程，从而将多域求解问题转化为单域求解的问题。

相混合统一模型的质量守恒方程：

$$\frac{\partial\rho}{\partial t}+\nabla\cdot(\rho\boldsymbol{v})=0 \tag{5-11}$$

相混合统一模型的动量守恒方程：

$$\frac{\partial(\rho\boldsymbol{v})}{\partial t}+\nabla\cdot(\rho\boldsymbol{v}\boldsymbol{v})=-\nabla\cdot p+\nabla\left(\mu_1\frac{\rho}{\rho_1}\nabla\boldsymbol{v}\right)+\rho\boldsymbol{g}(\beta_{\mathrm{T}}\mathrm{d}T+\beta_{\mathrm{C}}^{\alpha}\mathrm{d}C^{\alpha})-\frac{\mu_1}{K}\frac{\rho}{\rho_1}(\boldsymbol{v}-\boldsymbol{v}_{\mathrm{s}})+\boldsymbol{f}_{\mathrm{em}} \tag{5-12}$$

相混合统一模型的能量守恒方程：

$$\frac{\partial(\rho h)}{\partial t}+\nabla\cdot(\rho\boldsymbol{v}h)=\nabla\cdot\left(\frac{k}{c_{\mathrm{s}}}\nabla h\right)+\nabla\cdot\left[\frac{k}{c_{\mathrm{s}}}\nabla(h_{\mathrm{s}}-h)\right]-\nabla\cdot[\rho(h_1-h)(\boldsymbol{v}-\boldsymbol{v}_{\mathrm{s}})] \tag{5-13}$$

相混合统一模型的溶质守恒方程：

$$\frac{\partial(\rho C^{\alpha})}{\partial t}+\nabla\cdot(\rho\boldsymbol{v}C^{\alpha})=\nabla\cdot(\rho D\nabla C^{\alpha})+\nabla\cdot[\rho D\nabla(C_1^{\alpha}-C^{\alpha})]-\nabla\cdot[\rho(C_1^{\alpha}-C^{\alpha})(\boldsymbol{v}-\boldsymbol{v}_s)] \tag{5-14}$$

相对于纯流体问题的相应控制方程都更为复杂，但它们同时适用于固相、液相和固液两相区，避免了多域建模的困难。

5.3.2.3　磁场数学模型

目前连铸电磁搅拌已经成为一种常规装备。由于连铸电磁搅拌时由感应线圈中交变电流产生的电磁场为近场源的感应场，满足准稳条件，在忽略位移电流的条件下 Maxwell 方程组具有以下形式：

法拉第（Faraday）电磁感应定律：

$$\nabla\times \boldsymbol{E} = -\frac{\partial \boldsymbol{B}}{\partial t} \tag{5-15}$$

安培（Ampere）环路定律：

$$\nabla\times \boldsymbol{H} = \boldsymbol{J} \tag{5-16}$$

高斯（Gauss）定律：

$$\nabla\cdot \boldsymbol{B} = 0 \tag{5-17}$$

欧姆（Ohm）定律：

$$\boldsymbol{J} = \sigma(\boldsymbol{E} + \boldsymbol{v}\times \boldsymbol{B}) \tag{5-18}$$

本构方程：

$$\boldsymbol{B} = \mu \boldsymbol{H} \tag{5-19}$$

式（5-15）~式（5-19）构成了准稳条件下的 Maxwell 方程组的微分形式，它反映了电磁场随空间和时间的变化规律。

Maxwell 方程组中，欧姆定律是联系流场与磁场的桥梁。等式右边第一项是外加电场产生的传导电流；第二项则是钢水运动切割外加磁场 $\boldsymbol{B}$ 产生的感应电流。第二项与第一项的比值可以通过磁雷诺数表征，也表示钢水运动对外加磁场的影响程度。对于连铸电磁搅拌，磁雷诺数$\ll 1$，因此钢水运动产生的感应磁场较小，即流场对磁场的影响较小，这也是对磁场、流场解耦的主要依据。

进一步推导，对欧姆定律方程两边同时取旋度计算，得：

$$\nabla\times \boldsymbol{J} = \nabla\times [\sigma(\boldsymbol{E} + \boldsymbol{v}\times \boldsymbol{B})] \tag{5-20}$$

根据安培环路定律及本构方程有：

$$\nabla\times \nabla\times \boldsymbol{B} = \mu\sigma\nabla\times \boldsymbol{E} + \mu\sigma\nabla\times (\boldsymbol{v}\times \boldsymbol{B}) \tag{5-21}$$

由矢量分析关系和法拉第电磁感应定律有：

$$\nabla(\nabla\times \boldsymbol{B}) - \nabla^2\boldsymbol{B} = -\mu\sigma\frac{\partial \boldsymbol{B}}{\partial t} + \mu\sigma\nabla\times (\boldsymbol{v}\times \boldsymbol{B}) \tag{5-22}$$

根据式（5-22），经移项整理，得：

$$\frac{\partial \boldsymbol{B}}{\partial t} - \nabla\times (\boldsymbol{v}\times \boldsymbol{B}) = \frac{\nabla^2\boldsymbol{B}}{\mu\sigma} \tag{5-23}$$

式（5-23）为连铸电磁搅拌的磁场控制方程，其中从左至右各项依次表示磁场的瞬态项、对流项和扩散项。

电磁力的计算是衔接磁场和流场计算进行耦合的关键。电磁力：

$$\boldsymbol{F} = \boldsymbol{J}\times \boldsymbol{B} \tag{5-24}$$

以上建立的多物理场耦合模型为混合模型，其中流场等部分采用有限容积法，自主编制程序在 CPU-GPU 高性能计算平台进行求解。磁场部分采用商用软件进行求解，并编制电磁力接口。

5.3.2.4　应力场数学模型

应力场模型是裂纹计算的核心模型。应力场有限元模型的关键是要建立节点位移与载荷的平衡方程，主要有以下过程。

A　位移函数（节点位移→位移）

为了求单元内任一点（x，y）的位移，设该点的位移 u 、v 为其坐标 x 、y 的某种函数，因为单元有六个节点位移分量，考虑到内部任一点的位移可由六个节点位移分量来确定，在位移函数中取六个任意参数 $\alpha_i(i = 1, 2, \cdots, 6)$，并将位移函数取为线性函数，即

$$\begin{cases} u(x,y) = \alpha_1 + \alpha_2 x + \alpha_3 y \\ v(x,y) = \alpha_4 + \alpha_5 x + \alpha_6 y \end{cases} \tag{5-25}$$

以节点位移表示的位移函数：

$$\{\boldsymbol{f}\} = [\boldsymbol{N}]\{\boldsymbol{\delta}\} = [\boldsymbol{I}N_i \quad \boldsymbol{I}N_j \quad \boldsymbol{I}N_m]\{\delta\} \tag{5-26}$$

式中　$\boldsymbol{I}$——二阶单位矩阵；

　$[\boldsymbol{N}]$——形函数。

B　单元应变（位移→应变）

选择了位移函数并以节点位移表示单元内点的位移之后，利用平面问题的几何方程可以求得以节点位移表示的单元应变。

单元应变：

$$\begin{bmatrix} \varepsilon_x \\ \varepsilon_y \\ \gamma_{xy} \end{bmatrix} = \frac{1}{2A}\begin{bmatrix} b_i & 0 & b_j & 0 & b_m & 0 \\ 0 & c_i & 0 & c_j & 0 & c_m \\ c_i & b_i & c_j & b_j & c_m & b_m \end{bmatrix}\begin{bmatrix} u_i \\ v_i \\ u_j \\ v_j \\ u_m \\ v_m \end{bmatrix} \tag{5-27}$$

简记为：

$$\{\boldsymbol{\varepsilon}\} = [\boldsymbol{B}]\{\boldsymbol{\delta}\} \tag{5-28}$$

式中　$[\boldsymbol{B}]$——几何矩阵或应变位移矩阵。

$$[\boldsymbol{B}] = \frac{1}{2A}\begin{bmatrix} b_i & 0 & b_j & 0 & b_m & 0 \\ 0 & c_i & 0 & c_j & 0 & c_m \\ c_i & b_i & c_j & b_j & c_m & b_m \end{bmatrix} \tag{5-29}$$

C 热弹塑性本构方程（应变→应力）

连铸高温过程中发生塑性变形，塑性变形引入了材料的非线性。在塑性变形过程中，材料的应力状态不仅与应变状态有关，而且和整个应变过程相关。本节采用增量理论进行分析，将连铸过程中钢的力学行为分为两个阶段：

a 弹性阶段

对于弹性阶段的应力增量和应变增量，可以表示为：

$$\{\mathrm{d}\boldsymbol{\sigma}\} = [\boldsymbol{D}]_{\mathrm{e}}\{\mathrm{d}\boldsymbol{\varepsilon}_{\mathrm{e}}\} \tag{5-30}$$

弹性阶段的应变包括弹性应变和热应变：

$$\{\mathrm{d}\boldsymbol{\varepsilon}\} = \{\mathrm{d}\boldsymbol{\varepsilon}_{\mathrm{e}}\} + \{\mathrm{d}\boldsymbol{\varepsilon}_{\mathrm{T}}\} \tag{5-31}$$

其中，热应变增量取决于温度场，是由温度变化产生的热胀冷缩和弹性模量以及线膨胀系数随温度的变化而引起：

$$\{\mathrm{d}\boldsymbol{\varepsilon}_{\mathrm{T}}\} = \{\alpha\}\mathrm{d}\boldsymbol{T} + (\boldsymbol{T} - \boldsymbol{T}_0)\frac{\partial\{\boldsymbol{\alpha}\}}{\partial \boldsymbol{T}} + \frac{\partial[\boldsymbol{D}]_{\mathrm{e}}^{-1}}{\partial T}\{\boldsymbol{\sigma}\} \tag{5-32}$$

式中 $\boldsymbol{T}_0$——初始温度；

$\boldsymbol{T}$——瞬时温度；

$\boldsymbol{\alpha}$——线膨胀系数。

则弹性阶段应力和总应变之间的关系为：

$$\{\mathrm{d}\boldsymbol{\sigma}\} = [\boldsymbol{D}]_{\mathrm{e}}(\{\mathrm{d}\boldsymbol{\varepsilon}\} - \{\mathrm{d}\boldsymbol{\varepsilon}_{\mathrm{T}}\}) \tag{5-33}$$

b 塑性阶段

当钢的应变除热应变部分超过临界弹性应变，即进入塑性阶段。

建立热弹塑性模型应力应变关系：

$$\{\mathrm{d}\boldsymbol{\sigma}\} = [\boldsymbol{D}]_{\mathrm{ep}}(\{\mathrm{d}\boldsymbol{\varepsilon}\} - \{\mathrm{d}\boldsymbol{\varepsilon}_{\mathrm{T}}\}) \tag{5-34}$$

式中 $[\boldsymbol{D}]_{\mathrm{ep}}$——热弹塑性模型的弹塑性矩阵，弹性阶段：$[\boldsymbol{D}]_{\mathrm{ep}} = [\boldsymbol{D}]_{\mathrm{e}}$。

对于塑性阶段$[\boldsymbol{D}]_{\mathrm{ep}}$的求解，涉及材料的屈服、应变强化和流动准则。屈服条件、流动准则和硬化法则的特定组合描述了唯一的塑性行为。

D 单元平衡方程

根据虚功原理：平衡条件下，系统满足势能最小。势能=应变能-外力功，即

$$\Pi = \sum U^e - W_{\mathrm{p}} \tag{5-35}$$

虚功原理应用于单元，则 $\frac{\partial \Pi}{\partial\{\boldsymbol{\delta}\}} = 0$，有单元平衡方程：

$$[\boldsymbol{k}]^e\{\boldsymbol{\delta}\} = \{R\} \tag{5-36}$$

式中 $\{\boldsymbol{k}\}^e$——单元刚度矩阵；

$\{\boldsymbol{R}\}$——单元载荷。

E　整体平衡方程

可以通过单元平衡方程的集合将虚功原理应用在整个平面弹性体，方法为：在求出各单元的单元刚度矩阵 $[k]^e$ 和节点载荷列阵后，用集合的方法建立起整体刚度矩阵和整体载荷列阵，从而建立整体平衡方程。如果弹性体划分为 m 个单元，n 个结点，则有：

$$[K] = \sum_{e=1}^{m} [k]^e \tag{5-37}$$

$$[K]_{2n\times 2n} \{\delta\}_{2n\times 1} = \{R\}_{2n\times 1} \tag{5-38}$$

式中　$[K]$——整体刚度矩阵 $2n \times 2n$ 阶方阵；

$\{\delta\}$，$\{R\}$——整体结点位移列阵和整体节点载荷列阵。

通过整体平衡方程，可以求解出节点位移，进而计算应变和应力。

5.4　连铸坯智能优化控制

5.4.1　多质量目标的协调优化

5.4.1.1　目标函数

以裂纹和缩孔的优化为例说明，目标函数具体包括二冷区各段及空冷区最大裂纹指数以及铸坯的缩孔半径。这些指标是反映连铸过程中铸坯实际质量指标，是精确定量控制铸坯质量的关键。目标函数表达为：

$$\min J = \boldsymbol{F}(\boldsymbol{x}) = [f_1, f_2, \cdots, f_n, f_{n+1}, f_{n+2}] \tag{5-39}$$

式中　n——二冷段数；

$f_1, f_2, \cdots, f_n$——二冷区各段温度最高点铸坯切片的最大裂纹指数；

f_{n+1}——空冷区温度最高点铸坯切片的最大裂纹指数；

f_{n+2}——铸坯的缩孔半径；

$\boldsymbol{x}$——决策变量，二冷区各段水量，$\boldsymbol{x} = [Q_1,\ Q_2,\ \cdots,\ Q_n]$。

5.4.1.2　冶金准则约束条件

冶金专家经过几十年的实践探索，总结出了连铸过程冷却控制的冶金准则，它们主要对连铸优化过程中的温度场、坯壳厚度等进行约束，保证安全生产和铸坯质量。本节以这些经验知识作为控制连铸坯质量的约束条件，如图 5-6 所示。

钢水在冷却过程中需要遵循的冶金准则包括以下几种。

A　出结晶器坯壳厚度

要保证铸坯出结晶器时有一定的凝固坯壳厚度，防止漏钢。因此，凝固坯壳

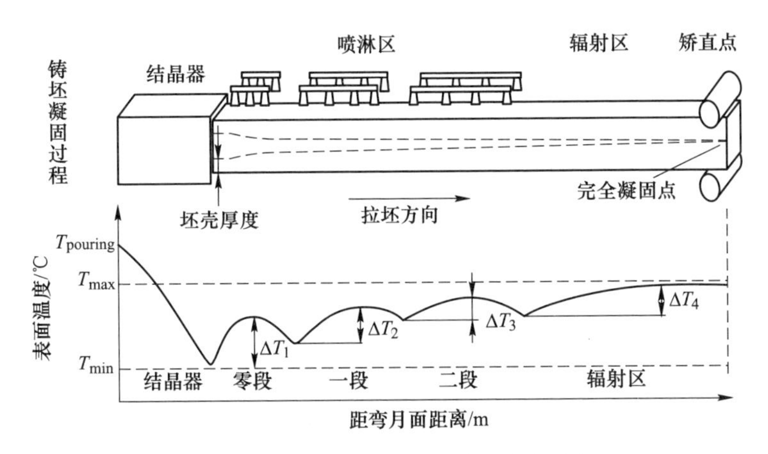

图 5-6 连铸过程冶金准则和设备约束示意图

厚度 L_{shell} 不小于设定的安全坯壳厚度控制限 L_{set}：

$$L_{shell} \geqslant L_{set} \tag{5-40}$$

B 矫直点铸坯表面温度

铸坯凝固过程中要经过以下三个温度区间。

（1）熔点脆化区（固相线下 50～1300℃）：在此区间钢的高温塑性和强度明显降低，尤其当 S、P 等元素产生偏析时，使钢的脆性增加。

（2）高温塑性区（1300～900℃）：此高温区间，钢处于奥氏体相区；在此温度区间内，钢的高温强度和塑性较高。钢的强度取决于晶间析出氧化物、硫化物的数量和形态，如夹杂物经变性处理使长条状的夹杂物变为球状，可提高强度。

（3）低温脆化区（900～700℃）：这个区间发生奥氏体向铁素体转变，在该温度区域铁素体相的强度仅约为奥氏体相的 1/4；同时这种相变实质是晶体之间同素异构的转变。由面心立方结构向体心立方结构转变。由于面心立方结构的体积密度较体心立方结构大，转变时晶体产生一定的膨胀，这种膨胀导致应力分布不均，应力集中部位会产生微裂纹。矫直时低温脆性区易发生裂纹，因此应避开此区进行矫直。

铸坯在矫直点的温度应该控制在较高的塑性温度范围内，即避开脆性口袋区。

$$T_{unbend} \geqslant T_{down\text{-}lim} \tag{5-41}$$

$$T_{unbend} \leqslant T_{up\text{-}lim} \tag{5-42}$$

式中 T_{unbend}——矫直点的铸坯表面温度；

$T_{up\text{-}lim}$，$T_{down\text{-}lim}$——铸坯由钢种和成分等确定的铸坯矫直应当处于的铸坯表面温度上下限。

C　回温和温降限制

在铸坯的冷却过程中，二冷区冷却段单独控制，冷却强度各不相同，通常从上至下依次递减，每一冷却段内存在不同程度的回温。当回温产生应力超过该区域的强度时，就会诱发产生热裂纹缺陷，因此需要对冷却过程的回温进行限制。

$$DT_{up} \leqslant DT_{up\text{-}lim} \tag{5-43}$$

式中　DT_{up}，$DT_{up\text{-}lim}$——温升和不同铸机不同钢种的温升控制限，℃/m。

同理，铸坯在冷却过程中，存在不同程度的温降。如果冷却强度较大，则容易形成垂直铸坯表面的单方向强冷，在较大过冷度的作用下形成单方向散热增加，促使该方向柱状晶的迅速增长，在柱状晶晶轴之间容易产生低熔点相和 S、P 等易诱发裂纹的元素富集。同时，生成的二次枝晶之间的相互搭桥，低熔点相被其分割成许多不连续的区域，冷却收缩，形成疏松或缩孔。

为此，需要限制其温降满足：

$$DT_{down} \leqslant DT_{down\text{-}lim} \tag{5-44}$$

式中　DT_{down}，$DT_{down\text{-}lim}$——温降和不同铸机不同钢种的温降控制限，℃/m。

D　液芯长度限制

为了避免中心矫直裂纹的产生，铸坯必须在矫直点（L_u）之前完全凝固，对冶金长度进行限制。因此，要满足如下条件：

$$L_{liq} \leqslant L_d \tag{5-45}$$

式中　L_{liq}，L_d——铸坯实际液芯长度和不同铸机的冶金长度控制限。

E　二冷区铸坯表面的最大温度和最小温度准则

为减少铸坯鼓肚，从而减轻中心偏析和内裂纹，二冷区铸坯的表面温度应低于某一温度值；如果角部区冷却过大，则出二冷区后角部温度回升大于表面中部，容易形成裂纹和菱变缺陷。所以，二冷区应使铸坯表面温度控制在 900～1100℃，避开低温脆性区，即 $T_{min}=900$℃，$T_{max}=1100$℃。

$$T_{min} \leqslant T_i \leqslant T_{max} \tag{5-46}$$

F　控制变量的约束条件

作为控制变量，根据设备状况和生产安全性，对二冷区冷却段的二冷水分别设有允许的最大、最小流量，即

$$x_{imin} \leqslant x_i \leqslant x_{imax} \tag{5-47}$$

式中　i——冷却段号。

以质量模型为目标函数、以冶金准则为约束条件、以二冷各段水量为决策变量构成了优化问题的三个要素。上述优化问题是一个包含多目标及带有约束条件的优化问题，其求解首先需要对多目标的权重和约束条件进行处理。

5.4.1.3 权重的确定

生产过程中，不同的钢种对铸坯质量的要求不尽相同。目标函数 $\boldsymbol{F}$ 直接反映铸坯质量的情况，各个质量目标之间的权重是决定目标函数合理与否的关键。

本节采用层次分析法确定相应权重。层次分析法的思想是将定性分析与定量分析相结合，把复杂的问题分解为若干层和若干因素，结合专家经验，由多个决策者通过对每两个指标之间重要性做出比较判断，建立起针对某个问题的判断矩阵，然后计算判断矩阵的最大特征值及其对应的特征向量，最终可以得出各因素的权重。以 Q235 铸坯裂纹和缩孔的协调优化为例说明。

A 层次分析法的步骤

步骤 1：构造层次结构模型。要对问题条理化、层次化，构造出一个有层次的结构模型，分别为目标层、准则层、方案层。

步骤 2：构造判断矩阵。方案层的元素针对准则层元素分别进行两两比较构造出方案层判断矩阵，准则层的元素对目标层元素进行两两比较构造出准则层判断矩阵，采用 1~9 以及其倒数作为评价的尺度。

步骤 3：进行一致性检验。以上所得的权重是否合理还需要对各个判断矩阵进行一致性检验，检验的步骤如下：

（1）计算判断矩阵的一致性指标 CI：

$$CI = \frac{\lambda_{\max} - n}{n - 1} \tag{5-48}$$

根据矩阵的阶数由表 5-1 查找平均随机一致性指标 RI 。

表 5-1 一致性指标

n	1	2	3	4	5	6	7	8	9	10
RI	0	0	0.52	0.89	1.12	1.24	1.36	1.41	1.46	1.49

（2）计算一致性比例 CR ：

$$CR = \frac{CI}{RI} \tag{5-49}$$

若 $CR < 0.1$，则认为具有满意的一致性，接受判断矩阵；否则，放弃判断矩阵或者对判断矩阵进行适当调整重新计算。

步骤 4：确定权重。若各判断矩阵均具有满意的一致性，则计算判断矩阵的最大特征值 $\lambda_{\max}$ ；求属于特征值 $\lambda_{\max}$ 的正特征向量，并将其归一化，所得的向量即为权重向量。

B　铸坯内部质量权重的确定

以 Q235 钢种为例，内部裂纹和中心缩孔是生产过程中的主要问题。实际生产中裂纹发生的概率大于中心缩孔，因此优化的策略应该是在不产生内部裂纹的前提下，使中心缩孔尽量的小。确定的步骤为以下三步。

a　层次模型的建立

针对裂纹和缩孔协调优化的问题，改善铸坯内部质量是最终目的，因此铸坯以质量为目标层。考虑 Q235 钢种的质量缺陷主要为裂纹和缩孔两种，将裂纹和缩孔的指标作为评价铸坯内部质量的准则，即裂纹和缩孔作为准则层的两个元素。考虑改善 Q235 铸坯质量是通过协调优化质量模型中各个区裂纹指数和缩孔半径来实现的，将足辊段、一段、二段、空冷段的裂纹指数和缩孔半径作为改进铸坯裂纹和缩孔的方案，即以各区裂纹指数和缩孔半径作为方案层的元素。裂纹和缩孔的层次模型如图 5-7 所示。

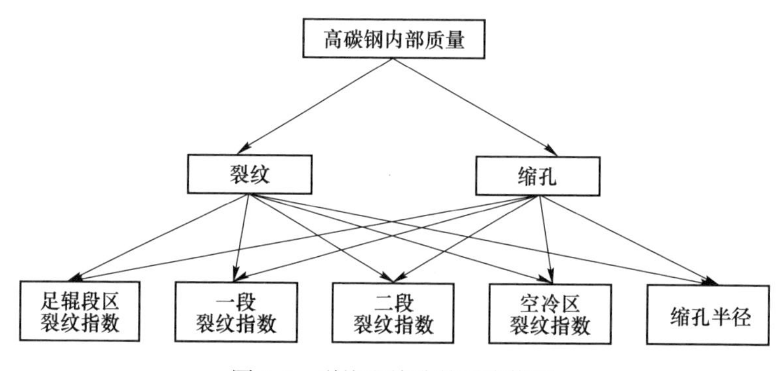

图 5-7　裂纹和缩孔的层次模型

b　构造判断矩阵

由于 Q235 钢铸坯内部质量准则层的裂纹比缩孔重要一些，因此对于目标层的铸坯质量裂纹与缩孔比较为 1/2。准则层对目标层的判断矩阵设计如下：

$$\boldsymbol{B} = \begin{bmatrix} 1 & 2 \\ 1/2 & 1 \end{bmatrix}$$

通过现场铸坯的质量缺陷统计结果，裂纹质量缺陷中主要为中间裂纹和中心裂纹，中间裂纹的裂纹源是发生在二冷区的一段和二段中，而中心裂纹的裂纹源是发生在铸坯凝固的末端即空冷段，因此足辊段的裂纹重要性要小于其他区。中心缩孔的形成是在铸坯的凝固末端，与二冷末端水量有关，强冷水有助于减小缩孔，但是强冷导致铸坯在空冷段回温较大增大裂纹产生的概率。经过以上分析，方案层针对准则层中的裂纹质量的判断矩阵如下：

$$A_1=\begin{bmatrix}1 & 1/3 & 1/3 & 1/3 & 1/2\\ 3 & 1 & 1 & 2 & 3/2\\ 3 & 1 & 1 & 1 & 3/2\\ 3 & 1 & 1 & 1 & 3/2\\ 2 & 2/3 & 2/3 & 2/3 & 1\end{bmatrix}$$

方案层针对准则层中缩孔质量的判断矩阵如下：

$$A_2=\begin{bmatrix}1 & 1/3 & 1/3 & 1/2\\ 3 & 1 & 1 & 3/2\\ 3 & 1 & 1 & 3/2\\ 3 & 1 & 1 & 3/2\\ 2 & 2/3 & 2/3 & 1\end{bmatrix}$$

c 判断矩阵的一致性检验

分别求解以上三个矩阵的一致性比例如下：

（1）$\boldsymbol{B}$ 矩阵的 $CR_{\boldsymbol{B}}=0<0.1$。

（2）$\boldsymbol{A}_1$ 矩阵的 $CR_{\boldsymbol{A}_1}=0.00297<0.1$。

（3）$\boldsymbol{A}_2$ 矩阵的 $CR_{\boldsymbol{A}_2}=0.02314<0.1$。

以上三个矩阵的一致性都小于0.1，所以接受判断矩阵，最大特征值和对应的特征向量分别如下：

$\lambda_{\boldsymbol{B}\max}=2$ 对应特征向量 $\boldsymbol{X}=(0.8944,\ 0.4472)^{\mathrm{T}}$

$\lambda_{\boldsymbol{A}_1\max}=5$ 对应特征向量 $\boldsymbol{X}=(0.1768,\ 0.5303,\ 0.5303,\ 0.5303,\ 0.3536)^{\mathrm{T}}$

$\lambda_{\boldsymbol{A}_2\max}=5$ 对应特征向量 $\boldsymbol{X}=(0.25,\ 0.25,\ 0.25,\ 0.5,\ 0.75)^{\mathrm{T}}$

归一化后得到第三层5个元素对第二层2个元素的权重为：

$$w_1=(0.083,\ 0.25,\ 0.25,\ 0.25,\ 0.167)^{\mathrm{T}}$$

$$w_2=(0.125,\ 0.125,\ 0.125,\ 0.25,\ 0.375)^{\mathrm{T}}$$

第二层2个元素对第一层目标的权重为：

$$w^{(2)}=(0.667,\ 0.333)^{\mathrm{T}}$$

所以第三层对第一层的权重为：

$$w^{(3)}=0.667\cdot w_1+0.333\cdot w_2=(0.098,\ 0.208,\ 0.208,\ 0.25,\ 0.236)^{\mathrm{T}}$$

至此，完成了各区裂纹指数和缩孔半径权重的确定。

为使目标函数值具有可比性，需进行无量纲处理，方法是：先确定在控制变量可取范围内各个目标函数的极值，然后采用下式进行目标函数的标准化。

$$f_i^*=\frac{f_i-f_{i\_\min}}{f_{i\_\max}-f_{i\_\min}} \tag{5-50}$$

式中 $f_{i\_\min}$，$f_{i\_\max}$——各个目标函数的最小、最大值，根据控制变量取值的边界条件计算得到。

目标函数整理为：

$$F = 0.098f_1^* + 0.208f_2^* + 0.208f_3^* + 0.25f_4^* + 0.236f_5^* \tag{5-51}$$

5.4.1.4　约束条件的处理

约束条件的处理影响后期算法的优化性能。无约束化处理是目前比较常用的处理方法，它是将约束优化问题转化为等价的无约束优化问题。引入罚函数是最常用的无约束化处理方法，其结构简单、易于实现、对问题没有特殊要求。根据罚函数处理的不同，又可分为定常罚函数法、动态罚函数法、退火罚函数法、自适应罚函数法。由于自适应罚函数通用性强，本节采用此方法。

处理之后的目标函数形式：

$$F(x) = f(x) + \lambda(t)\left\{\sum_{i=1}^{n}\max\left[0, g(x)\right]^2 + \sum_{i=1}^{n}\left|h_j(x)\right|\right\} \tag{5-52}$$

式中　$f(x)$——原问题目标函数；

$\lambda(t)$——惩罚因子；

t——迭代次数；

$g(x)$——原问题的不等式约束条件；

$h_j(x)$——原问题的等式约束条件。

惩罚因子的更新公式如下：

$$\lambda(t+1) = \begin{cases} \lambda(t)/\beta_1 & \forall x \in U \\ \beta_2\lambda(t) & \forall x \notin U \\ \lambda(t) \end{cases} \tag{5-53}$$

其中$\beta_1 > \beta_2 > 1$，U表示可行域。其工作原理是：如果在本次迭代中的解全部在可行域内，那么说明惩罚因子已经足够大了，在下一次迭代中应该减小惩罚因子，扩大算法的搜索空间；如果在本次迭代中的解全部不在可行域内，那么说明惩罚因子不够大，在下一次迭代中应该加大惩罚因子，控制算法在可行域内搜索解；其他情况的算法则保持现状进行搜索。

通过权重的确定和约束条件的处理，将多目标优化由约束问题转化为单目标无约束优化问题，通过粒子群算法进行求解。

5.4.2　连铸坯动态控制

优化模型给出了稳态工况条件下的拉速-水量静态控制模型。但实际生产过程往往面对非稳态的情形，而静态控制在非稳态生产时表现出以下不足：

（1）只考虑了拉速的影响，未对过热度、二冷水温等其他扰动因素进行补偿。

（2）未考虑到铸坯表面温度对拉速、水量的动态响应过程，而动态过程造成铸坯表面温度的波动。

（3）没有实现对铸坯表面温度的闭环控制，存在控制偏差。

针对以上问题，本节以在线凝固传热模型为核心，以铸坯表面温度稳定为目标，实现二冷配水动态控制。

5.4.2.1 过热度引发铸坯温度变化的补偿

以二冷各段末铸坯表面温度的稳定为目标，对其进行二冷水量的补偿。过热度的升高引起铸坯表面温度的升高。首先，确定标准过热度为正常生产过热度控制范围的中值，如现场过热度控制范围为（20±5）℃，则以20℃为标准过热度。在不同拉速下，根据标准过热度计算各段末铸坯表面温度并作为目标温度，其他过热度条件下进行水量的补偿。过热度水量补偿的模型采用下面的表达式：

$$Q_{i2} = [1 + \beta_i(\Delta T_c - \Delta T'_c)]f_{1i}(v_c) \tag{5-54}$$

式中 Q_{i2}——过热度补偿水量；

β_i——相应补偿参数；

ΔT_c——过热度；

$\Delta T'_c$——标准过热度；

$f_{1i}(v_c)$——根据拉速所确定的水量。

过热度补偿参数β_i与拉速和过热度有关，但是考虑过热度变化补偿的水量所占比例通常小于10%，因此基于局部线性化的假设，对多个拉速和过热度下计算得到的β_i取平均值。

表5-2为针对某实际铸机计算的二冷各段的过热度补偿系数，图5-8为过热度进行补偿和不进行补偿对温度场影响的比较。

表5-2 不同冷却段的β值

β_1	β_2	β_3	β_4
0.0067	0.0034	0.0015	0.0015

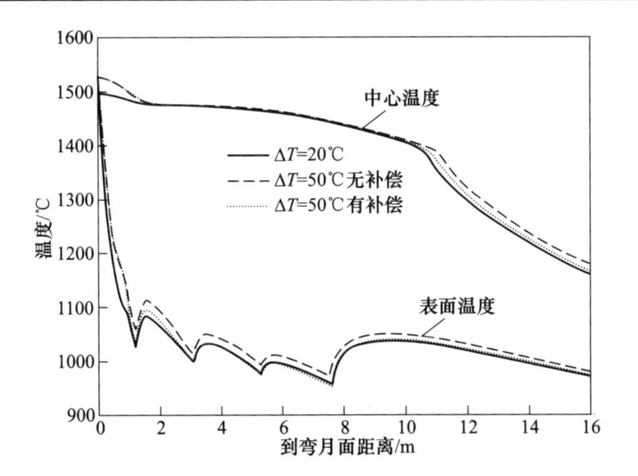

图5-8 采用过热度补偿前后温度场的比较

5.4.2.2　基于有效拉速和有效过热度的动态前馈控制

目前连铸生产主要采用基于拉速-水量的静态配水模式，并不能保证非稳态生产时铸坯表面温度的稳定。通过建立的温度模型，可分析拉速和过热度变化时静态控制方式的铸坯表面温度的响应过程，如图 5-9 和图 5-10 所示。

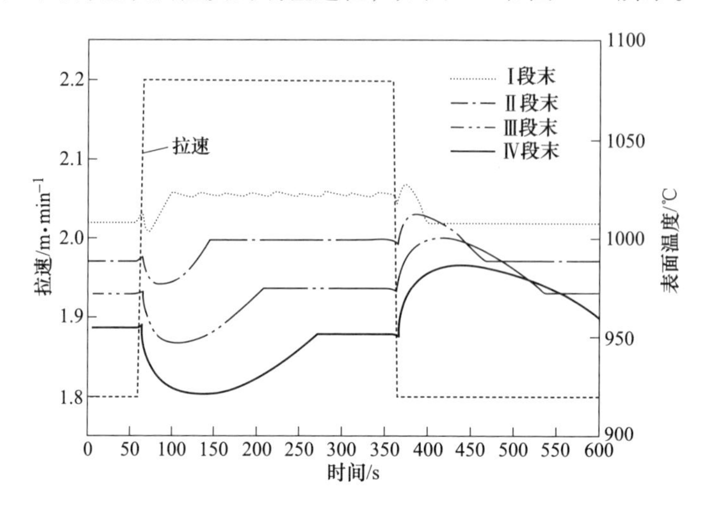

图 5-9　拉速阶跃变化时基于瞬时拉速控制的铸坯表面温度的响应过程

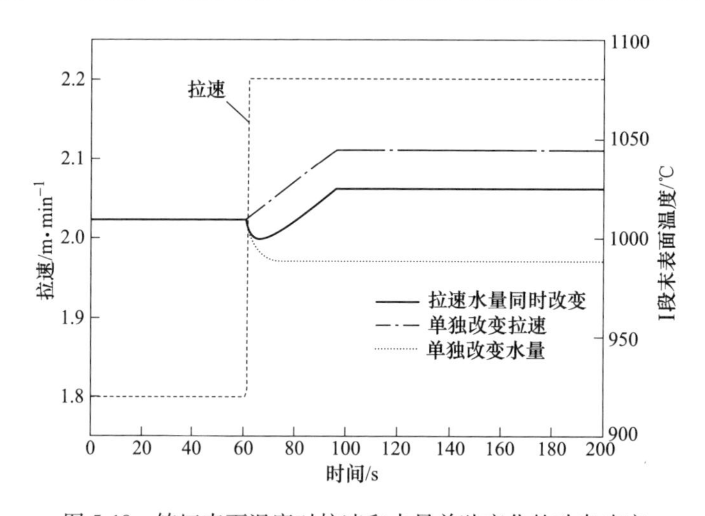

图 5-10　铸坯表面温度对拉速和水量单独变化的动态响应

图 5-9 中，在静态控制方式下，拉速发生阶跃变化时，水量也跟随拉速发生即时的阶跃变化。可以看出，铸坯表面温度在二冷区各段末均呈现出先降后升或先升后降的波动变化过程，出现“温度尖峰”，并最终过渡到一个新的稳定状态。同时不同冷却段的温度尖峰的出现表现出一种趋势：越靠后的冷却段其温度

尖峰越明显。以二冷Ⅳ段为例，温度尖峰偏离前一稳定温度状态可以达到 30~40℃。温度尖峰这种短时间内幅度较大的温度变化可以对铸坯质量的稳定性产生有害的影响，这是因为，急速的热胀冷缩导致热应力的集中可能促使铸坯产生裂纹缺陷。同时，注意到越靠后的二冷段其温度过渡的时间也越长，实际上，不同二冷段末温度的过渡时间为改变拉速时刻弯月面切片运行到相应二冷段末的时间。

根据图 5-10 可以发现，铸坯表面温度对水量改变的响应要远远快于其对拉速改变的响应，因此铸坯表面温度总是先按照水量变化影响的方向改变，然后随着拉速改变影响的增加，两者最终达到平衡，进入一个新的稳态。铸坯表面温度出现尖峰形状造成铸坯表面温度梯度过大，容易导致应力集中，产生裂纹。

结合前面的分析，为了克服拉速扰动造成的铸坯表面温度的尖峰变化，需要控制水量按照一种较为平缓的方式进行变化，从而使铸坯表面温度尽可能平稳地变化，减轻消除温度尖峰，减小应力。采用有效拉速的方式替代即时拉速，其原理相当于在拉速和水量变化之间加入一个惯性环节，可改变这种状况。

有效拉速的计算是采用切片单元跟踪的方式进行。将整个计算区域的整个铸坯划分为一系列等距离的切片单元的集合，如图 5-11 所示。

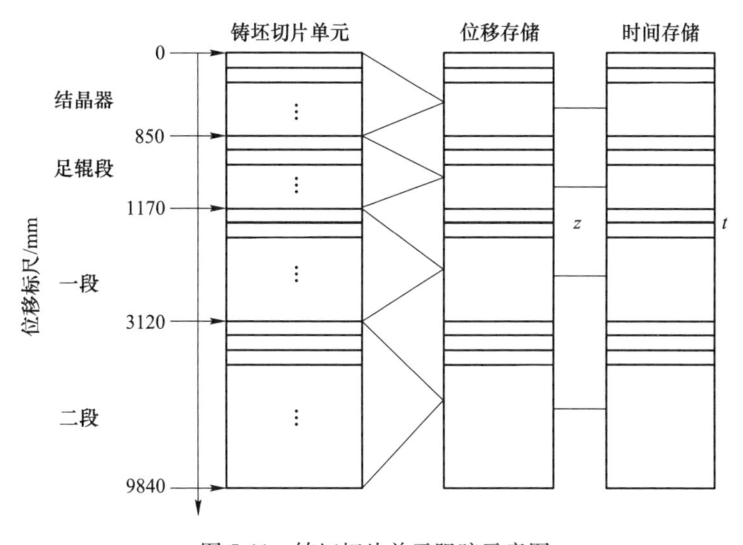

图 5-11 铸坯切片单元跟踪示意图

每个切片被赋予以下属性：(1) 位置 z，z 表示切片到弯月面的距离；(2) 寿命 t，t 表示切片从弯月面开始到当前位置所经历的时间。每个切片自弯月面开始生成，同时每个切片被赋予位置和寿命的属性。每隔一个控制周期，对切片单元的位置和寿命进行更新，当切片移出计算区域的长度范围，即退出计算。切片的数目由切片间距 Δz 决定，新生成的切片单元之间仍保持原来切片间距，并且其初始寿命由其位置和拉速所确定。

为计算有效拉速，首先引入平均拉速的概念：

$$v_i = \sum_{j=1}^{n_i} z_j / \sum_{j=1}^{n_i} t_j \tag{5-55}$$

式中　i——二冷段号；

j——切片编号；

n_i——第 i 冷却段内切片数目。

采用平均拉速对水量进行调节，有利于平缓铸坯表面温度的变化，改善温度尖峰。另外，基于安全生产的考虑，为了避免拉速突然变化引起坯壳厚度的突变，需适当地考虑实际拉速。因此，有效拉速定义为：

$$v_{ei} = \eta_i \bar{v}_i + (1 - \eta_i) v_c \tag{5-56}$$

式中　η_i——权重系数。

5.4.2.3　基于在线凝固传热模型的动态前馈控制

二冷动态控制中，除前馈控制外，反馈控制是实现铸坯表面温度更精确控制的有效途径，有利于消除生产过程中各种因素的干扰及其叠加影响。二冷反馈控制的基础是实现铸坯表面温度反馈。受现场水雾、水层及高温条件等的影响，目前二冷内铸坯表面温度的控制技术难以实现。

因此，考虑采用基于在线凝固传热模型的软测量方式进行铸坯表面温度的计算，引入二冷水反馈进行控制。将 5.2 节讲述的表面温度测量安装在二冷区出口，保证在线凝固传热模型的准确性。反馈部分采用 PI 控制、二冷各段 PI 参数、反馈控制以二冷各段末的铸坯表面温度为目标，目标温度的计算则由 5.4.1 节二冷配水优化过程所确定。

5.4.3　电磁搅拌动态控制

在二冷优化控制的基础上，实施电磁搅拌动态控制策略，如图 5-12 所示。其中，不同钢种凝固前沿流动速度与液芯半径、电流的关系通过热-磁-流耦合模型计算获得。根据不同的钢种其特性包括高温黏度、凝固特性有较大不同，以及实际生产中获得的经验，根据不同钢种碳含量当量确定凝固前沿流动速度的设定值。钢种分为三大类：高、中、低碳钢，相应设定值分三档，介于 0.3～0.6m/s。其中：高碳钢和高合金钢为 0.6m/s，中碳钢和一般合金钢为 0.45m/s，低碳钢为 0.3m/s。在设定流动速度下，由已知的流动速度与液芯半径、搅拌电流之间的关系，以及在线凝固传热模型对液芯半径的实时计算，进而可以推算出所需要施加的搅拌电流。

高温下的铸坯内部凝固前沿流动速度无法测量和验证。为了验证方法的准确

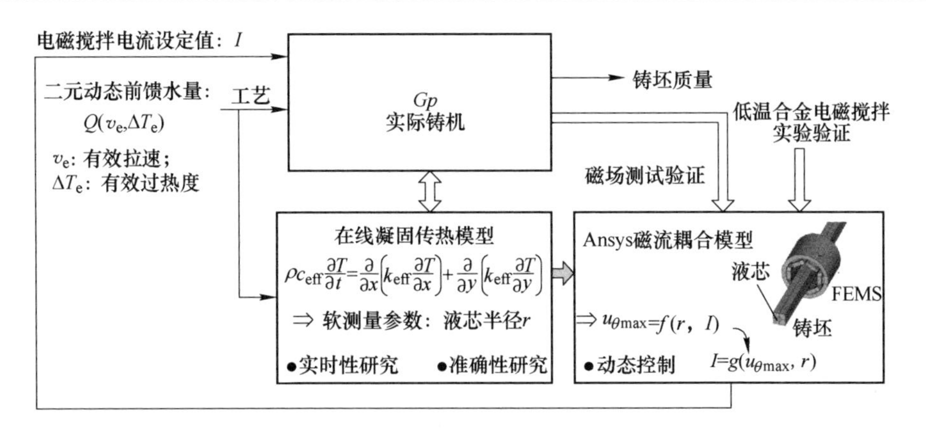

图 5-12 电磁搅拌动态控制系统

性，在实验室开展了低熔点合金的电磁搅拌模拟测试实验，如图 5-13 所示。采用低熔点金属镓铟锡（GaInSn）合金，该合金与钢液在物理特性的许多方面都具有相似性，并且在室温下为液态，从而可用于模拟钢液的流动状态。同时，采用 Ansys 热-磁-流耦合框架进行相应数值模拟，计算合金流动状态，对比结果如图 5-14 所示。

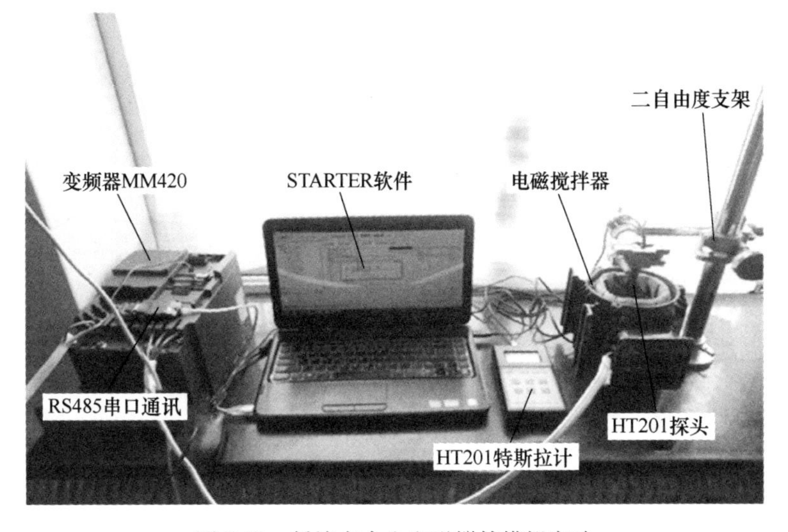

图 5-13 低熔点合金电磁搅拌模拟实验

其中，合金流动速度通过高速摄像机拍摄小球运动轨迹计算获得。电流 3.5A、频率 6Hz 条件下，计算得到小球的运动速度为 0.108m/s。相同条件下在 CFX 中对其进行数值模拟所得速度为 0.121m/s，数值模拟结果与实验结果的绝对误差为 0.013m/s，相对误差 10.7%；这一误差在可接受的范围内，可以认为数值模拟计算连铸凝固末端磁流耦合模型的方法是正确的。

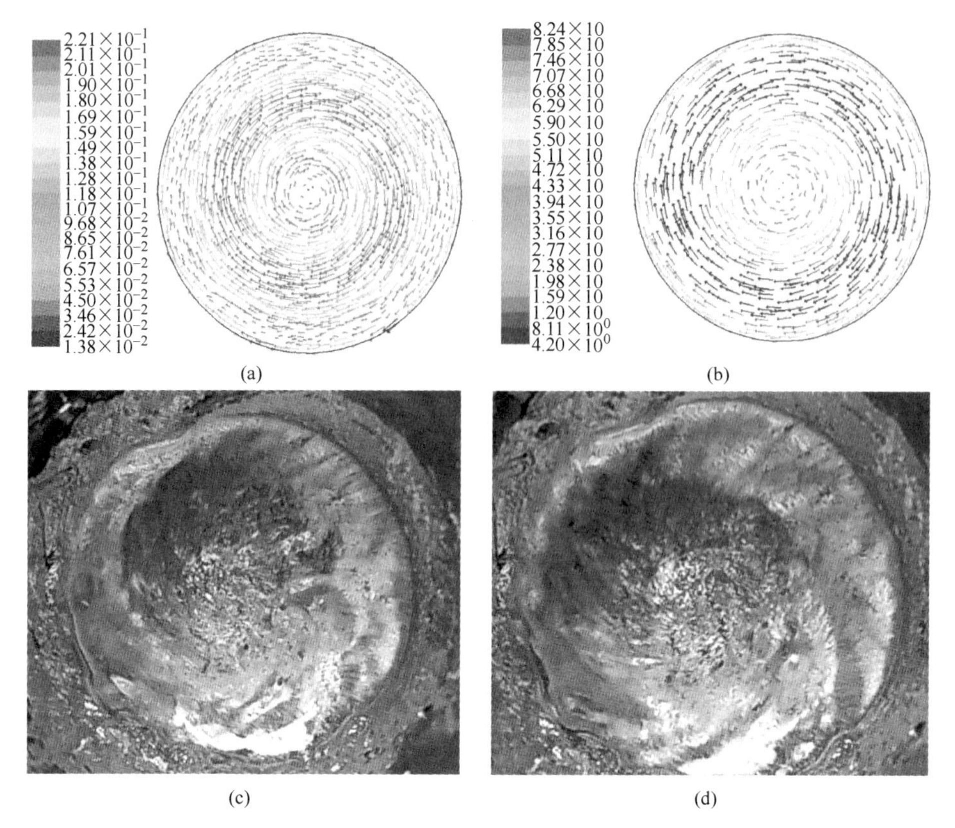

图 5-14　数值模拟流动状态与实验结果对比

（a）4Hz 计算结果；（b）6Hz 计算结果；（c）4Hz 实验结果；（d）6Hz 实验结果

现场简化实施了电磁搅拌动态控制的方案，电流大小与液芯半径采用反比关系（图 5-15），搅拌电流随着在线凝固传热模型计算的液芯半径动态调整。

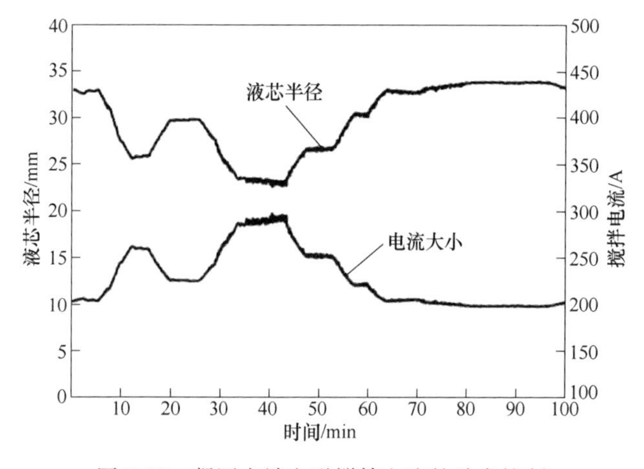

图 5-15　凝固末端电磁搅拌电流的动态控制

5.5 连铸大数据建模及过程监控

5.5.1 连铸坯质量分析预报模型

连铸生产是钢铁工业流程的重要环节之一，及时分析和预报铸坯质量对确保生产的连续性、提高产品质量及降低生产成本具有重要意义。

传统的方法主要以冷态下铸坯质量来评定，但这些方法不能满足热送、热装和直接轧制工艺的要求。连铸坯质量分析预报系统就是为解决连铸生产中铸坯质量问题而设计的计算机判定系统。

国外的铸坯计算机质量分析及预报系统在现场得到一定应用，但仍存在不足。其中，一方面系统只是对一些主要的影响因素及影响规律进行了推理和判定，对缺陷形成机理的研究深度和广度不足，从而影响了系统分析或预报的准确度；另一方面系统中对铸坯质量的因素影响规律利用了冶金函数或数学模型的方法进行处理，冶金函数和数学模型是有限的，复杂的连铸生产工艺过程中的众多铸坯质量影响因素及影响规律并不都能够用冶金函数和数学模型来描述。

近年来，国内一些研究机构也在从事铸坯质量分析预报方面的研究工作。这些系统大都处在理论研究和产品开发阶段，多数系统采用的是专家知识和数据分析的方法，这些方法对数据的完备性和质量要求高，即使是自动化水平很高的大型钢厂要具备这样的条件也需要开展进一步的工作；对于采用数学模型对铸坯质量进行分析预报的方法，由于受到边界条件和计算精度的影响，分析预报的准确率并不高，所以实际应用难度较大。

本节结合我国连铸生产特点，通过对连铸现场数据的特征提取和分类研究，分析出铸坯存在的主要质量缺陷，同时得到缺陷发生的概率和各工艺参数与质量缺陷等级的阶梯化分布；通过对质量缺陷故障树的建立和分析得出缺陷发生的概率和各工艺参数对质量缺陷的影响程度。建立质量分析及预报的目标函数，基于现场数据分析模型和故障树统计模型建立连铸坯质量分析及预报模型，并制定相应的分析预报方案。

5.5.1.1 基于聚类分析的连铸现场数据特征提取和分类模型

要对连铸现场的铸坯质量问题进行研究，就要选择表征铸坯质量的方法并制定相关数据的获取方式及处理方案。与质量相关的现场数据包括低倍数据和生产过程监控数据，前者采用在现场广泛使用的铸坯低倍检验法和缺陷评级标准来获取铸坯样本的缺陷数据，后者通过过程监控系统采集质量相关数据。

建立铸坯内部缺陷的质量分析预报模型，就要对生产实际中铸坯缺陷的种类和发生情况进行研究，确定实际产品缺陷和严重程度，作为后续建模的依据和检验标准；监控系统采集的过程监控数据反映出铸机生产中工艺参数的分布状态，它是表征铸坯质量的数据，通过对其分布特征提取并结合低倍统计结果，得到与铸坯质量预报相关的参数。

在对现场数据进行采集和预处理之后，从数据的特征分析角度出发，采用聚类分析法对数据进行分析。对低倍缺陷进行聚类分析，提取铸坯的表征缺陷和发生概率；对过程监控数据进行聚类分析，提取各工艺参数的阶梯化分布，并在此基础上制定用于质量预报的阶梯化参数表。

根据系统聚类法和 c-means 聚类法的特点，结合实际数据的聚类结果，制定分析方案如下：当样本数较小的时候（$n<100$）采用系统聚类法进行分析，用 c-means 聚类的轮廓图验证分类的合理性；当样本数较大的时候（$n \geqslant 100$）采用 c-means 聚类法进行分析，并用其轮廓图验证分类的合理性，分析流程图如图 5-16 所示。

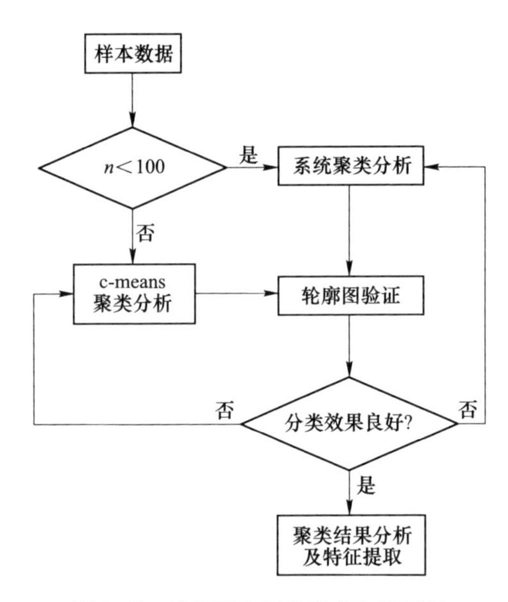

图 5-16　特征提取和分类方法流程图

根据该方案可以对质量缺陷包括中心疏松、中心偏析、缩孔、中心裂纹、中间裂纹、角部裂纹和非金属夹杂物和采集的工艺参数包括结晶器流量、结晶器温差、拉速、过热度、足辊段流量、一段流量、二段流量、比水量、二冷出口铸坯表面温度、锰和硫含量比、硫含量、碳含量、磷含量、锰含量及硅含量等的数据进行处理和分析。

5.5.1.2 基于故障树分析法的连铸坯质量分析模型

在连铸缺陷形成机理的研究过程中，发现缺陷的形成与钢水成分、浇铸工艺和铸机设备等因素是密切相关的。在铸机设备正常运转的情况下，钢水成分和浇铸工艺参数在连铸生产现场是可以通过过程监控系统连续获取的。

为研究钢水成分和浇铸工艺参数对铸坯质量的影响，建立故障树统计模型的研究平台。模型采用模块化设计，通过求取顶事件发生的最小割集、发生概率、结构重要度和概率重要度来获取顶事件与底事件（基础事件）的关系，为铸坯质量分析预报模型提供基础。

利用故障树法建立质量分析模型，首先将质量缺陷作为故障树的顶事件，将成因分解成内因产生的应变和外因产生的应变，在此基础上进行层层分析，一直分析到可测量因素作为故障树的底事件为止，建立起整个铸坯质量故障树；然后给各层事件编号，并进行建树和分析。以某厂铸坯内部裂纹缺陷为例，铸坯内部裂纹故障树如图 5-17 所示。

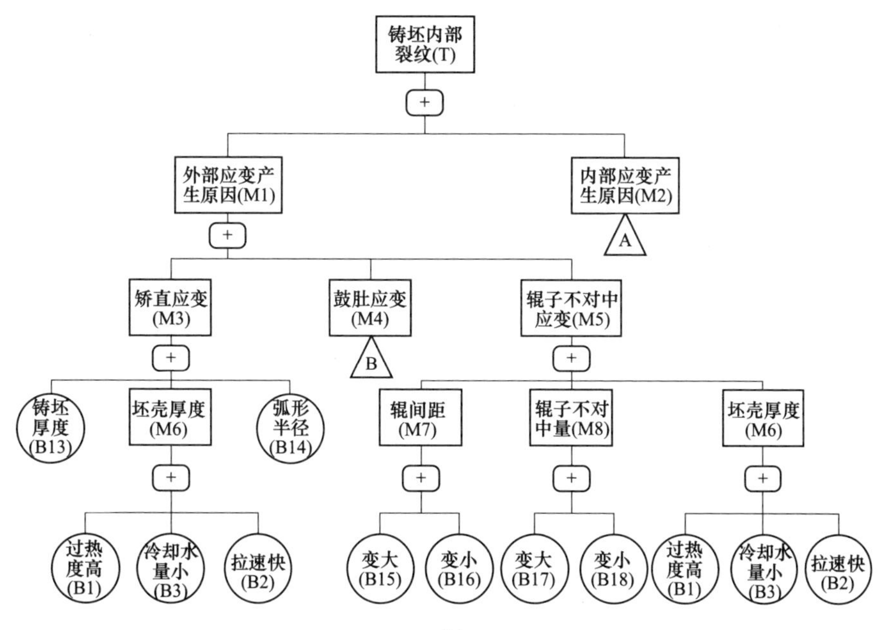

(a)

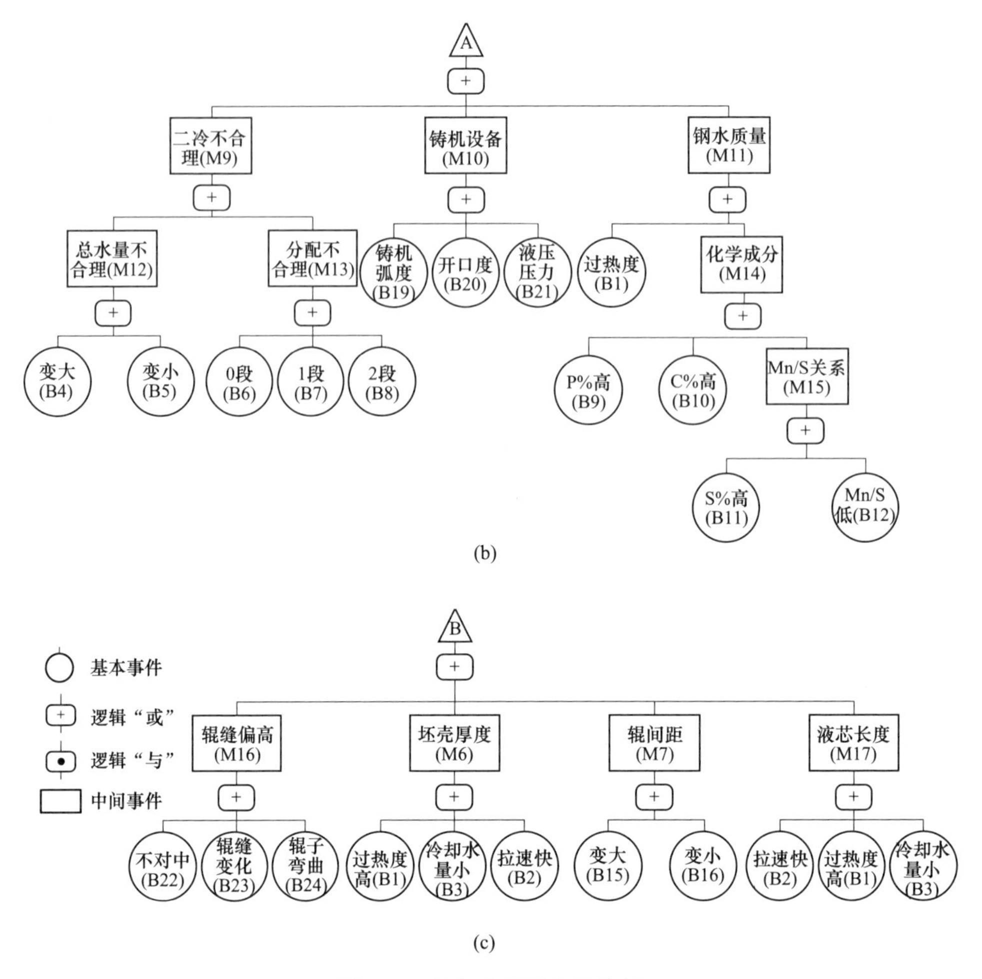

图 5-17　铸坯内部裂纹故障树

5.5.1.3　连铸坯质量预报模型

通过对连铸现场数据的特征提取和分类研究，可以分析出现场存在的主要铸坯质量缺陷，同时得到铸坯质量缺陷发生的概率和各工艺参数与缺陷等级的阶梯化分布；铸坯质量缺陷故障树的建立和分析得出铸坯质量缺陷发生的概率和各工艺参数对铸坯质量缺陷的影响程度。

根据模型分析特点提出质量分析及预报的目标函数，基于现场数据分析模型和故障树统计模型建立铸坯内部裂纹质量分析及预报模型，并制订相应的分析预报方案。

质量预报模型由质量分析模型提供包括故障树预报参数、表面回温预报参数和凝固速度预报参数在内的质量预报参数。根据凝固传热模型和即时工艺参数计算出相应的即时表面回温和即时凝固速度，由质量预报函数计算内部裂纹质量预报等级，流程框图如图 5-18 所示。

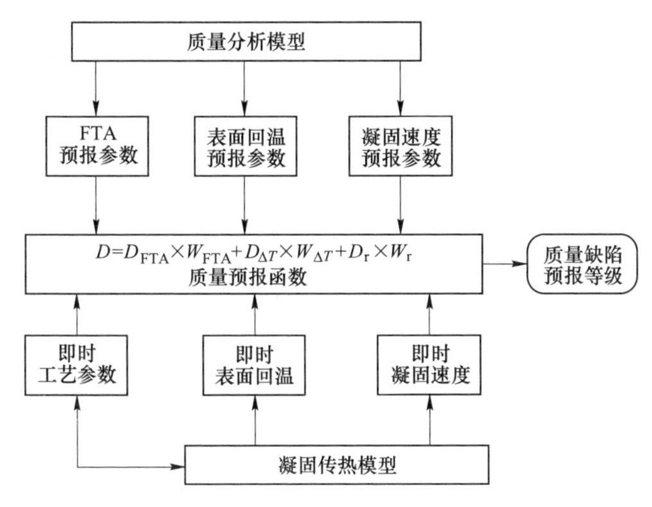

图 5-18 裂纹质量预报流程框图

5.5.2 基于多元统计的连铸过程监控模型

过程监控系统的建立是实现生产综合自动化的标志之一，连铸生产是整个钢铁工业的核心环节，连铸生产的稳定顺行以及铸坯质量的稳定提高是连铸过程的两个重要任务。

本书针对连铸控制系统可靠性问题，建立了基于多元统计分析技术的连铸过程监控模型；并分别应用主元（PC）监控模型、递归主元分析（RPCA）监控模型和独立元分析（ICA）监控模型对生产过程数据进行监控，比较分析三种模型的监控性能。

5.5.2.1 连铸过程数据的预处理

在连铸生产过程中，由于仪表和执行器的噪声、输入扰动和传感器故障等原因往往造成采集到的过程数据被噪声所干扰；而作为基于数据驱动方法建立的监控模型，其数据质量对于后续的过程监控、在线优化以及各种控制算法的有效实施，都具有直接影响，是监控模型准确可信的前提条件，所以进行数据预处理是非常必要的。本书着重分析了影响建模数据质量的几个重要因素，并进行了相应的数据处理。

对数据异常点的处理：采用一种基于统计量的剔除异常点方法，这种方法相当于用建模样本数据集建立的模型来检验建模样本数据。当建模样本数据中存在异常点时，对建立起来的主元模型而言，异常点会在 T^2 统计量上表现出比正常样本大的幅值。根据 T^2 统计量找到异常点后，通过考察异常点删除后的主元模型参数的变化情况，可以知道被删除的样本是否真的异常。

基于小波的数据滤波：小波消噪是近年来广泛应用的一种有效的消噪处理方法，其优点在于：它对于非平稳信号，能够根据噪声和信号的不同特性在小波域中很好地实现信噪分离，从而去除遍布整个频带范围内的噪声。通过小波变换和小波消噪来实现对数据滤波的功能。小波滤波前后二冷零段水量如图 5-19 所示。

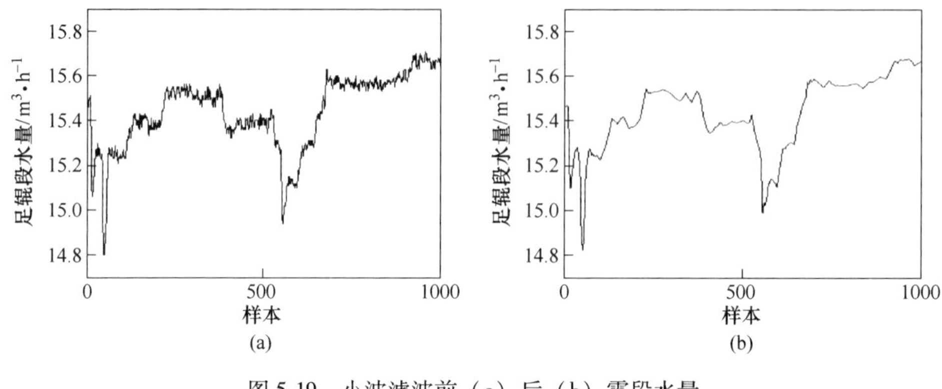

图 5-19　小波滤波前（a）后（b）零段水量

数据归一化处理：完成样本数据的奇异点剔除、滤波后，下一步要进行数据归一化处理，即数据标准化处理。数据归一化处理通常包含两部分：数据中心化处理和数据无量纲化处理。在进行多元统计分析时，建模数据和检验数据都要经过归一化处理，这样使得不同量纲的过程变量被赋予相等的权重。

建模数据选择：建模样本数据的质量和数量在很大程度上影响着多元统计模型的可信度和精度。对于不同的生产过程，选用的建模数据数量也是不同的，本书采用一种递推算法来确定一个合适的建模样本数据的数量，从而使得到的主元模型真实有效，最大限度反映过程特征。这种递推算法的处理思路与剔除异常点的思路相似，但处理过程相反，需要增加样本数据。通过对建模样本数据集的不断累计，用递推的方式计算出主元模型，当选用的模型参数，如特征值、协方差或负载向量等趋于稳定时，可以认为当前建模样本数据的数量已经满足建立有效主元模型的需要。

5.5.2.2　基于改进 RPCA 的连铸过程监控模型

针对 PCA 监控模型的误报和漏报率高的情况，在常规 PCA 模型的基础上，应用递归主元分析（RPCA）建立监控模型；并在 RPCA 模型基础上，根据传统控制限的不足，提出了控制限的改进方法，进一步改善监控结果。

要提高监控模型的鲁棒性和灵敏性，需从以下几个方面入手：对于基于协方差的 PCA 模型，过程变量的平均值、方差等结构需要递归更新；递归更新主元个数，即主元个数的改变；实时递归更新 SPE 和 T^2 统计量的控制限，以适应新工况的监控。

在过程监控模型中，统计量的控制限是一个重要的特征信息，是判断生产过程中是否出现故障的重要依据。在 RPCA 模型更新时，也包括对控制限的更新，但 T^2 控制限并不是在每次更新模型时都会更新，只有当主元个数变化时才会更新。对于慢时变过程，其 T^2 控制限的变化往往迟于样本数据的变化，自适应能力较差。

控制限由生产过程正常运行数据确定，由于连铸冷却过程具有慢时变特性，所以采用 RPCA 算法进行监控模型更新，为保证监控模型的灵敏性和鲁棒性，其控制限也应更新。SPE 控制限与监控模型协方差矩阵特征值 λ_i 和所选主元个数 k 相关，T^2 控制限与所选主元个数 k 相关。如果采用固定的控制限，对于时变生产过程将会出现误报或漏报情况。

根据上述 T^2 控制限存在的问题，根据连铸过程监控情况，与传统控制限方法相结合，对 T^2 控制限进行改进。其具体方法如下：计算 T^2 统计量、选用移动窗口和引进权重系数。

以连铸过程实际测量数据为例进行数据可靠性监控。以某厂某年 1~4 月份的正常历史数据作为建模样本，用 5~6 月份的数据进行模型检验。取 1000 个样本数据进行检测，其中在 560~680 之间的数据是故障点。

采用 RPCA 方法，SPE 控制限能够跟随过程中的时变特性而自适应变化，T^2 控制限只有当主元个数变化时才改变，导致对过程中的一些故障检测灵敏性不够，而采用改进的 RPCA 方法会使检测灵敏性提高。在检测数据样本 150~250 点之间发生故障，图 5-20 和图 5-21 为两种方法的检验结果。

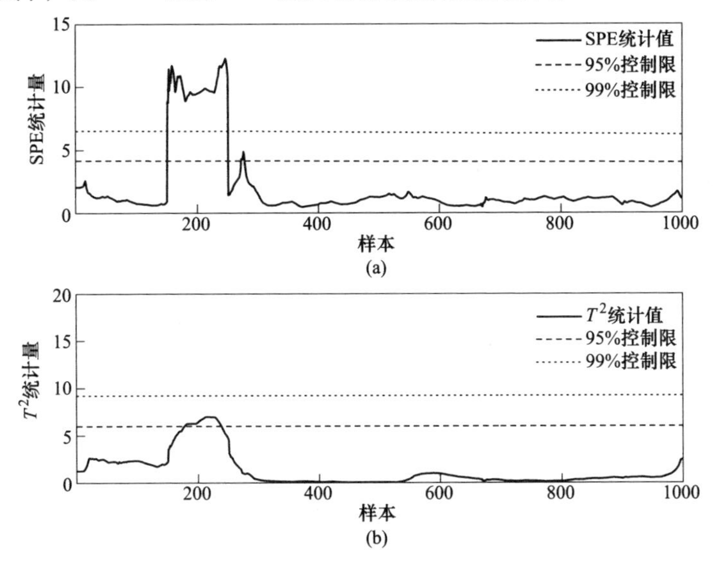

图 5-20 RPCA 模型监控结果

(a) SPE 统计量；(b) T^2 统计量

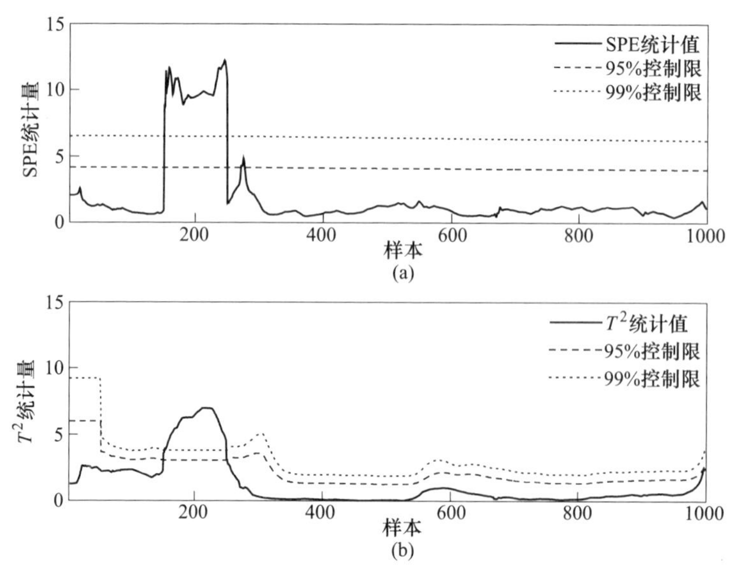

图 5-21　改进 RPCA 模型监控结果

（a）SPE 统计量；（b）T^2 统计量

5.5.2.3　基于独立元分析法（ICA）的连铸过程监控模型

作为 PCA 的一种延伸，ICA 着眼于数据间的高阶统计特性，使得变换以后的各分量之间不仅互不相关，而且还尽可能地统计独立。其基本思想是首先假设过程中测量信号是由一些互相独立的源信号和过程噪声及干扰信号混合叠加而成的，然后按照某种准则（主要是信息论的准则）从这些测量信号中估计出这些源信号。该方法的好处主要体现在两点上：第一，较之主元分析而言，独立元分析方法可以从过程数据中提取出相互独立的过程源信号，能更好的刻画过程的行为；第二，独立元分析方法可以有效的处理服从非高斯分布的过程数据。因此，ICA 能更加全面揭示数据间的本质结构。

独立元个数选取：独立元分析是主元分析的拓展，其目的是在对数据进行维数压缩的同时，进一步从混合信息中提取出相互独立的信息。与多元统计中的主元分析相似，在独立元个数选取时，首先要把全部独立元按照一个合适的标准依次排列好，然后选取前面几个独立元作为主部，剩下的作为余部。这在主元分析中比较容易进行，因为它的每个特征值严格对应着一个投影向量，反映了其量值的大小，所以只要按照特征值大小排序、选取即可。而这在独立元分析中就非常困难了，因为找不到这样一个统一的、最优的标准对独立元进行排序。一直以来，有许多学者致力于该问题的解决，在这一问题上的研究有待深入。由独立元分析的基本模型可知，测量信号可以看作是源信号的线性加权混合；反之，仅从

矩阵运算的角度来说，源信号也可以看作是测量信号的线性加权混合。每一个独立分量都对应着一个权向量，即分离矩阵 W 中的行向量，行向量的大小表征了这个独立分量所含混合信号的比重。因此，可以计算分离矩阵 W 的行向量的欧氏范数，即 $\| w_i \|_2$（其中 $i=1, 2, \cdots, d$），以此为标准从大到小顺序排列行向量，然后选取前面 k 个范数和中所占比重大的行向量作为主部 W_d，剩下的作为余部 W_e，则选取的独立元个数为 k 个。

统计量及其控制限：对于建立的独立元模型，可以基于 I^2 统计量、I_e^2 统计量和 SPE 统计量三个统计量对生产过程进行实时监控。

变量统计贡献图：当统计量 I^2、统计量 I_e^2 或 SPE 统计量超过了其控制限时，可以断定过程中出现了不正常情况，但是，并不能直接从统计量值上断定过程中的哪一个变量出现异常。为此，需要计算故障点变量对统计量的贡献来确定故障变量。设变量对统计量 I^2、I_e^2 和 SPE 的贡献率分别为 I_{cd}^2、I_{ce}^2、SPE_c，对故障样本数贡献率值大的变量即为引起生产状况异常的故障变量。

基于 ICA 的连铸过程监控：把当前运行条件下的独立元分量与正常工况获得的各个统计量的控制限进行比较，如果在控制限内，表明过程运行正常；如果越过控制限，表明运行过程中发生了异常。

ICA 模型的 I^2、I_e^2、SPE 监控图在第 400 个采样点左右都出现了故障警告，对应的统计量值也都很大，超出 99%控制限很多，如图 5-22 所示。

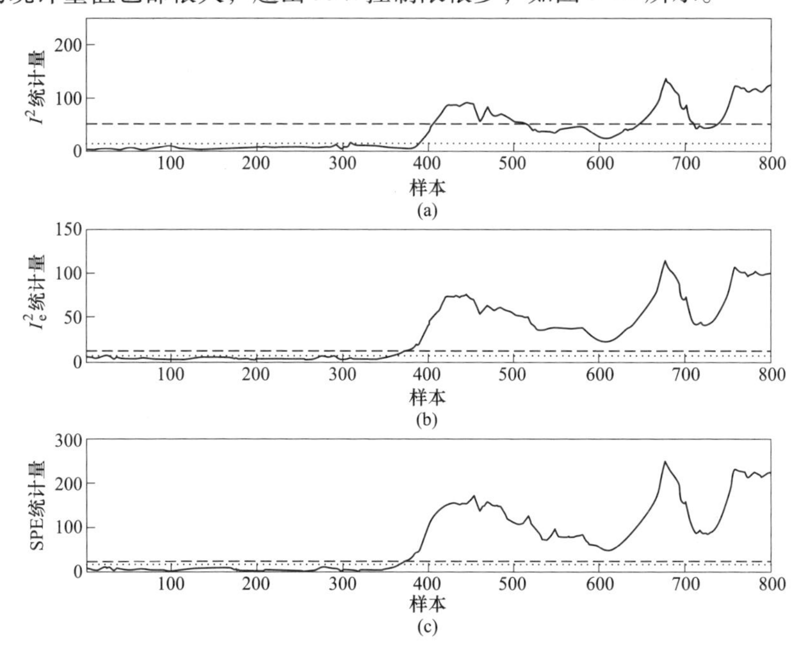

图 5-22 故障类型 1 的 ICA 监控图

（a）I^2 统计量；（b）I_e^2 统计量；（c）SPE 统计量

5.5.2.4　不同监控模型性能分析

以某厂连铸机连续六个月生产过程数据为研究样本，分析不同监控模型的监控性能，其中以前四个月的生产过程数据作为建模数据，后两个月的数据作为检验样本。表 5-3 是二冷零段常见的饱和、漏水和堵塞三种故障的模型监控统计结果，表 5-4 是三种监控模型的误报率统计结果。

表 5-3　不同监控模型的故障检出率

故障类型	PCA 法		PCA 法		ICA 法		
	T^2	SPE	T^2	SPE	I^2	I_e^2	SPE
1—饱和	79.1	80.0	75.2	80.4	94.2	98.6	99.0
2—漏水	77.7	84.2	78.2	86.4	98.0	99.0	97.2
3—堵塞	78.8	73.6	77.1	82.6	96.8	95.6	89.3

表 5-4　不同监控模型的误报率

PCA 法		RPCA 法		ICA 法		
T^2	SPE	T^2	SPE	I^2	I_e^2	SPE
27.1	32.0	8.2	13.4	21.8	18.6	26.0

通过以上分析可以看出，ICA 监控方法比 PCA 监控方法更能有效的发现故障。这是因为与 PCA 方法相比，ICA 方法从过程变量中提取的独立变量更能反映过程变化趋势，从而对异常事件的监控更灵敏。

6 轧制过程智能优化

6.1 轧制自动化控制系统概述

纵观轧制过程控制的应用历程，可以分为两个阶段：人工操作阶段和计算机控制阶段。20 世纪 60 年代以前基本上属于人工操作阶段，在这个阶段，轧机的自动化控制技术已经完全成熟，自动厚度控制（AGC）、自动板形控制（AFC）也开始进入应用阶段。但是在这个阶段，数字计算机尚处于初始发展阶段，因此，在这个阶段真正的过程控制还没有建立起来，轧机的工艺参数和基础自动化各子单元的工作参数完全由操作工或工艺人员凭经验设定。由于轧制过程是一个非常复杂的物理过程，轧制条件和状态不断发生变化，过程特性复杂并难以掌握，所以单纯靠人工操作很难达到上述要求，所生产的钢板的质量也比较差。

20 世纪 60 年代后期，随着数字计算机控制技术的成熟，数字计算机被大量引入轧钢生产的控制中，具有真正意义上的分级计算机控制系统逐步得到应用。所有的轧制工艺参数、基础自动化各子系统的工艺参数的设定均由计算机完成。采用计算机进行过程设定，具有下列优点：

（1）能够迅速适应轧制规格的变换。如果采用手动控制，当轧件的规格品种发生变化时，需花费较长时间才能调整好精确的设定值。当通过过程控制计算机对轧制过程进行自动设定时，由预先编制的程序很快就可以计算出新的设定值。另外，过程设定不仅可以对表征轧制过程的物理量进行控制，使其保持不变或按一定规律变化，并且能够根据轧制工艺参数的波动情况进行自适应控制和自学习控制。

（2）能显著提高轧件的尺寸精度。在轧制生产中，采用计算机进行过程设定可以提高一些独立控制系统如 AGC、AFC 等的控制性能。对这些系统本身来说，它们尚不具备适应工艺条件、设备条件变换的性能，而采用过程机对这些系统的状态参数设定，就可以大幅提高带钢的尺寸精度。

（3）可以显著提高带钢的力学性能。在板带轧制生产中，最终产品的组织性能与轧制过程中的温度制度密切相关，所以温度控制的精度直接关系到最终产品的力学性能。在轧制过程中轧件的温度会由于本身的辐射、对流及热传导传热而降低；同时由于塑性功转化为热能，温度会上升。轧制和热传导引起的温度变化受轧件厚度、压下率与轧制速度的影响，而热辐射和对流则受材质、温度和轧件厚度的影响。这些影响因素错综复杂，手动控制不仅需要相当高的熟练程度，而且存在较大的偏差。采用计算机通过计算控制上述因素，可以大幅提高精轧的温度控制精度，从而提高带钢的力学性能。

除上述优点外，采用计算机过程控制还具有减少误轧次数、精简操作环节、提高轧制节奏等优点。

6.1.1　轧制过程数学模型和算法的发展

轧制过程涉及众多数学模型，如轧制力模型、轧制力矩模型、温度模型等，每个模型的建立都是通过一系列简化与近似建立起来。

数学模型的发展与计算机计算能力的发展分不开。早期过程计算机的计算能力比较弱，轧制过程数学模型大多是简化公式和表格，而且数据的采集和处理很麻烦，这些限制对轧制过程数学模型的设定精度影响很大。

随着计算机的能力迅速发展和价格的下降，轧制过程数学模型的形式和精度有了质的飞跃，其结构性、合理性以及精度比以前有了很大提高，而且能完成大量的数值计算。像有限差分法和影响函数法的复杂计算程序对于早期的过程机设定程序是无法运行的，现在都能够在计算机上很快的运行。当前用于轧制过程在线控制的数学模型结构有两大类：一类是以欧美为代表的模型，它是以实测数据为基础的统计模型；另一类是以日本为代表的模型，它是以轧制理论为基础构建出来的理论—统计模型。

为了适应现场不断变化的状态，提高轧制过程数学模型的设定精度，自学习过程被引入到在线设定。轧制过程数学模型的计算值与实测值之间存在偏差，偏差产生原因主要有三种：（1）模型本身误差；（2）测量误差；（3）生产条件引起误差。上述原因造成的模型计算偏差，可以通过收集轧制过程实测信息对数学模型中的系数进行在线修正，使之能自动跟踪轧制过程状态的变化，从而减少计算值与实际值之间的偏差，这种提高模型计算精度的方法称为数学模型的自学习。

自学习算法主要包括：增长记忆递推回归法，渐消记忆递推回归法，指数平滑法等。前两种方法可以同时对多个回归系数进行自适应修正，但它只适用于线性模型，而不适合于非线性模型。目前实际生产的在线控制算法通常采用指数平滑法和最小二乘法。

层别的划分（将影响模型计算精度的主要因素看成是一个多维空间，然后将这个多维空间划分成多个小单元体，不同单元体对应的数学模型参数不同）也是提高轧制过程数学模型的一个有效方法，但是它必须与自学习方法进行结合才能发挥出相应的效果。因为轧制过程数学模型一般都是非线性模型，其计算精度取决于数学模型的非线性拟合程度。采用层别划分在某种意义上降低了模型的非线性程度，所以可以大幅度提高数学模型的计算精度。

随着社会发展、技术进步，人们对带钢产品质量提出更高的要求，而经典轧制理论在一定程度上无法适应新的要求。因此，以有限元等数值模拟技术为代表的新轧制理论与方法应运而生。

有限元法将连续的变形体通过单元离散化，利用线性关系将多个微单元体组合起来描述事物整体受力和变形的复杂特性，从而解决经典轧制理论所不能解决的诸多问题。目前，有限元法已成功地应用于轧件的稳定变形、非稳定变形、调宽轧制等方面。

有限元法虽然可以解决一些经典轧制理论所无法解决的问题，但轧制过程具有多变量、强耦合、非线性、时变性等复杂特性，有限元很难精确完整地将这些特点一一表述出来。例如，不同轧制过程中金属流动的边界条件和摩擦条件很难精确描述，而这些问题是有限元法计算的重要影响因素。因此，面对这些复杂问题，人们又提出利用人工智能方法处理轧制过程所面临的问题。

6.1.2 人工智能技术在轧制中应用的进展

人工智能方法避开对轧制过程深层规律的无止境探求，通过模拟人脑来处理那些实实在在发生了的事情。它不从轧制基本原理出发，而是以大量实时数据作为依据，实现对轧制过程的优化控制。

人工智能技术已经应用到轧钢领域的多个方面，神经网络被用于轧制力预测、识别轧辊偏心、板形控制、板形板厚综合控制和预测热轧带钢组织性能。为了提高精轧机组轧制力预设定精度，Siemens 公司的 N. F. Fortmann 等在德国 Krupp-Hoesch 钢铁公司 Westfalen 热轧厂的热带钢连轧设定计算中采用了神经网络这一新的信息处理工具，该厂采用该系统后，轧制力预报精度提高了 12.4%。

模糊逻辑与模糊控制被用于连轧轧制规程的分配、冷轧带钢板形分解、热轧带钢头部轧制的模糊动态设定、轧辊分段冷却、板厚-张力模糊解耦控制。日本古河铝工业株式会社福井厂将模糊控制引入第二 FCM 上进行轧辊分段冷却控制。实际运行结果表明，采用模糊控制后，局部板形减少一半，并且可以实现高速轧制，生产率提高 20%。

专家系统作为人工智能的一个重要分支，开始时用于加热炉出炉节奏控制，轧制负荷分配、精整线上的板卷运输以及带钢厚度精度诊断等对实时性要求不高的生产过程，用作诊断、控制、计划与设计、物流管理系统等。近年来，随着专家系统理论的逐渐完善和计算机技术的飞速发展，专家系统开始应用于一些实时控制系统（如轧制规程设定与控制以及板形控制中），并取得了较好的效果。

除了上述方法外，人工智能的另一项新技术遗传算法也开始在轧钢过程中应用。例如，东北大学的孙晓光和澳大利亚伍伦贡大学的 K. Tieu 教授带领的研究组利用遗传算法对轧制规程进行优化，东北大学吕程等人利用遗传算法预测立辊短行程控制参数。

目前，人工智能技术在轧钢工业中的发展趋势是充分利用各种人工智能技术的优点，将各种人工智能技术结合在一起使用，以克服各种人工智能技术所固有的缺陷，尽可能地减少人对系统的干涉，最大限度地提高系统精度。

6.2　轧制过程智能供应链相关决策优化技术

6.2.1　生产计划的智能化管理技术

作业计划需要严格按合同组织生产，并遵循所规定的工序计划日期编制作业计划。作业计划的编制对象为炉次、板坯、钢板，其目标为实现平衡物流、控制库存、降低成本。作业计划形成的流程大体相同，都必须经过建池、形成与追加、计划编辑、计划确定等过程。特别地，加热轧制计划在编制的过程中需要进行计划内规程检查。

炼钢作业计划是根据生产管理模块制定的生产命令，以炉为单位来组织炼钢区域各主要工艺设备进行协作生产，冶炼出符合生产命令要求的钢水和板坯。炼钢作业计划真实反映制造命令在炼钢区的各个进程，动态刷新炉次制造命令状态（即计划状态）。

炼钢计划由连铸预计划、出钢计划和中厚板计划三部分组成。

（1）连铸预计划。连铸预计划编制是将原料申请提交的炉次和批次进行排序、合并、计划规程检查、开浇时间和作业班次确定等，最后以日分班计划形式确定。

（2）出钢计划。出钢计划管理的起始点是转炉炼钢，终点是连铸钢包绕铸完成；转炉工序的管理点是：主原料装入、吹炼、出钢。精炼工序的管理点是：包到达、处理、包离开。连铸工序的管理点是：包到达、浇铸开始、浇铸终了。

（3）厚板计划。厚板计划的管理对象是：从板坯的火切、定尺坯的产出和加热，到钢板的轧制、精整（包括钢板的热处理），直至成品板产出的各产线的生产工序。

炼钢计划主要包括以下功能：

（1）计划建池。

（2）计划形成。

（3）计划追加。

（4）计划查询。

（5）计划编辑。

（6）计划撤销。

（7）计划发送。

（8）计划作业规程建立。

（9）计划跟踪。

6.2.2 新一代炼钢-连铸智能排程与优化技术

炼钢-连铸生产过程显著的特点表现为：连铸前的物料如铁水、钢水是连续性的；连铸后的物料如板坯是离散性的，可以看作是化整为零的过程。当前，钢铁企业一般都采用面向订单的生产模式，这意味着各工序要按合同组织生产。合同需求的产品，如板坯、成品板都是在连铸工序以后产出。因此，连铸工序是按合同组织生产模式的源头。按合同组织生产是在市场经济条件下，企业求得生存和发展所必须具备的管理理念和管理原则。按合同组织生产的主要特征表现在：必须按合同编制生产作业计划，然后按作业计划组织投料生产，成品按合同产品确认计划生产。在按合同组织生产的管理理念下，工序间的作业计划需要遵循集中一贯制的要求，并按“工序服从原则”协调生产工序之间的关系。

（1）上工序要严格按照下工序提出的材料质量和数量、供料时间、供料顺序、供料方式等要求来组织本工序的生产和向下工序供料。

（2）下工序在遇到上工序异常不能满足本工序要求时，应及时调整生产，使得下工序少受影响。

（3）辅助工序要以满足主作业线工序的要求为目标安排生产，确保主作业线工序正常生产。

基于上述要求，连铸后工序的生产作业计划编制通常是依据工艺路线、工序持续提前期、成材率逆流程进行。按成品需求出发，从成品出厂开始，推算前工序生产任务。

炼钢-连铸生产作业计划是钢铁全流程生产计划的龙头，对生产物流、合同准时交货、合同完整性、合同交货周期、库存发生量等均有重要和直接的影响。因此，优化炼钢-连铸作业计划编制是提高钢铁企业生产组织工作的重要环节。

炼钢-连铸生产计划与调度的总体流程如图 6-1 所示，它分为以下五个阶段。首先以客户合同数据为原始数据，经过生产目标质量设计（PT/Q）和生产目标计划设计（PT/P）将其转换为“生产合同数据”；在此基础上，根据各主要生产工序的生产能力供应情况，制订合理的合同计划；接着，对候选合同板坯按照其具体参数如钢级、轧制宽度、宽展侧压量等，考虑连铸生产工艺约束特点，组批到炉，由此形成炉次批量计划；然后，考虑异钢种连浇规则、结晶器调宽规则等因素，对候选炉次组批，形成浇次批量计划；最后，基于形成的炉次和浇次，分配浇次到连铸机以及分配炉次到精炼炉和转炉，确定浇次和炉次在各机器上的排序，由此形成生产调度计划的火车时刻表。

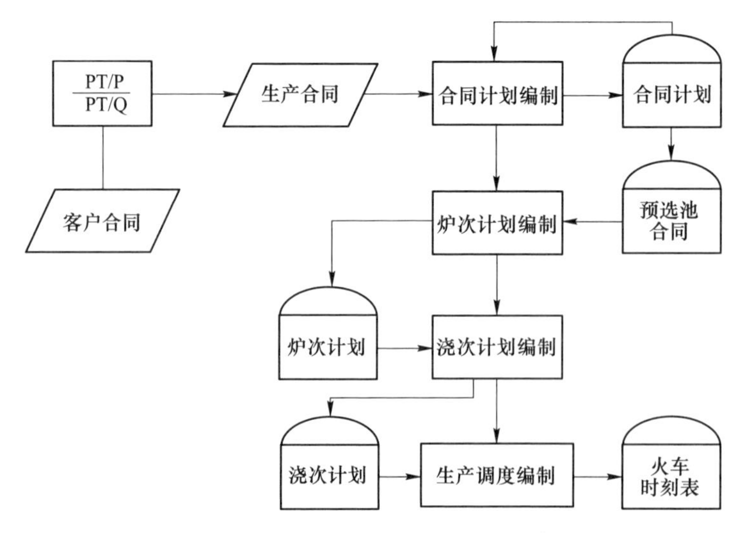

图 6-1　炼钢-连铸生产计划与调度的总体流程

6.2.3　产销智能决策技术

所谓产销智能决策技术就是将企业信息管理局域网和各个独立的生产控制网络有机地连接起来，实现底层的控制信息、中间层的管理信息及高层的决策信息高度集成，实现一体化扁平化管理，提高企业的管理效率，增加企业效益。钢铁企业 MES 是从企业经营战略到具体实施之间的一道桥梁，它针对钢铁企业生产运行、生产控制与管理信息不及时、不完全、生产与管理脱节、生产指挥滞后等现状，实现上下联通现场控制设备与企业管理平台，实现数据的无缝连接与信息共享；前后贯通整条生产线，实现全生产过程的一体化产品与质量设计、计划与物流调度、生产控制与管理、生产成本在线预测和优化控制、设备状态的安全监测和维护等，从而实现整个企业信息化的综合集成，从而对生产过程实现全过程高效协调的控制与管理。钢铁企业需求的管控一体化的基本结构为：企业资源计划管理系统（ERP）/生产执行系统（MES）/过程控制系统（PCS）三层集成结构。通过 MES 的承上启下作用和网络与数据库支撑系统，将 ERP 分系统和 PCS 分系统有机的结合集成起来，实现经营决策、生产过程管理和过程控制的管理控制一体化。智能决策技术管理系统的体系结构如图 6-2 所示。

在图 6-2 中的系统结构中，过程控制系统 PCS 是集数据通信、处理、采集、控制、协调、综合智能判断、图文显示为一体的集控系统，面向生产现场实现集中管理，分散控制的调度指挥模式。对生产现场全方位信息实时采集反馈及控制，及时处理，协调各生产子系统工作，构建高灵敏度的生产联动指挥“神经系统”。该系统集成生产作业现场各种专业子系统的信息，实现综合自动化，实现

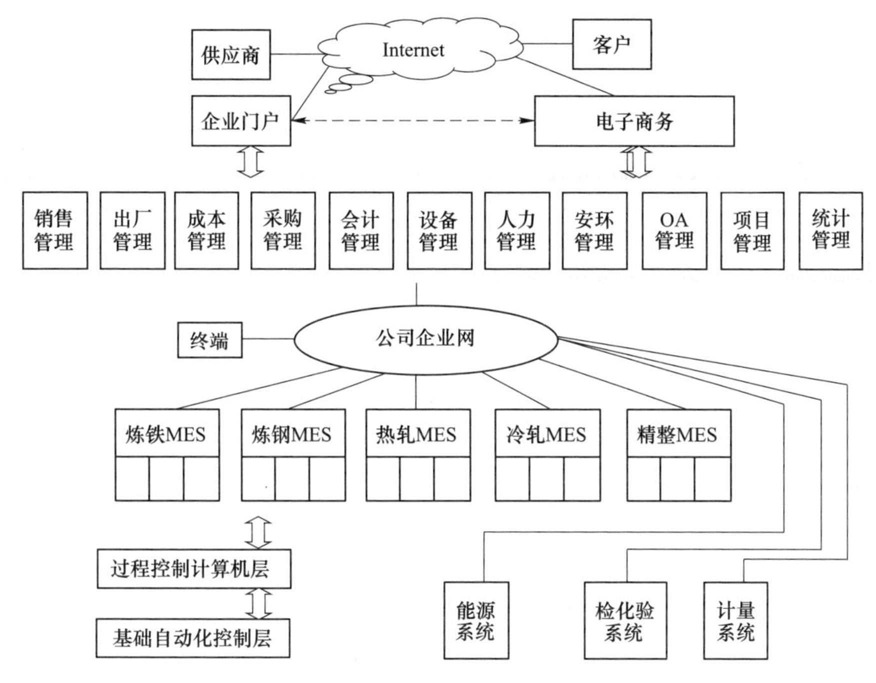

图 6-2 智能决策技术管理系统框架

对现场环境、人员、生产设备状态进行监测控制，同时为安全生产管理信息系统提供信息源。

资源计划管理系统 ERP 是指建立在信息技术基础上，以系统化的先进管理思想为企业决策层及和各管理层提供决策支持的管理平台。它是一个功能庞大的计算机软件系统，负责生产计划的制订、库存控制和财务管理。ERP 的中心是管理，并在计划中体现管理的本质，在财务中体现管理的效率。ERP 的正确运行离不开生产数据以及反映原材料供应、生产任务执行情况等的各类数据。

但是，来自生产现场的状态信息和生产原始数据并不能直接反映经营者决策所需的经营成果信息，在 ERP 和 PCS 之间需要一种信息处理和转换系统，MES 就担负起了这个角色。MES 执行 ERP 的计划指令，并根据生产实时信息，适时进行生产调度，将有关资源库存和利用情况的准确信息实时地提供给 ERP。对 PCS 而言，MES 能将生产目标信息、质量指标信息以及生产调度指令，自动地转化为过程控制设定值，进行对应的阀门、泵等控制设备的参数设置和调节。同时，MES 将从 PCS 等采集来的生产实时数据与质量指标进行对比和分析，跟踪或改进生产方案，提供闭环的质量控制。

由此可见，只有通过这种互相关联的 PCS、MES 和 ERP 三大系统组成的综合自动化体系结构，在控制技术、计算技术和优化技术的推进下实现三大系统的综合集成，才能真正完成信息的综合应用，实现管控一体化。一个完整的、能够引导企业保持长期效益增长的信息系统，必须是 ERP、MES 和 PCS 三者协同作用的整合。

6.3　加热炉燃烧过程智能优化控制策略

加热炉过程控制的主要任务是根据生产工艺和相关数学模型来控制和协调生产设备，通过优化设定获得符合轧制温度要求的板坯。

加热炉传统的控制方法是控制炉温，由执行器自动调节，再配合空燃比、烟道残氧量以及燃料流量与助燃空气流量的交叉限幅控制等辅助控制方法提高热效率。其原理是基于经济的炉温设定可保证出炉板坯正常轧制而不使轧机过荷受损，但是一般人工设定炉温余量偏大；在生产工况波动的情况下，容易造成过烧，从而降低了加热质量，反而导致能耗上升。随着世界能源危机的日益严重，板坯加热炉的运行在保证工艺要求的前提下，逐渐转向注重节约能源和提高产品质量。同时，近年来，随着轧机向着大型化、高速化发展，对产品的质量要求也越来越高。轧制工艺要求加热炉能够提供出炉表面温度和断面温差合适的板坯，而传统的燃烧控制或者炉温控制很难达到这一要求。为此，必须采用先进控制技术控制板坯的出炉表面温度和断面温差，并使加热炉的加热节奏与轧机的轧制节奏相配合，最大限度地减少板坯的在炉时间和待轧时间，达到进一步的节能降耗的目的，这对于我国的钢铁工业乃至世界钢铁行业具有深远的现实意义。

板坯在加热炉内的加热质量的好坏将直接影响到后续的生产状况和成品钢板的性能。因此，最大程度地保证加热炉的炉温控制精度，才能使得板坯出炉时达到其目标温度。同时，加热炉是整个热轧生产线上耗能最大的生产设备，以节能降耗为目的对其进行优化控制将大幅降低轧制生产的总体能耗和生产成本。在提高控制精度和减小能耗方面，二级模型系统即过程控制系统是其中的关键因素。

加热炉过程控制系统是介于基础自动化和 MES 信息系统之间的系统，主要完成炉内板坯的数据跟踪、板坯温度预报的实时计算、炉温设定、数据收集和统计等任务；设计主旨在于降低加热炉生产能耗、改善加热质量，从而起到提高产品质量的目的。其主要功能为：

（1）能够准确地提供炉内各坯料温度分布情况，指导加热，减少盲目的原料浪费。

（2）以降低加热炉能耗和达到板坯理想出炉温度为目标，对加热制度进行优化。

（3）对生产数据进行收集和统计，为评价产品质量提供依据。

（4）配合轧线过程控制系统完成生产组织和生产节奏控制。

6.3.1 加热炉在线温度预报模型的建立

在传统的板坯温度预报模型的在线应用方面，首先，模型选取板坯宽度和厚度方向作为计算域，只考虑了单元在板坯黑印处的温度，并未考虑黑印处与遮蔽处位置的热交换；其次，板坯加热过程中不可避免地会生成氧化层，其对板坯的传热也有较大影响；最后，在模型计算中采用的简化方法在很大程度上也影响了温度计算的精确性。在炉温优化模型中，传统的优化模型仅仅停留在离线的、针对单块板坯的阶段，这并不能完全反映实际生产时炉内板坯的温度和位置的变化。所以，如何建立有效可靠的板坯温度预报模型，如何根据实时情况设定不同的炉温，不仅关系到最终轧制的成材率和产品质量，也关系到热轧生产线的整体能耗和生产顺行。

加热炉过程控制系统可分为 7 大模块，分别为物料跟踪、原始数据处理、数据通信、板坯温度预报、炉温设定、生产报表管理和 HMI 画面，加热炉过程控制系统的核心模块为板坯温度预报模型和炉温在线设定模型。

板坯加热在热轧生产过程中占有十分重要的地位，但是板坯加热又是一个非常复杂的物理化学过程。其加热过程不仅受到燃烧、氧化、辐射、热流的影响，炉体尺寸及步进梁的遮蔽作用也会在很大程度上影响板坯的加热效果。所以在建立在线模型之前，首先应尽可能多地考虑炉内可能影响温度计算的因素，通过建立一个复杂精细的三维模型，对其进行分析，据此确定最终的在线应用方案。板坯三维热传导的控制方程如下：

$$\frac{\partial}{\partial x}\left(k\frac{\partial T_c}{\partial x}\right)+\frac{\partial}{\partial y}\left(k\frac{\partial T_c}{\partial y}\right)+\frac{\partial}{\partial z}\left(k\frac{\partial T_c}{\partial z}\right)=\rho c\frac{\partial T_c}{\mathrm{d}t} \tag{6-1}$$

式中 x，y，z——单元格的宽、高、长，m；

T_c——板坯内部温度，K；

t——时间，s；

k——导热系数，W/(m · K)；

ρ——密度，kg/m^3；

c——比热，J/(kg · K)。

炉温是计算板坯温度的重要参数，想要得到板坯在炉内的温度，必须要获得炉温沿炉长方向的分布曲线。在实际生产中，加热炉中的每个炉段内仅有一到两个热电偶用于获得该炉段的炉温，因此，为了得到炉温分布曲线，必须对已知的炉温进行拟合，得到炉温分布模型。加热炉炉温分布模型需要根据各个炉段之间的特点和相互影响的关系来确定拟合方式，传统的方法有二次拟合法和分段线性法。其中二次拟合法是基于板坯温度的升温曲线，认为炉温分布近似于抛物线的形式，将各个测温点测得的炉温作为整体进行拟合。但是，炉长距离较长，不相邻的两个炉段相互之间的影响非常小，如果把各个炉温作为整体进行拟合，势必强化不相邻炉段之间炉温的联系，造成误差。分段线性法则恰好相反，只考虑了相邻炉段之间的影响，而忽略了整体的炉温分布。

6.3.2　加热炉空燃比自寻优策略

空燃比是炉温控制中的一个重要参数，对它的寻优贯穿于燃烧的整个过程。空燃比的自寻优策略是：根据实测的煤气热值利用专家控制器对模糊控制器的比例偏差因子进行前馈设定，由于调节滞后、炉门逸气等因素的影响，而影响空燃比的因素又很难用数学模型进行描述。因此，使用烟道含氧量来判断空燃比设定的合理性，根据烟道含氧量及其变化率采用模糊控制算法来计算空燃比的修正量，实现空燃比的反馈控制。

采用专家控制和模糊控制相结合的控制策略，既可以保证对控制目标的跟踪精度，又具有较好的干扰抑制特性，取得了较好的效果。在自动控制系统的设计过程中，目标值跟踪特性和外扰抑制特性是设计者关注的两个主要问题。在过去的控制中，定值系统强调外扰抑制特性，随动系统强调目标值跟踪特性，而在本系统中，既要跟踪设定值，又要抑制煤气热值对设定值的影响。由于现场的空燃比主要是根据操作员的经验调整的，其准确性和最佳的空燃比还有一定的差距。通过空燃比寻优策略能使系统中的前馈控制模块根据煤气热值对模糊控制器的比例偏差因子进行设定，但由于现场扰动和工况的复杂变化，计算的最佳空燃比将会产生偏差。因此，在二维空燃比模糊控制模块中，根据烟道含氧量的实测值来对空燃比进行反馈校正。整个寻优模块的工作流程是：首先根据煤气热值仪实测的煤气热值利用专家控制算法来对模糊控制器的比例偏差因子作前馈的设定，然后根据氧化锆测氧仪实测的烟道含氧量以及烟道含氧量的变化率利用模糊控制算法来计算最佳空燃比的修正量。这种寻优策略在利用人工经验的基础上，结合智能控制的方法，有效地达到了空燃比自寻优的目的，提高了空燃比的控制精度。

图 6-3 为二维空燃比寻优模糊控制器的框图，模糊控制器的输入是烟道含氧量偏差 $\Delta\beta$ 和烟道含氧量的偏差变化率 $\Delta\beta_c$，K_e、K_{ec}、K_u 是模糊控制器的比例偏差因子，它们是根据煤气热值的变化由专家控制器来设定的，模糊控制器的输出是空燃比修正量 $\Delta\lambda$，模糊控制器包括模糊化、模糊推理、解模糊三部分。模糊化是将输入空间的观测量映射为输入论域上的模糊集合，即输入的烟道含氧量偏差 $\Delta\beta$ 和烟道含氧量偏差变化率 $\Delta\beta_c$ 匹配成语言值的过程，其输出为与输入值相应的各语言值的隶属度；规则库由与操作有关的控制规则组成，这些规则以语言规则或矩阵表的形式给出；模糊推理根据输入语言变量激活相应规则，得出输出语言变量；解模糊将输出语言变量转换为清晰的中间控制量，即把输出模糊语言变量 U 转换为具体的空燃比修正量 $\Delta\lambda$。

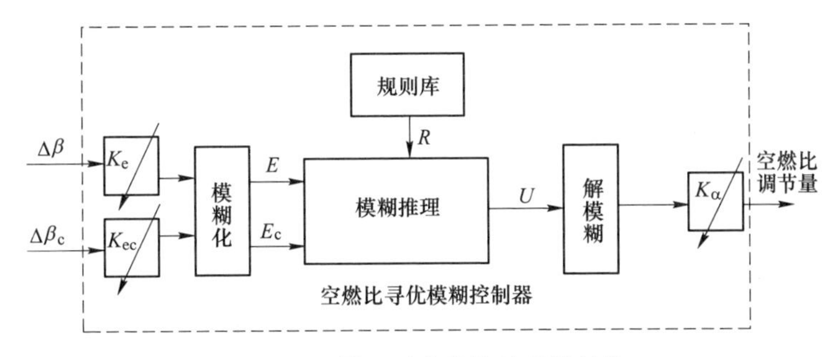

图 6-3 空燃比寻优模糊控制器结构

6.3.3 煤气流量智能集成优化设定策略

通过分析各段炉温的目标设定值与实测炉温的偏差值的大小，由智能集成模型中的智能决策模块来激活煤气流量优化设定的优化策略。当炉温偏差的绝对值大于某个值时，为了加快炉温上升或者下降的速度，将会使用专家控制算法来计算煤气流量的设定值；当炉温偏差的绝对值小于某个值时，根据炉温偏差以及偏差变化率，使用模糊控制算法来计算煤气流量的设定值。

在加热炉优化燃烧控制系统中，为了保证炉温稳定在给定的目标值上，同时也对于煤气流量的波动起到了稳定作用。选取炉温偏差 E 其变化率 E_c 作为模糊输入量，输出控制量为 Δq 即煤气流量增量。

图 6-4 为煤气流量模糊控制器结构图，根据模糊控制器设计方法，结合加热炉燃烧过程炉温控制经验，煤气流量模糊控制器具体设计步骤如下：

步骤 1：确定模糊控制器的结构及其输入和输出；

步骤 2：确定模糊变量、模糊状态及其论域；

步骤 3：确定模糊控制器的参数；

步骤 4：模糊控制规则的确定；

步骤 5：隶属度函数的确定；

步骤 6：模糊推理、解模糊并计算模糊控制查询表。

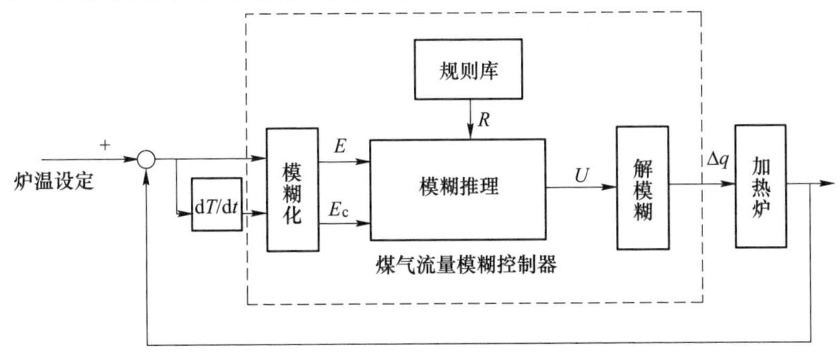

图 6-4 煤气流量模糊控制器结构图

6.3.4　加热炉炉温智能优化模型

为了获得良好的板坯加热质量，减少氧化烧损，节能降耗，需要针对不同钢种、规格的板坯，优化其升温曲线，并据此对加热炉每个控制段设定相应的炉温。炉温优化是在板坯温度场模型基础上，通过考虑板坯加热温度的要求，优化计算得到板坯在加热过程中的炉温制度及当前加热条件下的理想升温曲线，进而实现加热炉的热工优化控制。将预热段、加热Ⅰ段、加热Ⅱ段、均热段这四个控制段的炉温作为优化的目标温度。把四个控制段的炉温拟合后，可以得到理想的炉温曲线。在板坯的加热过程中，有很多生产目标，不可能将所有的生产目标都考虑在内，因此只对某些比较重要的因素进行考虑，主要包括以下方面：

（1）出炉时，板坯表面温度与轧制工艺要求的表面平均温度的偏差小于一个给定值，或者说板坯表面的温度达到轧制工艺要求的目标温度。

（2）出炉时，板坯的表面温度与中心的温度之间的偏差小于一个给定值，即板坯的断面温度差达到轧制工艺的要求。

（3）降低加热炉的能耗。

根据以上要求，建立如下的炉温优化目标函数：

$$J=\min\left\{k_1[T_m(t_f)-T_m^*(t_f)]+k_2[T_s(t_f)-T_s^*(t_f)]+k_3\int_0^{t_f}T_s(t)\mathrm{d}t\right\} \tag{6-2}$$

约束条件如下：

$$\frac{T_s(t+\Delta t)-T_s(t)}{\Delta t}\leqslant \Delta T_{s(\max)}^*$$

$$|T_s-T^*|\leqslant \Delta T$$

$$T_s-T_c\leqslant \Delta T_{s(\max)}$$

$$\Delta T_{f(\min)}(i)\leqslant T_f(i)\leqslant \Delta T_{f(\max)}(i)$$

$$T_f(1)<T_f(2)<T_t(4)<T_f(3)$$

式中　t——加热时间，s；

t_f——板坯全程加热时间，s；

$T_m(t)$，$T_s(t)$，$T_c(t)$——t 处板坯的平均温度、表面温度和中心温度，℃；

T^*——目标出炉温度，℃；

Δt——时间步长，s；

$\Delta T_{s(\max)}^*$——最大升温速率，℃/s；

ΔT——出炉目标最大温差，℃；

$\Delta T_{s(\max)}$——出炉最大断面温差，℃；

T_f——炉气温度，°C；

$\Delta T_{f(\max)}(i)$，$\Delta T_{f(\min)}(i)$——炉温上下限，℃；

i——炉段，i=1，2，3，4。

6.4 中厚板轧制智能化控制技术

中厚板生产为典型的非线性多扰动复杂变形过程，传统建模方法经过多年开发应用已经比较完善，其计算和控制精度趋于饱和且继续提高潜力有限。为了满足用户对过程控制、尺寸控制以及成材率控制精度不断提高的要求，建立中厚板生产过程海量数据收集和管理系统，对其中蕴含的重要信息进行挖掘研究，开发新一代中厚板轧制智能化控制系统，对轧制工艺优化和开发减量化、节约型产品均具有重要的现实意义。

6.4.1 基于多变量强耦合非稳态高精细的厚向尺寸瞬态控制

中厚板在轧制过程中，由于头尾温度偏差，及加热炉中“水印”等温度不均匀因素都会造成钢板纵向某一位置的轧制力波动，这一位置长度很短。基于厚度计工作模式下的 AGC 系统由于系统响应存在滞后现象，造成同板差过大，影响了产品的成材率。

针对这种厚度控制问题，需要非稳定段厚度多点设定自适应补偿方法，对钢板轧制过程的加工历程信息进行跟踪，针对厚度波动增加精确的前馈控制，减小同板差。同时，开发了轧件头部前馈控制算法，根据前道次轧制尾部厚度分布曲线自适应计算当前道次轧件头部补偿设定，绝对值 AGC 采用多点厚度计模型，辅以高精度的弹跳计算模型以及高精度的补偿。高精度的补偿包括油膜厚度补偿、轧辊热膨胀补偿、轧辊磨损补偿、头部沉入补偿以及支撑辊偏心补偿等。

6.4.1.1 道次间加工历程多维信息的量化处理技术

A 非稳定段厚度特点

中厚板在可逆轧制过程中，轧件头部咬入阶段是不稳定的阶段。与中部轧制力相比头部的轧制力常常有较大的差值，这导致在轧件头部与中部处轧机的弹跳量不同，而引起厚度差异。

轧件的厚度直接影响了头部轧制力的分布，这主要是由于温度的影响。当轧件较厚时，头尾温度与中部温度差异很小，轧件的最大轧制力发生在加热炉加热时的黑印处；当轧件逐渐变薄时，由于头尾的冷却速度要大于中部，头尾与中部的温差逐渐增大，而加热炉两个导轨引起的黑印由于热传导作用逐步扩散，此时的最大轧制力发生在头尾两端。常见的头部前馈补偿方法是在轧制前，利用液压系统使辊缝多压下一固定值，轧件咬钢后在固定时间内逐步以线性方式将辊缝恢复至正常设定值，这种补偿方法主要有以下缺点：

(1) 厚板与薄板的轧制力分布形式不同，厚板轧制时本来头部偏薄，补偿后头部与中部的厚度差会更严重。

（2）轧制不同厚度钢板时，头部与中部的厚度差不同，以固定值作为头部的补偿量，适应范围窄。

（3）未考虑轧件的咬入速度，由于现场操作的随意性，不同厚度轧件咬入速度无法度量，用固定时间进行头部的补偿控制，补偿曲线常常无法与轧件头部厚度变化对应。

（4）较薄规格钢板轧制时，厚钢板的头部轧制力先增大后减小，常常在靠近头部处会有一段的轧制力小于中部平均轧制力。

B　非稳定段厚度多点设定自适应补偿方法

为提高头部厚度补偿精度，头部非稳定段厚度补偿应满足以下要求：

（1）根据厚板和薄板的轧制特点，头部的补偿值有正负之分。

（2）由于咬入速度的不同，不能以时间作为头部补偿值的计算依据。

（3）头部的厚度补偿前馈值不应为固定值，应根据实际头部与中部厚度差进行计算。

（4）应提高头部厚度变化的跟踪精度，减少或消除头部的凹陷现象，减小同板差，提高成材率。

根据以上要求和中厚板轧机的可逆轧制特点，开发了根据前道次轧件尾部的厚度分布曲线来补偿当前道次轧件的头部厚度，根据咬入长度值在补偿曲线中寻找相应的头部补偿值进行头部的前馈控制。

C　非稳定段厚度自适应补偿效果

图 6-5 为某 16mm 钢板末道次头部补偿示意图。根据头部厚度计算值可看出，头部补偿曲线的投入极大地改善了头部与中部之间的厚差，减小了钢板的同板差，提高了成材率。

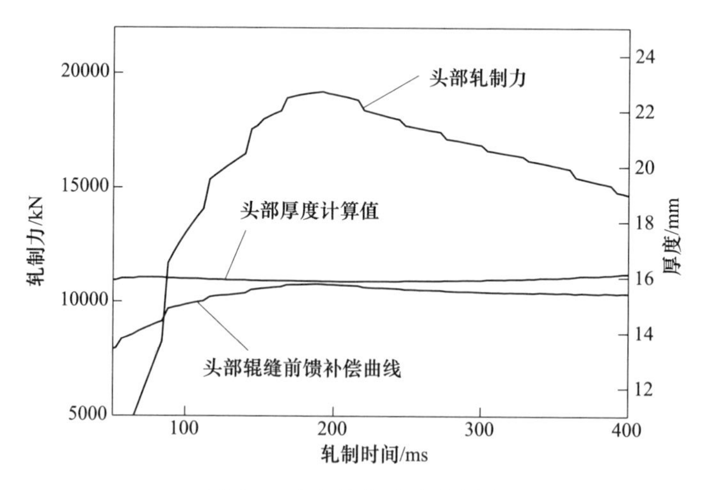

图 6-5　头部补偿过程示意图

采用以上头部厚度自适应补偿方法对现场生产的一组钢板进行跟踪。测量结果表明，剪切后钢板的头部厚度与中部厚度之间的厚度差可以控制在允许范围以内，不同规格的钢板靠近头部处没有明显的凹陷现象，说明这种头部补偿方法可以满足现场生产应用要求。

6.4.1.2 非稳定段智能化多点设定厚度控制技术

中厚板在轧制过程中，由于加热炉中造成的“水印”或其他温度不均匀因素仅影响了钢板纵向的某一位置，此位置在轧制过程中轧制力明显区别于其他位置，由于这一位置长度很短，基于厚度计工作模式下的 AGC 系统由于系统响应温度常常无法消除厚度偏差，造成同板差过大，影响了产品的成材率。

中厚板的轧制属于多道次可逆轧制模式，某一道次的轧制过程是在上一道次已轧制完成的基础上进行的，即当前道次轧制的入口厚度为上一道次轧制的出口厚度。利用这一特点，对钢板轧制过程进行加工历程的信息进行跟踪，针对厚度波动增加精确的前馈控制，提高同板差。

A 道次多维信息数据采集

为了能够对钢板的厚度进行更精确的控制，需要预先知道钢板纵向的厚度分布情况，根据轧辊的转速、前滑值及厚度模型计算每道次与钢板轧制长度对应的厚度值。这一工作由基础自动化系统实现，需要在 PLC 中提前开辟存储区，随着轧制过程的进行存储与钢板长度相对应的厚度值。

考虑钢板上一些位置厚度可能的急剧变化，两点厚度之间的距离不能太大，即要保证钢板厚度的跟踪精度。根据现场的实际经验，综合数据量的大小及控制精度要求选取两个厚度跟踪点的距离为 100mm，钢板纵向厚度跟踪计算示意图如图 6-6 所示。

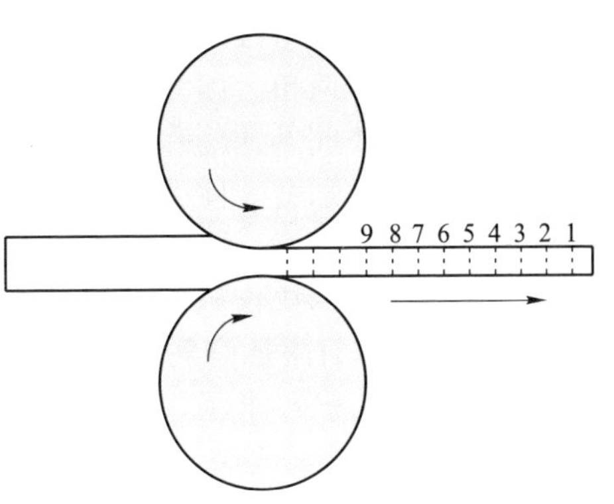

图 6-6 钢板纵向厚度跟踪计算示意图

厚度计算是随着轧制过程的进行不断触发的，当一道次轧制完成时，钢板纵向的厚度分布即被存储在 PLC 缓冲区中。由于可逆轧制的特点，本道次的厚度跟踪数据即作为下道次的入口厚度分布。

B 厚度前馈控制方法

钢板厚度 AGC 控制属于反馈控制，控制系统根据轧制力、辊缝等数据的变化在线计算钢板的厚度，并与目标设定相比较，驱动液压系统消除厚度偏差。对于类似“水印”等因素影响的厚度急剧变化区域，液压系统的响应会跟不上厚度的变化速度，导致这一区域的厚度偏差调节能力差。

在已知钢板纵向厚度分布的基础上进行下道次的 AGC 调节时，将钢板的纵向厚度分布作为入口厚度。对于厚度 AGC 控制不仅使用原来的反馈 AGC 算法，还可以将预先获得的入口厚度信息加入到厚度控制中，缓解入口厚度变化大造成的液压响应慢来不及调整的问题。

6.4.2　基于多智能体技术的轧制过程控制

6.4.2.1　多智能体过程控制系统框架

多智能体系统作为分布式人工智能研究的一个重要分支，其自身具有的特性显然可以很好地用于解决智能体之间的协作协调问题。可以说，由分布自主到协作协调，再到多智能体系统，是技术发展的逻辑必然。采用多智能体技术，将各种控制方法及数学模型、模糊系统、神经网络等进行集成，发挥它们的长处，同时避免冲突和负面作用，从而达到轧制的分布式智能控制，实现整个生产过程的高度自动化和智能化。

（1）多智能体的划分机制。在多智能体系统中，智能体是物理或抽象的实体。多智能体系统可以由多个能力较低或较单一的智能体组成，也可以几个较复杂的智能体为基础，结合其他简单智能体共同组成。对多智能体系统进行划分后得到的单个智能体应具有对外界环境做出响应、推理、决策和相互间的协作协调的能力，且可以解决给定的问题并实现特定目标。由上述定义可以看出，智能体的划分具有很高的自由性，但并不代表具有随意性。既不能使单个智能体的结构过于简单，因为虽然简化了智能体的复杂程度，但是智能体个数过多，会使智能体间的通信和协作产生困难；同时，也不能使智能体的结构过于复杂，否则将增加智能体的设计难度，智能体数过少也无法很好体现出多智能体系统的优势。

（2）多智能体的协作机制。轧制过程控制是复杂的快速、动态、实时的过程，资源和时间都有限且信息量很大，单一的系统没有足够的资源和能力完成控制目标。因而引入多智能体，研究如何使较多的智能体之间相互协调和相互合作，以解决较大规模的复杂问题是必要的。在多智能体轧制模型中，多智能体结构及其相互之间协作机制的研究是核心问题之一。如何将多个智能体组织成为一个有机系统，并使各个智能体之间有效地进行相互协作，进而从总体上增强解决问题的能力，提高系统性能，具有重要的意义。

因此，多智能体中厚板轧制工艺模型系统的设计将从实际轧制过程的特点出发，既考虑单个智能体的种类又考虑系统的运行方式，既考虑单个智能体的复杂程度又考虑有利于系统性能提升的多智能体间的协作机制。借鉴现有轧制自动化系统的经典方法和工艺，有针对性地避免或解决现有系统中存在的问题。多智能体中厚板轧制过程控制架构如图 6-7 所示。

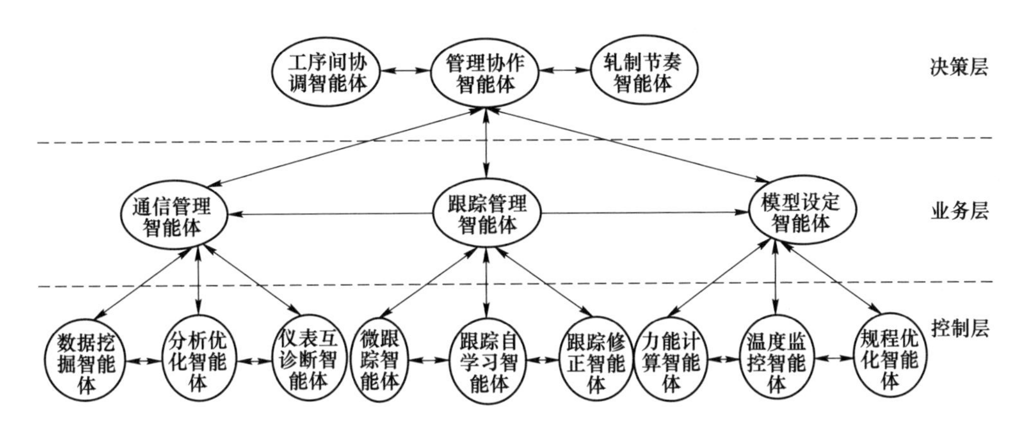

图 6-7 基于多智能体的中厚板轧制过程控制架构

将多智能体系统分为三层，即决策层、业务层和控制层。决策层智能体的功能是管理所有智能体之间的协作。业务层包含一些实现核心控制功能的智能体，包含通信管理智能体、跟踪管理智能体以及模型设定智能体。控制层包括数据挖掘智能体、分析优化智能体、跟踪自学习智能体、力能计算智能体等，实现工艺模型系统之间的通信、跟踪、设定、优化等核心功能。从不同层所实现的功能可以看出，越靠近上层的智能体其复杂程度和智能水平越高，所以管理协作智能体采用慎思型结构。多智能体轧制模型系统属于集中式与分布式相结合的异构混合型系统。各个智能体实现的功能不同，且它们之间没有主次之分，管理协作智能体虽然起着管理协调所有智能体的作用，但不是处于绝对领导地位，各个智能体的自主性很强。因此即使管理协作智能体出现问题，对系统也不会产生太大影响，同时也需要管理协作智能体掌握全局动态，以避免完全分布式结构带来的缺陷。

6.4.2.2 基于变异 PSO 算法协同神经网络的轧制力智能体

中厚板生产过程中，轧制力预报精度对钢板厚度精度至关重要。随着用户对中厚板厚度、板形精度的要求越来越高，提高轧制力预设定精度也越来越迫切。近些年的生产实践表明，中厚板生产中，改善钢板头部厚差以及提高换规格的前几块钢板的厚度控制精度，已成为目前各钢厂面临的重要问题。因此，攻关的主要目标集中在轧件的头部和换规格的前几块钢板，解决的途径就是设法提高轧机的设定精度。

采用大数据技术对中厚板生产过程中所产生的海量数据与信息进行大数据处理与挖掘。同时，在这些非标准化中厚板生产过程中，产生的生产信息与数据也是大量的，需要及时收集、处理和分析，然后通过人工智能手段优化模型控制系统参数。采用 PSO 算法协同神经元网络（PSO-NN）与传统模型自学习相结合的方式进行轧制力的预报，将自学习后的模型预测轧制力作为 PSO-神经元网络的一个输入项进行网络的训练，网络结构示意图如图 6-8 所示。

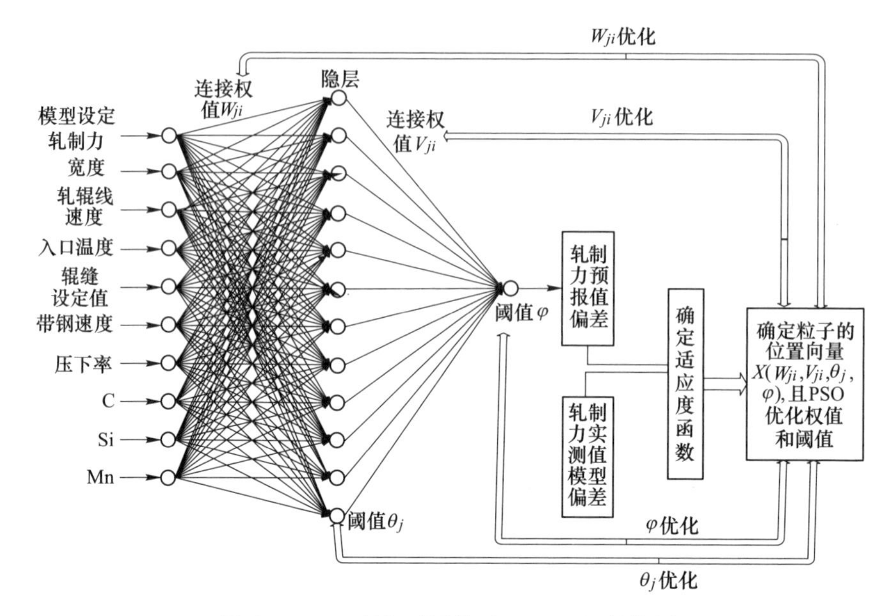

图 6-8　PSO-神经元网络（PSO-NN）结构图

通过 PSO-神经元网络训练运行界面得到了各个厚度规格钢板的轧制力预报平均偏差和标准差对比效果见表 6-1。

表 6-1　轧制力 PSO-神经元网络训练偏差和标准差对比

厚度/mm	偏差/MN		标准差/MN	
	传统模型	PSO-神经元网络	传统模型	PSO-神经元网络
6~10	0.771	0.466	0.93	0.631
10~14	0.632	0.373	0.705	0.504
14~20	0.44	0.275	0.58	0.371
20~30	0.403	0.193	0.552	0.264
30~50	0.374	0.191	0.53	0.253
>50	0.343	0.157	0.471	0.206

由表 6-2 可以看出，离线训练后的轧制力 PSO-神经元网络预报偏差和标准差要明显低于传统数学模型的预报偏差。

表 6-2 PSO-神经元网络轧制力预报测试与传统模型的偏差和标准差对比

厚度/mm	偏差/MN		标准差/MN	
	传统模型	PSO-神经元网络	传统模型	PSO-神经元网络
6~10	0.688	0.415	0.646	0.551
10~14	0.661	0.464	0.699	0.614
14~20	0.516	0.327	0.522	0.452
20~30	0.381	0.2	0.327	0.268
30~50	0.348	0.188	0.293	0.254
>50	0.356	0.16	0.385	0.215

6.4.2.3 基于灰色关联度的自学习智能体

中厚板轧制过程具有结构复杂、强耦合、非线性等特点，随着其自身的发展，中厚板轧制的控制条件也有所改变。因而，对中厚板轧制程的研究更加复杂，更有意义。以数学为基础的智能优化技术是解决此类问题的有效手段之一，智能优化技术逐渐成为工业过程控制研究的热点，比如人工智能、模糊控制、人工免疫系统、神经元网络等，目前在各种工业过程都有所应用。

中厚板轧制自动化技术的发展趋势是实现“现代集成制造系统”。它是将先进的工艺制造技术、现代管理技术和以先进控制技术为代表的信息技术相结合，将企业的经营管理，生产过程的控制、运行与管理作为一个整体进行控制与管理，实现企业的优化运行、优化控制与优化管理，从而成为提高企业竞争力的重要技术。

实现中厚板的一体化过程控制要求建立模拟生产全过程动态特性的模型，要求建立产品在生产过程中的性能变化模型和性能预报模型，要求建立综合生产指标分解转化为生产控制系统参数的模型等涉及流程机理、生产过程管理与控制方面的模型。由于中厚板轧制过程往往具有强非线性、不确定性、多变量强耦合，关键参数难以在线测量，机理复杂、工况变化频繁、难以用数学模型描述等综合复杂性，加上上述模型涉及大量的生产工艺、过程控制和生产过程管理的数据、信息以及知识，已有的建模理论与方法难以解决上述问题，要求对生产过程的自适应算法进行探索，需要研究新的自适应控制方法。

道次修正过程中的轧制力再计算是该功能能否高精度投入非常重要的一个环节，而轧制力自学习系数则是该环节的一个关键点。由于轧制温度 T、轧制出口厚度 h、压下率 ε 以及钢种强度级别 σ 不同，通过关联算法计算最近生产的 n 块钢板以及当前正在轧制钢板的前 m 道次的轧制力自学习系数与当前道次轧制力自学习系数的关联度，具体步骤如下：

(1) 确定参考数列和比较数列。取当前道次参考数列 $X_0 = \{T_0, h_0, \varepsilon_0, \sigma_0\}$，取最近生产的 n 块钢板所有道次以及当前正在轧制钢板的前 m 道次比较数

列为 $X_i = \{T_i, h_i, \varepsilon_i, \sigma_i\}$ 。

（2）对参考数列和比较数列进行归一化处理。由于数列中各参数的物理意义不同，导致数据的量纲也不一定相同，不便于比较，因此在进行灰色关联度分析时，一般都要进行归一化处理。归一化处理模型如下：

$$x = \frac{x_i - x_{\min}}{x_{\max} - x_{\min}} \tag{6-3}$$

式中　$x_{\min}$——数列中参数最小值；

$x_{\max}$——数列中参数最大值；

x——数列中参数归一化后计算值，取值范围为（0，1），则归一化后的参考数列和比较数列分别为 $X_0 = \{T_0, h_0, \varepsilon_0, \sigma_0\}$ 和 $X_i = \{T_i, h_i, \varepsilon_i, \sigma_i\}$。

（3）计算参考数列与比较数列各个参数的灰色关联系数 $\xi_i(T)$，$\xi_i(h)$，$\xi_i(\varepsilon)$ 和 $\xi_i(\sigma)$。

（4）计算最近生产的 n 块钢板以及当前正在轧制钢板的前 m 道次的轧制力自学习系数与当前道次轧制力自学习系数的关联度 $r_i(X_0, X_i)$ 。

（5）根据各个道次与当前道次的灰色关联度确定当前道次的自学习系数，定义比较数列所对应的各个道次自学习系数为 k_i，则当前道次的自学习系数 k_0 为：

$$k_0 = \frac{\sum_{i=1}^{N} r_i(X_0, X_i) \times k_i}{\sum_{i=1}^{N} r_i(X_0, X_i)} \tag{6-4}$$

在中厚板实际生产中，为了得到精确的目标出口厚度，我们往往更关注的是轧制规程后三道次的轧制力预报精度。投用基于灰色关联度的道次修正功能后各个道次的设定轧制力 F_{rff} 和实测轧制力 F_{mea} 的数据对比如图 6-9 所示。

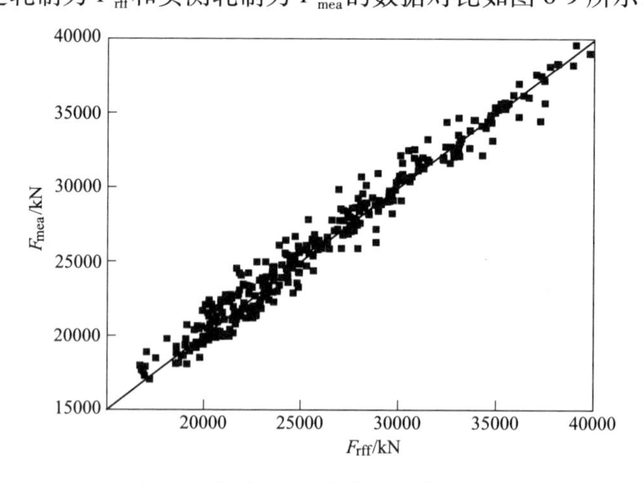

图 6-9　轧制力设定值与实测值对比图

6.4.3 智能化平面形状控制技术

平面形状控制技术可以有效提高中厚板产品成材率。为实现轧制成品的高度矩形化，理论上其控制模型为高次曲线形式，传统上采用的6点设定法形式简单且易于实施，但因与高次曲线接近度偏低，限制了平面形状控制效果。通过大量的理论分析、数值模拟和现场试验，开发了可控点平面形状设定技术，该技术可实现平面形状控制过程楔形段的高灵活度调节，控制系统对边部金属流动的可控性增强，产品的矩形度大幅度提高。

6.4.3.1 平面形状控制模型

平面形状厚度变化量 Δh_i 在厚度发生变化的长度区间内与长度成复杂的非线性关系，如果按照该理论模型进行在线控制，无法保证控制的精度。实际应用过程中，可以进行分段线性化处理，即采用可控点设定法。将厚度变化区间内厚度变化量与长度简化成线性关系，此时只需要确定厚度变化量 $\Delta h'$ 和厚度改变的长度区间 l'，如图6-10所示。其中，l' 和 $\Delta h'$ 确定的体积应该与理论模型计算结果确定的体积相等。

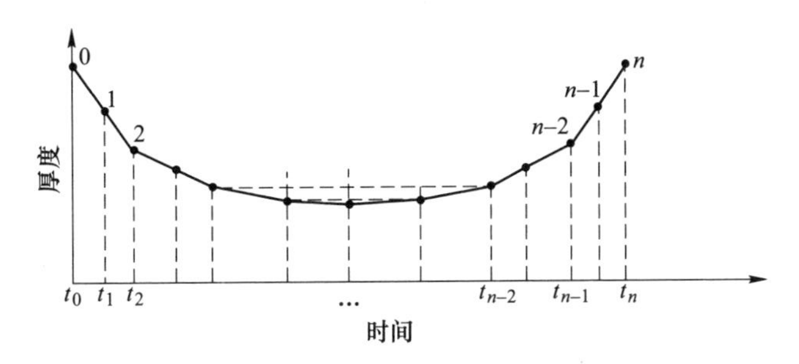

图6-10 平面形状可控点设定曲线

由于可控点平面形状设定方法长度方向的变厚度轧制呈对称状态，因此对于可控点设定曲线的设定也成对称分布划分，可取长度的一半作为可控点长度方向的坐标控制对象。由于平面形状控制曲线沿长度方向的头部和尾部的变厚度轧制的压下量较大，中间的压下量相对较小，故可将头尾的平面形状可控点的个数设置密集一些，将中部的可控点个数设置相对稀疏一些，可采用自然对数的形式来进行划分，把该方法称为对数等距离分布法。横坐标为轧件长度的一半为（$L/2$）mm，纵坐标为轧件半长的自然对数，将长度半长的对数值进行 n 等分，则在横坐标的长度分布从头部向中间的分布变得逐渐稀疏，由于这里 $\ln(L/2)$ 只是进行半长划分的一个中间过渡量，所以不用考虑其单位。

根据对数等距离分布法进行平面形状可控点设定，可得到平面形状正向压下和负向压下的平面形状曲线分布形式，如图 6-11 所示。控点设定方法的最大优点是可根据实际轧制产品的展宽比和延伸比动态调整可控点的个数和各点之间的距离分布。当展宽比与最优展宽比（1.45）偏差较大时，应该增大可控点的设定个数；反之，可适当减少可控点的个数。

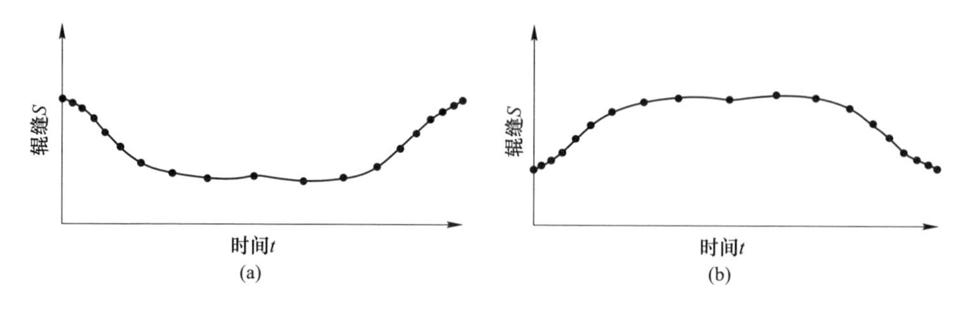

图 6-11　可控点设定平面形状控制过程

（a）正向压下；（b）负向压下

6.4.3.2　轧件长度微跟踪

平面形状控制主要功能是针对不同的展宽比和延伸比设定带载压下量，由自动化系统保证头尾压下和抬起的对称性。平面形状控制过程是垂直方向的压下速度与水平方向轧制速度相互配合完成的。轧件咬入后，轧件轧制长度的跟踪精度决定了最终的控制形状是否能够满足压下曲线的设定要求。

从咬钢后轧制力的变化情况可以看出，轧件的咬钢与抛钢对应的轧制力曲线的位置是不同的，如图 6-12 所示。由此可以对咬钢信号与抛钢信号进行以下定义：

（1）咬钢信号：测量轧制力大于预测轧制力的 80%。

（2）抛钢信号：测量轧制力小于预测轧制力的 20%。

轧件的实际轧制长度从轧件咬钢后开始计算，抛钢时计算结束，具体计算方法如下：

$$length = \sum (S_h \times speed \times \Delta t) \tag{6-5}$$

式中　S_h——前滑值；

$speed$——工作辊线速度测量值，m/s；

Δt——PLC 计算周期时间，s。

前滑值是轧辊直径 D、轧件厚度 h 及中性角 γ 的函数，可用以下公式计算：

$$S_h = \frac{(1 - \cos\gamma)(D\cos\gamma - h)}{h} \tag{6-6}$$

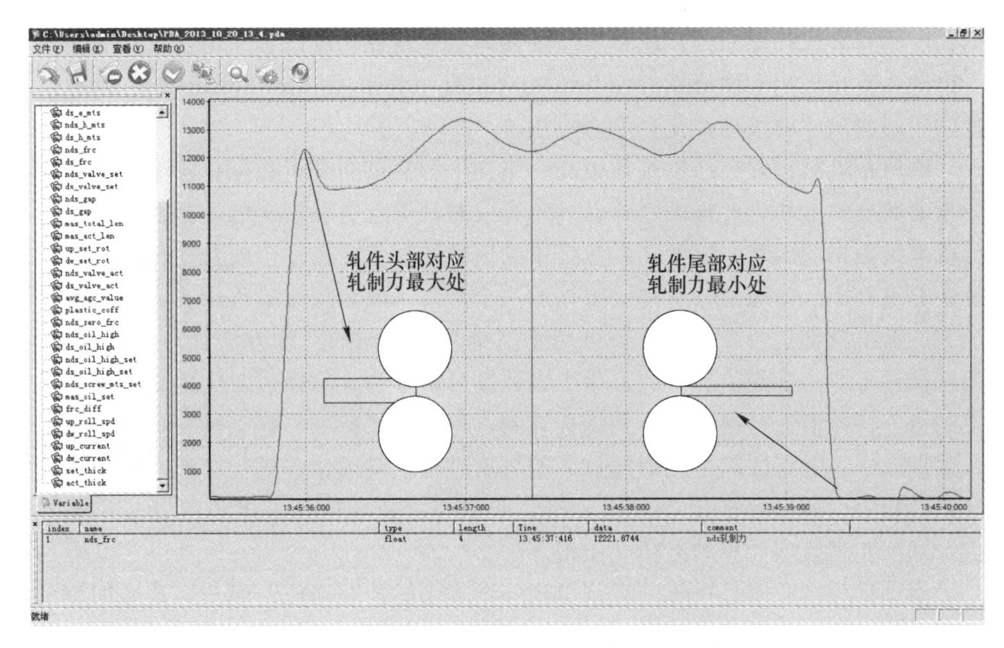

图 6-12 轧件的咬入与抛出和轧制力对应关系

6.4.3.3 轧件道次长度预测及对称性滚动优化自适应

在平面形状投入道次，轧制前需要预测轧件的轧出长度，道次轧出长度预测精度越高，平面形状带载压下曲线的执行精度也越高，即轧件的压下曲线对称控制精度越高。由于受到坯料尺寸精度的影响，轧件道次长度的预测经常不准确，致使轧件带载压下的对称性无法保证，这不但无法得到设定的平面形状，甚至会造成轧制过程的不对称现象，导致成材率下降。图 6-13 显示了平面形状控制时头部对称与不对称的情况对比。

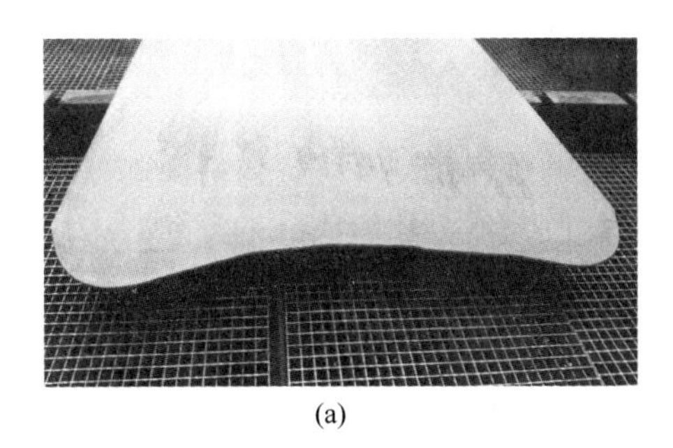

(a)

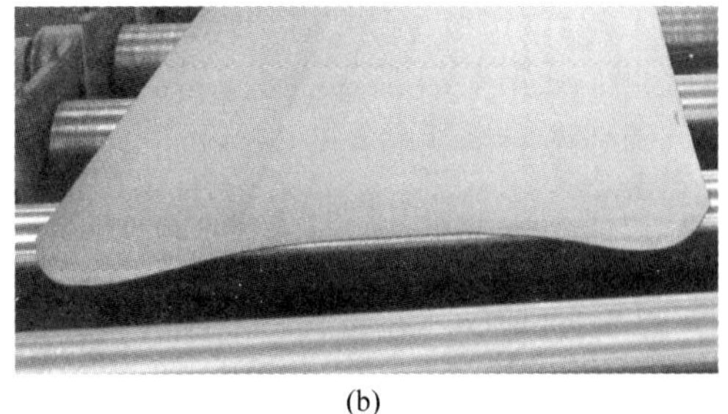

(b)

图 6-13 头部对称与不对称压下结果对比

（a）头部对称；（b）头部不对称

在生产现场，PDI 数据中坯料的尺寸在轧制前经常不进行测量，使用经验数据，由于打磨或其他原因，坯料尺寸的偏差会导致在轧制过程中道次长度预测的不准确，直接影响平面形状控制头部的对称性。为了能够弥补坯料的尺寸精度，建立了坯料尺寸的滚动优化自适应方法。

中厚板轧制过程会产生维数很高、结构十分复杂的海量数据，除了用于简单模型参数自学习和生产报表之外，并未有效对其进行更深层次的挖掘。由于直接分析高维数据的困难，以及高维数据中的信息往往包含在一个或几个低维结构中的较普遍规律，降维是分析高维数据的一个重要手段。降维过程中，需要判断所找到的低维结构是否真实，真正可用于高维复杂数据的降维方法计算量都很大，而且往往不能一步到位。因此，基于大数据分析平台，可通过对中厚板平面形状控制过程特征值进行提取，得到钢板轧制过程的主要特征，建立特征向量，并存入数据库中，对特征向量相似度较高的数据进行滚动优化并进行存储。在中厚板轧制过程中，通过特征值提取与分析，获取与之特征值相似度最高的模型参数表，从而实现模型计算的高精度预报。

滚动优化自适应是在每一时刻得到一组未来的控制动作，而只实现本时刻的控制动作，到下一时刻重新预测优化出一组新的控制，也是只实现一个新的控制动作，每步都是反馈校正。在配合一定的时间序列预测模型对现象的未来进行预测，预测控制有了预见性，滚动优化和反馈校正能够更好地适应实际系统，有更强的鲁棒性。

6.4.3.4 基于机器视觉反馈的平面形状优化

中厚板轧制过程中，由于品种规格变化大，模型的预计算精度难以满足生产要求，它依赖于实际平面形状数据的反馈进行修正和优化；而平面形状的矩形度的检测尚无有效设备，通常是采用人工测量方法，导致模型参数学习的实时性和准确性得不到保证。因此，可利用安装在轧机附近的工业 CCD 摄像机采集轧件的图像，通过高速图像数据采集卡将图像数字化后送入计算机，作为轧件尺寸辨识的对象；计算机对数字图像进行处理，提取边缘信息，得到最终轧件的平面形状尺寸，如图 6-14 所示。

基于数字图像的在线实时测量，可以为轧机的过程控制系统提供必要的模型修正数据，实现对轧制控制参数进行修正补偿，改善钢板轧后成品的形状。采用先进的基于机器视觉的图像处理算法，其核心算法采用亚像素边缘检测，极大地提高了测量精度。图 6-15 为图像处理过程的示例，通过对图像处理算法的优化研究，开发满足连续动态测量的平面尺寸智能感知系统。

通过二值化图像中的直线检测算法得到轧件四个边界的直线形式后，在边缘检测处理的图像中建立与直线变换检测到的边界直线相垂直的多条等间距直线，接着求解这些直线通过轧件边界时像素值为最大值的点，作为边缘的初始检测坐标。

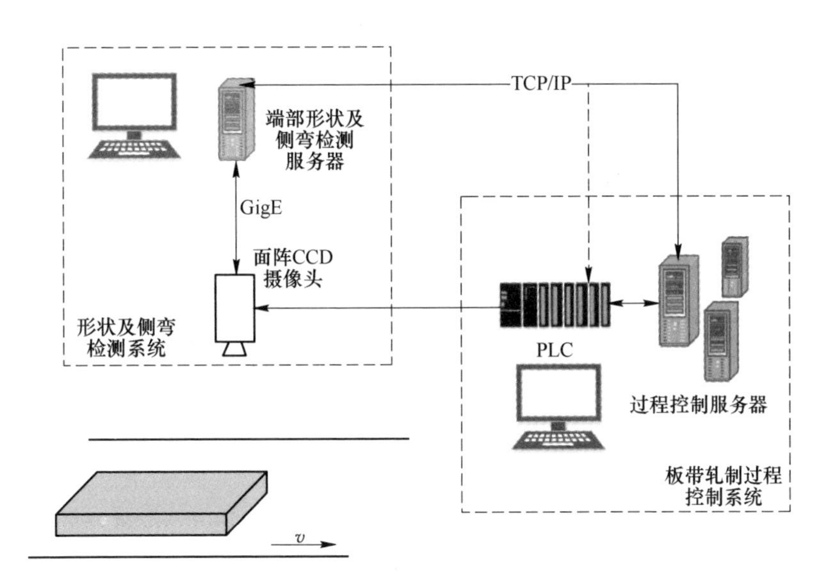

图 6-14　平面形状检测示意图

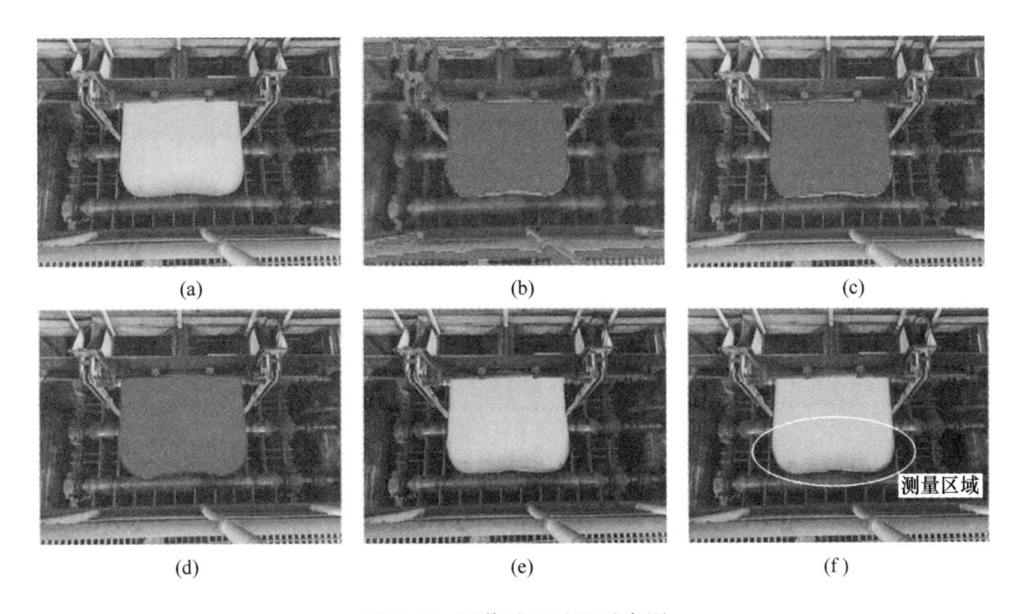

图 6-15　图像处理过程示意图

（a）原始图像；（b）图像分割；（c）钢板区域查找；（d）区域膨胀；
（e）亚像素边缘检测；（f）形状标定测量

得到钢板头尾及侧边的像素坐标后，利用亚像素算法拟合得到精度更高的边界坐标，经过相机标定参数的转换得到了最终的尺寸坐标，计算得到钢板真正的平面尺寸数据；经过移动最小二乘法对检测的边界数据做平滑处理，消除异常点的影响，从图像中得到了钢板平面形状的矢量化识别结果，这个数据可以用来衡量平面形状控制算法中参数的合理性，可以对平面形状控制参数进行高精度学习。

6.4.4　LP 板轧制控制技术

构件在受力时，任意断面所承受的应力往往是不同的。举简单的例子如图 6-16（a）所示，普通等截面的简支梁，其承受的应力呈三角形分布，受力点处最大，向着接近支点处逐渐减小。如果改用图 6-16（b）中的 LP 简支梁，只简单地取梁中部受力点 A 处的厚度 H 不变，端部 B 点的厚度取为 $H/2$，AB 为直线，其危险断面的应力不变（对此集中力的承载能力不变），但是用 LP 简支梁节省制造梁的材料 25%，质量可以减轻 25%。

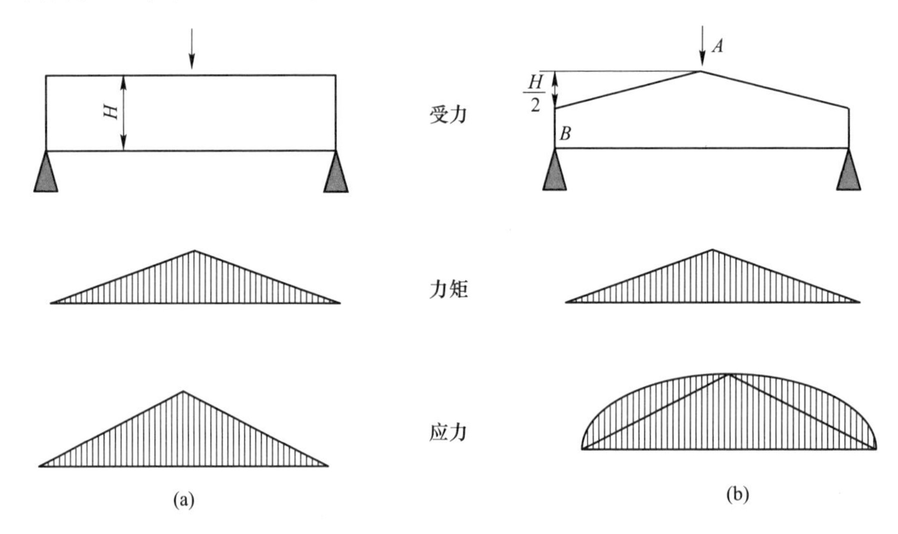

图 6-16　等厚简支梁与 LP 简支梁受力分析比较

（a）等厚简支梁；（b）LP 简支梁

通过比较分析等厚简支梁和 LP 简支梁的受力，在满足简支梁受力情况下，如果采用纵向变厚度的钢材，在很多情况下会收到节省原材料、减轻质量的效果。在轧制过程中，如果连续改变轧辊的开口度，则轧制钢板的纵向厚度连续变化，可以得到 LP 钢板。

日本、西欧等国家在 20 世纪八九十年代已经开发出了纵向变厚度轧制技术，并开始生产 LP 钢板，主要应用在桥梁、造船、建筑等。由于 LP 钢板可以根据构件承受载荷的情况改变其厚度，优化桥梁、船只结构断面设计，所以 LP 钢板是一种很有前途的减量化钢材。作为一种减量化钢材，LP 钢板日益得到用户和厂商的青睐。

6.4.4.1 LP 钢板的发展

LP 钢板的轧制技术和生产是随着液压伺服系统和自动控制水平的提高而发展起来的，特别是高精度的液压缸控制（Hydraulic Cylinder Control）系统的应用，实现了轧制过程中的动态连续变辊缝。法国于 1983 年轧制出 LP 钢板，并第一次应用在索姆河跨桥（Somme Viaduct）上。1993 年，日本钢铁制造（JFE Steel Co.，其前身是川崎制铁）开始生产 LP 钢板，最初只是单向变厚度 LP 钢板，1996 年研制成功双向变厚度 LP 钢板，2000 年投产 8mm/m 的 LP 钢板，2001 年生产出双台阶 LP 钢板，现在已经能够生产 8 种厚度连续变化的变厚度 LP 钢板，LP 钢板的厚度最小为 10mm、最厚为 80mm、宽度最大为 5000mm。JFE 生产的 LP 钢板长度为 6~20m，质量最重为 20t，日本的钢铁制造生产的 LP 钢板钢种和等级见表 6-3，JFE 已经能够生产多种级别的造船和桥梁建设用 LP 钢板。随着桥梁建设和造船业的发展，欧洲各国钢厂也相继开发了 LP 钢板的轧制技术，表 6-4 为日本的钢铁制造（JFE）、德国的迪林根（Dillinger Hütte GTS）和捷克的维特科维策（VITKOVICE）钢铁厂生产的 LP 钢板情况比较。

表 6-3 日本 JFE 生产的 LP 钢板的钢种

强度/MPa	400	440、490、520	570
船板	A、B、D	AH32、DH32、EH32 AH36、DH36、EH36	
桥梁	SS400、SM400 SMA400	SM490、SM490Y、 SMA490、SM520	SM570、SM570TMC SMA570

表 6-4 日本 JFE、德国迪林根和捷克维特科维策生产的 LP 钢板产品比较

<table>
<tr><td>钢铁企业</td><td colspan="2">日本钢铁制造
（JFE Steel Co.）</td><td colspan="2">德国迪林根
（Dillinger Hütte GTS）</td><td>捷克维特科维策
（VITKOVICE）钢铁厂</td></tr>
<tr><td>板厚/mm</td><td colspan="2">10~80</td><td colspan="2">20~80</td><td>15~80</td></tr>
<tr><td>宽度/mm</td><td colspan="2">≤5000</td><td colspan="2">≤4300</td><td>≤3000</td></tr>
<tr><td>最大厚差/mm</td><td colspan="2">30</td><td colspan="2">55</td><td>40</td></tr>
<tr><td>最大坡度
/mm · m^{-1}</td><td>8
（≤4600mm）</td><td>4
（4600~5000mm）</td><td>8
（≤3000mm）</td><td>5
（3000~4300mm）</td><td>5</td></tr>
</table>

续表 6-4

钢铁企业	日本钢铁制造（JFE Steel Co.）	德国迪林根（Dillinger Hütte GTS）	捷克维特科维策（VITKOVICE）钢铁厂
LP 钢板产品类型	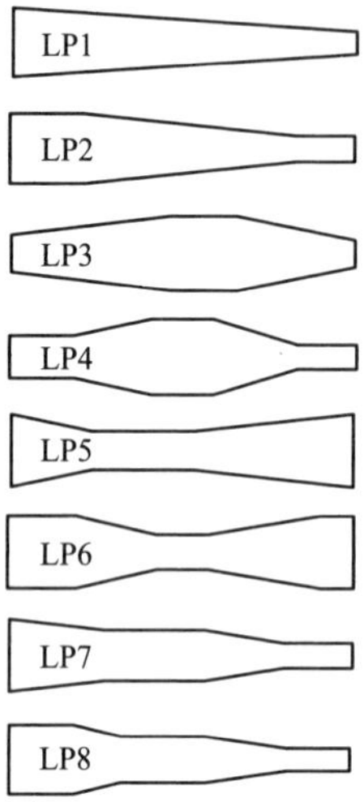 LP1 LP2 LP3 LP4 LP5 LP6 LP7 LP8	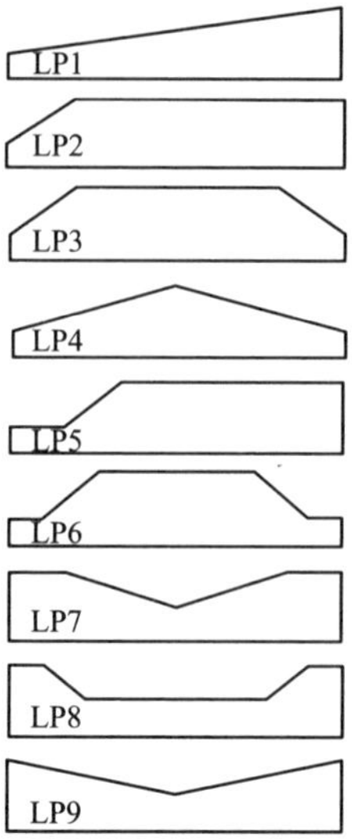 LP1 LP2 LP3 LP4 LP5 LP6 LP7 LP8 LP9	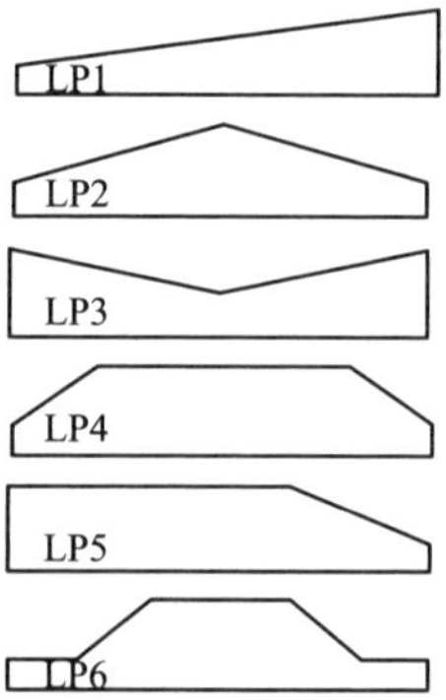 LP1 LP2 LP3 LP4 LP5 LP6

6.4.4.2 LP 钢板的应用

目前国外 LP 钢板主要应用于桥梁建设和船只建造，它可以根据承受载荷的情况改变钢板厚度，优化桥梁、船只等结构断面设计。LP 钢板作为一种减量化、节约性钢材，在日本和欧洲等发达国家日益得到广泛的应用，也引起了世界各发展中国家的重视。

A 造船应用

1993 年，日本 JFE 生产的 LP 船板第一次应用于船只建造上，到 2002 年，JFE 生产的 LP 钢板已有 5800t 应用于船只建造上，近年来，LP 钢板在船只建造上的应用不断增加。表 6-4 中日本 JFE 生产的 LP1、LP2、LP7 和 LP8 是应用于造船上的典型 LP 钢板，LP1 是单方向厚度变化的 LP 钢板；LP2 在头部或者尾部有一个等截面部分的平台，等截面部分可以方便与普通钢板或者其他类型的 LP 钢板的焊接；LP7 和 LP8 是在同一个方向上存在着两个台阶厚度变化的 LP 钢板。图 6-17 为 LP 钢板应用于船只船舱横向隔壁的实际效果，船舱的横向隔壁从底部到顶部厚度不断减薄，以便在满足设计要求的同时，尽量减轻船只结构的质量。传统的船只船舱横向隔壁制造方法如图 6-17（a）所示，利用不同厚度的钢板通过焊接得到，满足从底部向上应力不断减少要求，实现结构质量部分减轻的目标，但是焊缝数量较多；图 6-17（b）为纵向两个不同厚度的差厚钢板和普通钢板焊接成要求形状和性能的产品，与6-17（a）相比，它在达到质量减轻的同时，焊缝的数量也得到相应减少。图6-17（c）为纵向变厚度钢板，在厚度方向上，厚度连续变化，达到最大质量减轻，省去了连接过程的大量焊缝，与图6-17（a）和（b）相比，图6-17（c）中LP钢板的力学性能更加均匀。

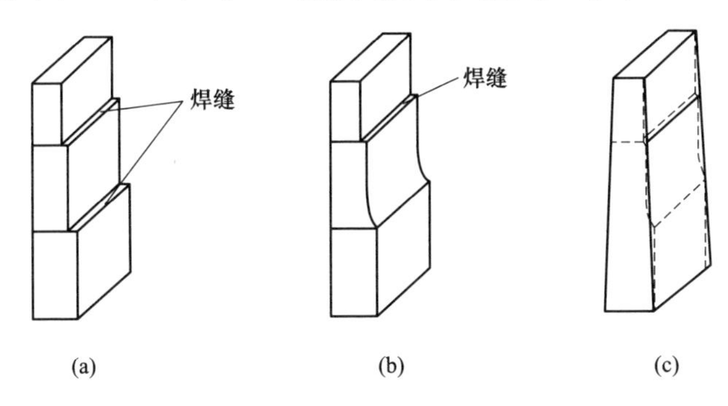

图6-17 LP钢板减少焊缝和减轻质量的实例
（a）普通钢板；（b）纵向差厚度钢板；（c）纵向变厚度钢板

B 桥梁应用

桥梁可以看作是由很多梁、柱构件组成的工程结构，如果按照受力情况来选择使用LP钢板，如图6-18所示，能够大幅度节省钢材、减轻桥重、减少焊缝，加快建造的进度。在桥梁建设上，LP钢板主要应用于桥梁桥台和桥墩；对于特大桥，LP钢板主要应用于桥台和主塔，也可以应用于凸缘或腹板加工，使桥梁的构造更加合理化。在地震活动频繁的区域，LP钢板应用于高架公路、铁路等的方形或者圆形桥墩上，LP钢板能分散地震的能量，减少地震造成的破坏。实验表明，LP钢板沿纵向的屈服应力和抗拉强度是不同的，在相同的化学成分和轧制工艺条件下，与较厚钢板比较，薄钢板具有更高的屈服应力和抗拉强度。

图6-18 LP钢板在造船中典型应用

鉴于LP钢板的优点，LP钢板在桥梁建设中的应用不断增加。LP钢板从

1995 年开始在日本的桥梁建设中使用，到 2000 年已经有 2500t LP 钢板用于 16 座桥梁。LP 钢板在欧洲桥梁建设中也得到了重视和应用，德国、法国、英国、卢森堡、荷兰等国家的公路、铁路桥梁和高架桥建设上都在应用 LP 钢板。在卢森堡和德国交接处的摩泽尔河（Mosel River）申根（Schengen）大桥上用了 1800t LP 钢板，占钢材使用总量的 46.2%。

6.4.4.3　LP 板轧制计算机控制

图 6-19 为 LP 钢板的制造流程，LP 钢板在制造过程中与普通中厚板一样，包括加热、轧制、加速冷却、热矫直、切头尾、尺寸检验等工序。但是在轧制过程中，根据轧制规程计算各道次钢板楔形形状，边进行跟踪边设定轧辊开口度，控制液压缸的压下位置等，轧制出 LP 钢板。LP 钢板的生产过程中对控制冷却、热矫直、剪切和检查技术及其装置等有了新的要求，必须对其改进以便适应 LP 钢板的生产。

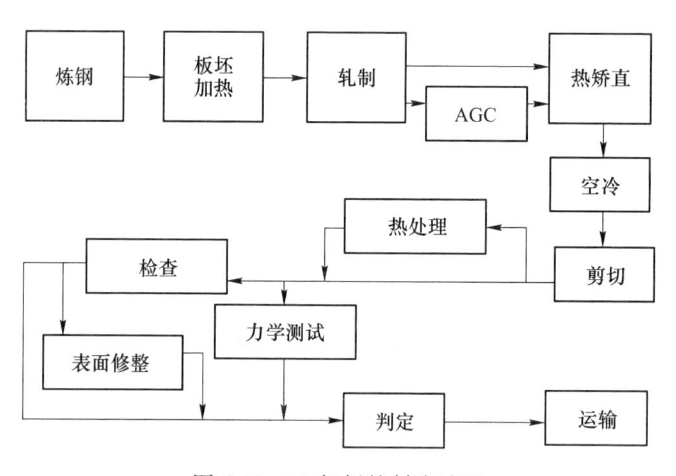

图 6-19　LP 钢板的制造过程

LP 钢板在轧制过程中的过程机根据用户对 LP 钢板的形状和性能要求、板坯的原始尺寸、轧机的参数等计算轧制规程，包括总的轧制道次、变厚度轧制的道次，各个道次的压下量、变厚度轧制时的初始设定辊缝和厚度变化的坡度，综合考虑压下量、轧制载荷和液压缸的行程等，保证在设备安全、板形和力学性能良好的前提下，进行轧制道次和压下量的设定。轧制过程中根据实际反馈速度和前滑值对轧件进行准确微跟踪，确定辊缝变化点和楔形区域的轧制长度。利用实际反馈的轧制力和位置信号，由 AGC 进行厚度控制和补偿，通过 HAGC 动态调节压下，改变轧机辊缝值。

图 6-20 为纵向变厚度轧制过程系统框图，整个的变厚度轧制过程控制系统

由过程控制级、基础自动化级和设备、仪表组成。过程控制根据变厚度钢板的形状和性能要求、板坯的原始尺寸、轧机参数等计算轧制规程，进行轧制道次和压下量的设定，基础自动化级完成轧制过程的各种设定，是变厚度轧制的执行机构，设备、仪表完成轧制过程和轧制反馈信号的采集。

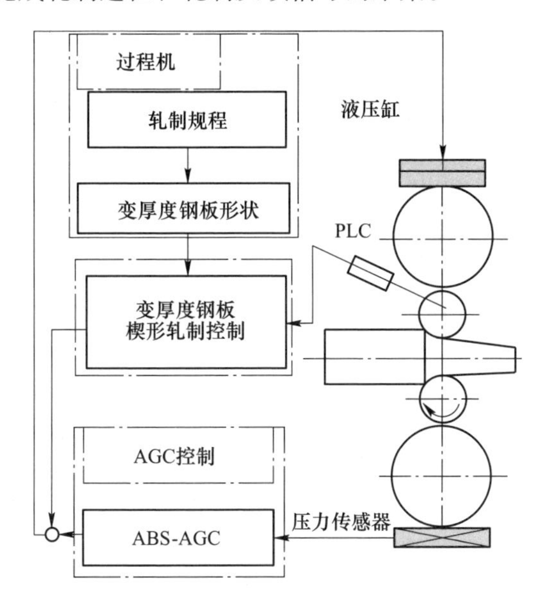

图 6-20 变厚度钢板轧制过程系统配置图

轧机基础自动化的主要任务是实现轧机垂直方向电动 APC、液压 APC 和液压 AGC 控制。为了保证液压 AGC 系统的控制精度以及提高系统的稳定性、响应特性，目前国内中厚板轧机的基础自动化控制系统主要采用西门子的 TDC（或 FM458 功能模块）+S7-400+S7-300 控制系统结构。每个控制器负责不同的控制功能。进行中厚板纵向变厚度轧制过程中，西门子的 TDC（或 FM458 功能模块）+S7-400+S7-300 组成的基础自动化级 PLC 控制系统完成普通轧制所有的控制功能以外，还完成纵向变厚度轧制过程的微跟踪、变厚度轧制过程的动态厚度控制和辊缝带载动态压下。

过程控制系统一般选用两台 HP 服务器（一台服务器，一台冗余服务器），采用镜像磁盘及客户机/服务器体系结构、关系数据库技术、高速网络技术；选用开放的、标准化的通信接口；配备开发用工作站。过程控制系统、PLC 系统和人机界面系统通过高速工业以太网通信，主要对钢板进行区域跟踪，计算轧制规程表等工艺控制参数设定值，实现生产过程的优化控制，优化 AGC 厚度计模型等功能，保证产品尺寸控制精度。为保证过程控制系统的要求，与 HP 服务器配套的系统平台采用 Windows 2012 系统；考虑与系统的兼容性以及功能要求，控制系统的开发软件采用 Visual C++；模型数据库开发采用 SQL Server 2012，跟踪数据库采用 Oracle 数据库。中厚板轧机过程控制系统承担着整个轧制区的模型计算、过程监视、优化控制和跟踪等任务，纵向变厚度轧制过程中过程控制系统还要实现变厚度轧制过程平面形状、变宽度钢板、LP 钢板尺寸预测、设定数据计算、控制参数计算。

人机界面提供操作员与计算机控制系统之间人机交互的接口，显示所有需要操作员了解的信息，并提供操作员干预和控制的平台。人机界面的硬件目前一般采用工业级 PC，软件多采用组态软件。纵向变厚度轧制过程中，人机界面完成轧制过程的监视和错误信息修改。

6.5　热连轧智能化控制技术

6.5.1　热连轧厚度-活套协调优化控制

热连轧由于带钢的联系而成为一个整体，机架内部和机架之间由于张力而存在着相互影响，在系统性能要求不高的情况下，可以粗略地认为机架间的张力是小而恒定的。因而 AGC 系统控制的带钢板厚与活套控制的秒流量、张力之间，以及各个机架之间的控制可以近似认为是独立的。但是，常规热连轧控制中的张力不能保证恒定，张力是极其活跃的因素，AGC 系统和活套系统之间的相互影响已不可忽略，并成为进一步提高产品质量的关键。

基于建立的热连轧多变量系统状态空间模型，以提高厚度控制精度与带钢张力稳定性为性能指标，考虑现场干扰、建模误差和参数摄动等不确定因素，提出了适用于热连轧厚度-活套综合系统的先进控制技术。

6.5.1.1　MPC 控制器设计

为实现对厚度、角度与张力的协调优化控制，进一步增强系统的鲁棒性，本节设计了基于 MPC 控制的厚度-活套综合控制系统。依据 MPC 预测控制器的设计方法，按照采样周期 $T=0.005\text{s}$ 进行离散化，即可得离散状态空间模型如下：

$$\begin{cases}\bar{\boldsymbol{x}}_i(k+1)=\bar{\boldsymbol{A}}_i\bar{\boldsymbol{x}}_i(k)+\bar{\boldsymbol{B}}_i\bar{\boldsymbol{u}}_i(k)+\bar{\boldsymbol{D}}_i\bar{\boldsymbol{d}}_i(k)\\ \bar{\boldsymbol{y}}_i(k)=\bar{\boldsymbol{C}}_i\bar{\boldsymbol{x}}_i(k)\end{cases}\tag{6-7}$$

$$\bar{\boldsymbol{A}}_i=\begin{bmatrix}0.9735 & 0.0149 & -0.0336 & 0.4547 & 5.16\times10^{-5} & -5.703\times10^{-4}\\ -0.6071 & -0.1216 & 0.0844 & 12.753 & 2.2736\times10^{4} & -0.011\\ -0.22 & -0.0135 & -0.0764 & 0.6355 & 2.3474\times10^{-5} & -0.0021\\ 0 & 0 & 0 & 0.6593 & 0 & 0\\ 0 & 0 & 0 & 0 & 0.0821 & 0\\ 0 & 0 & 0 & 0 & 0 & 0.1889\end{bmatrix}$$

$$\overline{\boldsymbol{B}}_i = \begin{bmatrix} 0.0678 & 7.0767\times10^{-5} & -3.7806\times10^{-4} \\ 3.7893 & 0.0026 & -0.019 \\ -0.5361 & 7.8282\times10^{-4} & 0.0019 \\ 0.3407 & 0 & 0 \\ 0 & 0.9179 & 0 \\ 0 & 0 & 0.8111 \end{bmatrix}$$

$$\overline{\boldsymbol{C}}_i = \begin{bmatrix} 1 & 0 & 0 & 0 & 0 & 0 \\ 0 & 0 & 1 & 0 & 0 & 0 \\ 0 & 0 & -16.29 & 0 & 0 & 0.334 \end{bmatrix}$$

$$\overline{\boldsymbol{D}}_i = \begin{bmatrix} 0 & 0 \\ 0 & 0 \\ -0.1872 & -15.81 \\ 0 & 0 \\ 0 & 0 \\ 0 & 0 \end{bmatrix}$$

厚度-活套系统对应的增广方程为：

$$\begin{cases} \boldsymbol{x}_i(k+1) = \boldsymbol{A}_i\boldsymbol{x}_i(k) + \boldsymbol{B}_i\boldsymbol{u}_i(k) + \boldsymbol{D}_i\,\boldsymbol{d}_i(k) \\ \boldsymbol{y}_i(k) = \boldsymbol{C}_i\boldsymbol{x}_i(k) \end{cases} \tag{6-8}$$

其中，

$$\boldsymbol{A}_i = \begin{bmatrix} \overline{\boldsymbol{A}}_i & 0_{6\times3} \\ \overline{\boldsymbol{C}}_i\,\overline{\boldsymbol{A}}_i & \boldsymbol{I}_{3\times3} \end{bmatrix},\ \boldsymbol{B}_i = \begin{bmatrix} \overline{\boldsymbol{B}}_i \\ \overline{\boldsymbol{C}}_i\,\overline{\boldsymbol{B}}_i \end{bmatrix},\ \boldsymbol{D}_i = \begin{bmatrix} \overline{\boldsymbol{D}}_i \\ \overline{\boldsymbol{C}}_i\,\overline{\boldsymbol{D}}_i \end{bmatrix},\ \boldsymbol{C}_i = [0_{3\times6} \quad \boldsymbol{I}_{3\times3}]$$

结合厚度-活套系统特点，设定预测步数 $N_{\mathrm{p}} = 15$，控制步数 $N_{\mathrm{c}} = 5$，并选择加权矩阵如下：

$$\overline{\boldsymbol{Q}}_i = \begin{bmatrix} \overline{\boldsymbol{Q}}_{1i} & 0 & 0 \\ 0 & \ddots & 0 \\ 0 & 0 & \overline{\boldsymbol{Q}}_{1i} \end{bmatrix}_{3N_{\mathrm{p}}\times3N_{\mathrm{p}}},\quad \overline{\boldsymbol{R}}_i = \begin{bmatrix} \overline{\boldsymbol{R}}_{1i} & 0 & 0 \\ 0 & \ddots & 0 \\ 0 & 0 & \overline{\boldsymbol{R}}_{1i} \end{bmatrix}_{3N_{\mathrm{c}}\times3N_{\mathrm{c}}}$$

其中

$$\overline{\boldsymbol{Q}}_{1i} = \begin{bmatrix} 300 & 0 & 0 \\ 0 & 300 & 0 \\ 0 & 0 & 3 \end{bmatrix},\ \overline{\boldsymbol{R}}_{1i} = \begin{bmatrix} 0.1 & 0 & 0 \\ 0 & 0.1 & 0 \\ 0 & 0 & 0.1 \end{bmatrix}$$

并且在控制输入增量和系统输出上增加约束如下：

$$|\Delta u_{\Delta\omega}| \leqslant 0.1\mathrm{rad/s},\quad |\Delta u_{\Delta M}| \leqslant 5000\mathrm{kN\cdot m},\quad |\Delta u_{\Delta S}| \leqslant 0.05\mathrm{mm}$$

$$|\Delta\theta| \leqslant 0.02\text{rad}\ ,\ |\Delta\sigma| \leqslant 1\text{MPa}\ ,\ |\Delta h_{i+1}| \leqslant 0.03\text{mm}$$

因而系统在预测时域内的输出为：

$$\boldsymbol{Y}_i = \boldsymbol{F}_i\,\boldsymbol{x}_i(k_n) + \boldsymbol{G}_i\,\boldsymbol{d}_i(k_n) + \boldsymbol{\psi}_i\Delta\boldsymbol{U} \tag{6-9}$$

根据上文所述，可计算出各状态反馈控制的增益向量为：

$\boldsymbol{K}_x = [38.8572\quad 23.2354\quad 1.2358\quad -0.0505\quad 0.0772\quad 2.8325\quad 14.5236\quad 7.8421]$；

$\boldsymbol{K}_y = [10.5236]$；$\boldsymbol{K}_\mathrm{d} = [-28.5266]$；

$\boldsymbol{K}_\mathrm{mpc} = [38.8572\quad 23.2354\quad 1.2358\quad -0.0505\quad 0.0772\quad 2.8325\quad 14.5236\quad 7.8421\quad 10.5236]$

6.5.1.2　控制效果分析

为验证上节所设计的控制器性能，利用 Matlab/Simulink 软件对某热连轧机组的第 6 机架与第 7 机架分别建立基于 PI 控制器与 MPC 控制器的厚度-活套综合控制系统模型，通过仿真分析闭环系统的响应性能。

为验证上节所设计的控制器性能，利用 Matlab/Simulink 软件对某热连轧机组的第 6 机架与第 7 机架分别建立基于 PI 控制器、ILQ 控制器与 MPC 控制器的厚度-活套综合控制系统模型，通过仿真分析闭环系统的响应性能、抗干扰性能与鲁棒性能。

A　响应性能分析

分别给带钢厚度、活套高度与带钢张力的设定值添加阶跃信号，根据仿真的动态响应参数结果，分析 MPC 控制、ILQ 控制与传统 PI 控制的控制精度。

（1）在 $t=3\text{s}$ 时，给带钢厚度设定值添加一个幅值为 0.03mm 的阶跃信号，分别用 PI 控制器、ILQ 控制器与 MPC 控制对厚度-活套综合系统进行控制，仿真结果如图 6-21 所示。

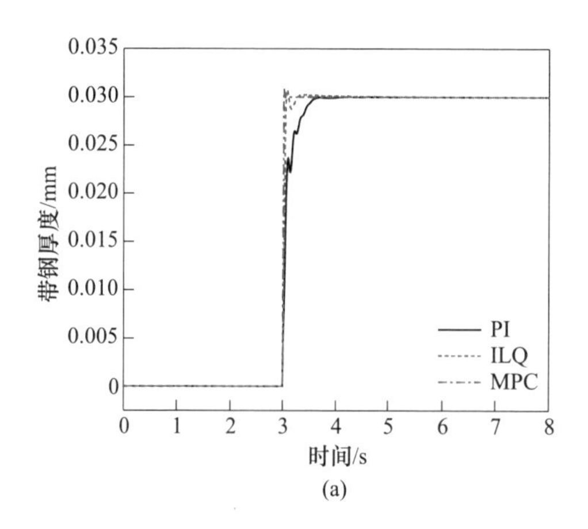

(a)

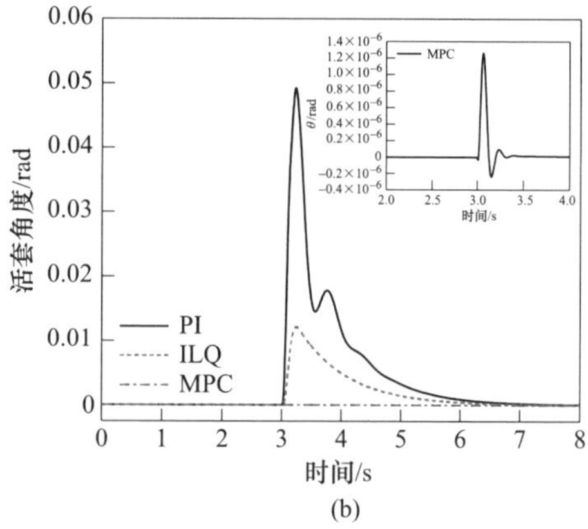

(b)

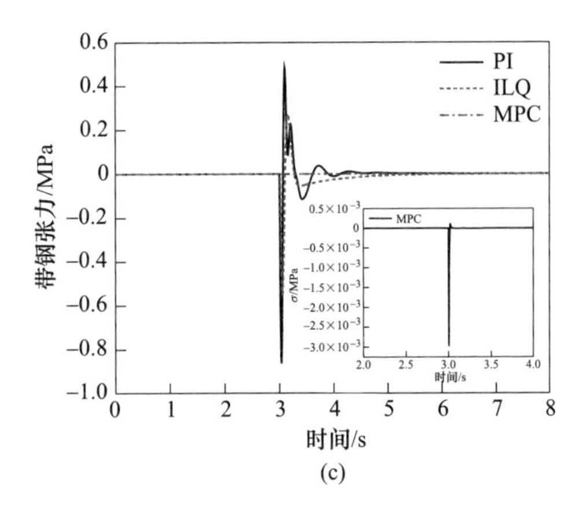

图 6-21 带钢厚度阶跃扰动下系统的输出轨迹

（a）厚度响应曲线；（b）角度输出轨迹；（c）张力输出轨迹

（2）在 $t=2s$ 时，给活套高度设定值添加一个幅值为 0.02rad 的阶跃信号，分别得到 PI 控制器、ILQ 控制器与 MPC 控制器的控制效果，仿真结果如图 6-22 所示。

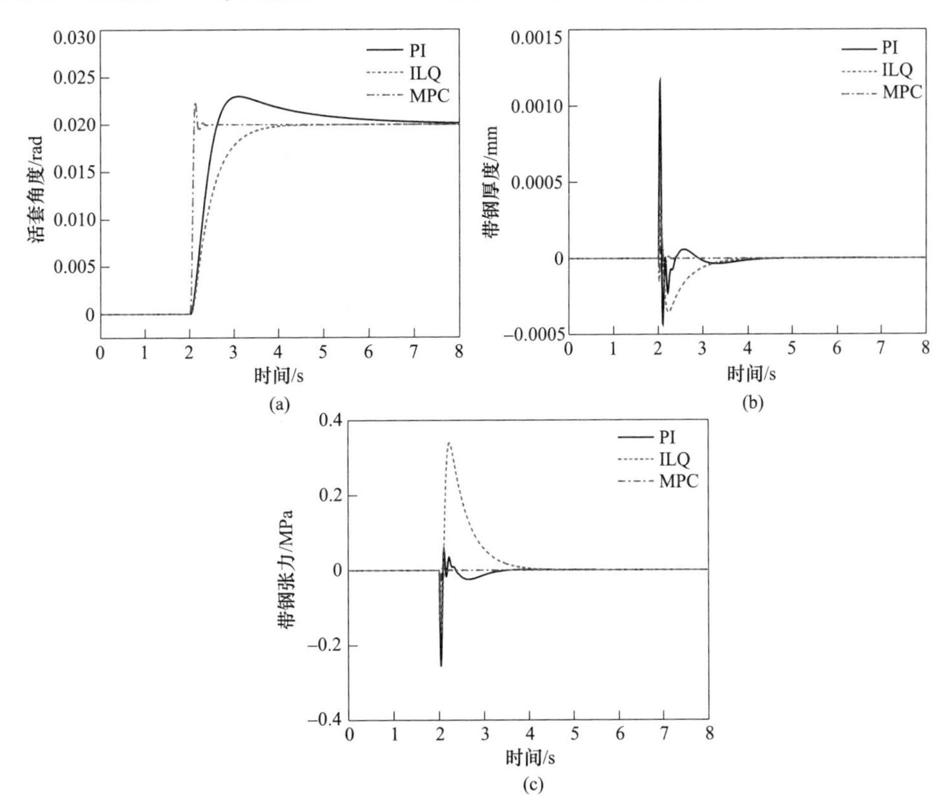

图 6-22 活套角度阶跃扰动下系统的输出轨迹

（a）角度响应曲线；（b）厚度输出轨迹；（c）张力输出轨迹

（3）在 $t=1$s 时，给带钢张力设定值添加一个幅值为 1.0MPa 的阶跃信号，分别得到 PI 控制器与 MPC 控制器的控制效果，仿真结果如图 6-23 所示。

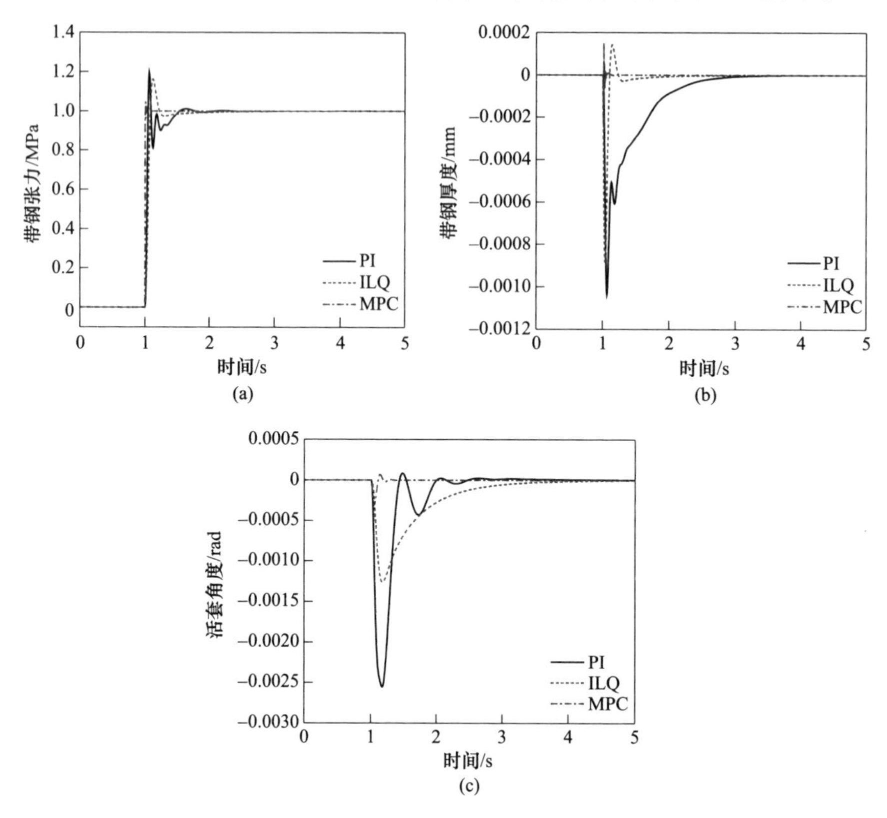

图 6-23　带钢张力阶跃扰动下系统的输出轨迹

（a）张力响应曲线；（b）厚度输出轨迹；（c）角度输出轨迹

对以上仿真结果中各控制方法的响应参数进行对比分析，见表 6-5。

表 6-5　系统响应参数对比

控制方法		响应时间/ms	超调量/%	波动值
厚度设定阶跃	PI	472.5	1.32	0.048rad/1.36MPa
	ILQ	84.5	4.35	0.013rad/0.84MPa
	MPC	16.5	2.76	1.32×10^{-6}rad/3.08×10^{-3}MPa
角度设定阶跃	PI	732.5	13.52	1.76μm/0.277MPa
	ILQ	1324.5	0.244	0.73μm/0.494MPa
	MPC	64.5	12.23	0.34μm/0.135MPa
张力设定阶跃	PI	123.5	18.23	1.03μm/2.72×10^{-3}rad
	ILQ	172.5	16.69	0.84μm/1.26×10^{-3}rad
	MPC	24.5	2.242	0.33μm/2.62×10^{-4}rad

由于 MPC 控制能提前预测未来时刻实际输出与期望输出的差值，在线优化校正，在添加设定阶跃时，其他参数的波动值也要明显小于 PI 控制与 ILQ 控制器。综上所述，MPC 控制器在维持系统稳定性方面比 PI 控制和 ILQ 控制更有优势，且具有更优的设定值跟踪性能。

B 抗干扰性能分析

分别给来料厚度和来料温度扰动信号，根据仿真的动态响应参数结果，分析 MPC 控制与传统 PI 控制的抗干扰能力。

在 $t=3\mathrm{s}$ 时，给来料厚度添加一个 0.05mm 的阶跃信号，仿真结果如图 6-24 所示。

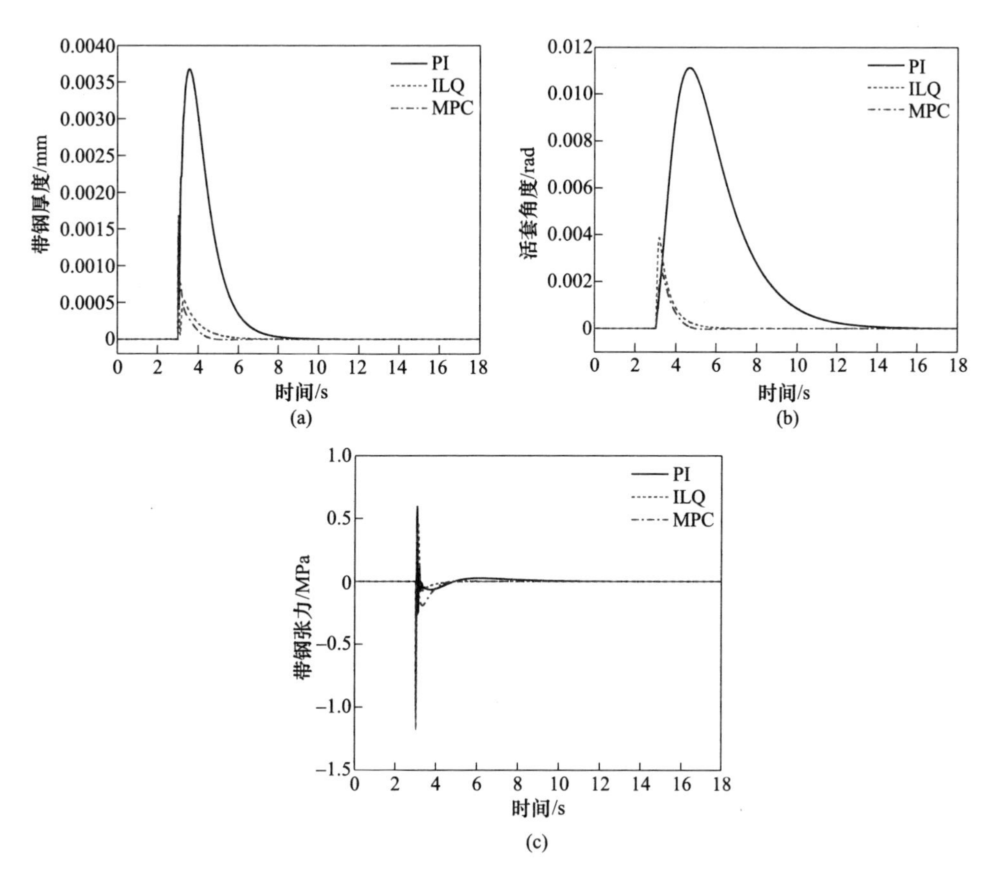

图 6-24 来料厚度扰动下系统的输出轨迹

(a) 厚度输出轨迹；(b) 角度输出轨迹；(c) 张力输出轨迹

给来料温度添加一个幅值为 10℃、频率为 0.2rad/s 的正弦扰动信号，仿真结果如图 6-25 所示。

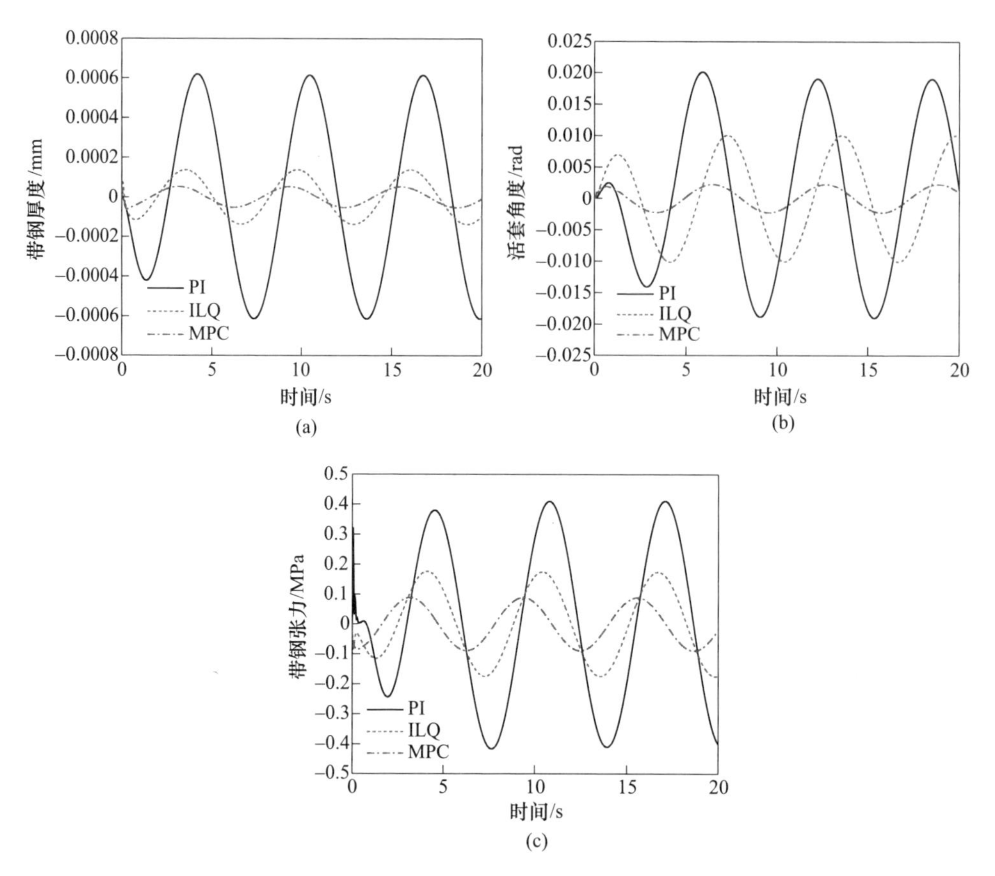

图 6-25　来料温度扰动下系统的输出轨迹

（a）厚度输出轨迹；（b）角度输出轨迹；（c）张力输出轨迹

由表 6-6 可知，当系统发生来料厚度波动、来料温度波动时，MPC 控制由于可对厚度、张力和角度进行协调控制，在系统受到干扰时，各项参数的波动值较小。同时，由于 MPC 控制的在线滚动优化及对模型的在线校正特性，使得被控系统出现扰动时能更加及时做出修正，各项参数均能在更小的范围内波动。综上所述，在同样的扰动下，MPC 控制得到了更好的厚度、角度和张力控制效果，抗干扰性要明显强于传统的 PI 控制。

表 6-6　系统响应参数对比

控制方法		厚度波动值/mm	角度波动值/rad	张力波动值/MPa
来料厚度波动	PI	3.73×10^{-3}	1.13×10^{-2}	1.353
	ILQ	1.72×10^{-3}	3.92×10^{-6}	1.732
	MPC	1.24×10^{-3}	2.87×10^{-3}	0.857

续表 6-6

控制方法		厚度波动值/mm	角度波动值/rad	张力波动值/MPa
来料温度波动	PI	1.26×10^{-3}	4.06×10^{-2}	0.823
	ILQ	2.83×10^{-4}	2.17×10^{-2}	0.357
	MPC	1.16×10^{-4}	4.47×10^{-3}	0.171

6.5.2 热连轧带钢出口板形智能预测

采用 MLP 网络和智能优化算法建立基于数据驱动的热连轧带钢出口凸度和平直度预测模型，为解决传统板形控制策略中存在的问题提供新的思路。

6.5.2.1 数据收集与处理

根据热轧带钢板形控制的基本理论可以发现，与末机架带钢出口凸度和平直度有关的热连轧过程主要参数有：板坯的化学成分、中间坯凸度、带钢精轧出口厚度、带钢宽度、带钢精轧出口目标凸度、各机架的压下率、各机架的轧制力以及各机架工作辊凸度（包括工作辊初始磨削凸度、磨损凸度和热膨胀带来的热凸度）等参数作为 MLP 神经网络的输入变量，将末机架带钢出口凸度和平直度作为网络的输出变量。

数据预处理包括三个操作：第一，删除缺失值；第二，删除无关值；第三，删除异常值。尤其是删除异常值操作对于建立可靠的数据驱动模型具有重要意义。在钢铁生产过程中，由于生产工艺参数的波动、控制系统前馈和反馈调节的复杂性以及操作人员的人工干预，采集到的建模数据样本中不可避免地出现了异常值。如果不进行数据预处理，直接对数据进行网络训练，势必会给建立的模型带来很大的误差。因此，删除异常值对精准建模是至关重要的。由于实际数据的多维性和数据样本的不确定分布，本节采用基于计算马氏距离的方法来消除异常值。根据样本之间马氏距离剔除样本总量 2%的数据，剩余样本数据作为建模数据用于神经网络训练。经过数据预处理，共获得 18 个样本规格共 769 块带钢的数据作为样本数据进行建模。图 6-26 显示了样本数据不同厚度范围的分布和数量统计。

在数据驱动建模过程中，经常会遇到多个变量的问题，当变量个数较多且变量之间存在复杂关系时，会显著增加建模的复杂性。有关热连轧带钢板形预测模型的建立就是如此，影响带钢出口凸度和平直度的变量非常多，每块带钢的样本数据输入高达 31 维，更加难以分析的是这些变量之间的相关性。如果直接进行建模，由于样本维数太高，影响建模精度，因此，对原始数据进行降维处理十分必要。PCA 是一种可以将多个变量综合为少数几个代表性变量，使这些变量既能够代表原始变量又相互无关的数据降维方法。

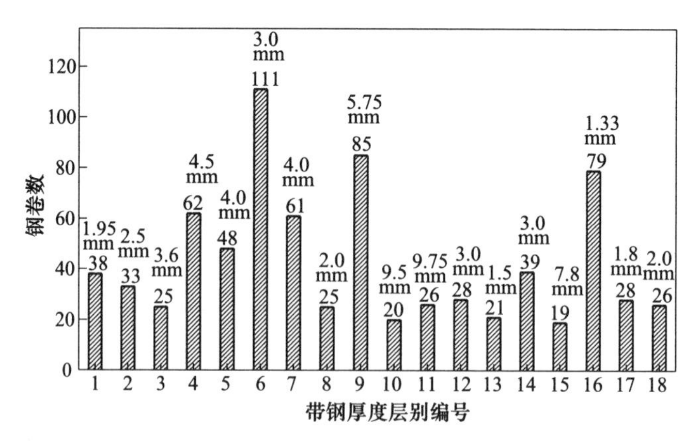

图 6-26　样本数据的厚度分布和数量统计

6.5.2.2　MEA-MLP 模型建模理论介绍

A　MLP 算法

多层感知机（Multilayer Perceptron，MLP）也是 ANN 的一种，是在现代生物学研究人脑组织所取得成果的基础上提出的，它解决了诸多传统数学模型难以解决的非线性、强耦合问题，是目前应用最为广泛的人工智能方法之一。网络结构包括输入层、若干隐含层和输出层，其基本结构如图 6-27 所示。

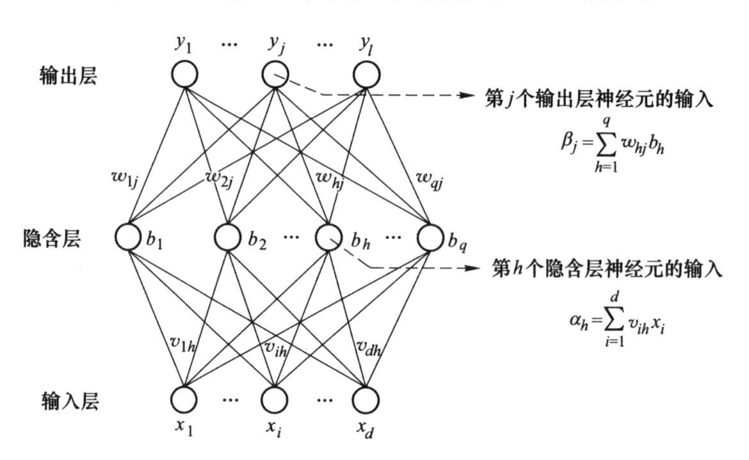

图 6-27　BP 网络结构及算法中的变量符号

B　MEA 优化 MLP

MEA 是孙承意等人在 1998 年提出的一种新型的进化算法，与 MEA 算法相关的概念有：群体和子群体、公告板、趋同操作及异化操作等。

MLP 网络的初始权值和阈值的生成具有很大的随机性，这不利于构建性能良好的网络模型，因此采用 MEA 对 MLP 网络初始权值和阈值进行优化以提升其性能。建模过程中有关 MEA 的基本参数设置见表 6-7。图 6-28 给出了 MEA 优化 MLP 神经网络的流程图。

表 6-7 MEA 参数设定值

参 数	设定值
种群大小	200
优胜子群体个数	5
临时子群体个数	5
子群体大小	20
迭代次数	10，15，20，25，30

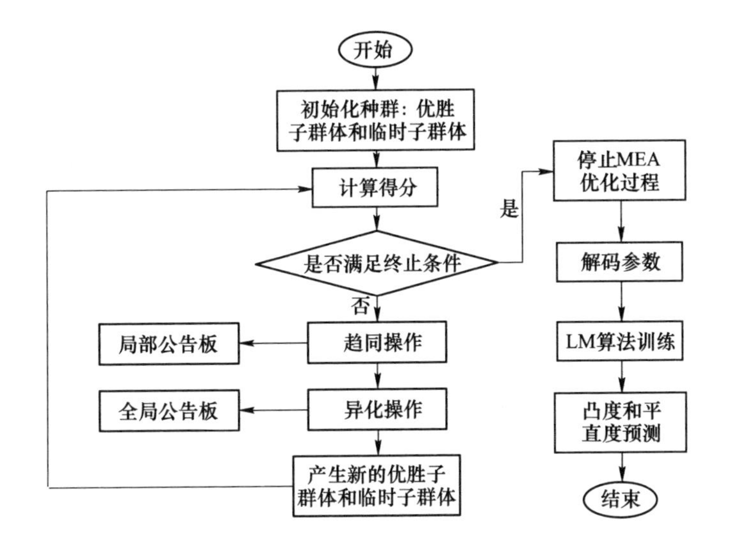

图 6-28 MEA 优化 MLP 神经网络流程图

根据流程图 6-28 可以将优化过程总结如下：

步骤 1 根据编码规则将神经网络的初始权值和阈值编码为个体，即在解空间内随机生成一定规模的个体。根据得分函数分别搜索出群体中得分最高的若干个优胜个体和临时个体，得分函数定义见式（6-10）。分别以这些优胜个体和临时个体为中心，在每个个体的周围产生一些新的个体，从而得到若干个优胜子群体和临时子群体。

$$F' = \frac{1}{\sum_{i=1}^{n'} (y_i - y_i^*)^2 / n'} \tag{6-10}$$

式中 n'——神经网络的训练样本个数；

y_i，y_i^*——神经网络的期望输出和实际输出。

步骤 2 在各个子群体内部执行趋同操作，直至该子群体成熟，并以该子群体中最优个体（即中心）的得分作为该子群体的得分。

步骤 3 子群体成熟后，将各个子群体的得分在全局公告板上张贴，子群体之间执行异化操作，完成优胜子群体与临时子群体间的替换、废弃、子群体中个体释放的过程，从而计算全局最优个体及得分。

步骤 4 MEA 优化过程结束后，根据编码规则对寻找到的最优个体进行解析，从而得到对应神经网络的权值和阈值并建立网络模型。利用训练样本对网络进行训练学习，对模型预测结果进行分析和讨论。

6.5.2.3 模型预测结果分析

为了显示 MEA 算法的优势，采用 GA 算法也对 MLP 网络进行了优化。在建立了混合 MEA-MLP、GA-MLP 和 PCA-MEA-MLP 模型后进行热连轧带钢出口板形预测研究，在计算机上进行了大量实验并最终得到具有良好泛化能力的最佳模型。采用回归模型评价的常用指标决定系数和其他三个误差指标 MAE、MAPE 和 RMSE 来对模型的整体性能做出综合评价。

A GA-MLP 模型与 MEA-MLP 模型训练时间的比较

GA-MLP 模型与 MEA-MLP 模型在不同迭代条件下所消耗的训练时间如图 6-29 所示。在设置相同迭代次数条件下，GA-MLP 模型消耗的训练时间要比 MEA-MLP 模型长得多。随着迭代次数的增加，GA-MLP 模型所消耗的训练时间几乎呈线性增长。与之形成鲜明对比的是，MEA-MLP 模型的训练时间并没有随着迭代次数的增加而增加，原因在于 MEA 内部存在的并行计算机制大大节约了模型训练时间，这再次证明了 MEA-MLP 模型的高效率。耗时少的特性对于工

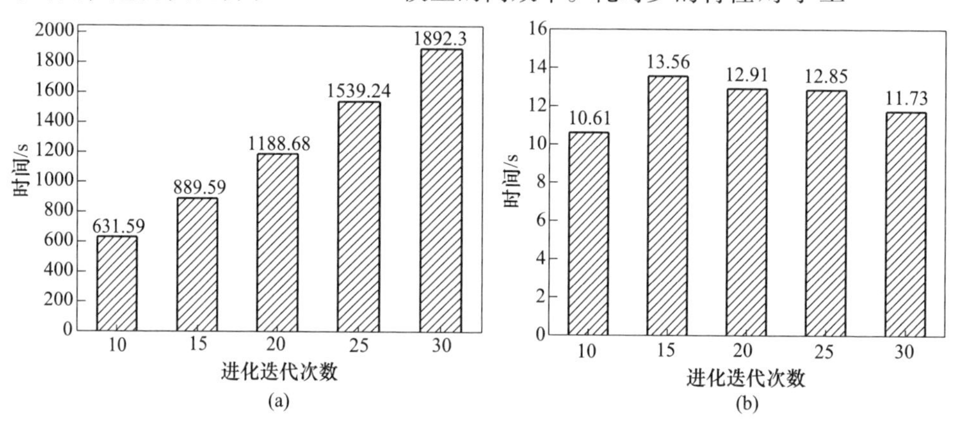

图 6-29 GA-MLP 模型（a）和 MEA-MLP 模型（b）训练耗时对比

业控制尤为重要，在热轧带钢生产过程中，模型的设定结果都是实时计算并即时传递给执行机构，设定计算时间太长将无法实现在线控制。因此，基于混合 MEA-MLP 的板形预测模型将更适合于热轧带钢的在线控制。

B GA-MLP 模型与 MEA-MLP 模型预测精度的比较

本节重点讨论简单 MLP 模型、GA-MLP 模型、MEA-MLP 模型以及经过数据降维后建立的 PCA-MEA-MLP 模型四者的综合性能。采用上述四个模型分别对带钢出口凸度和平直度进行预测并进行对比，各个模型在训练集和测试集上凸度和平直度预测的回归效果如图 6-30 所示。可以看出，简单 MLP 模型的回归效果明显低于其他三个模型，在训练集和测试集上，其凸度和平直度预测值的最大相对误差为 30%左右。凸度预测的决定系数在两个数据集上分别为 0.9629 和 0.9581，平直度预测的相应数据分别为 0.9722 和 0.9747。相比之下，其他三个模型，包

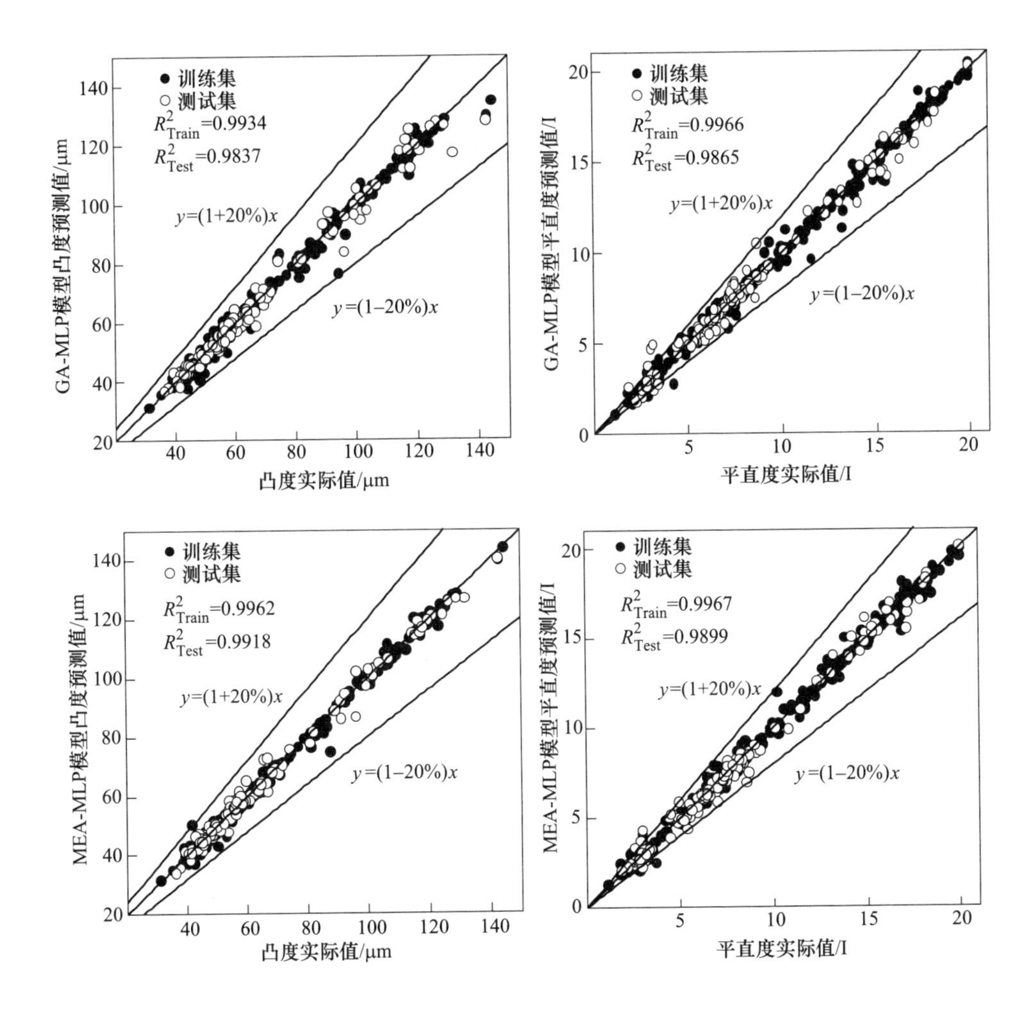

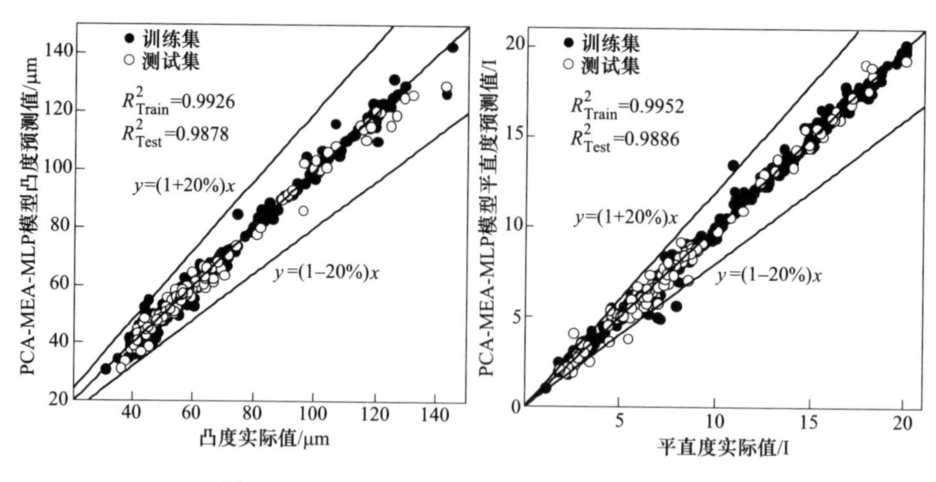

图 6-30　训练集和测试集上模型预测结果散点图

括 GA-MLP 模型、MEA-MLP 模型和 PCA-MEA-MLP 模型都具有较好的回归效果。无论是在用于建模的训练集数据集上还是不参与建模的测试集数据集上，凸度和平直度的预测值均匀分布在直线 $y=x$ 两侧，其最大误差在 20%以内，两者在两个数据集上的决定系数均大于 0.987，优于简单 MLP 模型，因此，经过智能算法优化的三种模型都取得了较好的泛化能力。

为了更加全面、更加定量化地评价各模型的泛化性能，采用 MAE、MAPE 和 RMSE 三个误差作为误差指标对上述四个模型进行了分析。表 6-8 列出了各个模型的三个误差指标的计算值。图 6-31 和图 6-32 则是根据计算结果绘制的更为直观的误差分布图和误差分布直方图。

表 6-8　各个模型在训练集和测试集上预测误差指标计算值

模型	误差类型	训练集		测试集	
		凸度/μm	平直度/I	凸度/μm	平直度/I
简单 MLP	MAE	2.3924	0.4066	2.8176	0.4287
	MAPE/%	4.1237	6.0211	4.5392	6.4413
	RMSE	7.6248	1.3064	4.5934	0.6526
GA-MLP	MAE	1.1867	0.2098	2.1596	0.3378
	MAPE /%	2.0069	3.1614	3.3520	7.9375
	RMSE	4.7778	0.8254	4.0974	0.5918
MEA-MLP	MAE	0.9614	0.1846	1.6949	0.2875
	MAPE/%	1.6451	2.7233	2.7402	4.4533
	RMSE	3.9199	0.7872	3.1166	0.5038

续表 6-8

模型	误差类型	训练集		测试集	
		凸度/μm	平直度/I	凸度/μm	平直度/I
PCA-MEA-MLP	MAE	1.2281	0.2153	1.8035	0.3550
	MAPE/%	2.0896	3.2496	2.8570	5.9697
	RMSE	4.5727	0.8437	3.1669	0.6338

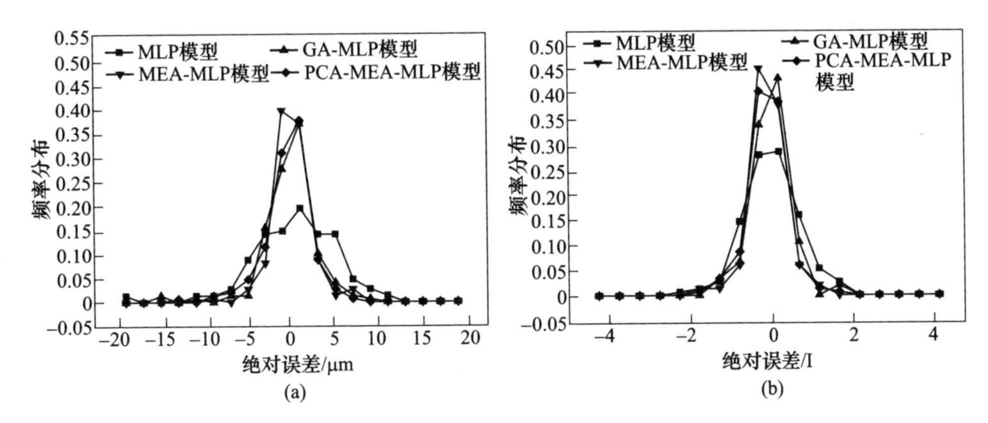

图 6-31 四个模型绝对误差的分布情况
(a) 凸度-测试集；(b) 平直度-测试集

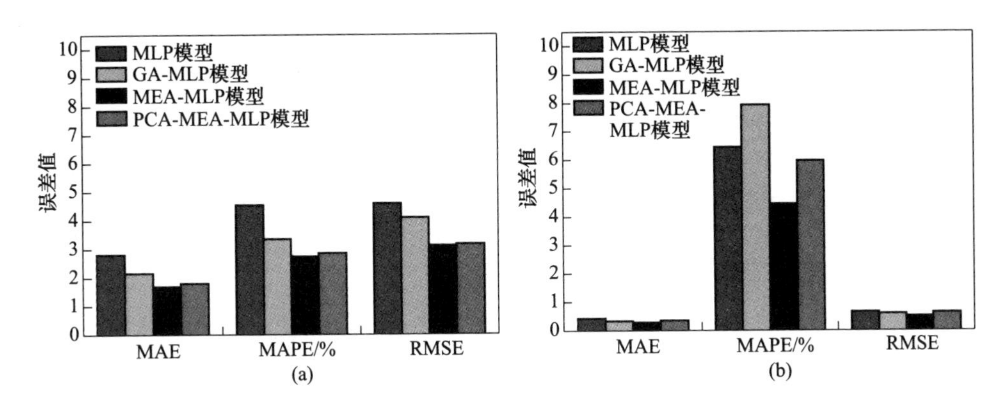

图 6-32 四个模型的误差分布直方图
(a) 凸度-测试集；(b) 平直度-测试集

将 GA-MLP 模型、MEA-MLP 模型与简单 MLP 模型进行对比，结果表明，GA-MLP 模型和 MEA-MLP 模型的性能明显优于简单 MLP 模型。无论是在训练集还是测试集上，GA-MLP 模型和 MEA-MLP 模型的 MAE 误差均小于简单 MLP 模型，并且 MAPE 和 RMSE 两项误差指标也具有相同的规律。以上结果再次充分证明，经过 GA 和 MEA 优化的 MLP 模型的预测能力有了显著提高。这主要是因为无论是 GA 还是 MEA 都为神经网络的建立选择了最优的初始权值和阈值，将克服 MLP 网络初始化时随机产生的权值和阈值导致网络性能不佳的潜在影响。

将 MEA-MLP 模型和 GA-MLP 模型进行对比，结果表明，MEA-MLP 模型的性能明显优于 GA-MLP 模型。一般而言，不用于建模的测试集上的误差指标可以更好地诠释模型的性能。因此，相比于训练集而言，测试集上的各个误差指标都是更值得关注的。在测试集上，MEA-MLP 模型的凸度预测 MAE 误差值为 1. 6949，GA-MLP 模型为 2. 1596，两者平直度预测 MAE 误差值分别为 0. 2875 和 0. 3378；前者凸度预测 MAPE 误差值为 2. 7402%，后者相应为 3. 3520%，两者平直度预测的 MAPE 误差分别为 4. 4533%和 7. 9375%；前者凸度预测 RMSE 误差值为 3. 1166，后者相应为 4. 0974，两者平直度预测的 RMSE 误差分别为 0. 5038 和 0. 5918。MEA 明显优于 GA 的原因是 MEA 能够克服 GA 容易陷入局部最优的缺陷。此外，GA 机制中的交叉和变异算子既可能产生好的基因，也可能破坏原有的良好基因，而 MEA 机制中的趋同和异化操作则可以避免这个问题。更值得一提的是，根据上文分析，相比于 GA，MEA 具有更高的优化效率，突出表现为模型的训练时间大大缩短。

将 MEA-MLP 模型和 PCA-MEA-MLP 模型比较，结果表明，PCA-MEA-MLP 的性能略有下降。在 PCA-MEA-MLP 模型中，采用 PCA 方法对输入变量进行了降维处理，并运用降维以后的新样本数据进行了模型训练。本节在累计贡献率为 0. 98 的前提下成功地将 MLP 网络的输入变量从 31 维降至 15 维。采用自变量降维处理进行建模的优点是可以极大地简化建模的复杂程度，并且可以节省模型的训练时间。与 MEA-MLP 模型相比，PCA-MEA-MLP 模型将训练时间从 10. 61s 降到 9. 84s。尽管在本节的研究背景下，这种时间的缩短程度并不显著，但是当模型的输入变成更加海量、高维的数据时，这种时间的节约将变得富有意义。

6. 5. 3　热轧全流程负荷分配优化设计

在热轧带钢生产过程中，负荷分配优化是轧制规程设定的核心内容。合理的负荷分配制度能够充分发挥轧机的能力，稳定生产过程，保证产品的尺寸精度及内部性能，在一定程度上降低能耗，降低生产成本，受到越来越广泛的重视。近年来，很多学者采用了等负荷分配法、相对等负荷分配算法、综合等负荷函数目标、板形良好目标等优化算法实现了热轧负荷分配的优化设计，取得了一定的研究成果。但上述的研究多以机架的出口厚度为待优化变量，通过求解单目标或多目标函数得到负荷分配结果；但在热轧负荷分配设计过程中，除厚度指标之外，入口温度也是重要的影响因素，入口温度的高低不仅会影响到加热过程能耗，同时会影响到轧制过程的轧制能耗。

6.5.3.1 目标函数构建

以某热连轧产线作为研究对象，以降低生产过程能耗为目的对负荷分配进行优化，同时在进行负荷分配优化的基础上，考虑到出炉温度和负荷分配中压下存在耦合关系（即出炉温度和负荷分配都与变形抗力有关，且出炉温度与变形抗力大小为负相关，负荷分配中轧制功率与变形抗力大小为正相关）；将出炉温度和各机架出口厚度分配同时作为待优化变量，建立了以加热能耗和轧制能耗为目标全流程生产过程能耗目标函数，在函数求解的过程中，采用差分进化算法对目标函数进行求解。

A 目标函数设计

以出炉温度和负荷分配组合作为待优化变量，基于能耗最低原则建立目标函数，生产总能耗 J 表达式如下：

$$J = J_{\text{heating}} + J_{\text{rolling}} = J_{\text{heating}} + \sum_{i=1}^{i=n} J_{\text{rolling},i} \tag{6-11}$$

式中 J_{heating} ——加热炉能耗；

J_{rolling} ——轧制能耗；

n ——轧制总道次。

B 约束条件

在实际生产过程中，为保证轧制过程的顺利进行，需要考虑以下约束条件。

a 工艺约束

（1）出炉温度约束：根据产品生产的工艺需求，出炉温度 T_{tapping} 应限定在一定范围之内：

$$T_{\text{tapping, min}} \leqslant T_{\text{tapping}} \leqslant T_{\text{tapping, max}}$$

式中 $T_{\text{tapping, min}}$ ——最小出炉温度；

$T_{\text{tapping, max}}$ ——最大出炉温度。

（2）终轧温度约束：根据产品生产的工艺需求，终轧温度 T_{FDT} 应限定在一定范围之内：

$$T_{\text{FDT, min}} \leqslant T_{\text{FDT}} \leqslant T_{\text{FDT, max}}$$

式中 $T_{\text{FDT, min}}$ ——最小终轧温度；

$T_{\text{FDT, max}}$ ——最大终轧温度。

（3）咬入条件约束：若轧制开始时轧件不满足咬入条件，则轧制过程无法进行，咬入条件通常用咬入角 α 表示：

$$\alpha \leqslant \beta$$

式中 α ——咬入角；

β ——摩擦角。

b　设备约束

（1）轧制力约束：在轧制过程中，各道次的轧制力 P 应满足液压设备要求：

$$P \leqslant P_{max}$$

式中　P_{max}——机架最大许可轧制力。

（2）电机转矩约束：在轧制过程中，电机转矩 M 应满足电机设备要求：

$$M \leqslant M_{max}$$

式中　M_{max}——机架最大许可转矩。

（3）电机功率约束：在轧制过程中，电机功率 N 应满足电机设备要求：

$$N \leqslant N_{max}$$

式中　N_{max}——最大许可轧制功率。

6.5.3.2　效果分析

（1）工艺基本参数：产线的布置如图 6-33 所示。

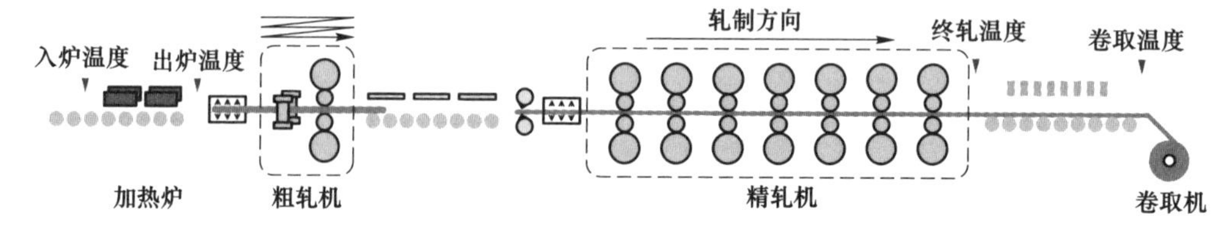

图 6-33　典型热连轧产线布置图

（2）设备工艺参数：主要的设备工艺参数许可范围见表 6-9。

表 6-9　设备能力许可范围

参　数	R	F1	F2	F3	F4	F5	F6	F7
轧辊直径/mm	1100	800	800	800	800	700	700	700
最大轧制力/kN	40000	40000	40000	40000	40000	34000	34000	34000
最大转矩/kN · m	4300	2000	2000	2000	1500	1500	1200	1200
最大轧制功率/kW	7500×2	8000	8000	8000	8000	8000	7500	7500
最大电机转速/rad · s^{-1}	700	450	450	450	450	450	600	600

（3）加热炉温度：加热炉的出炉温度范围是 1170～1210℃，精轧出口温度不低于 860℃，涉及的其他的工艺参数许可范围计算结果见表 6-10。

表 6-10　工艺参数许可范围

参　数	R	F1	F2	F3	F4	F5	F6	F7
压下率范围/%	60	40～50	35～45	30～40	25～35	25～35	20～30	10～20
最大咬入角/(°)	18.30	18.47	18.74	19.25	20.59	17.30	17.72	18.16
最小可轧厚度/mm	55.62	56.68	58.29	61.47	70.25	36.18	37.94	39.83

6.5.3.3 结果分析

表6-11给出了三种轧制规程，分别为现场用轧制规程（schedule 1），不考虑出炉温度、仅考虑各机架出口厚度时的最优轧制规程（schedule 2）以及同时考虑出炉温度和各机架出口厚度时的最优轧制规程（schedule 3）。其中，现场在用轧制规程的出炉温度为1180℃，未考虑出炉温度的最优轧制规程是以温度为初始条件求解得到的。图6-34是三种轧制规程下的加热能耗、轧制能耗和总能耗示意图。

表6-11 规程计算结果

参数	轧制规程	R1	R2	R3	R4	R5	F1	F2	F3	F4	F5	F6	F7
厚度/mm	1	145.0	103.0	72.0	48.0	33.0	16.65	9.44	5.69	3.90	2.92	2.33	2.00
	2	153.0	112.7	84.41	60.48	39.19	19.91	11.04	6.66	4.43	3.16	2.47	2.00
	3	151.5	114.7	85.8	60.7	39.3	19.8	10.9	6.64	4.40	3.13	2.43	2.00
轧制速度/$m\cdot s^{-1}$	1	2.50	3.00	3.50	3.60	4.00	1.20	2.12	3.51	5.13	6.85	8.58	10.00
	2	2.50	3.00	3.50	3.60	4.00	1.00	1.81	3.00	4.52	6.32	8.09	10.00
	3	2.50	3.00	3.50	3.60	4.00	1.01	1.83	3.01	4.54	6.39	8.23	10.00
轧制力/kN	1	21608	21718	21716	23462	23249	26950	24071	23724	19960	15296	13491	9970
	2	18578	20042	18426	20138	26002	25072	23243	21825	19674	16306	13432	13343
	3	19077	18363	18471	20774	25874	25263	23196	21370	19680	16531	13781	12022
温度/℃	1	1142.8	1133.8	1121.0	1099.1	1050.3	1015.1	993.4	971.1	947.6	924.6	901.8	880.1
	2	1143.2	1135.1	1124.6	1108.6	1073.4	1037.8	1016.2	993.2	969.7	946.2	922.9	899.7
	3	1145.0	1136.9	1126.6	1110.9	1075.6	1040.0	1018.3	995.4	971.6	948.0	924.5	901.4
功率/kW	1	13122	13551	13331	12739	11044	4440	4777	5831	5306	4628	4290	3036
	2	10541	12329	10948	11031	14450	3729	4307	4873	4972	4942	4195	4565
	3	10954	10825	11057	11599	14369	3798	4322	4730	4989	5070	4389	3965
能耗/kJ	1	0.051×10^{6}	0.061×10^{6}	0.074×10^{6}	0.103×10^{6}	0.117×10^{6}	0.311×10^{6}	0.334×10^{6}	0.408×10^{6}	0.371×10^{6}	0.324×10^{6}	0.300×10^{6}	0.213×10^{6}
	2	0.039×10^{6}	0.051×10^{6}	0.052×10^{6}	0.071×10^{6}	0.129×10^{6}	0.261×10^{6}	0.302×10^{6}	0.341×10^{6}	0.348×10^{6}	0.346×10^{6}	0.294×10^{6}	0.320×10^{6}
	3	0.041×10^{6}	0.044×10^{6}	0.052×10^{6}	0.074×10^{6}	0.128×10^{6}	0.266×10^{6}	0.303×10^{6}	0.331×10^{6}	0.349×10^{6}	0.355×10^{6}	0.307×10^{6}	0.278×10^{6}

比较规程1和规程2可以看出，在同样的出炉温度下，两者的加热能耗是一致的，总能耗的差距来源于轧制能耗的差异，从侧面上说明采用差分进化算法能够获得更有利的轧制规程；比较规程2和规程3可以看出，出炉温度由1180℃提升到1181.9℃，导致热能耗由5.7368×10^{6}kJ提升到5.7556×10^{6}kJ，与此同时，轧制能耗由2.5523×10^{6}kJ降低至2.5269×10^{6}kJ，总能耗降低约1.5%。图6-35

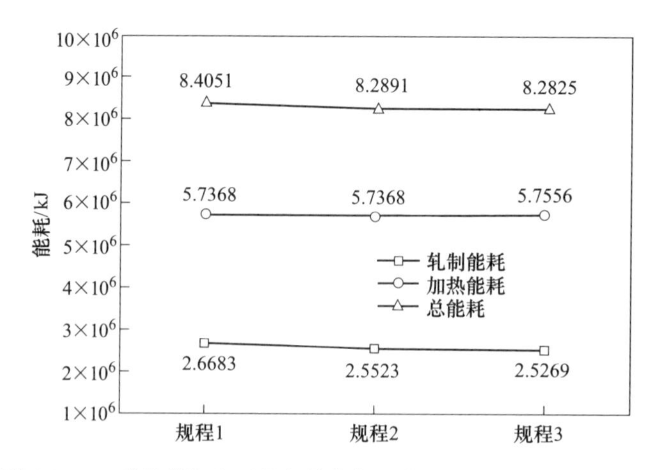

图 6-34　三种轧制规程下的加热能耗、轧制能耗和总能耗示意图

给出了三种规程下各机架的轧制能耗示意图，可以看出，优化后的生产规程更均匀，能够满足现场实际生产的需要。

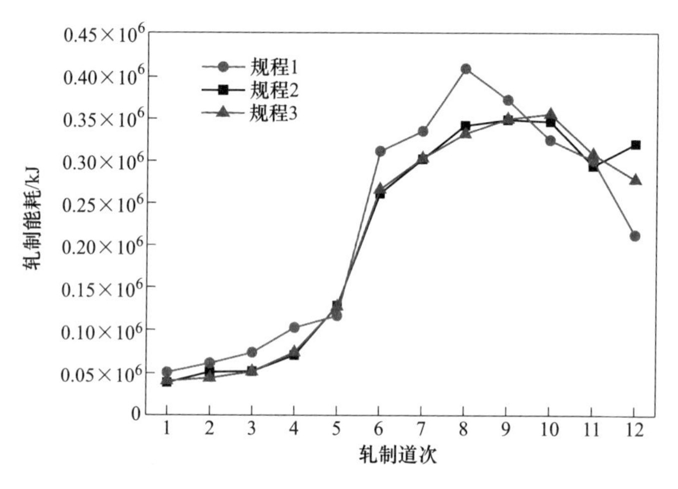

图 6-35　三种轧制规程工艺对比

6.6　冷连轧智能化控制技术

6.6.1　基于稳健回归 M 估计的酸液浓度预测模型

在酸液浓度软测量中，由于自变量和因变量相关性较高，常用的方法为多元线性回归（Multiple Linear Regression，MLR），这种方法得到的模型简单，解释性强。

6.6.1.1 稳健回归

目前，在多元线性回归算法实现中，根据残差平方和达到最小来求解回归方程系数的方法称为一般最小二乘回归法（Ordinary Least Square，OLS），该方法已经得到广泛应用。对于用最小二乘法拟合的线性回归模型为：

$$Y_i = x_i'\beta + \varepsilon_i \quad (i = 1,2,\cdots,n) \tag{6-12}$$

假设 ε_1，ε_2，…，ε_n 是独立分布的正态随机变量。然而，在实际问题中，该假设往往很难满足，一般 ε_1，ε_2，…，ε_n 是对称非正态分布、异方差；此外，ε_1，ε_2，…，ε_n 即使是正态数据，但数据中含有特异点等。由于上述问题的存在，就使利用一般最小二乘回归法得到的拟合结果与实际模型相差很大。因此要求所使用的统计方法应具备一定的“抗干扰性”，使特异点对回归模型影响变小，则需要构造一种参数估计方法，使得当实际模型与理论模型差别较小时，其性能变化也较小，对假设条件的敏感性降低，这类方法被称为稳健回归方法。

6.6.1.2 M 估计

M 估计是经典极大似然估计的推广，是应用最为广泛的一种稳健估计方法。M 估计稳健回归的基本思想是采用迭代加权最小二乘法来估计回归系数，根据回归残差大小确定各点的权重，以达到稳健的目的。其优化的目标函数为：

$$\min Q = \sum_{i=1}^{n} \rho(e_i) = \sum_{i=1}^{n} \rho\left(Y_i - \sum_{j=1}^{p} X_{ij}\beta_j\right) \quad , \quad e_i = Y_i - \sum_{j=1}^{p} X_{ij}\beta_j \tag{6-13}$$

式中 i——样本编号，$i = 1$，2，…，n；

n——样本个数；

j——变量编号，$j = 1$，2，…，p；

p——变量个数。

令

$$\varphi(x) = \rho'(x) \tag{6-14}$$

为函数 $\rho(x)$ 的导数，在稳健回归中称为影响函数，极小化式（6-13）可得：

$$\sum_{i=1}^{n} \varphi(e_i) X_{ij} = 0 \tag{6-15}$$

定义权重函数：

$$\omega(e) = \varphi(e)/e \tag{6-16}$$

记

$$\omega_i = \omega(e_i) \tag{6-17}$$

则上述方程可以写为：

$$\sum_{i=1}^{n} \omega_i X_{ij} e_i = 0 \tag{6-18}$$

式（6-18）不具备尺度不变性，残差 e_i 必须经过标准化。但是，标准差是稳健性较差的统计量，分布尾部的细微改变就可以大大改变标准差的计算值。因此，利用中位数代替标准差：

$$\hat{\sigma} = 1.4826\text{med}(e_i) \tag{6-19}$$

式中　$\text{med}(e_i)$ —— e_i 的中位值。

则式（6-18）转化为：

$$\sum_{i=1}^{n} \omega_i X_{ij}(e_i/\hat{\sigma}) = 0 \tag{6-20}$$

因此，M 估计稳健回归就变成了一个加权最小二乘法回归的问题，目标是使 $\sum \omega_i(e_i/\hat{\sigma})^2$ 达到最小。为减小“异常点”作用，对不同的点施加不同的权重，即对残差小的点给予较大的权重，而对残差较大的点给予较小的权重；根据残差大小确定权重，并建立加权的最小二乘估计，反复迭代以改进权重系数，直到权重系数的改变小于设定的允许误差。

从稳健回归的迭代过程可以看出，权重函数的选择对回归结果有直接的影响，常见的权重函数有 Hunber 权重函数和双权数权重。与 Hunber 权重函数相比，双权数估计权重函数在这一区域将权重置为 0，能更好地抵抗特异点的干扰，其权重函数如下式：

$$\omega_i(e_i/\hat{\sigma}) = \begin{cases} \left[1 - \left(\dfrac{e_i/\hat{\sigma}}{c}\right)^2\right]^2, & |e_i/\hat{\sigma}| \leqslant c \\ 0, & |e_i/\hat{\sigma}| \leqslant c \end{cases} \tag{6-21}$$

式中　c ——通过定义 $e_i/\hat{\sigma}$ 的分布的中心和尾部来对估计量的稳定程度进行调整的细调常数。根据经验，在双权数权重函数中，c 取值为 4.685 时能够较好地抵抗特异点的干扰。

6.6.1.3　应用效果

以某冷轧厂酸轧联合机组生产线酸洗部分的 ibaPDA 采集数据作为数据样本，以固定的时间间隔为采样点，收集同一时刻的铁离子密度、酸液温度和电导率作为辅助变量，以酸液中亚铁离子质量浓度和氢离子质量浓度作为主导变量。

在现场测量中，ibaPDA 的数据每 3s 采集一个样本点。但是，在实际生产中，由于酸液浓度变化的趋势很缓慢，ibaPDA 采集的数据过于稠密，既增加了计算量，又会增加随机误差。为了更好地得到建模数据，本节对 ibaPDA 数据样本进行二次取样，即从样本集中每隔 35 个点取一个点，相当于 108s 取一个点，共采取了 3h 的样本，总计 100 个点。

亚铁离子质量浓度和氢离子的质量浓度，其预测值与实测值的差距如图 6-36 和图 6-37 所示。可以看到，亚铁离子的质量浓度在 100~125g/L 之间波动，氢离子的质量浓度在 55~70g/L 之间波动，预测浓度的变化趋势和实测值一致，即使在酸液浓度大范围波动时，模型也能准确预测酸液浓度，说明了模型的实用性。

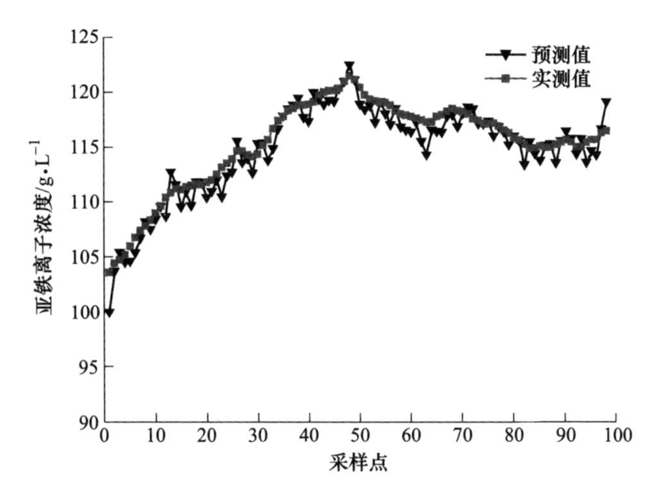

图 6-36 亚铁离子质量浓度模型预测值与实测值对比

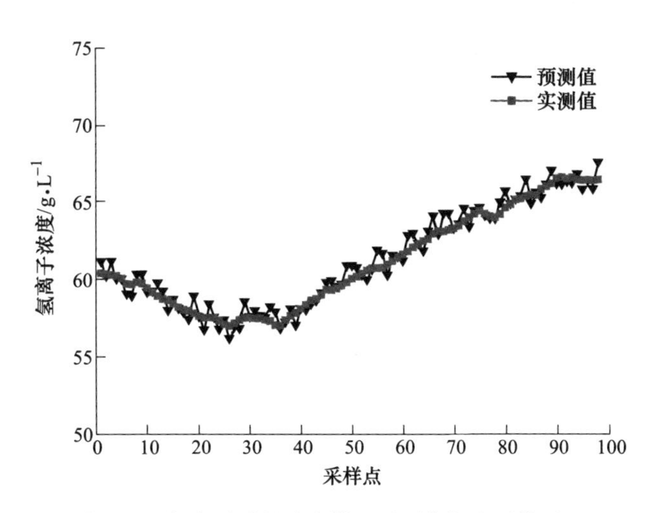

图 6-37 氢离子质量浓度模型预测值与实测值对比

6.6.2 基于案例推理的温度设定策略

案例推理（Case-Based Reasoning，CBR）技术是人工智能领域中崛起的一种重要的基于知识的问题求解和学习方法，它解决的问题是通过重用或修改以前解决相似问题的方案来实现的。CBR 研究方法源自人类的认知心理活动，解决了常规的知识系统中知识获取的瓶颈问题，它将定量分析与定性分析相结合，具有动态知识库和增量学习的特点。

对于案例推理，一个通俗的解释是：为了找到一个实际新问题的解，首先在经验库中寻找相似的问题，从过去的相似问题中取出解，并把它作为求解实际问题解的起点，通过适应性修改而获得新问题的解。一般认为案例推理研究主要包括下面五个方面的问题。

（1）案例表示：以一定的结构在案例中存储有关的信息。

（2）案例检索：在案例库中搜索与所给问题相似的案例。

（3）案例重用：重用检索到的案例的信息与知识以解决该问题。

（4）案例修正：在重用的解失败或不满意时对其进行修改。

（5）案例保存：将此解决方案中可能用于将来问题求解的部分存入库中。

案例检索、案例重用、案例修正和案例保存构成了一个案例推理的周期，案例表示、案例检索和案例修正是案例推理研究的核心问题。

在酸洗过程中，从实用性考虑，基于案例推理酸液温度确定策略如图 6-38 所示。在换规格酸洗首卷钢或起始卷时，系统首先提取当前运行工况的描述特征（铁离子浓度 $C_{Fe^{2+}}$、氢离子浓度 C_{H^+}、钢种、工艺段酸洗速度 v、来料厚度 h、来料宽度 w、喷射梁喷酸压力 p 等），并根据这一描述特征在案例库中检索与当前工况相似的历史案例。经过两级过滤，对符合条件的高度相似工况的酸液设定

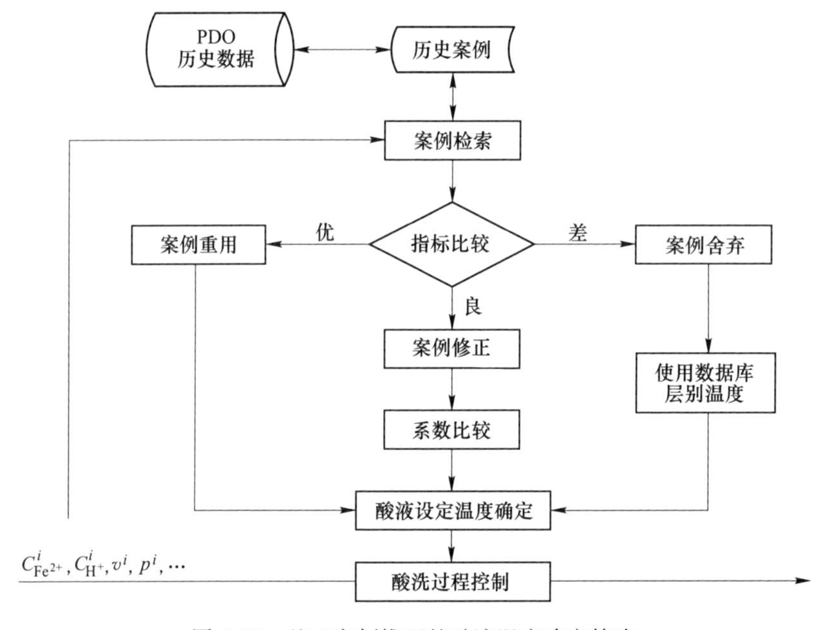

图 6-38　基于案例推理的酸液温度确定策略

温度直接进行重用；对比较相似工况的酸液设定温度进行修正，基于生产实际考虑，为避免酸洗质量波动大，需要再与数据库层别数据比较，进行数据有效性检验和平滑处理后使用；对相似度低的设定温度直接舍弃，转而使用数据库层别数据参与温度设定计算。待实际酸洗质量确认以后，酸洗参数存储于 PDO 数据库中和相应的历史案例库中，为以后案例检索积累数据。

系统在运行过程中随着案例库中积累的工况和知识的增加而不断改善，利用海量生产数据提高酸液设定温度对运行工况变化的适应能力。

6.6.2.1　案例的表示与检索

酸洗过程是一个剧烈的化学反应过程，容易受到较强的环境因素影响。例如：来料尺寸，大尺寸反应慢，小尺寸反应快；铁离子浓度过高或过低反应都慢；氢离子浓度高反应快；带钢在酸洗槽中运行的速度，酸洗槽中喷射梁的喷酸压力等都对酸洗质量有直接的影响，酸液温度与各个影响因素匹配的好坏直接决定酸洗质量。因此，将酸洗过程的工况按照一定的结构进行组织并以案例的形式存储于案例库中，每个案例由工况类描述和解组成见表 6-12。

表 6-12　案例结构定义

<table>
<tr><th colspan="2">案例项</th><th>具体描述</th><th>案例解</th></tr>
<tr><td rowspan="3">工况类</td><td>PDI 原始数据</td><td>钢种、来料宽度、来料厚度</td><td rowspan="3">酸液设定温度</td></tr>
<tr><td>生产数据</td><td>铁离子浓度、氢离子浓度、带钢酸洗速度、喷射梁喷酸压力、缓蚀剂</td></tr>
<tr><td>外部条件</td><td>停机时间</td></tr>
</table>

酸液温度案例推理系统根据酸洗工况描述来进行案例检索和匹配。考虑到生产实际，特设两级过滤。

（1）绝对过滤。钢种、来料宽度、来料厚度作为 PDI 参数具有最高优先级，此三项如果不能完全相等，直接退出案例推理。

（2）相对过滤。以当前的实际工况为基准，计算绝对过滤后剩下案例的偏差，偏差项包括铁离子浓度、氢离子浓度、酸洗段带钢速度、喷射梁喷酸压力，依据偏差进行过滤。

在检索过程中，对能完全满足索引要求的案例，再按照指标进行判定。如符合判定条件的，直接进行案例重用；对不能完全满足索引要求的案例先进行指标判定筛选，对符合判定条件的再计算工况相似度函数，检索出满足匹配阈值的所有案例，进行案例修正，按照一定的权重计算出酸液温度值作为案例的解。

6.6.2.2　案例的重用、修正与保存

酸液温度在进行预设定数据准备时，根据边界条件和外部条件在历史案例库

中进行检索，选取钢种、来料厚度、来料宽度完全相同的案例。对上述筛选出的案例，根据历史指标进行最后筛选。选取铁离子浓度、氢离子浓度、酸洗段带钢速度、喷射梁喷酸压力波动在2%以内的案例。如果符合条件的有多个案例，以当前工况为基准计算方差，选取符合条件案例中方差最小的案例，对该案例的酸液温度直接进行重用。

一般情况下历史案例库中可能不存在与当前工况完全匹配的工况，在此情况下，筛选钢种、来料厚度、来料宽度完全相同的案例。依据相似度函数检索出匹配工况，在此基础上按照一定的权重对检索得到的相似案例进行修正，以此作为系统的输出。相似度函数分别定义如下：

$$\mathrm{SIM}(C_{\mathrm{Fe}^{2+}}) = \begin{cases} 1.00 & |\Delta C_{\mathrm{Fe}^{2+}}/C_{\mathrm{Fe}^{2+}}| \leqslant 2\% \\ 0.90 & 2\% < |\Delta C_{\mathrm{Fe}^{2+}}/C_{\mathrm{Fe}^{2+}}| \leqslant 5\% \\ 0.80 & 5\% < |\Delta C_{\mathrm{Fe}^{2+}}/C_{\mathrm{Fe}^{2+}}| \leqslant 8\% \\ 0.70 & |\Delta C_{\mathrm{Fe}^{2+}}/C_{\mathrm{Fe}^{2+}}| > 8\% \end{cases} \tag{6-22}$$

$$\mathrm{SIM}(C_{\mathrm{H}^{+}}) = \begin{cases} 1.00 & |\Delta C_{\mathrm{H}^{+}}/C_{\mathrm{H}^{+}}| \leqslant 2\% \\ 0.90 & 2\% < |\Delta C_{\mathrm{H}^{+}}/C_{\mathrm{H}^{+}}| \leqslant 5\% \\ 0.80 & 5\% < |\Delta C_{\mathrm{H}^{+}}/C_{\mathrm{H}^{+}}| \leqslant 8\% \\ 0.70 & |\Delta C_{\mathrm{H}^{+}}/C_{\mathrm{H}^{+}}| > 8\% \end{cases} \tag{6-23}$$

$$\mathrm{SIM}(v) = \begin{cases} 1.00 & |\Delta v/v| \leqslant 2\% \\ 0.90 & 2\% < |\Delta v/v| \leqslant 5\% \\ 0.85 & 5\% < |\Delta v/v| \leqslant 10\% \\ 0.80 & |\Delta v/v| > 10\% \end{cases} \tag{6-24}$$

$$\mathrm{SIM}(p) = \begin{cases} 1.00 & |\Delta p/p| \leqslant 2\% \\ 0.90 & 2\% < |\Delta p/p| \leqslant 5\% \\ 0.85 & 5\% < |\Delta p/p| \leqslant 10\% \\ 0.80 & |\Delta p/p| > 10\% \end{cases} \tag{6-25}$$

式中　$C_{\mathrm{Fe}^{2+}}$——铁离子浓度，mol/L；

$C_{\mathrm{H}^{+}}$——氢离子浓度，mol/L；

v——酸洗段带钢速度，m/s；

p——喷射梁喷酸压力，MPa。

每一案例的工况可以用下式来描述：

$$F^{i} = f(C^{i}_{\mathrm{Fe}^{2+}}, C^{i}_{\mathrm{H}^{+}}, v^{i}, p^{i}) \quad (i = 0,1,2,\cdots,k) \tag{6-26}$$

每一工况的相似度可以用下式表示：

$$\mathrm{SIM}(F^{i}) = \frac{a \times \mathrm{SIM}(C^{i}_{\mathrm{Fe}^{2+}}) + b \times \mathrm{SIM}(C^{i}_{\mathrm{H}^{+}}) + c \times \mathrm{SIM}(v^{i}) + d \times \mathrm{SIM}(p^{i})}{a + b + c + d} \tag{6-27}$$

式中 a, b, c, d——铁离子浓度、氢离子浓度、酸洗段带钢速度以及喷射梁喷酸压力的相似度权重。

最终，案例的修正解（酸液温度）为：

$$T_{\mathrm{HCl}} = \frac{\sum_{i=1}^{i=k}(\mathrm{SIM}(F^i) \times T^i_{\mathrm{HCl}})}{\sum_{i=1}^{i=k}\mathrm{SIM}(F^i)} \tag{6-28}$$

式中 T^i_{HCl}——每一案例的酸液温度。

6.6.2.3 案例的保存

案例推理系统的重要特点之一是能够学习。对于新案例，进行案例的检索与修正，确定最终的酸液温度，如果修正后的酸液温度控制效果良好，则需要更新案例库。随着案例库中积累案例的增加，案例库中包含了更多的知识，系统解决问题的能力也不断增强。

6.6.2.4 应用效果

将基于案例推理的酸液温度设定方法，应用在国内某1450mm酸轧联合机组酸洗过程控制系统中，取得了良好的效果。

（1）完成该厂酸轧联机控制系统其他各项功能的调试，实现主要酸洗段基础自动化和过程自动化，轧机段基础自动化和过程自动化等功能，并使其稳定运行一段时间后，再对基于案例推理的酸液温度设定方法进行测试。基于生产实际考虑，为了保证带钢酸液温度的控制精度，在案例推理系统测试初期，酸液设定温度仍采用数据库层别表数据，并将案例推理确定的设定温度输出到工程报表中，供调试人员和现场工程师分析和比较，以优化案例推理算法和其中的参数取值。同时，将控制效果较好的案例存入案例库中，以增加案例推理系统的适应能力。

（2）对案例推理系统经过测试后，将其投入在线运行。经过一段时间的稳定运行后，统计酸液温度设定情况。统计数据表明，使用基于案例推理的酸液温度设定方法，对于不同规格的带钢，酸洗质量明显优于使用数据库层别数据的设定温度。

6.6.3 酸洗冷连轧速度优化控制策略

6.6.3.1 目标函数的建立

一般的冷连轧机组速度优化方案只考虑生产线上的带钢，但是在设备过焊缝和轧机换辊等特殊速度曲线要求时，短时的优化运行很难获得满意的控制效果。所以速度优化策略不应该只是短期的，而应该是长期的。本节将优化时间段放在

15~20min 内，优化时不仅考虑在线的钢卷，同时也考虑生产序列中在酸洗入口处等待上卷焊接的钢卷。因此，在速度优化策略中，需要根据优化速度设定值计算虚拟编码器的计数值，从而预测未来某个时间内的每个时刻活套的套量和焊缝在机组的位置。

速度优化是以平稳地控制各工艺段的速度和提高产能为目标。因此，需要建立以速度均衡、活套套量适度和产量最大化为目标的评价函数。在速度优化过程中，要考虑焊缝通过破鳞拉矫机和轧机时速度的降低、圆盘剪间隙调整时间和入口焊接停机时间等因素，同时更要考虑机组中各工艺段的速度限制、活套套量限制和相邻工艺段之间速度差的限制等设备参数的约束，如图 6-39 所示。

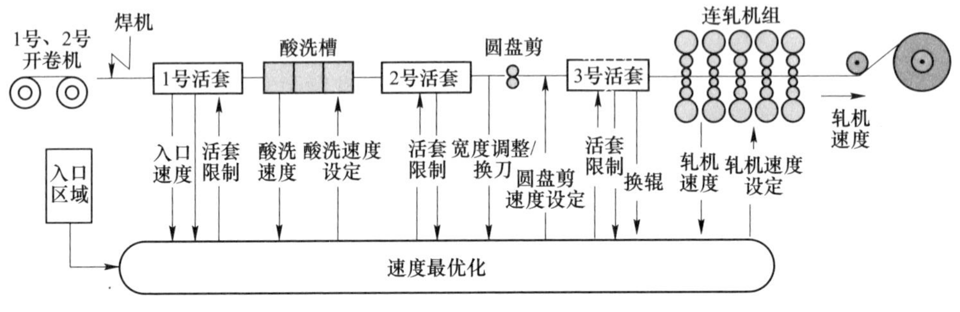

图 6-39 酸洗冷连轧机组速度优化原理图

由于采用约束的方法求解目标函数不容易求解，本节采用惩罚函数法，通过在目标函数中引入惩罚项使其包含了目标项和惩罚项两个部分，变成了增广目标函数的结构形式，将多目标函数约束求解问题成功地转化为无约束求解问题。增广目标函数的结构形式如下：

$$J_{x,i} = Jt_{x,i} + Jp_{x,i} \tag{6-29}$$

式中 i——优化变量号；

$J_{x,\ i}$——优化变量 x 的目标函数；

$Jt_{x,\ i}$——目标项；

$Jp_{x,\ i}$——惩罚项。

$$Jt_{x,i} = k_{x,i} \times \left(\frac{x_i - x_{\mathrm{trg},i}}{x_{\mathrm{nmo},i}} \right)^{n_{x,i}} \tag{6-30}$$

$$Jp_{x,i} = (\Delta x_i)^{np_{x,i}} = \left[\frac{x_i - \frac{1}{2}(x_{\min,i} + x_{\max,i})}{\frac{1}{2}(x_{\max,i} - x_{\min,i})} \right]^{np_{x,i}} \tag{6-31}$$

式中 $k_{x,\ i}$——目标项的权重系数；

x_i——优化变量；

$x_{trg,i}$ ——优化变量的目标值；

$x_{nom,i}$ ——优化变量的均一化参数；

$n_{x,i}$ ——目标项的指数系数；

Δx_i ——惩罚项的底数；

$x_{max,i}$，$x_{min,i}$ ——优化变量的上限值和下限值；

$np_{x,i}$ ——惩罚项的指数因子。

当优化变量的数值发生变化时，惩罚项中 Δx_i 的数值变化趋势如下式：

$$\begin{cases} |\Delta x_i| > 1 & x_i < x_{\min,i} \text{ 或 } x_i > x_{\max,i} \\ |\Delta x_i| \leqslant 1 & x_{\min,i} \leqslant x_i \leqslant x_{\max,i} \end{cases} \tag{6-32}$$

针对惩罚项的取值特点，若对惩罚项中的指数惩罚因子赋予一个较大的数值，当 $|\Delta x_i| > 1$ 时，其数值因指数倍增大而变得极大；当 $|\Delta x_i| \leqslant 1$ 时，其数值因指数倍衰减而变得极小。这样当优化变量的迭代点满足约束条件时，惩罚项数值很小，该迭代点求解过程可以顺利进行，即对符合约束条件的迭代点不予惩罚；而当迭代点不满足约束条件时，惩罚项数值很大，将淘汰该迭代点，对不满足约束条件的迭代点给予惩罚。增广目标函数中各项值的变化趋势如图 6-40 所示。

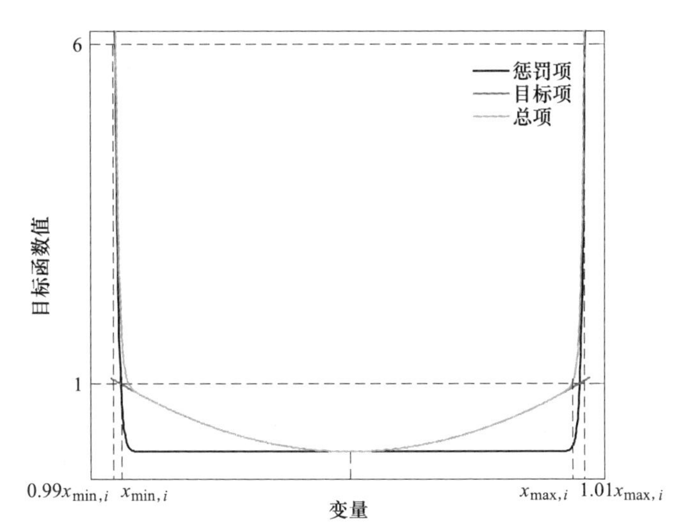

图 6-40 增广目标函数各项值的变化示意图

由图 6-40 可以看出，当优化变量在约束区间内时，惩罚项的数值很小；而当优化变量超出约束区间时，惩罚项的数值呈指数倍增长，从而使总目标值变大，对超限点起到惩罚的作用。

将酸洗冷连轧机组各工艺段的速度选作优化变量，构建速度优化的目标函数如下：

$$\boldsymbol{v} = (v_1, v_2, v_3, v_4)^{\mathrm{T}} \tag{6-33}$$

式中　v_1——入口段的速度；

v_2——酸洗段的速度；

v_3——圆盘剪切边段的速度；

v_4——冷连轧机入口的速度。

A　基于速度均衡的目标函数

速度均衡的目标函数是使酸洗段和轧机段尽可能保持恒定速度运行为目标，并满足速度的约束条件，目标函数设计为：

$$J_v(X) = \frac{\sum_{i=1}^{N} k_i \times \left(\frac{v_i - \frac{1}{N}\sum_{i=1}^{N} v_i}{\frac{1}{N}\sum_{i=1}^{N} v_i} \right)^{n_{v,i}}}{\sum_{i=1}^{N} k_i} + \sum_{i=1}^{N} \left(\frac{v_i - v_{\mathrm{nom},i}}{v_{\mathrm{delta},i}} \right)^{p_{v,i}} \tag{6-34}$$

其中

$$v_{\mathrm{nom},i} = \frac{v_{\min,i} + v_{\max,i}}{2}$$

$$v_{\mathrm{delta},i} = \frac{v_{\max,i} - v_{\min,i}}{2} \tag{6-35}$$

式中　N——速度分区数；

k_i——各速度分区的速度权重系数；

$n_{v,i}$——速度均衡目标函数的指数因子；

$p_{v,i}$——目标函数惩罚项的指数因子；

$v_{\min,i}$，$v_{\max,i}$——各速度分区的速度允许的最小值和最大值，m/min。

为保证酸洗段和轧机段在接近恒定的速度下运行，其相应的加权系数较大。对于各段速度的最小值，酸洗入口段和圆盘剪切边段一般为零，酸洗段和轧机段一般为正常工艺要求的最低速度，而各段速度的最大值是由工艺执行要求和焊缝位置决定的。

B　基于产量最大化的目标函数

产量最大化的目标函数是在一定时间内通过机组的带钢长度最长为目标。为达到这一目标，可以将酸洗段的运行速度最大化，并满足其速度的约束条件，目标函数设计为：

$$J_{\mathrm{out}}(X) = \left(\frac{v_{\max,2} - v_2}{v_{\mathrm{delta},2}} \right)^{n_2} + \left(\frac{v_2 - v_{\mathrm{nom},2}}{v_{\mathrm{delta},2}} \right)^{p_2} \tag{6-36}$$

式中　n_2——产量最大化目标函数的指数因子；

p_2——酸洗速度惩罚项的指数因子。

C 基于活套套量适度的目标函数

活套套量适度的目标函数是以保证套量均匀周期性的变化以及换辊等操作时满足机组运行要求为目标，并满足活套套量上下限和相邻工艺段的速度差不能大于活套小车运行速度的约束条件，目标函数设计为：

$$J_{\mathrm{CAR}}(X) = \sum_{i=1}^{M} c_i \left(\frac{\eta_i - \eta_{i\_\mathrm{set}}}{\eta_{\mathrm{delta},i}}\right)^{n_{\mathrm{s},i}} + \sum_{i=1}^{N} \left(\frac{\eta_i - \eta_{\mathrm{nom},i}}{\eta_{\mathrm{delta},i}}\right)^{p_{\mathrm{s},i}} + \sum_{i=1}^{M} \left(\frac{\Delta v_i - v_{\mathrm{nom},i}^{\mathrm{CAR}}}{v_{\mathrm{delta},i}^{\mathrm{CAR}}}\right)^{p_{\mathrm{vc},i}} \tag{6-37}$$

其中

$$\eta_{\mathrm{nom},\,i} = \frac{\eta_{\mathrm{min},\,i} + \eta_{\mathrm{max},\,i}}{2}$$

$$\eta_{\mathrm{delta},\,i} = \frac{\eta_{\mathrm{max},\,i} - \eta_{\mathrm{min},\,i}}{2}$$

$$\Delta v_i = |v_{i+1} - v_i|$$

$$v_{\mathrm{nom},\,i}^{\mathrm{CAR}} = \frac{v_{\mathrm{min},\,i}^{\mathrm{CAR}} + v_{\mathrm{max},\,i}^{\mathrm{CAR}}}{2}$$

$$v_{\mathrm{delta},\,i}^{\mathrm{CAR}} = \frac{v_{\mathrm{max},\,i}^{\mathrm{CAR}} - v_{\mathrm{min},\,i}^{\mathrm{CAR}}}{2}$$

式中 M——活套数量；

c_i——与各活套的套量权重系数；

$n_{\mathrm{s},\,i}$——套量稳定目标函数的指数因子；

$p_{\mathrm{s},\,i}$——套量稳定目标函数惩罚项的指数因子；

$\eta_{\mathrm{min},\,i}$，$\eta_{\mathrm{max},\,i}$——各活套套量的最小值和最大值；

Δv_i——前后相邻两个工艺段之间的速度差，m/min；

$v_{\mathrm{min},\,i}^{\mathrm{CAR}}$，$v_{\mathrm{max},\,i}^{\mathrm{CAR}}$——各活套小车运行速度的最大值和最小值，m/min；

$p_{\mathrm{vc},i}$——速度稳定目标函数惩罚项的指数因子。

在各单目标函数的基础上，采用线性加权法，针对整个控制系统建立了综合考虑速度均衡、产量最大化和活套套量运行稳定的多目标函数，结构为：

$$J^*(X) = \frac{\mu_{\mathrm{v}} J_{\mathrm{v}}(X) + \mu_{\mathrm{out}} J_{\mathrm{out}}(X) + \mu_{\mathrm{CAR}} J_{\mathrm{CAR}}(X)}{\mu_{\mathrm{v}} + \mu_{\mathrm{out}} + \mu_{\mathrm{CAR}}} \tag{6-38}$$

式中 $J^*(X)$——速度优化控制策略的多目标函数；

μ_{v}，μ_{out}，μ_{CAR}——各单目标函数在多目标函数中的加权系数。

6.6.3.2 应用效果

该速度优化策略已应用于国内某冷轧薄板厂。应用结果表明，除过焊缝时，优化后酸洗段和轧机段基本保持以恒定的速度运行，更易于产品质量的控制。

图 6-41 是速度优化前后酸洗段运行速度对比。可以看出，除了破鳞拉矫机过焊缝降速以外，速度控制几乎没有起伏，优化后酸洗段的平均速度运行更加平稳。

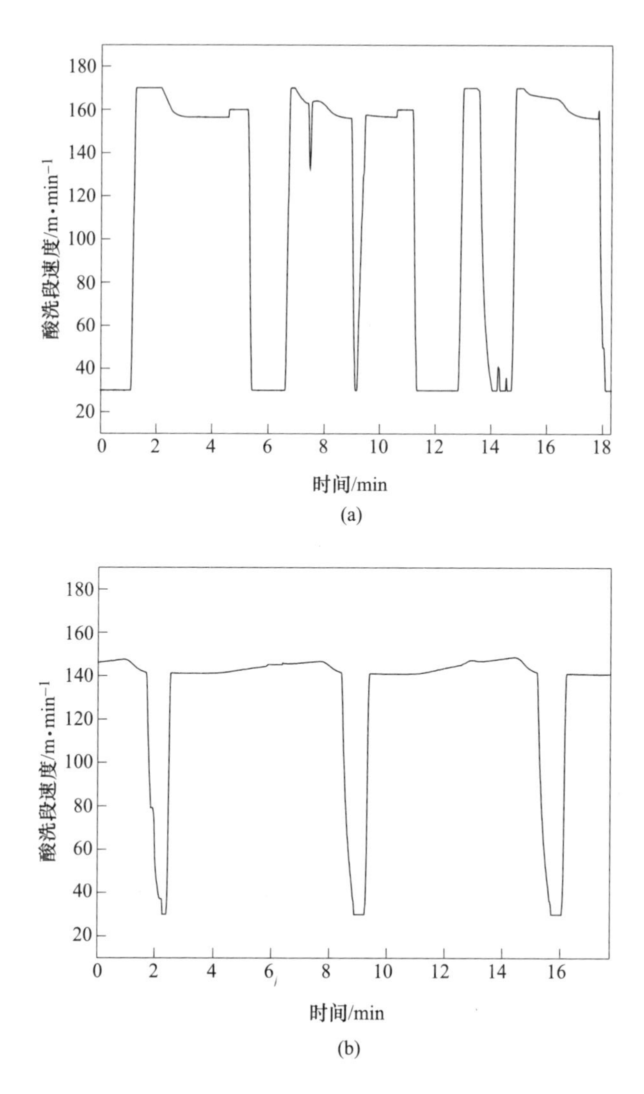

图 6-41　酸洗工艺段速度对比
（a）速度优化前；（b）速度优化后

图 6-42 是速度优化前后轧机段运行速度对比。可以看出，速度优化前轧机段的速度受酸洗段制约较大，除带尾剪切降速外，优化后在其他时间内轧机段的速度基本保持恒定。

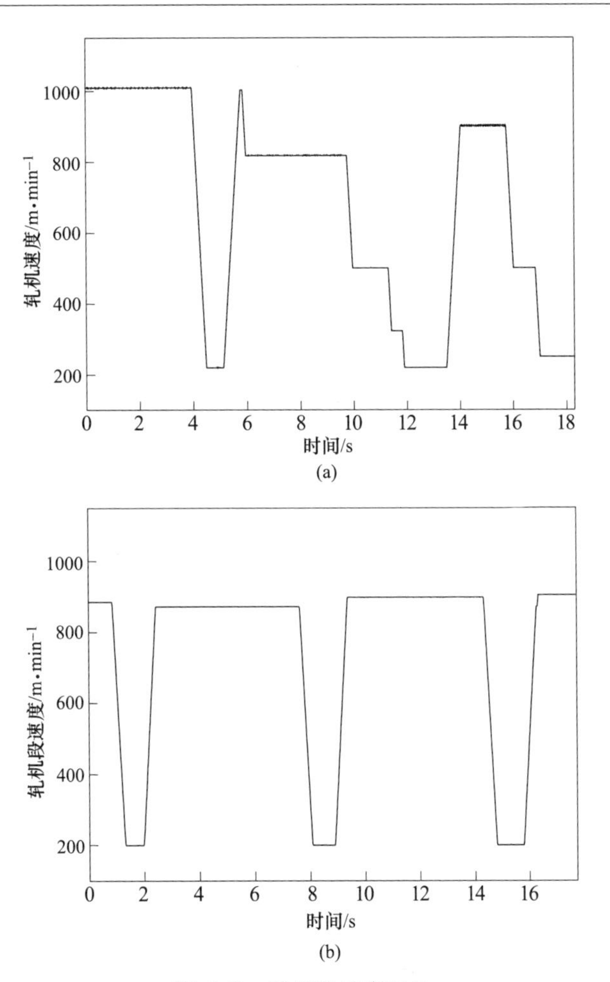

图 6-42　轧机段速度对比

（a）速度优化前；（b）速度优化后

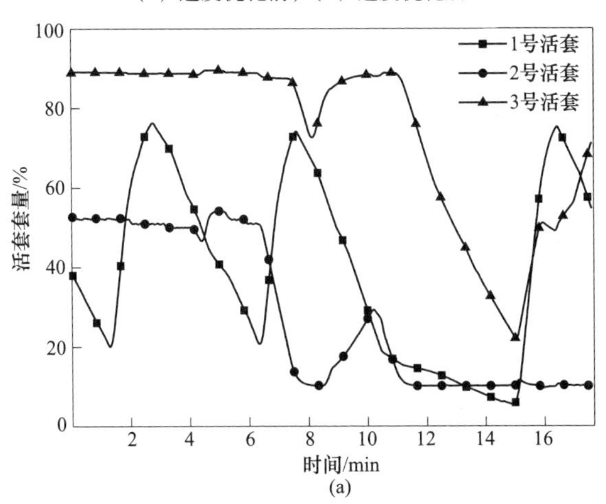

(a)

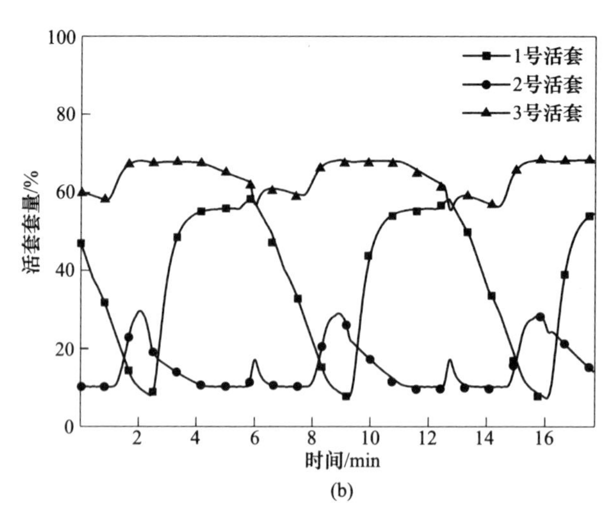

图 6-43　酸洗线活套套量对比
（a）速度优化前；（b）速度优化后

通过图 6-43 可以看出，相比于优化前三个活套的套量控制，优化后三个活套的套量控制适中。通过以上的对比可以看出，优化后的生产线运行平稳，节奏紧凑，活套套量控制理想，呈现良好的周期性。

下面统计了速度优化前后 30 天内的酸洗段日平均运行速度，如图 6-44 所示。可以看出，速度优化后的酸洗段速度明显高于人工设定的方式。在人工设定速度的控制方式下，酸洗段的日平均运行速度为 145. 6m/min；在速度优化的控制方式下，酸洗段的日平均运行速度为 150. 2m/min；优化后，酸洗冷连轧机组的运行效率提高了 3. 2%。

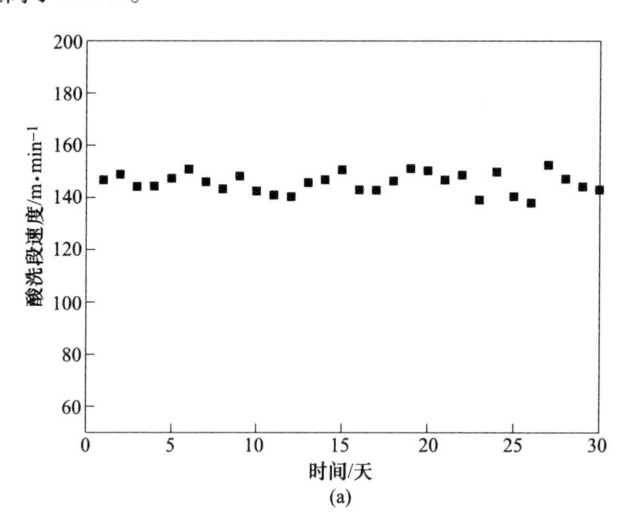

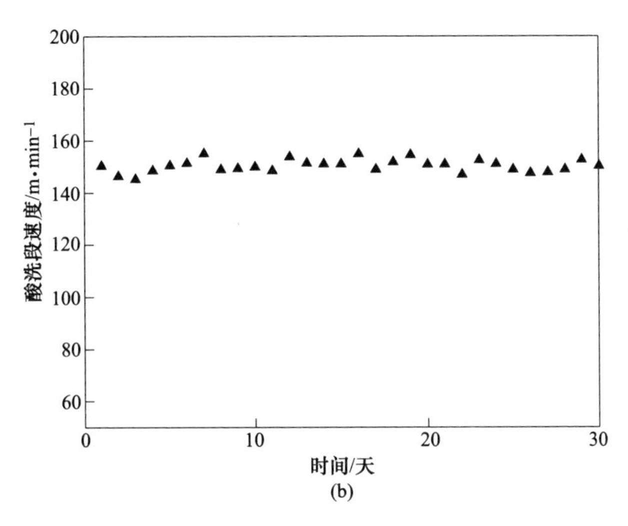

图 6-44 速度优化前后的酸洗速度对比
（a）速度优化前；（b）速度优化后

6.6.4 基于模型预测控制的厚度-张力策略

模型预测控制又称滚动时域控制（Receding Horizon Control，RHC）是一种在线计算技术，其根据系统当前实测状态值进行最优控制问题连续求解的在线计算技术。与其他先进控制算法不同，滚动时域控制起源于解决实际工业问题，后来成为理论研究的课题，目前在多个领域得到了广泛应用。与传统的离散最优控制不同，滚动时域控制的优化是有限周期的滚动优化。在每个采样周期，优化性能指标只考虑从当前到未来的有限时间，在下一个采样周期，优化求解向前移动一个时刻。因此，滚动时域控制并不是对整个控制过程采用相同的优化性能指标，而是对于每个采样周期都设定一个相对的优化性能指标，并且在每一周期都是在线反复进行滚动优化，该过程如图 6-45 所示。此外，控制器性能指标求解利用的线性矩阵不等式方法有效减少了计算量，保证了控制器良好的跟踪性能。

6.6.4.1 预测控制器设计

按照轧制工艺模型和滚动时域控制基本理论，设计了基于厚度和张力的 RHC 控制器。由于冷连轧轧制过程模型是一个带钢张力和厚度的连续时间模型，因此，需要将轧制系统转换为一个 k 时刻的不变离散系统：

$$\begin{aligned} \boldsymbol{x}_{k+1} &= \boldsymbol{A}_k \boldsymbol{x}_k + \boldsymbol{B}_k \boldsymbol{u}_k \\ \boldsymbol{y}_k &= \boldsymbol{C}_k \boldsymbol{x}_k \end{aligned} \tag{6-39}$$

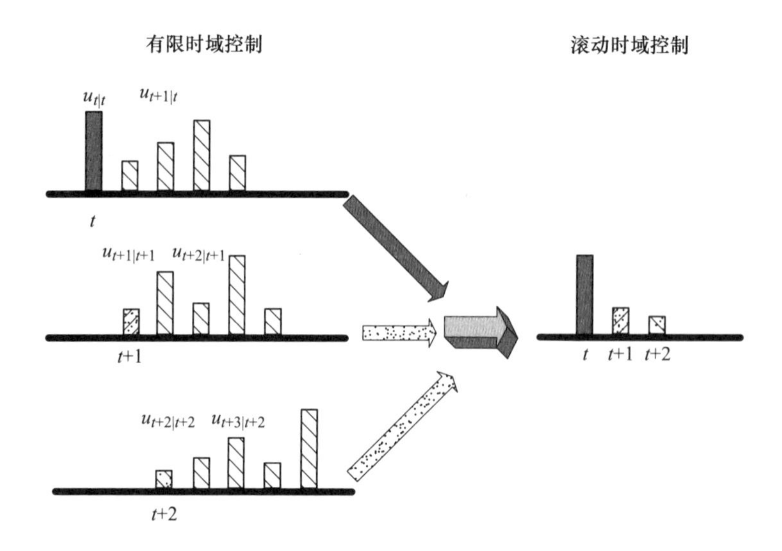

图 6-45　滚动优化结构图

输入和输出约束：

$$\begin{cases} u_{\min} \leqslant \boldsymbol{u}_{k+i} \leqslant u_{\max} & (i = 0,1,\cdots,N-1) \\ y_{\min} \leqslant \boldsymbol{C}\boldsymbol{x}_{k+i} \leqslant y_{\max} & (i = 0,1,\cdots,N) \end{cases} \tag{6-40}$$

最优化理论的主要思想是：根据输入变量和预测输出找到使目标函数最小的控制变量。对于 RHC 控制器，其目标函数可分解为两部分：

$$\boldsymbol{J}(\boldsymbol{x}_k,k) = \boldsymbol{J}_1(\boldsymbol{x}_k,k) + \boldsymbol{J}_2(\boldsymbol{x}_{k+N},k) \tag{6-41}$$

其中，

$$\boldsymbol{J}_1(\boldsymbol{x}_k,\ k) \triangleq \sum_{j=0}^{N-1} (\boldsymbol{x}_{k+j}^T \boldsymbol{Q} \boldsymbol{x}_{k+j} + \boldsymbol{u}_{k+j}^T \boldsymbol{R} \boldsymbol{u}_{k+j})$$

$$\boldsymbol{J}_2(\boldsymbol{x}_{k+N},\ k) \triangleq \boldsymbol{x}_{k+N}^T \boldsymbol{\Psi} \boldsymbol{x}_{k+N}$$

式中　N——预测周期；

j——当前周期的时间间隔；

$\boldsymbol{Q}$——状态权矩阵；

$\boldsymbol{R}$——控制权矩阵；

$\boldsymbol{\Psi}$——终端权重矩阵。

对于离散化的状态空间模型，可以写为以下形式：

$$\boldsymbol{X}_k = \boldsymbol{F}\boldsymbol{x}_k + \boldsymbol{H}\boldsymbol{U}_k \tag{6-42}$$

其中，

$$X_k=\begin{bmatrix}x_k\\x_{k+1}\\\vdots\\x_{k+N-1}\end{bmatrix},F=\begin{bmatrix}I\\A\\\vdots\\A^{N-1}\end{bmatrix},H=\begin{bmatrix}0&0&0&\cdots&0\\B&0&0&\cdots&0\\AB&B&0&\cdots&0\\\vdots&\vdots&\ddots&\vdots&\vdots\\A^{N-2}B&A^{N-3}B&\cdots&B&0\end{bmatrix},U_k=\begin{bmatrix}u_k\\u_{k+1}\\\vdots\\u_{k+N-1}\end{bmatrix}$$

则目标函数可重新定义为：

$$\begin{aligned}J(x_k,U_k)&=[Fx_k+HU_k-X_k^r]^{\mathrm T}\overline{Q}_N[Fx_k+HU_k-X_k^r]+U_k^{\mathrm T}\overline{R}_NU_k+\\&\quad[A^Nx_k+\overline{B}U_k-x_{k+N}^r]^{\mathrm T}Q_f[A^Nx_k+\overline{B}U_k-x_{k+N}^r]\\&=U_k^{\mathrm T}WU_k+\omega^{\mathrm T}U_k+[Fx_k-X_k^r]^{\mathrm T}\overline{Q}_N[Fx_k-X_k^r]+\\&\quad[A^Nx_k+\overline{B}U_k-x_{k+N}^r]^{\mathrm T}Q_f[A^Nx_k+\overline{B}U_k-x_{k+N}^r]\end{aligned}\tag{6-43}$$

式中，

$$\overline{Q}_N^{\mathrm T}=\mathrm{diag}\{Q,\ \cdots,\ Q\},\ \overline{R}_N^{\mathrm T}=\mathrm{diag}\{R,\ \cdots,\ R\}$$

$$X_k^r=\begin{bmatrix}x_k^r\\x_{k+1}^r\\\vdots\\x_{k+N-1}^r\end{bmatrix},\ W=H^{\mathrm T}\overline{Q}_NH+\overline{R}_N\omega=2H^{\mathrm T}\overline{Q}_N^{\mathrm T}[Fx_k-X_k^r]$$

为了得到线性矩阵不等式（Linear Matrix Inequation，LMI）格式，目标函数可分为两部分：

$$J(x_k,U_k)=J_1(x_k,U_k)+J_2(x_k,U_k)\tag{6-44}$$

式中，

$$J_1(x_k,\ U_k)=[Fx_k+HU_k-X_k^r]^{\mathrm T}\overline{Q}_N[Fx_k+HU_k-X_k^r]+U_k^{\mathrm T}\overline{R}_NU_k\leqslant\gamma_1$$

$$J_2(x_k,\ U_k)=[A^Nx_k+\overline{B}U_k-x_{k+N}^r]^{\mathrm T}Q_f[A^Nx_k+\overline{B}U_k-x_{k+N}^r]\leqslant\gamma_2$$

根据舍尔补，上述目标函数等价于以下形式：

$$\begin{bmatrix}\gamma_1-\omega^{\mathrm T}U_k-[Fx_k-X_k^r]^{\mathrm T}\overline{Q}_N[Fx_k-X_k^r]&U_k^{\mathrm T}\\U_k&W^{-1}\end{bmatrix}\geqslant 0\tag{6-45}$$

$$\begin{bmatrix}\gamma_2&(A^Nx_k+\overline{B}U_k-x_{k+N}^r)^{\mathrm T}\\A^Nx_k+\overline{B}U_k-x_{k+N}^r&Q_f^{-1}\end{bmatrix}\geqslant 0\tag{6-46}$$

引入了滚动时域双模控制以满足输入和输出约束。为了找到满足所有约束条件的稳定线性反馈控制，引入反馈控制增益 H，由下式可得：

$$(A-BH)^{\mathrm T}Q_f(A-BH)-Q_f<0\tag{6-47}$$

有限终端加权矩阵 $\boldsymbol{\Psi}$ 满足以下 LMI 形式：

$$\begin{bmatrix} \boldsymbol{X} & (\boldsymbol{AX}-\boldsymbol{BY})^{\mathrm{T}} & (\boldsymbol{Q}^{\frac{1}{2}}\boldsymbol{X})^{\mathrm{T}} & (\boldsymbol{R}^{\frac{1}{2}}\boldsymbol{X})^{\mathrm{T}} \\ \boldsymbol{AX}-\boldsymbol{BY} & \boldsymbol{X} & \boldsymbol{0} & \boldsymbol{0} \\ \boldsymbol{Q}^{\frac{1}{2}}\boldsymbol{X} & \boldsymbol{0} & \boldsymbol{I} & \boldsymbol{0} \\ \boldsymbol{R}^{\frac{1}{2}}\boldsymbol{X} & \boldsymbol{0} & \boldsymbol{0} & \boldsymbol{I} \end{bmatrix} \geqslant \boldsymbol{0}, \boldsymbol{X} > \boldsymbol{0} \tag{6-48}$$

对于输入约束和状态约束，不等式可以转化为如下 LMI 形式：

$$\begin{cases} u_{\min} \leqslant \boldsymbol{u}_{k+i} \leqslant u_{\max} & (i=0,1,\cdots,N-1) \\ y_{\min} \leqslant \boldsymbol{Cx}_{k+i} \leqslant y_{\max} & (i=0,1,\cdots,N) \end{cases} \tag{6-49}$$

$$\begin{cases} e_{\mathrm{q}}[\boldsymbol{G}(\hat{\boldsymbol{W}}\boldsymbol{U}_k+\hat{\boldsymbol{V}}_0)]-\boldsymbol{g}_{\lim}^{\mathrm{q}} \leqslant \boldsymbol{0} & (q=1,2,\cdots,n_{\mathrm{g}}) \\ -e_{\mathrm{q}}[\boldsymbol{G}(\hat{\boldsymbol{W}}\boldsymbol{U}_k+\hat{\boldsymbol{V}}_0)]-\boldsymbol{g}_{\lim}^{\mathrm{q}} \leqslant \boldsymbol{0} & (q=0,1,\cdots,N) \end{cases} \tag{6-50}$$

则优化问题可以转化为以下问题求解：

$$\min_{\gamma_1,\gamma_2,\boldsymbol{X},\boldsymbol{Y},\boldsymbol{U}_k} \boldsymbol{\gamma}_1+\boldsymbol{\gamma}_2 \tag{6-51}$$

求解上述优化问题，求解的变量 $\boldsymbol{U}_k^*$ 中第一组元素作为输入变量 $\boldsymbol{u}_k^*$ 。

$$\boldsymbol{u}_k^* = [1,\ 0,\ \cdots,\ 0]\ \boldsymbol{U}_k^*$$

可得控制变量 u_k ：

$$\begin{cases} \boldsymbol{u}_k = \boldsymbol{u}_k^* & (k=0,1,\cdots,N-1) \\ \boldsymbol{u}_k = \boldsymbol{Hx}_k & (k=N,N+1,\cdots) \end{cases} \tag{6-52}$$

结合得到的控制量 $\boldsymbol{u}_k$ ，可以根据系统模型计算更新状态值 $\boldsymbol{x}_{k+1}$ ，然后在下一次采样时刻 $k+1$ 重复求解。滚动优化控制计算流程图，如图 6-46 所示。

6.6.4.2　扰动观测器

参数的变化主要是由带钢屈服强度、前滑的变化引起的，而前滑值难以在线测量，它对确定系统的响应具有重要意义。执行机构的速度扰动，如轧制过程中秒流量不平衡，可能由于手动干预、系统仪表或控制系统引起的。近年来，由于具有良好的抗干扰性和鲁棒性，干扰观测器（Disturbance Observer，DOB）被广泛应用于跟踪控制、机器人系统、飞行器控制等诸多领域。针对轧制过程中存在的复杂扰动，引入 DOB 以减小扰动的影响，保证系统的稳定性。由于轧制材料的复杂性不同，DOB 也被集成到控制器中。在实际生产过程中，为了保持系统稳定，构造了一个干扰观测器。在这里，速度扰动 d 被认为是一个状态变量。新

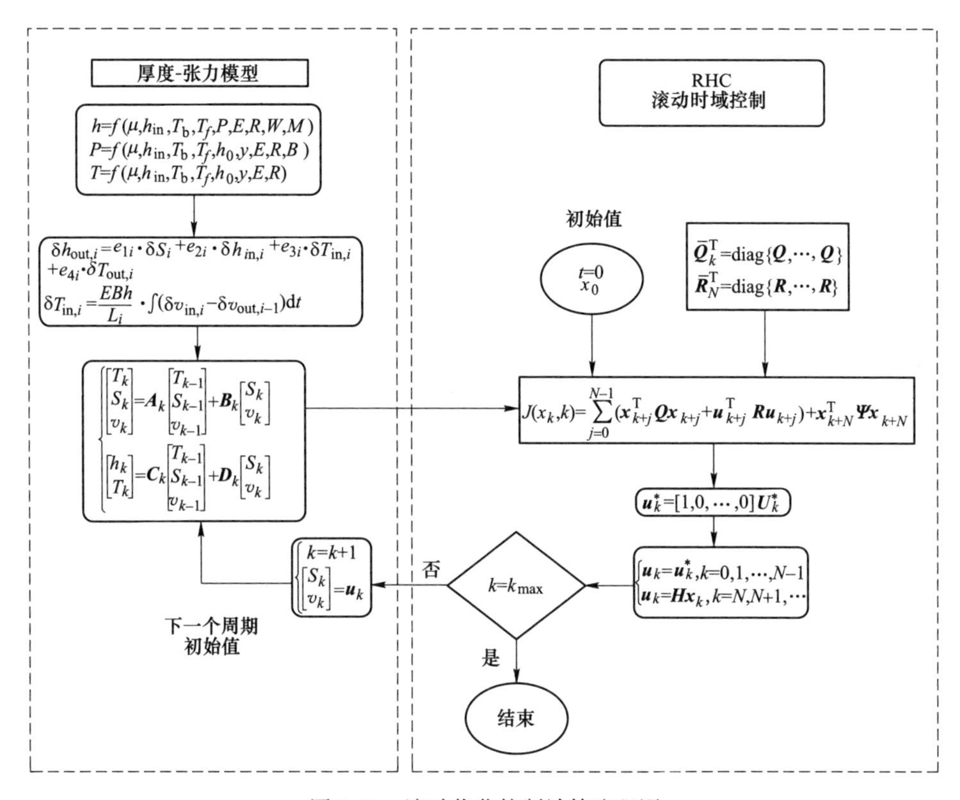

图 6-46 滚动优化控制计算流程图

的参数状态可以定义为以下形式:

$$
\begin{cases}
\begin{bmatrix} \dot{d} \\ \dot{\boldsymbol{x}} \end{bmatrix} = \begin{bmatrix} \boldsymbol{A}^{11} & \boldsymbol{A}^{12} \\ \boldsymbol{A}^{21} & A^{22} \end{bmatrix} \begin{bmatrix} d \\ \boldsymbol{x} \end{bmatrix} + \begin{bmatrix} \boldsymbol{B}^{1} \\ \boldsymbol{B}^{2} \end{bmatrix} \boldsymbol{u} \\
\boldsymbol{y} = \begin{bmatrix} 0 & \boldsymbol{I} \end{bmatrix} \begin{bmatrix} \boldsymbol{d} \\ \boldsymbol{x} \end{bmatrix}
\end{cases}
\tag{6-53}
$$

式中, $\boldsymbol{A}^{11}=0$, $\boldsymbol{A}^{12}=[0 \quad 0 \quad 0]$, $\boldsymbol{A}^{21}=[0 \quad 0 \quad 1/T_v]^{\mathrm{T}}$, $\boldsymbol{A}^{22}=\boldsymbol{A}$, $\boldsymbol{B}^{1}=0$, $\boldsymbol{B}^{2}=B$。

根据以上模型, 可以建立 DOB 方程:

$$
\begin{cases}
\dot{z} = (\boldsymbol{A}^{11} - \boldsymbol{L}\boldsymbol{A}^{21})z + [\boldsymbol{A}^{12} - \boldsymbol{L}\boldsymbol{A}^{22} + (\boldsymbol{A}^{11} - \boldsymbol{L}\boldsymbol{A}^{21})\boldsymbol{L}]\boldsymbol{y} + (\boldsymbol{B}^{1} - \boldsymbol{L}\boldsymbol{B}^{2})\boldsymbol{u} \\
\hat{d} = z + \boldsymbol{L}\boldsymbol{y}
\end{cases}
\tag{6-54}
$$

式中 $\boldsymbol{L}$——观察增益, $\boldsymbol{L}=[0 \quad 0 \quad T_v/T_{\mathrm{ob}}]$;

T_{ob}——观测器的时间常数;

$\hat{d}$——速度扰动 d 的观察值。

张力-厚度系统扰动观测器结构图如图 6-47 所示。

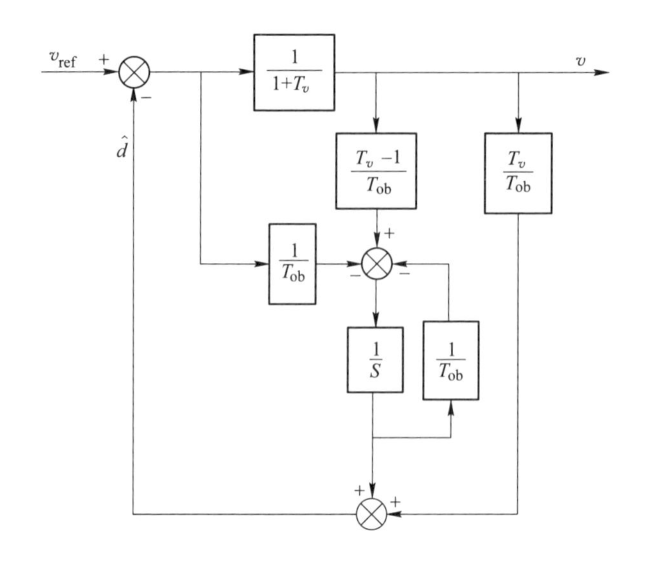

图 6-47　扰动观测器结构图

整个 RHC-DOB 控制器的控制结构，如图 6-48 所示。在厚度和张力的动态模型中，辊速和辊缝作为输入变量，张力和厚度作为输出变量。对于 RHC 控制器，状态变量为机架间张力、辊缝和辊速的增量，$\boldsymbol{x}_k = [\delta T \quad \delta S \quad \delta v]^{\mathrm{T}}$。选择厚度和张力作为输出量输入到控制系统，然后得变量 $\boldsymbol{u}_k = [\delta S \quad \delta U]^{\mathrm{T}}$ 作为张力和厚度模型的控制输入。此外，还引入了 DOB 来预估速度扰动，消除速度扰动的影响。

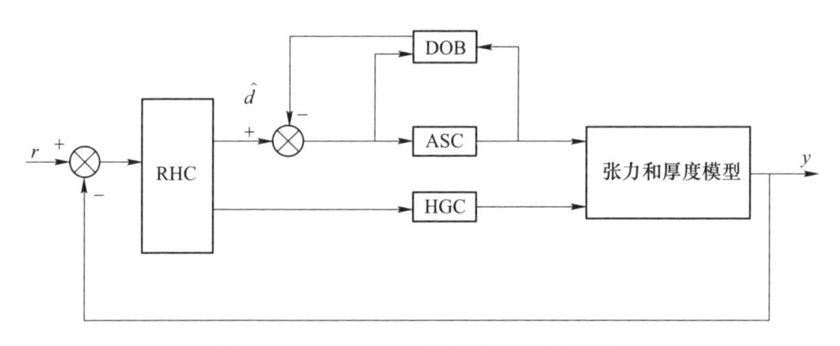

图 6-48　RHC-DOB 控制器的控制结构

6.6.4.3　控制器仿真与分析

为了验证 RHC 控制器的控制性能，结合现场轧制数据，对来料厚度、速度扰动以及输出跟踪等干扰因素进行了仿真，结果和分析分为以下几部分。

A 系统约束分析

在实际生产过程中，控制设备不可能无限幅调整，必然存在数据限幅和机械限位双重保障限制。在实际张力和厚度控制系统中，输入和输出约束作为控制机构的保护限制，以保证系统的安全性和稳定性。本节在控制系统中加入 5kN 的张力输出扰动，图 6-49 为得到的输出有约束和输出无约束时的张力变化。结果表明，无约束 RHC 控制器可以快速调整张力到达设定值，响应时间为 114ms，超调量为 3%。当加入约束条件时，RHC 控制器依然可以在系统约束条件下快速完成系统控制，响应时间为 116ms。综合考虑在输出约束的情况下，RHC 控制器可以对输入变量进行适当的控制，使输出变量保持在一定的范围内，保证系统的安全运行，验证了 RHC 控制器良好的控制性能。

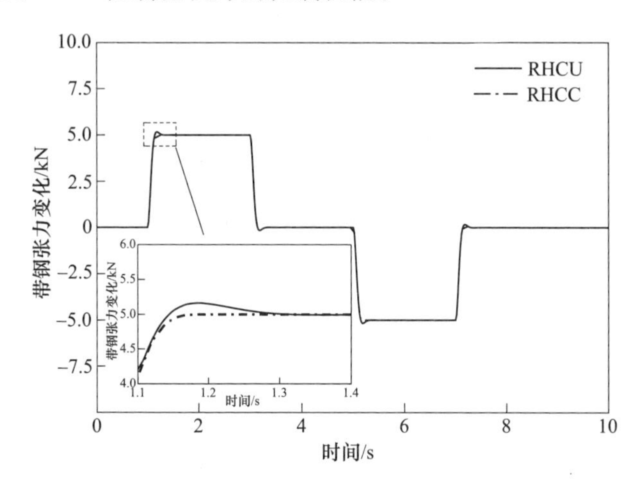

图 6-49 张力施加约束时，不同控制器的张力变化曲线

B 输出跟踪扰动的影响

为了验证 RHC 控制器的跟踪性能，分别在系统中施加了张力和厚度的输出扰动信号。图 6-50 为当张力设定改变 5kN 时，带钢的张力和厚度变化对比曲线。图 6-51 为厚度变化 0.03mm 时，带钢张力和厚度变化对比曲线。当存在张力输出扰动时，PI 控制器的上升时间为 298ms，张力超调为 9.6%，厚度波动值为 0.00065mm；RHC 控制器的上升时间为 114ms，张力超调 3.6%，厚度波动值为 0.00044mm。当存在厚度输出扰动时，PI 控制器的上升时间为 159ms，厚度超调为 3.33%，张力波动值为 3.84kN；RHC 控制器的上升时间为 18ms，厚度超调为 0，张力波动值为 0.26kN。以上动态响应数据充分表明，RHC 控制器具有良好的目标跟踪性能，对于冷轧轧制过程，RHC 控制器能够更好地解决带钢张力与厚度之间的耦合问题。

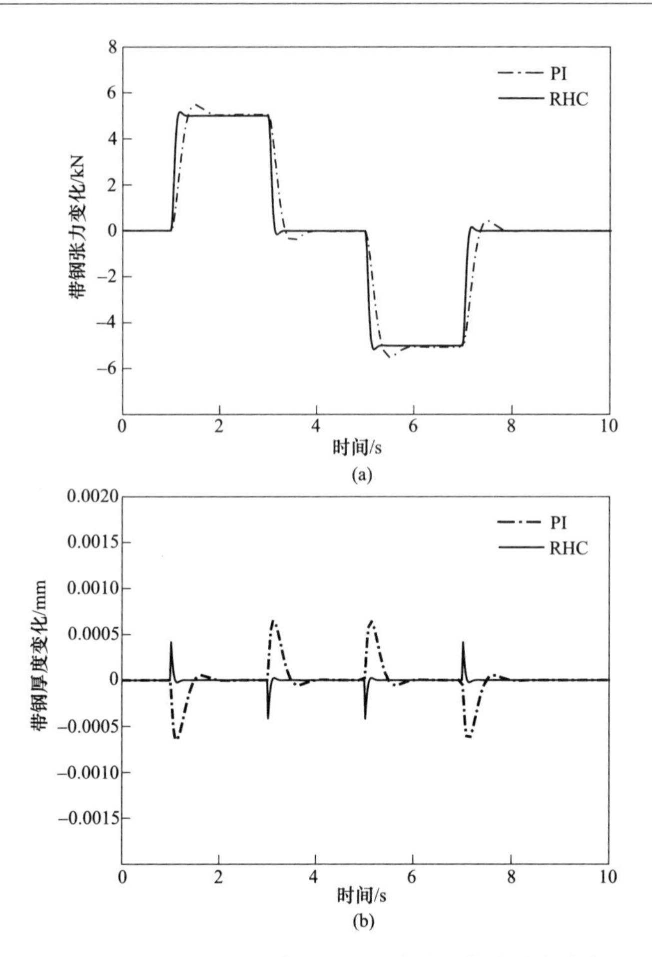

图 6-50　不同控制器的带钢出口厚度阶跃扰动响应曲线
（a）张力变化；（b）厚度变化

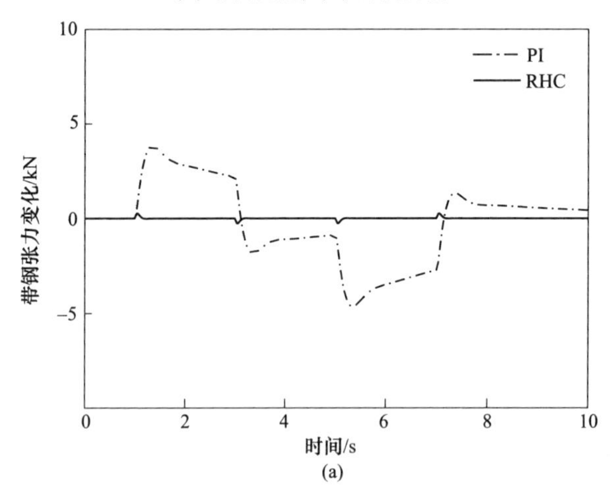

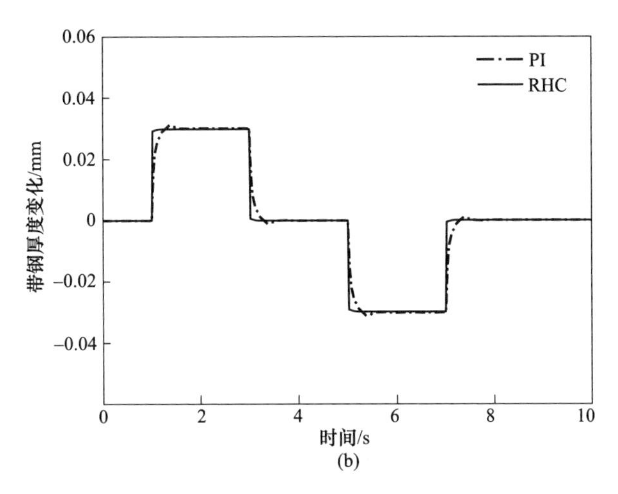

图 6-51 不同控制器的带钢张力阶跃扰动响应曲线
（a）张力变化；（b）厚度变化

C 模型失配扰动的影响

为了研究参数测量误差和某些子系统模型的干扰对控制系统的影响，需要分析控制器在系统存在各种扰动情况下的响应性能。因此，本节对存在严重的模型失配的情况进行了研究，将轧制材料由 MRT 4 改为 MRT 2.5，出口厚度由 0.2mm 改为 0.6mm，其他参数设定保持不变。实验中将 0.03mm 的厚度扰动信号和 5kN 的机架间张力扰动信号分别加入输出设定值，带钢厚度和张力的跟踪对比曲线如图 6-52 所示。研究结果表明，当模型失配时，PI 控制器和 RHC 控制器都成功地使系统最终达到稳定状态。但是与 PI 控制器相比，RHC 控制器的性能指标更好，上升时间更短，超调时间更少，厚度和张力波动更小。由此验证了 RHC 控制器具有更好的鲁棒性。

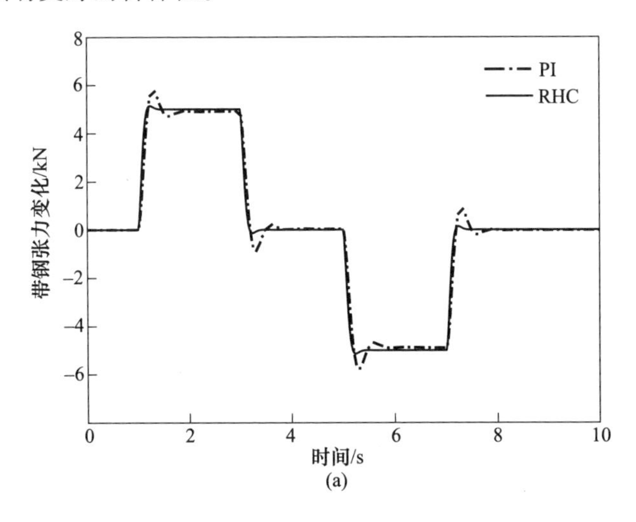

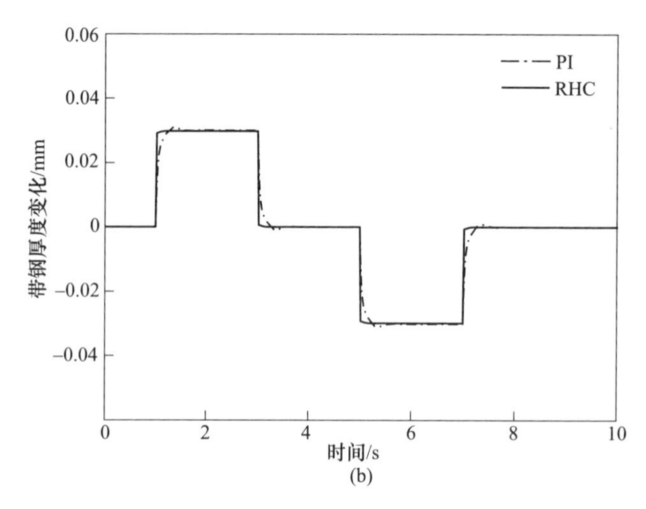

图 6-52　不同模型失配情况下不同控制器的阶跃扰动响应曲线
（a）张力变化；（b）厚度变化

6.6.5　冷轧板形多目标优化控制

板形控制系统主要分为开环和闭环两种。在没有板形检测装置的情况下，只能采用开环控制系统，板形调节机构的调节量要依据规程给定的板宽和实测的轧制力由合理的数学模型给出。如果具有板形检测装置，则可以进行反馈式闭环控制。板形闭环反馈控制是在稳定轧制工作条件下，以板形辊实测的板形信号为反馈信息，计算实际板形与目标板形的偏差，并通过反馈计算模型分析计算消除这些板形偏差所需的板形调控手段的调节量，然后不断地对轧机的各种板形调节机构发出调节指令，使轧机能对轧制中的带钢板形进行连续的、动态的、实时的调节，最终使板带产品的板形达到稳定、良好。板形闭环反馈控制的目的是消除板形实测值与板形目标曲线之间的偏差，图 6-53 所示的板形控制系统正是这样一个典型的闭环反馈式板形控制系统。

板形闭环控制采用接力方式的控制策略，具体过程是：首先计算实测板形和板形目标之间的偏差，通过在板形偏差和各板形调节机构调控功效之间做最优计算，确定各个调节机构的调节量。本层次调节量计算循环结束后，按照接力控制的顺序开始计算下一个控制层次的调节量，此时板形偏差需作更新，即要从原有值中减去可由上次计算得出的调节量消除的部分，并在新的基础上进行下一层次的调节量计算。

在同一控制层次中，如果有两种或者两种以上的板形调节机构的效果相似，按照设定的优先级只调节一种。当高优先级的板形调节机构调节量达到极限值，但板形偏差没有达到要求且还有可调的板形调节机构时，剩下的板形偏差则由具

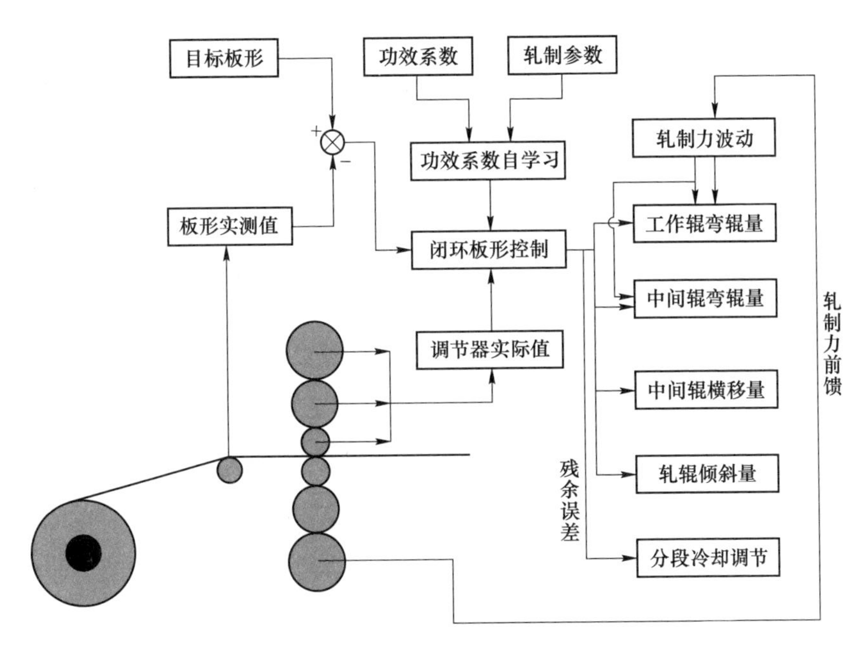

图 6-53 板形控制系统原理图

有次优先级的板形调节机构进行调节，以此类推，直至板形偏差达到要求或者再没有板形调节机构可调节为止。

用于计算各个板形调节机构调节量的计算模型是基于带约束的最小二乘评价函数的控制算法。它以板形调控功效为基础，使用各板形调节机构的调控功效系数及板形辊各测量段实测板形值运用线性最小二乘原理建立板形控制效果评价函数，求解各板形调节机构的最优调节量。评价函数为：

$$J = \sum_{i=1}^{n} \left[g_i \left(\Delta y_i - \sum_{j=1}^{m} \Delta u_j \cdot Eff_{ij} \right) \right]^2 \tag{6-55}$$

式中 J——评价函数；

n，m——测量段数和调节机构数目；

g_i——板宽方向上各测量点的权重因子，其值在 0~1 之间设定，代表调节机构对板宽方向各个测量点的板形影响程度，对于一般的来料而言，边部测量点的权重因子要比中部区域大；

Δu_j——第 j 个板形调节机构的调节量，kN；

Eff_{ij}——第 j 个板形调节机构对第 i 个测量段的板形调节功效系数；

Δy_i——第 i 个测量段板形设定值与实际值之间的偏差，I。

使 J 最小时有：

$$\partial J / \partial \Delta u_j = 0 \quad (j = 1, 2, \cdots, n) \tag{6-56}$$

可得 n 个方程，求解方程组可得各板形调节结构的调节量 Δu_j。

上述算法就是最优控制算法的核心思想。获得各板形调节机构的板形调控功效系数之后，板形控制系统按照接力方式计算各个板形调节机构的调节量。根据板形偏差计算出工作辊弯辊调节量，即

$$J_{WRB} = \sum_{i=1}^{n} [g_{iWRB}(\Delta y_i - \Delta u_{WRB} \cdot Eff_{WRB})]^2 \tag{6-57}$$

式中　J_{WRB}——用于求解工作辊弯辊调节量的评价函数；

g_{iWRB}——工作辊弯辊在板宽方向各个测量点的板形影响因子；

Δu_{WRB}——工作辊弯辊的最优调节量，kN；

Eff_{WRB}——工作辊弯辊的板形调节功效系数；

Δy_i——第 i 个测量段板形设定值与实际值之间的偏差，I。

使 J_{WRB} 最小时有：

$$\partial J_{WRB} / \partial \Delta u_{WRB} = 0 \tag{6-58}$$

可得 n 个方程，求解方程组可得工作辊弯辊的调节量 Δu_{WRB}。

计算出的工作辊弯辊调节量需要经过变增益补偿环节、限幅输出的处理，再输出给工作辊液压弯辊控制环。变增益补偿环节为：

$$\Delta u_{WRB\_gained} = \Delta u_{WRB} \times \frac{T}{T_{WRB} + T_{Shapemeter} + L/v} \times K_T \tag{6-59}$$

式中　Δu_{WRB_gained}——变增益补偿后的工作辊弯辊调节量，kN。

T——测量周期，s；

T_{WRB}——工作辊弯辊液压缸的时间常数；

$T_{Shapemeter}$——板形辊的时间常数；

L——板形辊到辊缝之间的距离，m；

v——轧制速度，m/s；

K_T——与板形偏差大小，材料系数相关的增益。

输出前的限幅处理主要是防止调节量超过执行机构的可调范围而损坏设备。设完成限幅后工作辊调节量为 $\Delta u_{WRB\_gained\_lim}$，则从板形偏差中减去工作辊弯辊所调节的板形偏差，从剩余的板形偏差中计算中间辊弯辊调节量，即

$$\Delta y_i' = \Delta y_i - \Delta u_{WRB\_gained\_lim} \cdot Eff_{WRB} \tag{6-60}$$

式中　$\Delta y_i'$——工作辊弯辊完成调节后剩余板形偏差，I。

则建立的中间辊弯辊调节量计算的评价函数为：

$$J_{IRB} = \sum_{i=1}^{n} [g_{iIRB}(\Delta y_i' - \Delta u_{IRB} \cdot Eff_{IRB})]^2 \tag{6-61}$$

式中　J_{IRB}——用于求解中间辊弯辊调节量的评价函数；

g_{iIRB}——中间辊弯辊在板宽方向各个测量点的板形影响因子；

Δu_{IRB}——中间辊弯辊的最优调节量，kN；

Eff_{IRB}——中间辊弯辊的板形调节功效系数。

使 J_{IRB}最小时有：

$$\partial J_{\mathrm{IRB}} / \partial \Delta u_{\mathrm{IRB}} = 0 \tag{6-62}$$

求解方程组可得工作辊弯辊的调节量 Δu_{IRB}。

同工作辊弯辊一样，中间辊弯辊调节量输出给液压弯辊控制环之前也需要按照同样的方法进行变增益补偿、限幅输出的处理。以此类推，板形控制系统按照这种接力方式依次计算出轧辊倾斜调节量、中间辊横移量，最后残余的板形偏差由分段冷却消除。

为了得到板形调节机构的调节量最优解，数学模型需要考虑调节机构的调节极限。当最优解仅仅满足对全部调节机构的调节量求偏导数为零时，即最优评价函数达到理想最小值，但是该最优解超出调节极限，显然它是不可以使用的，因此将求调节量最优解归结为带约束条件的最优化问题：

$$\begin{cases} \min J(\Delta \boldsymbol{u}) \\ \text{s.t.}\ \boldsymbol{A}\Delta \boldsymbol{u} \geqslant \boldsymbol{b} \end{cases} \tag{6-63}$$

式中　J——评价函数；

$\Delta \boldsymbol{u}$——板形调节机构的调节量向量，它的分量为 Δu_1，Δu_2，…，Δu_n，kN；

$\boldsymbol{A}$——不等式约束矩阵，它是 $m \times n$ 的矩阵；

$\boldsymbol{b}$——不等式约束向量，它是 m 维向量。

可以通过求解如下线性规划来确定板形调节量 $\Delta \boldsymbol{u}$ 的下降容许方向向量：

$$\begin{cases} \min \nabla J(\Delta \boldsymbol{u})^{\mathrm{T}} \boldsymbol{p} \\ \text{s.t.}\ \boldsymbol{A}' \boldsymbol{p} \geqslant 0 \\ -\boldsymbol{e} \leqslant \boldsymbol{p} \leqslant \boldsymbol{e} \end{cases} \tag{6-64}$$

式中　$\boldsymbol{e}$——分量全为 1 的 n 维向量，即 $\boldsymbol{e} = [1,\ 1,\ \cdots,\ 1]^{\mathrm{T}}$；

$\boldsymbol{P}$——板形调节量 $\Delta \boldsymbol{u}$ 的下降容许方向向量。

若最优值为负，则最优解 $\boldsymbol{p}^*$ 就是板形调节量 $\Delta \boldsymbol{u}$ 的下降容许方向向量。最优值为零的情形见后面的内容终止准则。

设计该板形调节量 $\Delta \boldsymbol{u}$ 算法的 C 程序编程结构，已知目标函数 $J(\Delta \boldsymbol{u})$ 及其梯度 $\nabla J(\Delta \boldsymbol{u})$，不等式约束的矩阵 $\boldsymbol{A}$ 和向量 $\boldsymbol{b}$，终止限 ε。

（1）选定初始板形调节量容许点 $\Delta \boldsymbol{u}_0$；置 $k = 0$。

（2）把 $\boldsymbol{A}$ 分解为 $\boldsymbol{A}'_k$ 和 $\boldsymbol{A}''_k$，相应地把 $\boldsymbol{b}$ 分解为 $\boldsymbol{b}'_k$ 和 $\boldsymbol{b}''_k$，使得 $\boldsymbol{A}'_k \Delta \boldsymbol{u}_k = \boldsymbol{b}'_k$，$\boldsymbol{A}''_k \Delta \boldsymbol{u}_k > \boldsymbol{b}''_k$。设 $\boldsymbol{b}''_k$ 的维数为 τ。

（3）求解线性规划问题，最优解为 $\boldsymbol{p}_k$：

$$\begin{cases} \min \nabla J(\Delta \boldsymbol{u})^{\mathrm{T}} \boldsymbol{p} \\ \text{s.t.}\ \boldsymbol{A}' \boldsymbol{p} \geqslant 0 \\ -\boldsymbol{e} \leqslant \boldsymbol{p} \leqslant \boldsymbol{e} \end{cases}$$

（4）若 $|\nabla J(\Delta \boldsymbol{u}_k)^{\mathrm{T}} \boldsymbol{p}_k| < \varepsilon$，则输出 $\Delta \boldsymbol{u}_k$，跳出循环；否则，计算 $\boldsymbol{u} = \boldsymbol{A}''_k \Delta \boldsymbol{u}_k -$

$\boldsymbol{b}_k''$，$\boldsymbol{v} = \boldsymbol{A}_k''\boldsymbol{p}_k$。

（5）若 $\boldsymbol{v} \geqslant 0$，则 $\bar{t} = +\infty$；否则，计算 $\bar{t} = \min\limits_{1 \leqslant i \leqslant \tau}\left\{-\dfrac{\boldsymbol{u}_i}{\boldsymbol{v}_i} \mid \boldsymbol{v}_i < 0\right\}$，并求解 $\begin{cases}\min J(\Delta\boldsymbol{u}_k + t\boldsymbol{p}_k); \\ \text{s. t. } 0 \leqslant t \leqslant \bar{t}\end{cases}$，设其最优解为 t_k，计算 $\Delta\boldsymbol{u}_{k+1} = \Delta\boldsymbol{u}_k + t_k\boldsymbol{p}_k$。

（6）置 $k = k + 1$，转（2）。

由于容许方向法是基于下降容许方向进行最优调节量搜索的，因此采用单纯形法寻优下降容许方向。将求解板形调节量的下降容许方向向量的线性规划问题转化为适合单纯形法寻优的形式。

求解板形调节量的下降容许方向向量的线性规划问题变换为：

$$\begin{cases}\min \boldsymbol{c}^{\mathrm{T}}\boldsymbol{p}^d \\ \text{s. t. } \boldsymbol{A}^d\boldsymbol{p}^d = \boldsymbol{b}^d \\ \boldsymbol{p}^d \geqslant 0\end{cases} \tag{6-65}$$

等式约束系数矩阵的各列向量为 $\boldsymbol{a}_1$，$\boldsymbol{a}_2$，…，$\boldsymbol{a}_{w+4n}$，其中下标为 t_1，t_2，…，t_{w+2n} 的列向量构成标准容许基；右端项为 $\boldsymbol{b}^d$；目标函数变量的系数为 c_1，c_2，…，c_{w+4n}。

（1）构造初始单纯形表。置 $\bar{\boldsymbol{b}} = \boldsymbol{b}^d$，$\bar{a}_j = a_j (j = 1, 2, \cdots, w + 4n)$，列准备表：

$$\bar{\boldsymbol{A}} = \left[\begin{array}{cccc:c}\bar{a}_1 & \bar{a}_2 & \cdots & \bar{a}_{w+4n} & \bar{b} \\ \hdashline -c_1 & -c_2 & \cdots & -c_{w+4n} & 0\end{array}\right]$$

（2）求 $\boldsymbol{\sigma}_l = \max\limits_{1 \leqslant j \leqslant w+4n}\{\boldsymbol{\sigma}_j\}$。

（3）若 $\boldsymbol{\sigma}_l \leqslant 0$，则当前基本容许解是最优解。最优解中下标为 t_1，t_2，…，t_{w+2n} 的分量和目标函数值依次是 $\bar{\boldsymbol{A}}$ 中的第 $w + 4n + 1$ 列的各个数，而其余 $2n$ 分量全为零。计算终止；否则，若 $\boldsymbol{\sigma}_l > 0$，则转（4）。

（4）若 $\bar{a}_l \leqslant 0$，则无最优解，计算终止；否则，转（5）。

（5）求 $\dfrac{\bar{b}_k}{\bar{a}_{kl}} = \min\limits_{1 \leqslant i \leqslant w+2n}\left\{\dfrac{\bar{b}_i}{\bar{a}_{il}} \mid \bar{a}_{il} > 0\right\}$，由此确定 a_l 进基，a_{t_k} 退基。置 $t_k = l$。

（6）以 $\bar{a}_{kl}$ 为主元，对 $\bar{\boldsymbol{A}}$ 换基运算，产生新的单纯形表，设仍用 $\bar{\boldsymbol{A}}$ 表示，转（2）。

最优步长因子 t^* 是以下有约束的一元函数极小化问题：

$$\begin{cases}\min J(\Delta\boldsymbol{u} + t\boldsymbol{p}^*); \\ \text{s. t. } 0 \leqslant t \leqslant \bar{t}\end{cases}$$

$$\bar{t}=\begin{cases}+\infty, v \geqslant 0 \\ \min\limits_{1 \leqslant i \leqslant \tau}\left\{-\frac{u_i}{v_i} \mid v_i<0\right\}, v<0\end{cases} \tag{6-66}$$

因此，整个计算板形调节量的数学模型计算流程如图 6-54 所示。

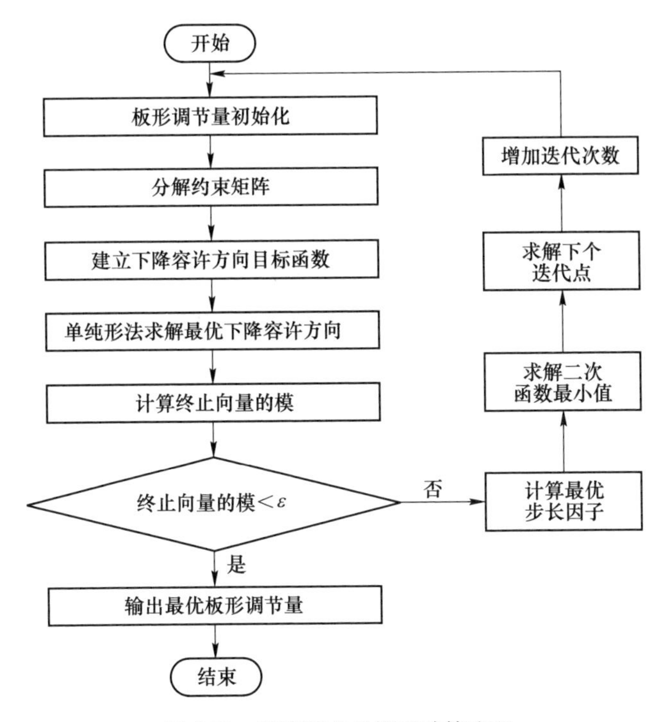

图 6-54 板形调节量模型计算流程

7 工艺设备智能维护

在目前的工业企业,无论是维修还是定期的维护，其目的都是提高企业设备的开动率，从而提高生产效率。故障诊断技术的出现，大大地缩短了确定设备故障所需的时间，从而提高了设备的利用率。但故障停机给制造企业所带来的损失还是非常巨大的。

智能维护改变传统的被动的维修模式为主动的维护模式，采用大数据驱动的信息分析、性能衰退过程预测、维护优化、应需式监测等的技术开发与应用，设备维护体现了预防性要求，从而达到近乎于零的故障。进而，基于大数据驱动故障预测的设备智能监测模型，预测关键设备寿命测度函数、健康因子等性能变量，建立包括故障因果图、统计分析、剩余寿命预估、保养计划决策在内的健康管理体系，根据工序内设备健康指标、订单情况、产品质量要求等实际情况进行综合评价，给出最佳的工序设备维护计划，实现预测式维护，减少故障停机时间。

工艺设备智能维护是通过机内测试、自愈控制实现的。机内测试是提高智能设备可靠性、减少维护费用的关键技术，通过附加在设备内的软件和硬件对设备进行在线的故障自检测；通过设备状态的感知，对设备由于磨损发生的寿命性故障进行预测。自愈控制是指在智能设备运行过程中，通过对设备运行状态的感知，对设备的偶发性故障进行诊断；通过实时监测分析可能引发非正常工况的条件及发生前的征兆，采用诊断预测、智能决策和主动控制等方法使智能设备在非正常早期阶段就发现其产生原因并彻底根除。

智能维护具体是指在智能设备运行中通过各种手段，利用工艺设备数据，掌握设备运行状态，判定产生故障的部位和原因，并预测、预报设备未来的状态，从而找出对策的一门技术。它是防止事故和计划外停机的有效手段：（1）能及时地、正确地对各种异常状态或故障状态做出诊断，预防或消除故障，对设备的运行进行必要的指导，提高设备运行的可靠性、安全性和有效性，以期把故障损失降低到最低水平。（2）保证设备发挥最大的设计能力，制定合理的检测维修制度，以便在允许的条件下充分挖掘设备潜力，延长服役期限和使用寿命，降低设备全寿命周期费用。通过检测监视、故障分析、性能评估等，为设备结构修改、优化设计、合理制造及生产过程提供数据和信息。

智能维护包括四个等级：

（1）状态监测。设备故障监测的任务是监视设备的状态，判断其是否正常；预测和诊断设备的故障并及时加以处理，并为设备的故障分析、性能评估、合理使用和安全工作提供信息和准备基础数据。通常设备的状态可分为正常状态、异常状态和故障状态三种：1）正常状态是指设备的整体或局部没有缺陷，或虽有缺陷但其性能仍在允许的限度以内。2）异常状态是指缺陷已有一定程度的扩展，使设备状态信号发生一定程度的变化，设备性能已劣化，但仍能维持工作，此时应注意设备性能的发展趋势，即设备应在监护下运行。3）故障状态是指设备性能指标已有大的下降，设备已不能维持正常工作。设备的故障状态尚有严重程度之分，包括已有故障萌生并有进一步发展趋势的早期故障；程度尚不很重，设备尚可勉强“带病”运行的一般功能性故障，以及由于某种原因瞬间发生的突发性紧急故障等。

（2）故障诊断。故障诊断的任务是根据状态监测所获得的信息，结合已知的结构特性、参数以及环境条件，结合该设备的运行历史（包括运行记录、曾发生过的故障及维修记录等），对设备可能要发生的或已经发生的故障进行预报和分析、判断，确定故障的性质、类别、程度、原因、部位，指出故障发生和发展的趋势及其后果，提出控制故障继续发展和消除故障的调整、维修、治理的对策措施，并加以实施，最终使设备复原到正常状态。

（3）指导设备的管理维修。设备管理和维修方式的发展经历了三个阶段，即早期的事后维修方式，发展到定期预防维修方式，现在正向视情维修发展。定期维修制度可以预防事故的发生，但可能出现过剩维修或不足维修的弊病；视情维修是一种更科学、更合理的维修方式，但要能做到视情维修，其条件是有赖于完善的状态监测和故障诊断技术的发展和实施。设备劣化趋势分析属于设备预测维修的内容，也是状态维修中与其他维修方式相比所具有的显著而独特的方式，其目标是从过去和现在已知情况出发，利用一定的技术方法，分析设备的正常、异常和故障三种状态，推测故障的发展过程，以做出维修决策和过程控制。

（4）容错控制。容错控制是利用系统的冗余资源来实现故障容错，即在某些部件发生故障的情况下，通过动态重构、故障补偿、缺陷自修复等现代高新技术和手段，对故障进行补偿、抑制、削弱或消除，仍能保证设备按原定性能指标继续运行，或以牺牲性能损失为代价，保证设备在规定时间内完成其预定功能。

总之，工艺设备智能维护是一门综合性的技术，其性能的先进水平往往决定于数据基础及故障诊断方法。其中，包括数据采集、数据管理、知识管理、诊断分析和人机交互等方面的内容。

7.1 异源数据综合采集与分类存储

钢铁工厂一般由原料场、烧结、焦炉、高炉以及炼钢连铸、轧制线等组成，特点是设备众多、过程复杂，因此工艺设备故障维护要求高。工艺设备不同，其故障诊断对于数据的需求也不同。各设备单元可以有自己的故障诊断和维护系统，各过程也可以有过程级的性能监测和故障诊断系统，甚至整个流程级有质量监控和异常溯源系统。从故障诊断主体的角度分析，各生产企业或单位对企业拥有的设备—过程—流程进行各级的诊断维护，可以利用自身的历史数据和经验知识形成故障诊断方法库；各设备或产线供应方也可以借鉴不同生产单位的历史数据和自身经验形成故障诊断方法库。因此，针对工艺设备维护的数据采集也将包括三个层面，一是工艺设备级的数据采集，二是流程级数据采集，三是大数据采集。

7.1.1　工艺设备级数据采集

按照 CPS 理论，过程设备作为智能单元，其故障诊断及智能维护是设备的一项重要功能，该功能与控制等功能一样首先需要的是信息。采集传感器是一种检测装置，能感受到被测量的信息，并能将检测感受到的信息，按一定规律变换成为电信号或其他所需形式的信息输出，以满足信息的传输、处理、存储、显示、记录和控制等要求。在生产车间中一般存在许多的传感节点，24h 监控着整个生产过程，当发现异常时可迅速反馈至上位机，可以算得上是数据采集的感官接受系统，属于数据采集的底层环节。除了上述满足过程设备控制需求的信息外，为了对设备运行状况进行分析诊断，诸如振动、噪声、图像等信息也是被重要关注的。

当今或未来在很大程度上，上述过程设备信息采集借助于 FCS 和 DCS 集成办法实现。DCS 已广泛地应用于生产过程自动化，现场总线和 FCS 的应用要借助于 DCS，这样既丰富了 DCS 的功能，又推动了现场总线和 FCS 的发展。FCS 和 DCS 的集成方式可以有三种：现场总线和 DCS 输入输出总线的集成、现场总线和 DCS 网络的集成、FCS 和 DCS 的集成。

过程控制层又称现场设备层，是工厂信息集成系统的底层。在这一层中，现场总线网段与工厂现场设备连接。依照现场总线的协议标准，智能设备采用功能模块的结构，通过组态设计，完成数据采集、A/D 转换、累积、计数、数字滤波、温度压力补偿、PID 控制等各种功能。智能转换器对传统检测仪表的 0~10V 电压、4~20mA 电流信号以及热电偶、热电阻信号进行数字转换和补偿，从检测仪表出来的信号经智能转换器后送往总线。

现场设备以网络节点的形式挂接在现场总线网络上，为保证节点之间实时、可靠的数据传输，现场总线控制网络必须采用合理的拓扑，常见的现场总线网络拓扑有：环形、总线形、树形等。值得说明的是，现场总线控制网络这一层并不意味着只采用了一种现场总线构造一层网络，而是既可以由一种现场总线（如 FF）构成一层现场总线网络，完成过程控制层所需的检测、控制、反馈的全部任务；也可以由多种现场总线任意组合构成 2~3 层的网络架构，共同完成控制的任务，并且充分发挥各层次网络、各种现场总线优势。

制造执行层又称现场监控层，它将来自现场一线的信息送往控制室，置入实时数据库，进行高等控制与优化计算、集中显示，这是网络系统的过程控制层。这一层从现场设备中获取数据，完成各种控制、运行参数的检测、报警和趋势分析等功能，另外还包括控制组态的设计和下装。

7.1.1.1 FCS 和 DCS 集成方法

DCS 的控制站主要由控制单元（Control Unit，CU）和输入输出单元（Input Output Unit，IOU）组成，这两个单元之间通过 I/O 总线连接。输入输出单元的 I/O 总线上挂接了各类 I/O 模板，常用的有模拟量输入、模拟量输出、数字量输入、数字量输出模板，通过这些模板与生产过程建立 I/O 信号联系。在 I/O 总线上挂接现场总线接口板或现场总线接口单元（Fieldbus Interface Unit，FIU），如图 7-1 所示。现场仪表或现场设备通过现场总线与 FIU 通信，FIU 再通过 I/O 总线与 DCS 的控制单元通信，这样便实现了现场总线和 DCS 输入输出总线的集成，即现场总线和 DCS 控制站的集成。

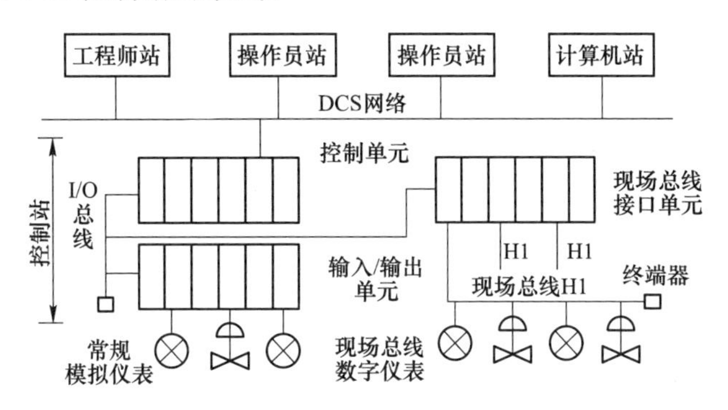

图 7-1 现场总线和 DCS 输入输出总线集成

在 DCS 控制站的 I/O 总线上集成现场总线是一种最基本的初级集成技术，还可在 DCS 的更高一层，即 DCS 网络上集成现场总线，如图 7-2 所示。

现场总线服务器（Fieldbus Server，FS）挂接在 DCS 网络上，FS 是一台完整的计算机，并安装了现场总线接口卡和 DCS 网络接口卡。现场设备或现场仪表通过现场总线与其接口卡通信，现场仪表中的输入、输出、控制和运算等功能模块可以在现场总线上独立构成控制回路，而不必借用 DCS 控制站的功能。现场总线服务器通过其 DCS 网络接口卡与 DCS 网络通信，也可以把 FS 看作 DCSnet 上的一个节点或 DCS 的一台设备，这样 FS 和 DCS 之间可以互相共享资源。FS 可以不配操作员站或工程师站，而直接借用 DCS 的操作员站或工程师站。

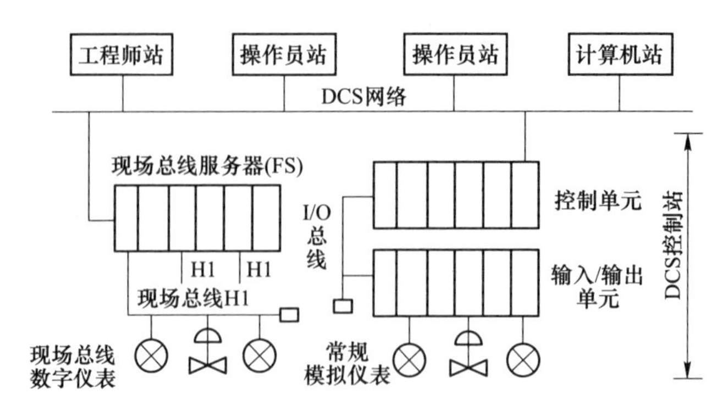

图 7-2　现场总线和 DCS 网络集成

在上述两种集成方式中，现场总线借用 DCS 的部分资源，也就是说，现场总线不能自立。FCS 参照 DCS 的层次化体系结构组成一个独立的开放式系统，DCS 也是一个独立的开放式系统，既然如此，这两个系统之间可以集成。FCS 和 DCS 的集成可以有两种方式：一种是 FCS 网络通过网关与 DCS 网络集成，在各自网络上直接交换信息，如图 7-3 所示；另一种是 FCS 和 DCS 分别挂接在 Intranet 上，通过 Intranet 间接交换信息。

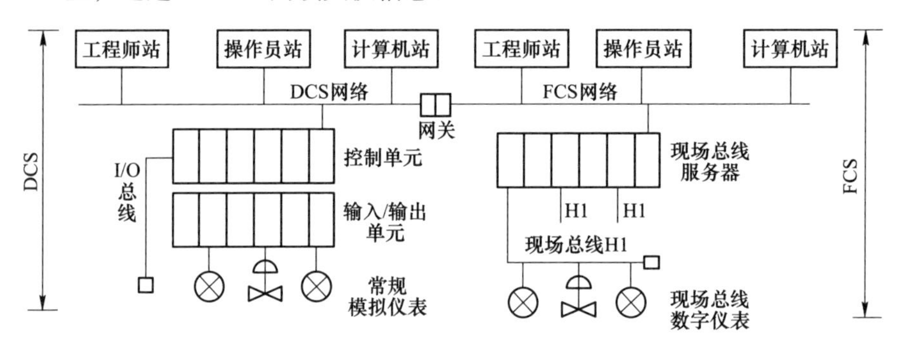

图 7-3　FCS 和 DCS 系统的一种集成方法

7.1.1.2　FCS 和网络集成方法

FCS 是一种分布式的网络自动化系统，它的基础是现场总线，且位于网络结构的最底层，因而被称为底层网（Infranet）。FCS 的上层是 Intranet，Intranet 下面可以挂接多个 FCS 或 DCS 的底层网或控制网络。Intranet 的上层是 Internet，Internet 下面可以挂接多个 Intranet。用网络集成的概念来分析 FCS，FCS 和网络的集成方式可以有两种：FCS 和 Intranet 的集成、FCS 和 Internet 的集成。

FCS 和 Intranet 的集成方法有以下四种：

（1）FCS 和 Intranet 之间通过网桥或网关等网间连接器互联。这种方式通过硬件来实现，即在底层网段与中间监控层之间加入中继器、网桥、路由器等专门的硬件设备，使控制网络作为信息网络的扩展与之紧密集成。硬件设备可以是一台专门的计算机，依靠其中运行的软件完成数据包的识别、解释和转换；对于多网段的应用，它还可以在不同网段之间存储转发数据包，起到网桥的作用。此外，硬件设备还可以是一块智能接口卡，艾默生公司过程管理的 DeltaV 控制器就是通过机柜中的一块 H1 接口卡，完成现场总线智能设备与以太网中监控计算机之间的数据通信。

转换接口的集成方式功能较强，但实时性较差。信息网络一般是采用 TCP/IP 的以太网，而 TCP/IP 没有考虑数据传输的实时性，当现场设备有大量信息上传或远程监控操作频繁时，转换接口都将成为实时通信的瓶颈。

（2）OPC 技术。对象链接嵌入（Object Linkingand Embeding，OLE）技术已广泛应用。OPC 是过程控制使用对象链接嵌入技术。OPC 采用客户/服务器（Client/Server）结构，OPC 服务器对下层设备提供接口，使得现场控制层的各种过程信息能够进入 OPC 服务器，从而实现向下互联。另外，OPC 服务器还对上层设备提供标准的接口，使得上层 Intranet 设备能够取得 OPC 服务器中的数据，从而实现向上互联，而且这两种互联都是双向的，也就是说，OPC 是 FCS 和 Intranet 之间连接的桥梁。

（3）在 FCS 和 Intranet 之间采用动态数据交换（Dynamic Data Exchange，DDE）技术。当 FCS 和 Intranet 之间具有中间系统或共享存储器工作站时，可以采用动态数据交换（DDE）方式实现两者的集成，其实质是各应用程序通过共享内存来交换信息，中间系统中的信息处理既是现场总线控制网络的工作站，也是 Intranet 中的工作站。其中运行两个程序：一是接收、校验实时信息的通信程序，为 Intranet 数据库提供实时数据信息；另一个是数据访问应用程序接口，它接收 DDE 服务器实时数据，并写入数据库服务器中，供 Intranet 实现信息处理、统计分析等功能。DDE 方式具有较强的实时性且比较容易实现，可以采用标准的 Windows 技术，但 DDE 的速度是个问题，因此这种方式仅适合配置简单的小系统。

（4）FCS 和 Intranet 采用统一的协议标准。这种方式将成为现场总线控制网络和 Intranet 完成集成的最终解决方案。由于控制网络和信息网络采用了面向不同应用的协议标准，因此两者集成时总需要某种数据格式的转换机制，这将使系统复杂化，也不能确保数据的完整性。如果信息网络的协议标准是提高其实时性，而控制网络的协议标准是提高其传输速度，两者的兼容性就会提高，两者合二为一，这样从底层设备到远程监控系统，都可以使用统一的协议标准，不仅确保了信息准确、快速、完整地传输，还可以极大地简化系统设计，发展成熟后的工业以太网就是这种最终解决方案的产物。目前，像 FF、Profibus、LON 等现场总线致力于使自己的通信协议尽量兼容 TCP/IP，因此可以方便地实现以太网和 Internet 的集成，使控制网络和信息网络紧密地结合在一起，最终实现统一的网络结构。

FCS 和 Internet 的集成可以有两种方式：一种是 FCS 通过 Intranet 间接和 Internet 集成；另一种是 FCS 直接和 Internet 集成。FCS 和网络的集成构成了远程监控系统，实现了 Infranet、Intranet 和 Internet 的互联。人们通过网络对远方生产过程进行监视和控制，对远方的现场设备进行诊断和维护，对远方的生产企业进行管理和指挥。

FCS 和现场总线的集成方式可以有两种：一种是通过网关给各个现场总线之间提供转换接口；另一种是给各个现场总线提供标准的 OPC 接口。前者开发工作量大，不具有通用性；后者开发工作量小，具有通用性。

在目前现场总线的协议尚未取得完全一致的情况下，利用网关对协议进行转换识别，这样做既加大了硬件投入，又增加了网络延迟，应该看作仅仅是过渡措施。现场总线协议的统一工作虽然艰难，有许多问题需要解决，但可以预期将来会采用统一标准，到那时不同制造商的总线模块产品能够完全兼容，现场总线无疑会进入到一个更加迅猛发展的新阶段。

7.1.1.3　现场总线控制系统集成原则

对拟建立的现场总线控制系统，应对用户的需求进行分析、提炼，得出系统集成的基本依据。根据建设目标，按整体到局部，自上而下进行规划、设计；以“实用、够用、好用”为指导思想，并遵从以下原则：

(1) 开放性、标准化原则。采用的标准、技术、结构、系统组件、用户接口等必须遵从开放性和标准化的要求。

(2) 实用性和先进性原则。实用有效是最主要的设计目标，设计结果应能满足需求，且切实有效；设计上确保设计思想先进、网络结构先进、网络硬件设备先进、开发工具先进。

(3) 可靠性和安全性原则。稳定可靠、安全地运作是系统设计的基本出发点，技术指标按 MTBF（平均无故障时间）和 MTBR（平均无故障率）确定，重要信息系统应采用容错设计，支持故障检测和恢复；安全措施有效可信，能够在软、硬件多个层次上实现安全控制。

(4) 灵活性和可扩展性原则。系统集成配置灵活，提供备用和可选方案；能够在规模和性能两个方面进行扩展，使其性能大幅度提升，以适应应用和技术发展的需要。

7.1.1.4　现场总线选型

现场总线在提高系统性能的同时降低了系统成本，从而在工业、楼宇、交通运输等各领域的自动化系统中得到广泛应用。虽然用户和市场有统一标准的需要，但在短时间内多种现场总线共存将成为今后较长一段时间内一个不可避免的现象。除了纳入 IEC 标准的 12 种外，流行的现场总线还有 LON、ARCNet 等，实际上目前全世界的现场总线已有 40 多种。其中每一种现场总线都能满足大部分的应用要求，各种现场总线在所实现的功能上有很大的重叠，因此对于系统集成商来说，现场总线的选型就成为一个必须面对的问题。

在现场总线控制系统选型时，应注意以下问题：项目是否适于使用现场总线，系统实时性要求；采用什么样的系统结构配置；网络具有什么样的性能；如何与车间自动化系统或全厂自动化系统连接。同时，考虑通信需求、技术的先进性、应用的领域、有无应用先例及市场因素。[1]

7.1.2 流程级数据采集

对于过程设备级的数据采集系统中，各工厂所用的下位控制设备可能牵涉到各个厂商的 PLC，如西门子、施耐德、GE 等和 DCS 系统，而所用的监控软件可能有 InTouch、iFix、Wincc 等。因此，流程级数据采集需要选择一个较通用的组态软件是整个项目实施成功的关键所在，而且从企业自动化和信息系统总体上考虑，应在各个层面上选用统一的监控软件平台，这样对于系统的完整性、可操作性、兼容性都是相当有利的。

7.1.2.1 流程级数据采集结构

流程级数据采集系统的设计目标是利用钢铁公司的数据通信网络资源，采用先进的计算机技术、信息技术，利用实时数据库来搭建统一的生产信息集成平台。通过网络和 PI 实时数据库软件将各生产工序的 PLC、DCS 等控制系统连接起来，建立互联互通、信息共享、高度集成的数据中心。

由于钢铁公司具有生产规模大、装置分散、DCS 控制系统分散等情况，整个 PI 系统采用分布式结构、C/S 和 B/S 相结合的模式，充分体现了系统的灵活性。PI 实时数据库系统是连接控制网和管理网的一个管控一体化桥梁，它的安全可靠性非常重要，在系统设计上一般采用防火墙+双机热备的方式，保证生产控制系统的安全性和实时数据库的安全可靠性。整个系统由三部分组成：实时数据库系统服务器、接口部分（实时数据库系统与控制系统通信接口软件）和客户端。实时数据库系统服务器同时兼做 Web 发布服务器，主要用来保存各装置的实时生产数据以及数据的网上发布；接口部分由多个接口机（即操作站）组成，分布在各生产装置控制室现场；在与局域网相连的每个用户的 PC 机上安装实时数据库客户端软件或直接通过 IE 来浏览实时数据库服务的生产数据，厂长、总工、科室和车间管理人员通过实时数据库来了解现场装置的生产情况，在办公室计算机中看到的生产数据与控制系统保持同步，几乎没有时间上的延时。整个系统结构图如图 7-4 所示。

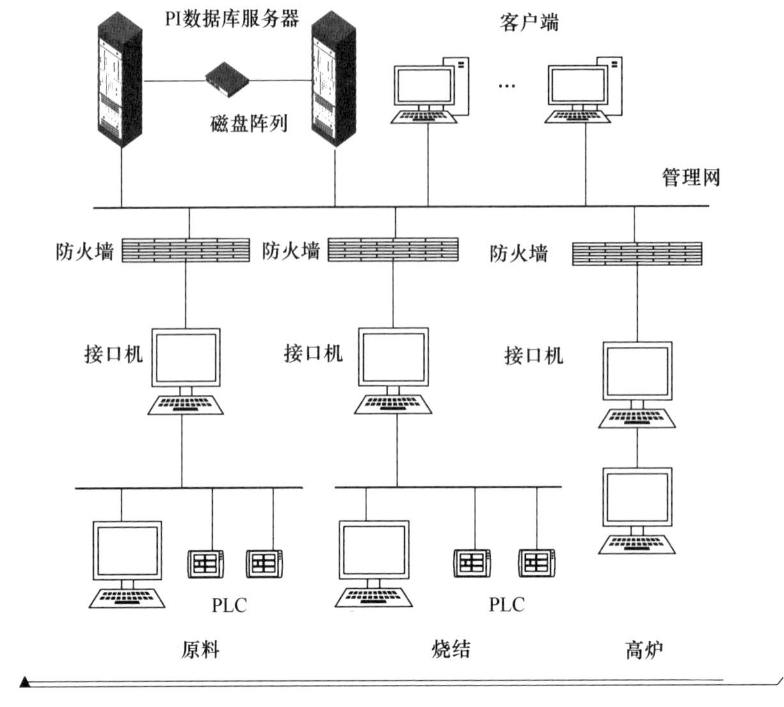

图 7-4　PI 实时数据库系统结构图

PI 实时数据库系统实现的功能有：

(1) 数据采集。PI 实时数据库系统各接口机与各控制系统通信，采集各控制系统的模拟量、开关量、脉冲量和累计量等实时信息；接口数据采集更新周期保持与现场数据刷新时间同步；PI 实时数据库系统可根据用户的需要自由定义采样周期。各控制系统与 PI 实时数据库系统的接口的连接方式见表 7-1。与 PI 接口软件采用 TCP/IP 通信协议，采用 C 语言编写，软件的运行效率、可靠性和灵活性高。接口软件的数据通信速率和数据容量只与 PLC 通信接口的软硬件有关。PI 接口机采用分布式设置，分布在不同的 DCS、PLC 控制室现场，这样可以确保数据的实时性和数据传输的安全性。

表 7-1　现场装置系统与 PI 实时数据库系统连接方式

序号	装置名称	控制系统型号	通信方式	接口软件	接入点位置
1	原料	AB PLC	增加采集站，安装 Rslink 软件	OPC	接口机
2	烧结	AB PLC	增加采集站，安装 Rslink 软件	OPC	接口机
3	高炉	西屋 ovation	OPC server 站	OPC	接口机

（2）数据存储。PI系统以数据原型在线存储数据不少于5年，PI系统管理员可以在线调整每个数据点的数据保留精度及PI历史数据库空间的大小，可以随时增加、删除、备份或恢复历史数据库文件。PI实时数据库既可以实现系统的自动备份，还可以将PI系统从一台机器移植到另一台机器上。

（3）数据缓存。PI实时数据库系统提供BufferServer模块，完成数据缓存。将BufferServer安装在PI接口机上，当两台PI数据库服务器都发生故障时，接口机可以继续工作，把采集到的数据保存到本地硬盘中，同时接口机会不断地去测试PI数据库服务器或网络；当PI数据库服务器或网络恢复正常时，BufferServer软件可以把数据补回到PI服务器，这样可以确保数据不丢失，接口机可以缓存两周以上的数据。

（4）数据维护。PI实时数据库系统支持在线和远方维护数据库、画面、报表和各种系统参数。

（5）数据监视及综合查询功能。通过PI实时数据库系统提供的客户端工具PI-Processbook，可以根据用户的需要自由组态各种中文流程图、棒图、参数图、趋势图等，实时显示各种类型的数据、PI实时数据库服务器与接口之间的通信状态。利用PI-Processbook工具可以通过流程图、趋势图和数据一览表的方式随意查询实时和历史数据，实现对各生产流程进行统一的监视和查询功能。

（6）Web发布功能。PI实时数据库系统的Web结构比较灵活，在Web服务器上安装MicrosoftIIS和OSI的PI-ActiveView软件即可实现实时数据的网上发布。客户端组态的流程图按每个画面单存为一个文件拆分开。把流程画面文件嵌入到超文本文件中，按一定的次序组织起来，这样Web化的流程图就不需要重新组态，减少了很多工作量。

7.1.2.2　智能工业网关

针对企业中的RTU和PLC等厂家众多，在与数据采集系统进行交互时，没有统一的数据接口问题，数据采集系统通过使用工业网关来实现对各个系统数据的采集和标准化，最终将统一的数上传到数据平台系统，方便实现实时数据服务器对数据进行的处理。

智能工业网关如SymLink，与一些只支持单一通信协议的网关相比，它能支持多种通信链路，比如RS-232/485、CAN总线、以太网、Wi-Fi等，可以非常方便地实现与现场设备进行交互；支持采集工业现场的多种工业设备协议，并以多种工业设备协议向其他系统或设备提供数据分发服务，如OPC、ModBus、IEC61850、IEC60870、PLC等；支持众多的高级功能，如脚本系统、数据存储、设备报警灯，并通过互联网进行应用开发、在线调试、技术支持；图形化的操作配置也相对方便。

数据采集系统需要从工业现场的设备上，比如 PLC、RTU 或者智能仪表上获取数据。要完成这个过程，需要在连接好网关和采集设备的基础上，明确与挂载设备的通信协议，同时建立起采集点和 SymLinkIO 中的映射关系，从而在系统中读出现场采集、控制设备上的信息。

系统通过树状结构来管理、展现采集点信息，对数据点采用的是分组管理的方式。采集到的数据可以在数据监视工具 SymLink 网关软件中查看，只要在设备列表中添加设备，填入 SymLink 工业网关的 IP，就可以查看其采集到的数据信息，同时还包括转发服务、通信报文、设备状态、日志信息等。工程师可以利用这款软件监控工业网关的工作状态，进行远程的诊断维护等。

采集到的数据要传送到实时数据服务器中去，这个通过网关的数据服务来实现。类似数据采集，在数据服务下新建通道，选择好通信协议后，在通道配置界面下选择加载采样信息。在数据采集中定义 IO 采样点会被加载到该界面下。采集点添加完成后，还需要将采集点与转发通道的协议进行地址信息关联；否则，第三方系统还是无法获取采集点的数据。

企业 PCS 与 ERP、MES 系统之间需要通过网络进行必要的互通互联，完成经营、生产管理层对过程控制层的双向信息交互，保证企业对生产情况的掌握和控制。但是避免外部通过企业管理网络对控制网络进行攻击，确保过程控制网络的安全性是非常重要的。控制网络一旦受到病毒、蠕虫等攻击，可能导致整个工厂的自动化生产线停产。目前，主要采用物理隔离的方式，往往需要通过人工来进行数据拷贝、抄表等比较低效的方式。

采用 SymLink-GAP 工业网关，硬件上利用两个独立的主机与内网和 SCADA 控制网络相连接，两台主机之间采用一块隔离通信卡实现数据从内网向外网的单向传输。通过这个硬件上的设计，既可以实现数据通过网络上传，又能够确保过程控制系统的安全。

针对目前钢铁企业各个工艺系统数据采集现状，基本均需采用三层数据采集的架构。通过第一层基础数据采集层、第二层汇聚数据处理层到第三层集中监控管理层，逐步实现集中的数据采集系统架构，如图 7-5 所示。

各层功能详述如下：

（1）基础数据采集层。根据钢铁企业规模的大小，基础数据采集层由十几个甚至上百个数据采集站组成，完成现场的控制和数据采集功能。这些数据采集站向上通过工业以太网与汇聚数据处理层相连接，向下通过 OPC（OLEforProcessControl）协议或者 Modbus 协议与现场数据相连接，基本上囊括了全厂各生产车间及能源动力站所有数据。

（2）汇聚数据处理层。采用工业上通用的数据采集与监视控制系统（SCADA），例如施耐德电气的 Citect、西门子的 Wincc 等，接收基础数据采集层上传

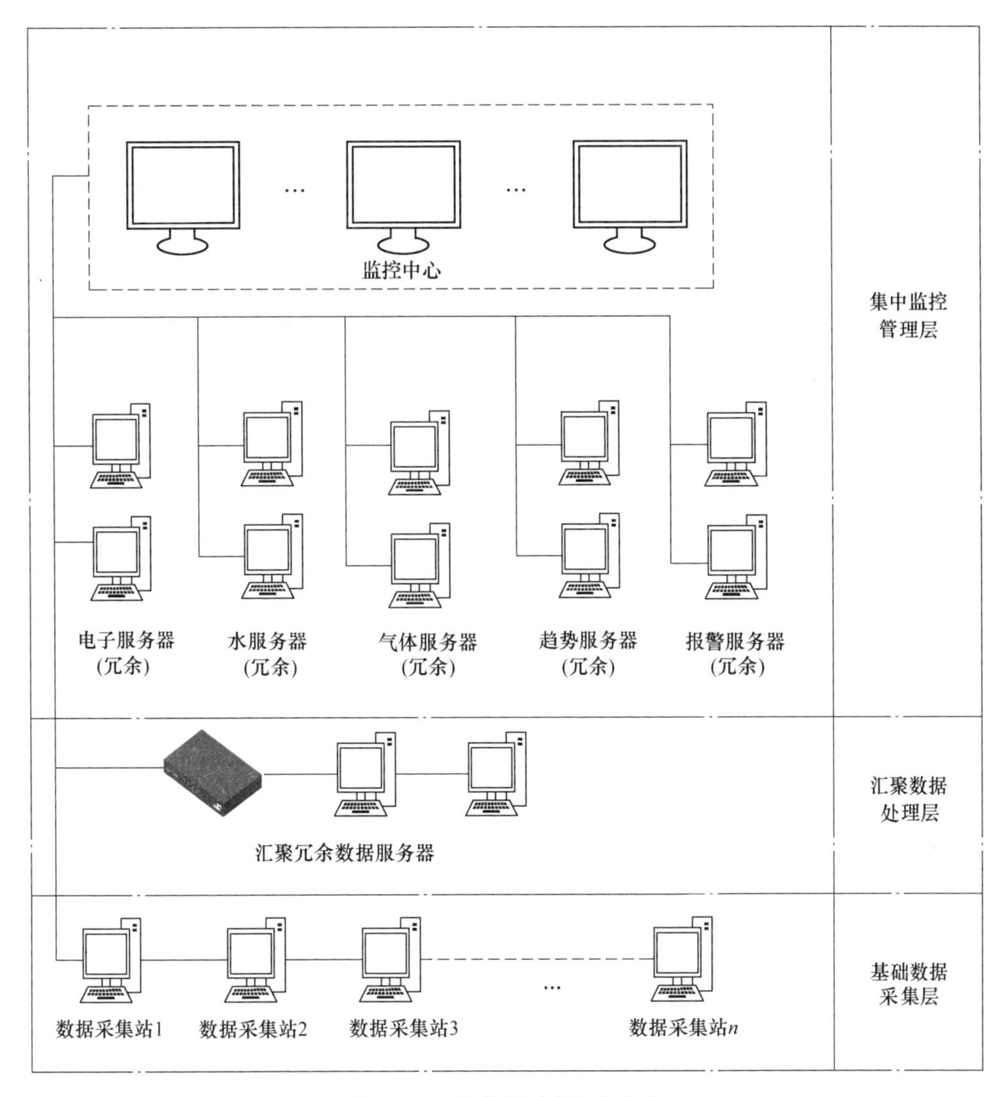

图 7-5 三层数据采集系统架构

的生产过程数据及能源介质数据，并对其进行记录、分析、查询、报警等处理，之后将处理后的数据向上通过工业以太网发送给集中监控管理层。

（3）集中监控管理层。由能源管控中心的多态监控服务器及大屏幕显示系统构成，对数据进行显示、查询、分析、报警等处理，可以直观、及时、准确地获取各种能源介质的使用情况，为集中调度人员提供操作参考，并为能源管控信息系统的高级分析模块及其他需要能源数据的信息系统提供数据。

从数据稳定性角度来讲，为各工序分别搭建一套能源管控信息系统的数据采集 PLC 站是最为安全可靠的，但开销较大。可以根据实际情况，为几个地理位置上邻近的数据采集子站建立一个数据采集的 PLC 站，专供能源管控信息系统的数据采集及控制作用。这样做既便于后期维护，也独立于原有系统。图 7-6 所示的是已投入使用的某钢厂分厂的能源数据采集 PLC 站的网络架构。

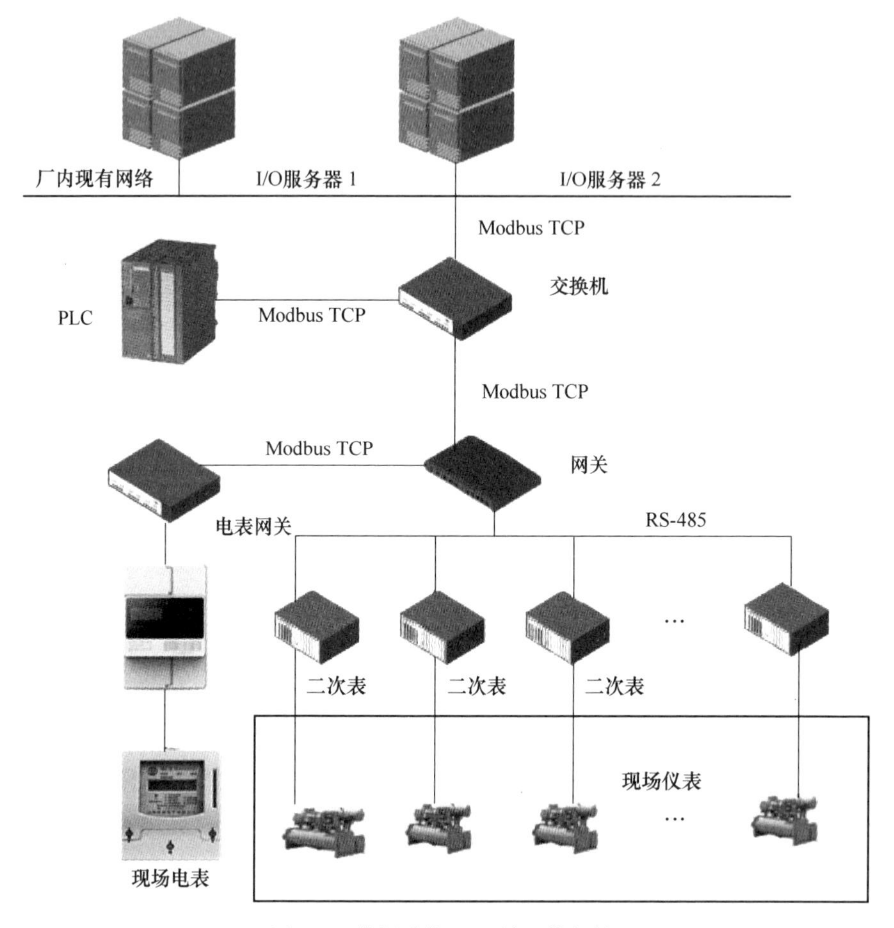

图 7-6　数据采集 PLC 站网络架构

从图 7-6 中可以看出，采集方式灵活富于变化，主要有以下几种：

（1）为现场仪表新增二次仪表，连接成 RS-485 菊花链路，由网关采集数据并处理，通过 ModbusTCP 通信采集到能源数据采集 PLC 中。

（2）对于不便于新增二次仪表的场合，可以将一次表信号输出通过一分为二的隔离器直接连接硬线至能源数据采集 PLC 的模拟量采集模块。

需要说明的是，由于控制功能不需要很强大，选择小型 PLC 即可，例如施耐德电气的 M340 系列、西门子的 S7-200 系列等。

7.1.2.3 OPC 协议

钢铁企业对异源数据的采集方式，大多采用 OPC 分站方式。OPC 是一种通用的工业标准，是微软公司的对象链接和嵌入技术在过程控制领域的应用，为工业自动化软件面向对象的开发提供一项统一的标准。它是为解决应用软件与各种设备驱动程序之间的通信而提出的，能把硬件厂商和应用软件开发商分离开来，大大提高了双方的工作效率。OPC 作为一个中间件，解决了不同厂家产品之间接口不一致、信息无法共享的问题，它为工业计算环境提供了一种标准，支持分布式应用和异构环境下软件的无缝集成。OPC 协议架构如图 7-7 所示。

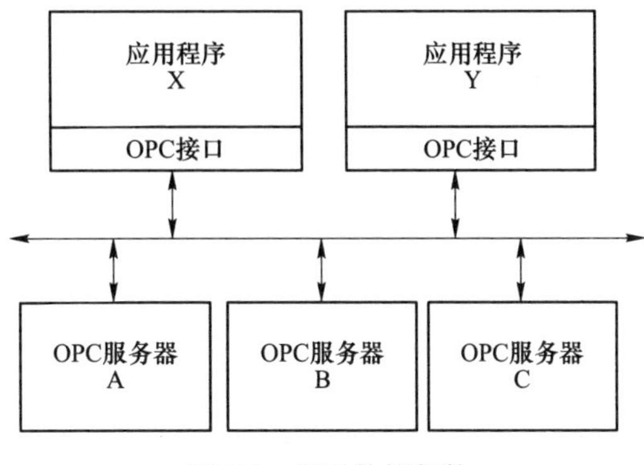

图 7-7 OPC 协议架构

如果现场环境复杂，且企业希望数据采集站的设计尽可能地凭借原有系统改造、减少新增设备造成的成本投资，那么 OPC 通信无疑是最佳的解决方案。在 OPC 协议出现之前，要想实现不同厂家的上位软件（例如施耐德电气的 Citect、西门子的 Wincc、通用的 IFIX 等）及下位可编程逻辑控制器（例如施耐德电气的 Quantum、西门子的 S7-400 等）之间的稳定可靠通信，是不易操作甚至不可行的，也就无法凭借一套上位 SCADA 软件采集到所需的全部数据。在 OPC 协议日渐成熟的今天，可以凭借汇聚数据处理层的一套 SCADA 软件，与该汇聚层下属全部数据采集站进行通信及数据交换。需要注意的是，改造后的现场 PLC 应时刻保持着开机正常运行的状态，以保证能源数据的稳定性和实时性。

在 SCADA 系统中应用到了工业控制数据标准 OPC 协议。OPC 规范定义了一个工业标准接口，它基于微软的 OLE/COM 技术，采用客户机/服务器结构，使控制系统、现场设备与工厂管理层应用程序之间具有更大的互操作性。OLE/COM 是一种客户机/服务器模式，具有语言无相关性、代码重用性、易于集成等优点。OPC 规范了接口函数，不管现场设备以何种形式存在，客户都以统一的方式去访问，从而保证软件对客户端的透明性，使得用户完全从底层开发中脱离出来。由于 OPC 规范基于 OLE/COM 技术，同时 OLE/COM 的扩展远程 OLE 自动化与 DCOM 技术支持 TCP/IP 等多种网络协议，因此可以将 OPC 客户、服务器在物理上分开，分布于不同节点上。正是因为 OPC 技术的标准化和适用性，在短短的几年内得到了工控领域硬件和软件制造商的承认和支持，它已经成为工控软件界公认的事实上的标准。

OPC 数据访问提供从数据源读取和写入特定数据的手段。OPC 数据访问对象是由如图 7-8 所示的分层结构构成，即一个 OPC 服务器对象（OPCServer）具有一个作为子对象的 OPC 组集合对象（OPCGroups）。在这个 OPC 组集合对象里可以添加多个的 OPC 组对象（OPCGroup）。各个 OPC 组对象具有一个作为子对象的 OPC 项集合对象（OPCItems）。在这个 OPC 项集合对象里可以添加多个 OPC 项对象（OPCItem）。此外，作为选用功能，OPC 服务器对象还可以包含一个 OPC 浏览器对象（OPCBrowser）。

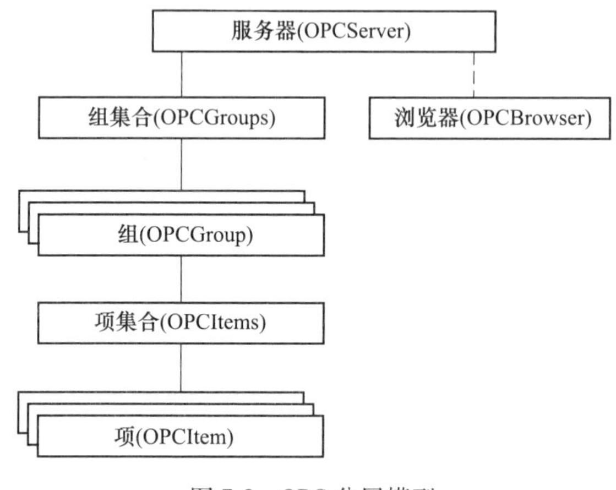

图 7-8　OPC 分层模型

OPC 的数据访问方法：首先，OPC 客户连接到 OPC 服务器上，并且建立 OPCGroup 和 OPCItem，这是 OPC 数据访问的基础，如果没有这个机制，数据访问的其他机能不可能实现；其次，客户通过其建立的 Group 和 Item 进行访问，实现对过程数据的访问；最后，当服务器响应客户的过程数据访问请求并且处理完毕时通知客户。以上三方面的机制是 OPC 数据访问服务器必须要实现的，客户的过程数据访问包括过程数据的读取、更新、订阅、写入等，过程数据的读/写还分同步读/写和异步读/写。建立 OPC 连接后，客户应用程序一般可以通过以下三种方式从 OPC 服务器读取数据。

（1）使用 IOPCSyncIO 接口同步读/写。OPC 服务器把按照 OPC 应用程序的要求得到的数据访问结果作为方法的参数返回给 OPC 应用程序，OPC 应用程序在结果被返回之前必须一直处于等待状态。

（2）使用 IOPCASyncIO 和 IOPCASyncIO2 接口异步读/写。OPC 服务器接到

OPC 应用程序的要求后，几乎立即将方法返回，OPC 应用程序随后可以进行其他处理。当 OPC 服务器完成数据访问时，触发 OPC 应用程序的异步访问完成事件，将数据访问结果传送给 OPC 应用程序，OPC 应用程序在事件处理程序中接收从 OPC 服务器传送来的数据。

(3) 使用 IOPCCallback 接口订阅式访问。订阅式数据采集方式实际上也属于异步读取方式的一种，这种访问方式并不需要 OPC 应用程序向 OPC 服务器要求，就可以自动接到从 OPC 服务器送来的变化通知的订阅（Subscription）方式数据采集。服务器按一定的更新周期（Update Rate）更新 OPC 服务器的数据缓冲器的数值，如果发现数值有变化时，就会以数据变化事件（Data Change）通知 OPC 应用程序。如果 OPC 服务器支持不敏感带（Dead Band），而且 OPC 项的数据类型是模拟量的情况，只有当前值与前次值的差的绝对值超过一定限度时，才更新缓冲器数据并通知 OPC 应用程序。通过设置不敏感带可以忽略模拟值的微小变化，从而大大减轻 OPC 服务器和 OPC 应用程序的负荷。

在企业建设生产能源调度、企业 EPR、计量系统等时，所有的这些系统均需要通过监控软件来实现实时数据的采集。采集的内容主要包括生产过程消耗数据、工艺过程数据、各微机综合保护的电量计量和设备运行状况信息，然后通过实时数据库把这些数据进行统一的存储并通过一定的机制定期把数据保存在数据库中。由于数据库中记录了大量的实时数据，也就为烧结、原料、焦化、高炉和炼钢的调度系统提供了充足的工艺设备故障分析数据，使得整个企业能够充分发挥设备产能，并获得最大的生产效益。

根据生产与工艺及系统未来扩展的要求，其数据采集系统涵盖如下内容：实时数据采集系统、实时监控系统、分布式报警系统、实时数据库系统、报表生成系统。

7.1.3 大数据采集

实现工业 4.0，需要高度的工业化、自动化基础，是漫长的征程。工业大数据是未来工业在全球市场竞争中发挥优势的关键。无论是德国工业 4.0、美国工业互联网还是《中国制造 2025》，各国制造业创新战略的实施基础都是工业大数据的搜集和特征分析，及以此为未来制造系统搭建的无忧环境。不论智能制造发展到何种程度，工业数据采集都是生产中最实际最高频的需求，也是工业 4.0 的先决条件。

数字化工厂不等于无人工厂，产品配置，制造流程越复杂越多变，越需要人的参与；在数字化工厂中，工人更多的是处理异常情况，调整设备。但数据采集一直是困扰着所有制造工厂的传统痛点，原因包括：自动化设备品牌类型繁多，厂家和数据接口各异，国外厂家本地支持有限，不同采购年代。即便实现数据自动采集了，也不等于整个制造过程数据都获得了，只要还有其他人工参与环节，这些数据就不完整。互联网的数据主要来自互联网用户和服务器等网络设备，主要是大量的文本数据、社交数据以及多媒体数据等，而工业数据主要来源于机器设备数据、工业信息化数据和产业链相关数据。从工业数据采集的类型来看，不仅要涵盖基础的数据，还将逐步包括半结构化的用户行为数据、网状的社交关系数据、文本或音频类型的用户意见和反馈数据、设备和传感器采集的周期性数据、网络爬虫获取的互联网数据，以及未来越来越多有潜在意义的各类数据，主要包括以下几种：（1）海量的 Key-Value 数据。在传感器技术飞速发展的今天，包括光电、热敏、气敏、力敏、磁敏、声敏、湿敏等不同类别的工业传感器在现场得到了大量应用，而且很多时候机器设备的数据大概要到毫秒级的精度才能分析海量的工业数据，因此，这部分数据的特点是每条数据内容很少，但是频率极高。（2）文档数据。它包括工程图纸、仿真数据、设计的 CAD 图纸等，还有大量的传统工程文档。（3）信息化数据。由工业信息系统产生的数据，一般是通过数据库形式存储的，这部分数据是最好采集的。（4）接口数据。由已经建成的工业自动化或信息系统提供的接口类型的数据，包括 txt 格式、JSON 格式、XML 格式等。（5）视频数据。工业现场会有大量的视频监控设备，这些设备会产生大量的视频数据。（6）图像数据。它包括工业现场各类图像设备拍摄的图片（例如，巡检人员用手持设备拍摄的设备、环境信息图片）。（7）音频数据。它包括语音及声音信息（例如，操作人员的通话、设备运转的音量等）。（8）其他数据。例如，遥感遥测信息、三维高程信息等。

传统的工业数据采集方法包括人工录入、调查问卷、电话随访等方式。大数据时代到来后，一个突出的变化是工业数据采集的方法有了质的飞跃，其中最重要的技术之一是工业数据采集射频识别（Radio Frequency Identification，RFID）技术。RFID 是一种非接触式的自动识别技术，通过射频信号自动识别目标对象并获取相关的数据信息。利用射频方式进行非接触双向通信，达到识别目的并交换数据。RFID 技术可识别高速运动物体并可同时识别多个标签，操作快捷方便。在工作时，RFID 读写器通过天线发送出一定频率的脉冲信号，当 RFID 标签进入磁场时，凭借感应电流所获得的能量发送出存储在芯片中的产品信息（Passive Tag，无源标签或被动标签），或者主动发送某一频率的信号（Active Tag，有源标签或主动标签）。阅读器对接收的信号进行解调和解码，然后送到后台主系统进行相关处理；主系统根据逻辑运算判断该卡的合法性，针对不同的设定做出相应的处理和控制，发出指令信号控制执行机构动作。RFID 技术解决了物品信息与互联网实现自动连接的问题，结合后续的大数据挖掘工作，能发挥其强大的威力。

在当今的制造业领域，工业数据采集是一个难点，很多企业的生产数据采集主要依靠传统的手工作业方式，采集过程中容易出现人为的记录错误且效率低下；有些企业虽然引进了相关技术手段，并且应用了工业数据采集系统，但是由于系统本身的原因以及企业没有选择最适合自己的数据采集系统，因此也无法实现信息采集的实时性、精确性和延伸性管理，各单元出现了信息断层的现象。

工业数据采集技术难点主要包括以下几个方面：（1）数据量巨大。任何系统在不同的数据量面前，需要的技术难度都是完全不同的。如果单纯是将数据采到，可能还比较好完成，但采集之后还需要处理。因为必须考虑数据的规范与清洗，并且大量的工业数据是“脏”数据，直接存储无法用于分析，在存储之前，必须进行处理，对海量的数据进行处理从技术上又提高了难度。（2）工业数据的协议不标准。互联网数据采集一般都是我们常见的 HTTP 等协议，但在工业领域，会出现 ModBus、OPC、CAN、ControlNet、DeviceNet、Profibus、Zigbee 等各种类型的工业协议，而且各个自动化设备生产及集成商还会开发各种私有的工业协议，导致在工业协议的互联互通上，出现了极大的难度。很多开发人员在工业现场实施综合自动化等项目时，遇到的最大问题就是面对众多的工业协议，无法有效的进行解析和采集。（3）视频传输所需带宽巨大。传统工业信息化由于都是在现场进行数据采集，视频数据传输主要在局域网中进行，因此，带宽不是主要的问题。但随着云计算技术的普及及公有云的兴起，大数据需要大量的计算资源和存储资源，因此工业数据逐步迁移到公有云已经是大势所趋了。但是，一个工业企业可能会有几十路视频，成规模的企业会有上百路视频，这么大量的视频文件如何通过互联网顺畅传输到云端，是开发人员需要面临的巨大挑战。（4）对原有系统的采集难度大。在工业企业实施大数据项目时，数据采集往往不是针对传感器或者 PLC，而是采集已经完成部署的自动化系统上位机数据。这些自动化系统在部署时厂商水平参差不齐，大部分系统是没有数据接口的，文档也大量缺失，大量的现场系统没有点表等基础设置数据，使得对于这部分数据采集的难度极大。（5）安全性考虑不足。原先的工业系统都是运行在局域网中，安全问题不是突出考虑的重点。一旦需要通过云端调度工业中最为核心的生产能力，又没有对安全的充分考虑，造成损失，是难以弥补的。2015 年，受网络安全事件影响的工业企业占比达到 30%，因病毒造成停机的企业高达 20%，仅美国国土安全部的工业控制系统网络应急响应小组（ICS-CERT）就收到了 295 起针对关键基础设施的攻击事件。

7.1.4　实时数据库技术

实时数据库管理系统是按照工业自动化系统及物联网领域的特点和实际需求研制而成，是用于海量实时/历史信息处理的专业平台，可广泛应用于电力、石油化工、钢铁冶金、水情水利、智能交通等工业自动化及现代服务领域。该系统拥有混合压缩的专利技术，可对数据进行高倍率的压缩存储，特别适合长久记录生产过程中按时间顺序产生的大量数据；提供了组态、HS-DataLink、HS-API、HS-SDK、HS-ODBC 等工具和接口，方法便于数据库的应用开发；既可以画面、图表、曲线、报表等方式展示实时和历史数据，还可以通过对 HS-API、HS-SDK 等接口进行编程，实现复杂的数据加工、处理和分析。

实时数据库是在物理上分散于计算机网络节点而逻辑上属于一个整体的数据库管理系统，其体系架构如图 7-9 所示。实时数据库数据处理服务器在系统启动时，向命名服务器注册其服务名称和服务地址（包括服务 IP 和端口号）；客户端在访问数据处理服务器之前，先与命名服务器建立连接，查询取得需要访问的数据处理服务器的服务地址，然后建立其与数据处理服务器之间的服务链接，就可以进行数据存储和访问工作了。由于数据访问客户端只需要具有数据处理服务器的逻辑服务名信息就可以访问，当数据处理服务器的服务地址发生变化时，数据访问客户端不受影响，从而达到数据的物理位置无关性的目标。

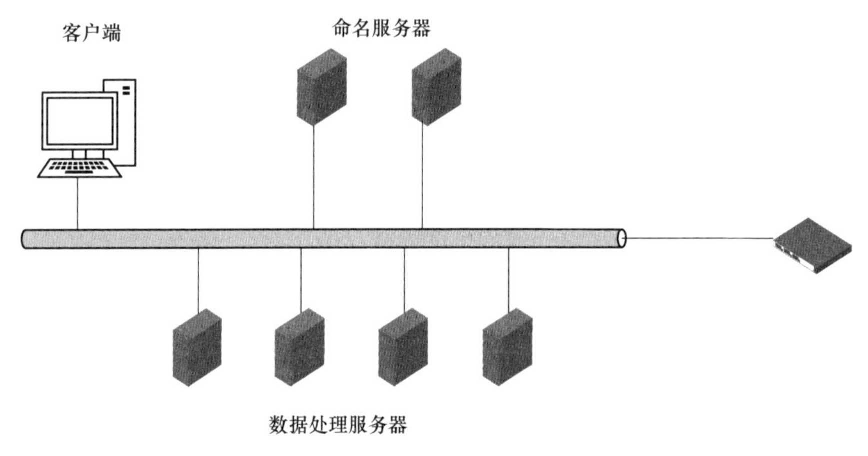

图 7-9　实时数据库体系架构

实时数据库关键技术如下：

（1）实时数据库在实现上充分考虑了如何支持海量、高频变化信息的需求。将实时数据库、历史数据库以及数据缓存管理进行有机结合，在程序设计上充分挖掘了网络并行化、磁盘交互、多 CPU 技术、操作系统技术、存储器技术和网络通信技术，充分协调网络通信和报文处理，使得多个 CPU（多核）可以并行处理来自一个 TCP 链接上的多个请求报文，也就是将一个 TCP 链接上的报文处理任务并行化，从而达到高效处理的目标。经过测试，实时数据库在普通 PC 机上数据提交吞吐量达每秒百万事件以上，是现有其他同类产品性能的 10 倍以上。

（2）混合压缩技术。实时数据库有机地整合了有损和无损两类主流压缩算法，支持两者混合使用，大大增强了选择灵活性。混合压缩技术既满足了对数据压缩精度的不同应用需求，也满足了数据存储较小空间的要求。采用该技术对生产过程中大规模的时间序列历史数据进行存储后，数据的实际压缩率更好。

（3）客户端缓存技术。用户向数据处理服务器发送的诸如数据点维护（增加、删除、修改）请求和数据提交请求都在客户端本机磁盘上做实时缓存，利用高速的文件内存映射机制，将完整的请求作为一个数据包写入文件。只有客户端接口确认服务端已经接收到这些数据，才将这个数据包从缓存文件中删除；如果在发送这些请求报文的过程中网络通信或者数据处理服务器发生故障，客户端接口会持续缓存请求报文，并不断生成新的缓存文件。当数据通信恢复正常后，客户端接口会逐步将缓存的数据重新发送到服务端，从而能够保证提交的数据在故障过程中不丢失。该技术可以简化客户端软件的编制复杂度，不需要考虑由于网络故障或者服务器故障情况下的数据处理程序，同时大大提高了系统的可靠性。

（4）静态网络负载均衡技术。如果客户端与服务端之间存在多个网络连接，数据库会实时记录每个网络连接的带宽利用率，新的客户端在与服务端建立通信时会对这些连接按照带宽利用率的大小进行排序，然后选择利用率比较低的网络作为本次的通信链路，从而实现网络负载的自动均衡。

（5）离散变化量压缩存储技术。对离散数据点的时序数据，实时数据库先应用变化压缩算法对其进行有损压缩，再进行无损压缩，从而取得更高的总和压缩率。

（6）历史数据更新技术。实时数据库支持在任何时间段插入、修改历史数据的功能，插入或者修改的数据仍然以压缩格式存储，其接口形式与按照正常顺序写入的接口形式一致。

（7）连续历史曲线压缩存储技术。对数据点的连续时序数据可以先进行有损压缩，再进行无损压缩，从而取得更高的综合压缩率。其中，有损压缩采用线性带宽压缩算法，无损压缩采用哈夫曼压缩算法。线性带宽压缩算法是一种直线趋势化压缩算法，其本质是通过一条由起点和终点确定的直线代替一系列连续数据点；压缩的原理是根据起点和终点构成的线性带宽区域与起点和中间点构成的线性带宽区域是否有重合区域决定是否压缩掉中间点。

7.1.5　数据管理

7.1.5.1　数据准备技术

（1）数据表示。数据是用来描述对应用程序很重要的现实世界的信息资源，数据描述物、人、产品、项目、客户、资产和记录等。数据表示通过对于信息资源的分类、编码以及格式等内容进行分析规范，使得信息数据能够快速、高效、准确地被计算机所识别，从而使得采集上来的数据能够更好地为应用服务。表示数据的过程需要数据结构分析、文档准备和对等检查等，其最终结果是应用程序有关信息记录的概念性视图，回答数据“是什么、在哪里、何时以及为什么”等问题。数据表示的最终目标是将这些信息转化为计算机能够识别的语言，并存储起来。

（2）元数据注册。元数据是描述对象的数据，用于说明对象的相关特征。对于某个对象的元数据描述，可以避免在不同环境、语境以及不同视角下对同一对象的差异化描述，确保对象描述的唯一性。大数据环境下由于数据获取与表现方式存在不同，所以数据类型有多种，包括声音、图像、视频、文本等。由于记录信息的角度不同、信息获取的方式不同，导致不同类型的数据在具体的数据处理和表现上也有着本质的差别。因此，在大量数据对于同一对象的不同描述中，如果能够提前对于该对象的元数据进行注册，并在描述该对象时通过元数据的相关表示规范进行描述，可以有效地将对象内容中的唯一特性表示出来，从而为包含该对象的相关应用打下良好的基础。

（3）本体元建模。源于哲学范畴的本体论（Ontology）在计算机科学技术领域，尤其是知识工程领域率先得到了应用。近年来，本体论已被广泛地应用于信息与知识的分类和表达领域，应用领域的本体得到了共享与重用。利用本体对应用领域相关知识进行建模能够有效地支撑信息的语义共享，本体及其形式化规范还能够应用于人-机通信、机-机通信与信息交换，有力地支撑系统的语义集成与互操作。

（4）本体描述。语言 OWL（Web Ontology Language）和 OWLS（OWL for Web Service）等极大增强了本体的建模机制和表达能力，推动了语义服务计算的工程化进程。本体建模具有开放、伸缩地定义和描述语义关联的特性，从而具有随实际问题的语义丰简、智能化程度的需要，开放地表达与构造软件实体的语义行为能力。结合本体的建模理论与技术是大数据环境下，对于知识挖掘、信息潜在价值发现的重要技术支撑。

7.1.5.2　数据存储技术

分布式文件系统将大规模海量数据用文件的形式保存在不同的存储节点中，并用分布式系统进行管理。其技术特点是：为了解决复杂问题，将大的任务分解为多个小任务，通过让多个处理器或多个计算机节点参与计算来解决问题。分布式文件系统能够支持多台主机通过网络同时访问共享文件和存储目录，使多台计算机上的多个用户共享文件和存储资源。分布式文件系统架构更适用于互联网应用，能够更好地支持海量数据的存储和处理。基于新一代分布式计算的架构很可能成为未来主要的互联网计算架构之一，目前典型的分布式文件系统产品有 GFS（Google File System 文件系统）、HDFS（Hadoop 分布式文件系统）等。

传统数据库并非专为数据分析而设计，数据仓库专用设备的兴起，表明面向事务性处理的传统数据库和面向分析的分析型数据库走向分离。数据仓库专用设备，一般会采用软硬一体的方式。这类数据库采用更适于数据查询的技术，以列式存储或 MPP（大规模并行处理）技术为代表。数据仓库适合于存储关系复杂的数据模型（例如企业核心业务数据），适合进行一致性与事务性要求高的计算，以及复杂的 BI（商业智能）计算。在数据仓库中，经常使用数据温度技术、存储访问技术来提高性能。

（1）列式存储。对于图像、视频、URL、地理位置等类型多样的数据，难以用传统的结构化方式描述，因此需要使用由多维表组成的面向列存储的数据管理系统来组织和管理数据。列式存储将数据按行排序，按列存储，将相同字段的数据作为一个列族来聚合存储。当只查询少数列族数据时，列式数据库可以减少读取数据量，减少数据装载和读入读出的时间，提高数据处理效率。按列存储还可以承载更大的数据量，获得高效的垂直数据压缩能力，降低数据存储开销。

（2）数据温度技术。数据温度技术可以提高数据访问性能，区分经常被访问和很少被访问的数据。经常访问的是高温数据，这类数据存储在高速存储区，访问路径会非常直接；而低温数据则可以放在非高速存储区，访问路径也相对复杂。

（3）存储访问技术。近两年，存储访问技术不断变化，例如固态硬盘数据仓库，用接近闪存的性能访问数据，比原来在磁盘上顺序读取数据快很多。内存数据库产品，在数据库中国电子技术标准化研究院大数据标准化白皮书管理系统软件上进行优化，规避传统数据库（数据仓库）读取数据时的磁盘 I/O 操作，节省访问时间。

（4）非关系型数据库技术（NoSQL）。相比传统关系型数据库，NoSQL 数据库发展的原因是数据作用域发生了改变，不再是整数和浮点等原始的数据类型，数据已经成为一个完整的文件。这对数据库技术提出了新的要求，要求能够对数据库进行高并发读写、高效率存储和访问，要求数据库具有高可扩展性和高可用性，并具有较低成本。NoSQL 使得数据库具备了非关系、可水平扩展、可分布和开源等特点，为非结构化数据管理提供支持。目前，NoSQL 数据库技术大多应用于互联网行业。

7.1.5.3 数据平台技术

（1）面向服务的体系结构（Service-Oriented Architecture，SOA）。SOA 是近年来软件规划和构建的一种新方法，以“服务”为基本元素和核心。最早由国际咨询机构 Gartner 公司于 1996 年提出，2003 年以后成为我国软件产业界关注的重点，并得到众多行业的广泛应用。SOA 是大数据的重要支撑技术，通过“服务”的方式支撑实现大数据的跨系统汇聚、共享、交换、分析、管理和访问。我国在 SOA 广泛应用实践的基础上推动了标准化工作，形成了支撑各类应用的服务技术架构系列标准，并在智慧城市、电子政务等众多信息化领域取得了成功实践，具备了支撑大数据发展的良好基础。

（2）Map Reduce 框架。Map Reduce 是一个软件架构，用于大规模数据集(大于 1TB)的并行运算。Map Reduce 框架是 Hadoop 的核心，但是除了 Hadoop，Map Reduce 上还可以有 MPP（列数据库）或 NoSQL。当处理一个大数据集查询时，Map Reduce 会将任务分解并在运行的多个节点处理。当数据量很大时，一台服务器无法满足需求，分布式计算优势就体现出来了。Map Reduce 有将任务分发到多个服务器上处理大数据的能力。HDFS（Hadoop Distributed File System）的重要内容就是对于分布式计算，每个服务器都具备对数据的访问能力。HDFS 与 Map Reduce 的结合，使得在处理大数据的过程中计算性能得到保障。当 Hadoop 集群中的服务器出现错误时，整个计算过程不会终止；同时 HDFS 可保障在整个集群中发生故障错误时的数据冗余；当计算完成时将结果写入 HDFS 的一个节点之中。HDFS 对存储的数据格式并无苛刻的要求，数据可以是非结构化或其他类别。Hadoop 是 Map Reduce 框架的一个典型应用。Hadoop 的可靠性是因为它假设计算元素和存储会失败，因此维护多个工作数据副本，确保能够针对失败的节点重新分布处理；Hadoop 高效性是因为它以并行的方式工作，通过并行处理加快处理速度；Hadoop 还是可伸缩的，能够处理 PB 级数据。

7.1.5.4　数据处理技术

A　数据挖掘和分析

大数据只有通过分析才能获取很多智能的、深入的、有价值的信息。越来越多的应用涉及大数据，而这些大数据的属性与特征，包括数量、速度、多样性等都是呈现了不断增长的复杂性，所以大数据的分析方法就显得尤为重要，可以说是数据资源是否具有价值的决定性因素。大数据分析的理论核心就是数据挖掘，各种数据挖掘算法基于不同的数据类型和格式，可以更加科学地呈现出数据本身具备的特点，正是因为这些公认的统计方法使得深入数据内部、挖掘价值成为可能。另外，基于这些数据挖掘算法才能更快速的处理大数据。

大数据分析的使用者有大数据分析专家，同时还有普通用户，两者对于大数据分析最基本的要求是可视化。可视化分析能够直观地呈现大数据特点，同时能够非常容易被使用者所接受。

大数据分析离不开数据质量和数据管理，高质量的数据和有效的数据管理，无论是在学术研究还是在商业应用领域，都能够保证分析结果的真实和有价值。数据挖掘和分析的相关方法如下：

（1）神经网络方法。神经网络具有良好的鲁棒性、自组织自适应性、并行处理、分布存储和高度容错等特性，非常适合解决数据挖掘的问题，用于分类、预测和模式识别的前馈式神经网络模型；以 hopfield 的离散模型和连续模型为代表，分别用于联想记忆和优化计算的反馈式神经网络模型；以 art 模型、koholon 模型为代表，用于聚类的自组织映射方法。神经网络方法的缺点是“黑箱”性，人们难以理解网络的学习和决策过程。

（2）遗传算法。遗传算法是一种基于生物自然选择与遗传机理的随机搜索算法，是一种仿生全局优化方法。遗传算法具有隐含并行性、易于和其他模型结合等性质，使它在数据挖掘中被广泛应用。遗传算法的应用还体现在与神经网络、粗集等技术的结合上，如利用遗传算法优化神经网络结构，在不增加错误率的前提下，删除多余的连接和隐层单元；用遗传算法和 BP 算法结合训练神经网络，然后从网络提取规则等。

（3）决策树方法。决策树是一种常用于预测模型的算法，它通过将大量数据有目的地分类，从中找到一些有价值的、潜在的信息，主要优点是描述简单、分类速度快、特别适合大规模的数据处理。最有影响和最早的决策树方法是由 quinlan 提出的著名的基于信息熵的 id3 算法。

（4）粗集方法。粗集理论是一种研究不精确、不确定知识的数学工具。粗集方法的优点：不需要给出额外信息；简化输入信息的表达空间；算法简单，易于操作。粗集处理的对象是类似二维关系表的信息表——覆盖正例排斥反例方法。利用覆盖所有正例、排斥所有反例的思想来寻找规则，首先在正例集合中任选一个种子，到反例集合中逐个比较。与字段取值构成的选择子相容则舍去，相反则保留。按此思想循环所有正例种子，将得到正例的规则（选择子的合取式）。

（5）统计分析方法。在数据库字段项之间存在两种关系：函数关系和相关关系，对它们的分析可采用统计学方法，常用统计分析、回归分析、相关分析、差异分析等。

（6）模糊集方法。利用模糊集合理论对实际问题进行模糊评判、模糊决策、模糊模式识别和模糊聚类分析。系统的复杂性越高，模糊性越强，一般模糊集合理论是用隶属度来刻画模糊事物的亦此亦彼性的。李德毅院士在传统模糊理论和概率统计的基础上，提出了定性定量不确定性转换模型——云模型，并形成了云理论。

B 内存计算

内存计算（In-Memory Computing），实质上是 CPU 直接从内存而非硬盘上读取数据，并对数据进行计算、分析。此项技术是对传统数据处理方式的一种加速，是实现商务智能中海量数据分析和实施数据分析的关键应用技术。内存计算适合处理海量的数据，以及需要实时获得结果的数据。例如，可以将一个企业近十年几乎所有的财务、营销、市场等各方面的数据一次性地保存在内存里，并在此基础上进行数据分析。当企业需要做快速的账务分析，或要对市场进行分析时，内存计算能够快速地按照需求完成。内存相对于磁盘，其读写速度要快很多倍。内存计算可以模拟一些数据分析的结果，实现对市场未来发展的预测，如需求性建模、航空天气预测、零售商品销量预测、产品定价策略等。

C　流处理技术

在大数据时代，数据的增长速度超过了存储容量的增长。在不远的将来，人们将无法存储所有的数据，同时，数据的价值会随着时间的流逝而不断减少。此外，很多数据涉及用户的隐私无法进行存储，对数据进行实时处理的流处理获得了人们越来越多的关注。

数据的实时处理是一个很有挑战性的工作，数据流本身具有持续达到、速度且规模巨大等特点，因此通常不会对所有的数据进行永久化存储，而且数据环境处在不断的变化之中，系统很难准确掌握整个数据的全貌。由于响应时间的要求，流处理的过程基本在内存中完成，其处理方式更多地依赖于在内存中设计巧妙的概要数据结构（Synopsis Data Structure），内存容量是限制流处理模型的一个主要瓶颈。以 PCM（相变存储器）为代表的 SCM（Storage Class Memory，储存级内存）设备的出现或许可以使内存未来不再成为流处理模型的制约。数据流的理论及技术研究已经有十几年的历史，目前仍然是研究热点。当前得到广泛应用的很多系统多数为支持分布式、并行处理的流处理系统，比较有代表性的商用软件包括 IBM 的 Stream Base 和 Info Sphere Streams，开源系统则包括 Twitter 的 Storm、Yahoo 的 S4 等。

7.2　多元统计故障诊断方法

工业的发展水平是一个国家综合实力的重要体现，也是决定国民生活水平的重要因素。近年来，为了提高工业水平，各国提出了一系列的战略措施。如德国提出“工业 4.0 战略”，美国提出“国家制造创新网络计划”以及日本提出“工业价值链计划”。为了迎接新的挑战，中国也相应提出“中国制造 2025”等措施，旨在为中国工业尤其是制造业夯实基础，推进变革。不难发现，上述的国家战略措施的背后都有一个基本点，即大力发展工业数据分析技术，以实现工业过程的零故障、零隐患的高效运行。随着现代科技的迅猛发展和市场竞争的愈演愈烈，工业过程规模不断扩大，过程的复杂性也不断提高，工业过程的安全生产和高效运行受到越来越广泛的关注，已成为新一代工业技术革命的重要保障之一。为了确保工业过程的安全运行和运行状态符合给定的性能指标，需要对工业过程的运行状态进行监测以及时发现故障并进行诊断和消除。因此，过程监测技术在现代工业中发挥着举足轻重的作用，它能有效避免重大的事故，减少经济成本，保证工业过程的安全性和高效性。过程监测技术已经成为近年来工业自动化领域内的研究热点，该技术是保障制造业转型升级，实现智能制造的基本技术之一。

一般来说，过程监测方法可以分为三大类：基于机理的方法、基于知识的方法和基于数据的方法。其中，基于机理的方法是指根据过程知识建立定量的机理模型。然而，由于过程中往往存在着不确定性、非线性、时变性等特点，很难建立准确的数学机理模型。因此，基于机理模型的方法通常局限于一些简单的工业过程而难以在现代工业中取得广泛的应用。基于知识的方法是指根据过程知识建立定性的描述模型，通常依赖于生产经验和工艺知识，因而也无法广泛应用于过程特性复杂和先验知识难以获取的现代工业过程。相比于基于机理模型和知识的方法，基于数据的方法不依赖于过程知识，只需对过程数据所蕴含的过程信息进行分析和提取来表征过程的运行状态，如果数据中的关键过程信息被很好地提取出来，则可以准确地描述过程的运行状态以实现可靠的过程监测。近年来，随着数据测量与存储技术的飞速发展，工业过程积累了丰富的过程数据，极大地促进了数据驱动的过程监测方法的发展。在众多基于数据的方法中，多元统计分析的方法由于能够有效处理多变量高度耦合的数据而得到了广泛的应用。基于多元统计分析的过程监测方法通常称为多元统计过程监测，它们使用多元统计分析对过程数据降维，提取关键的特征和信息，并构建统计性能指标对过程的运行状态进行评估。其中，最常用的多元统计分析方法包括主成分分析、偏最小二乘分析、独立主成分分析和 Fisher 判别分析等。统计过程监测方法只需过程数据而不依赖于特定的过程知识，因而具有很好的通用性，被广泛应用于现代工业过程，如石油化工、半导体制造、钢铁工业等。在过去的 20 年中，发达国家投入大量的人力和物力，加强对该研究领域的资助，以希望通过分析和挖掘大量的过程数据所包含的信息来了解过程内在的运行模式，从而发现和解决过程中影响生产安全和产品质量的问题，把数据资源优势转化为生产效益和产品质量优势。

尽管传统的统计监测方法在实际工业过程中取得了较为成功的应用，但是它们往往对过程的运行情况或数据特性做了一些理想化的假设，这些假设主要包括：建模数据是充足的且规则的、过程变量服从单一的线性关系或者非线性关系、过程变量不具有时序上的自相关性的。然而，随着工业过程的过程特性日益复杂和过程规模的日益庞大，它们往往处于一种复杂的非理想的运行工况，从而导致传统的统计过程监测方法性能下降，甚至无法适用。随着当今市场的多变性和产品定制化的需求，间歇过程因其小批量生产、高产品附加值的特点成为当今工业过程的主要生产方式之一。鉴于间歇过程的本身反应的复杂性、生产周期的有限性以及多操作阶段的特点，间歇过程的运行状况往往较为复杂而无法满足传统的假设条件。另外，随着现代工业对提高生产效率和资源利用率的迫切需求，大规模连续过程也成为当今工业过程的一大发展趋势。大规模连续过程往往由多个生产设备、生产线、车间，甚至是工厂构成，它们运行在不同的环境，具有不同的机理且相互影响，因此大规模过程通常具有复杂的过程特性而无法满足理想化的假设条件。综上分析，现代工业过程因其日益复杂化和大规模化而往往处于复杂的运行工况，具有复杂的过程特性，从而无法满足传统统计检测方法的理想化的假设，导致了传统方法的监测性能下降，甚至不适用。因此，本节以当今工业过程的两大典型的复杂生产过程——间歇过程和大规模连续过程为背景，研究实际工业运行中的复杂特性，并针对其中典型问题提出一系列新的解决思路和方案。

随着电子技术和计算机应用技术的飞速发展，现代工业过程大都具有完备的传感测量装置，可以在线获得大量的过程数据，这些数据含有关于生产过程运行状态的有用信息。然而，由于过程数据存在维数高、变量之间强耦合、测量值存在时序依存关系等特点，限制了传统的单变量统计过程监测技术（SPM）的应用。

近几年发展起来的多变量统计过程监测（MSPM）方法克服了传统方法的不足，并在工业过程监测领域得到了广泛的应用，其优点为：MSPM 方法只需要正常工况下的历史数据来建立模型，同时能够有效地剔除过程数据中的冗余信息，极大地降低数据维数，甚至可以将过程运行状态直接显示于二维的统计量监视图中等。典型的 MSPM 方法包括主成分分析（PCA）、独立成分分析（ICA）、核主成分分析（KPCA）、偏最小二乘（PLS）等。PCA 和 PLS 都是通过线性空间变换将高维数据空间投影到低维主成分空间，进而去除原数据空间的冗余信息，并能用少数几个不相关的主成分表示原始数据信息。但是两者的工作对象不同，PCA 针对单张数据表，分析过程数据自身特性；PLS 的工作对象是两张数据表，分别包含过程数据和质量数据，更侧重于分析过程数据中与质量相关的过程信息。KPCA 通过非线性映射，将原始输入空间中的非线性数据映射到高维特征空间中，并在特征空间进行 PCA，从而达到降维的目的，巧妙地将一个非线性问题转化为线性问题。过程数据呈非高斯分布时，ICA 作为基于高阶统计量的信号处理方法，能够有效抑制噪声，并能分解出相互独立的非高斯信息。

除上述典型 MSPM 方法之外，针对生产方式不同、测量值存在时序依赖关系以及随着生产的进行需要在线更新监测模型等问题，相关学者提出了一些衍生方法，如多向主成分分析（MPCA）、多向偏最小二乘（MPLS）、多向核主成分分析（MKPCA）、多向独立成分分析（MICA）、动态主成分分析（DPCA）、递归主成分分析（RPCA）以及多尺度主成分分析（MSPCA）等。同时，高斯混合模型（GMM）、机器学习（ML）、神经网络（NN）、专家系统、支持向量机（SVM）等方法也在复杂工业过程监测中获得了一些成功应用。

7.2.1　数据的标准化处理

数据标准化是基于过程数据的建模方法的一个重要环节，一个好的标准化方法可以在很大程度上突出过程变量之间的相关关系、去除过程中存在的一些非线性特性、剔除不同测量量纲对模型的影响、简化数据模型的结构。数据标准化处理通常包含两个步骤：数据的中心化处理和无量纲化处理。

7.2.1.1　数据的中心化处理

数据的中心化处理是指将数据进行平移变换，使得新坐标系下的数据和样本点集合的重心重合。对于数据阵 $\boldsymbol{X} \in R^{N \times 1}$，数据中心化的数学表示见式（7-1）。其中，$N$ 为样本点个数；J 为变量个数；n 为样本点索引；j 为变量索引。

$$\tilde{x}_{nj} = x_{nj} - \bar{v}_j \quad (i = 1, \cdots, N; j = 1, \cdots, J) \tag{7-1}$$

其中，$\bar{v}_j = \dfrac{1}{N} \sum_{n=1}^{N} x_{nj}$。

如果数据是中心化的，变量的方差、协方差以及相关系数公式如下：

$$s_j^2 = \mathrm{var}(v_j) = \frac{1}{N} \| v_j \|^2 = \frac{1}{N} v_j^{\mathrm{T}} v_j \tag{7-2}$$

$$s_{jk} = \mathrm{cov}(v_j, v_k) = \frac{1}{N} \langle v_j, v_k \rangle = \frac{1}{N} v_j^{\mathrm{T}} v_k \tag{7-3}$$

$$r_{jk} = r(v_j, v_k) = \frac{\langle v_j, v_k \rangle}{\| v_j \| \ \| v_k \|} = \cos\theta_{jk} \tag{7-4}$$

数据的中心化处理后，两个变量的相关系数恰好等于它们夹角的余弦值。

7.2.1.2　数据的无量纲化处理

过程变量测量值的量程差异很大，例如，注塑过程中机桶温度的测量值为几百摄氏度，而螺杆位移的量程只有几厘米。若对这些未经过任何处理的测量数据进行主成分分析，很显然在几百摄氏度附近变化的温度测量值左右着主成分的方向，而实际上这些温度变化 3~5℃ 相对于其量程来说并不是很大的变化。在工程上，这类问题称为数据的假变异，并不能真正反映数据本身的变化情况。为了消除假变异现象，数据预处理时需要消除变量的量纲效应，使每一个变量都具有同等的表现力。数据分析中常用的无量纲化处理方法见式（7-5），该方法使每个变量的方差均变成 1。

$$\tilde{x}_{ij} = x_{ij} / s_j \quad (n = 1, \cdots, N; j = 1, \cdots, J) \tag{7-5}$$

式中，$s_j = \sqrt{\dfrac{1}{N} \sum_{n=1}^{N} (x_{nj} - \bar{v}_j)^2}$。

除上述方法之外，还有式（7-6）~式（7-9）的无量纲化方法。

$$\tilde{x}_{nj} = \frac{x_{nj}}{\max_n \{ x_{nj} \}} \tag{7-6}$$

$$\tilde{x}_{nj}=\frac{x_{nj}}{\min_n\{x_{nj}\}}\tag{7-7}$$

$$\tilde{x}_{ij}=\frac{x_{ij}}{\bar{v}_j}\tag{7-8}$$

$$\tilde{x}_{nj}=\frac{x_{nj}}{\max_n\{x_{nj}\}-\min_n\{x_{nj}\}}\tag{7-9}$$

7.2.1.3　数据的标准化处理

所谓数据的标准化处理，是指对数据同时进行中心化和无量纲化处理。式（7-10）的标准化处理方法在多元统计方法中应用最为普遍。

$$\tilde{x}_{nj}=\frac{x_{nj}-\bar{v}_i}{s_j}\quad(n=1,\cdots,N;\ j=1,\cdots,J)\tag{7-10}$$

7.2.2　基于主成分分析的故障诊断方法

主成分分析（PCA）是一种广泛应用于工程和科学领域的统计方法，其应用可与傅里叶分析相媲美，尤其是在过程监控领域。将收集到的过程数据以矩阵的形式表示为：

$$\boldsymbol{X}=[X_1\quad X_2\quad\cdots\quad X_n]^{\mathrm{T}}\in R^{n\times m}\tag{7-11}$$

式中　m——传感器数；

　　n——变量数。

将矩阵 $\boldsymbol{X}$ 做归一化处理得到零均值，单位方差的标准形式。通过奇异值分解（SVD）得到如下形式：

$$\boldsymbol{X}=\boldsymbol{T}\boldsymbol{P}^{\mathrm{T}}+\tilde{\boldsymbol{X}}\tag{7-12}$$

其中，$\boldsymbol{T}=\boldsymbol{X}\boldsymbol{P}$ 包含左侧奇异向量及其奇异值，$\boldsymbol{P}$ 包含右侧奇异向量，$\tilde{\boldsymbol{X}}$ 为残差矩阵。因此 $\boldsymbol{T}$ 的列向量是正交的，而 $\boldsymbol{P}$ 的列向量是正交的。表示样本协方差矩阵为：

$$\boldsymbol{S}=\frac{1}{N-1}\boldsymbol{X}^{\mathrm{T}}\boldsymbol{X}\tag{7-13}$$

作为奇异值分解的一种替代方法，可以对 $\boldsymbol{S}$ 进行特征分解，得到 $\boldsymbol{P}$ 作为 $\boldsymbol{S}$ 的一个主导特征向量，特征值记为：

$$\Lambda=\mathrm{diag}\{\lambda_1,\lambda_2,\cdots,\lambda_i\}\tag{7-14}$$

其中，$\lambda_i=\dfrac{1}{N-1}\boldsymbol{t}_i^{\mathrm{T}}\boldsymbol{t}_i\approx\mathrm{var}\{\boldsymbol{t}_i\}$。

通过上述变换，可将原始数据分别投影到主成分空间和残差空间，主成分空间与残差空间正交，主成分空间的具体表示如下：

$$\hat{\boldsymbol{x}} = \boldsymbol{T}\boldsymbol{P}^{\mathrm{T}} = \boldsymbol{X}\boldsymbol{P}\boldsymbol{P}^{\mathrm{T}}$$
$$\boldsymbol{T} = \boldsymbol{X}\boldsymbol{P} \tag{7-15}$$

其中，残差空间主要包含奇异值较小的部分和噪声信号。

$$\tilde{\boldsymbol{x}} = \boldsymbol{x} - \hat{\boldsymbol{x}} = \boldsymbol{x}(\boldsymbol{I} - \boldsymbol{P}\boldsymbol{P}^{\mathrm{T}}) \tag{7-16}$$

基于 PCA 的故障监测流程图如图 7-10 所示。

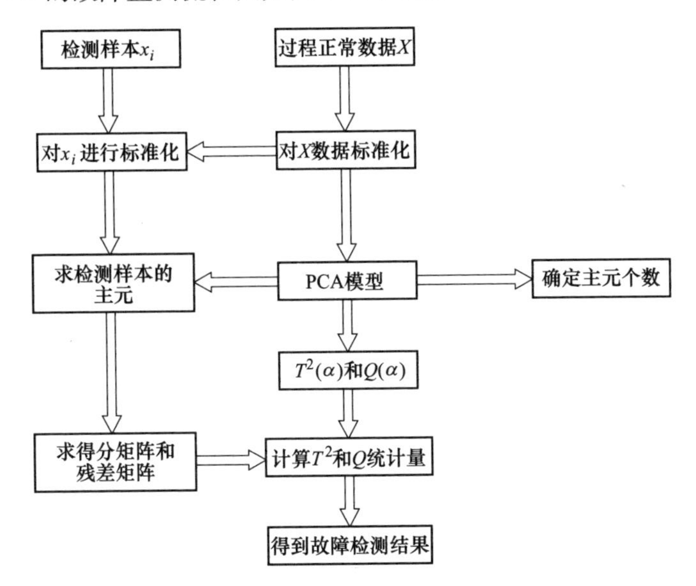

图 7-10 PCA 故障检测流程

7.2.3 基于最小二乘的故障诊断方法

收集系统的输入输出数据 $\boldsymbol{X}$ 与 $\boldsymbol{Y}$，PLS 将 $\boldsymbol{X}$ 和 $\boldsymbol{Y}$ 投影到由 l 个潜在变量定义的低维空间中。

$$\begin{cases} \boldsymbol{X} = \sum_{i=1}^{l} \boldsymbol{t}_i \boldsymbol{p}_i^{\mathrm{T}} + \boldsymbol{E} = \boldsymbol{T}\boldsymbol{P}^{\mathrm{T}} + \boldsymbol{E} \\ \boldsymbol{Y} = \sum_{i=1}^{l} \boldsymbol{t}_i \boldsymbol{q}_i^{\mathrm{T}} + \boldsymbol{F} = \boldsymbol{T}\boldsymbol{Q}^{\mathrm{T}} + \boldsymbol{F} \end{cases} \tag{7-17}$$

式中 $\boldsymbol{T}=[\boldsymbol{t}_1,\cdots,\boldsymbol{t}_l]$——潜在得分向量；

$\boldsymbol{P}=[\boldsymbol{p}_1,\cdots,\boldsymbol{p}_l]$，$\boldsymbol{Q}=[\boldsymbol{q}_1,\cdots,\boldsymbol{q}_l]$——$\boldsymbol{X}$ 和 $\boldsymbol{Y}$ 负载矩阵；

$\boldsymbol{E}$，$\boldsymbol{F}$——对应于 $\boldsymbol{X}$ 和 $\boldsymbol{Y}$ 残差矩阵。

潜在因素的数量 1 通常是通过交叉验证来确定的，对训练数据之外的数据进行预测。

其中：

$$\boldsymbol{T} = \boldsymbol{XR}$$
$$\boldsymbol{R} = \boldsymbol{W}(\boldsymbol{P}^{\mathrm{T}}\boldsymbol{W})^{-1} \tag{7-18}$$

则新样本的估计和残差可以表示如下：

$$\hat{\boldsymbol{X}} = \boldsymbol{PR}^{\mathrm{T}}\boldsymbol{X}$$
$$\hat{\boldsymbol{Y}} = \boldsymbol{QR}^{\mathrm{T}}\boldsymbol{X} \tag{7-19}$$
$$\tilde{\boldsymbol{X}} = (\boldsymbol{I} - \boldsymbol{PR}^{\mathrm{T}})\boldsymbol{X}$$

7.2.4　基于 Fisher 判别分析的方法

Fisher 判别分析（Fisher Discriminant Analysis，FDA）方法是费歇（Fisher）于 1936 年提出的，主要用于模式识别的一种降低特征空间维数的模式分类方法。2000 年前后，美国学者 Chiang 等人首先将该方法引入到流程工业过程，用其进行故障诊断分析。其后，以浙江大学王树青教授及其课题小组为主的研究人员对其作了一定的研究，并于 2004 年提出了 MFDA 方法，将 Fisher 判别分析思想扩展到间歇过程的故障监控。FDA 的目的是寻找 Fisher 最优判别向量，使得按照最大化类间离散度、同时最小化类内离散度的准则确定的 Fisher 标准函数最大化，这样高维特征空间中的过程信息向量就可以被投影到用于组成一个低维特征空间的最优判别向量上。在低维 Fisher 空间上，不同类的数据基本上都可以被线性分开。

假设不同类的样本数据组成矩阵 $\boldsymbol{X} \in R^{n \times m}$，其中，$n$ 为观测样本数，m 为测量变量个数，p 为类别总数，n_j 为第 j 类中的观测样本数，将第 i 个观测样本的测量变量向量表示为 $\boldsymbol{X}_i$。首先定义以下几个矩阵：总体离散度矩阵、类内离散度矩阵及类间离散度矩阵。

总体离散度矩阵 $\boldsymbol{S}_{\mathrm{t}}$ 为：

$$\boldsymbol{S}_{\mathrm{t}} = \sum_{i=1}^{n}(\boldsymbol{X}_i - \overline{\boldsymbol{X}})(\boldsymbol{X}_i - \overline{\boldsymbol{X}})^{\mathrm{T}} \tag{7-20}$$

其中，$\overline{\boldsymbol{X}} = \dfrac{1}{n}\sum_{i=1}^{n}\boldsymbol{X}_i$。

则第 j 类的类内离散度矩阵为：

$$\boldsymbol{S}_j = \sum_{\boldsymbol{X}_i \in \boldsymbol{X}_j}(\boldsymbol{X}_i - \overline{\boldsymbol{X}}_j)(\boldsymbol{X}_i - \overline{\boldsymbol{X}}_j)^{\mathrm{T}} \tag{7-21}$$

类内离散度矩阵为：

$$\boldsymbol{S}_{\mathrm{w}} = \sum_{j=1}^{\infty}\boldsymbol{S}_j \tag{7-22}$$

类间离散度矩阵为：

$$S_b = \sum_{j=1}^{P} n_j(\overline{X}_j - \overline{X})(\overline{X}_j - \overline{X})^T \tag{7-23}$$

总体离散度矩阵、类内离散度矩阵和类间离散度矩阵，三者之间有如下关系：

$$S_t = S_v + S_b \tag{7-24}$$

FDA 通过对以下目标函数寻优求得能代表不同故障类最优分离的方向，即寻找最优的 FDA 向量。其目标函数为：

$$J(w) = \max_{w \neq 0} \frac{w^T S_b w}{w^T S_w w} \tag{7-25}$$

通过对式（7-25）中 w 求导，FDA 向量等价于下式广义特征值问题的特征向量：

$$S_b w = \lambda_k S_w w \tag{7-26}$$

具体步骤如下：

（1）从生产过程的历史数据库中选取正常工况和各种故障条件下的数据，得到数据矩阵 X。

（2）按式（7-26）对 X 进行 FDA 分析，得到 p 个特征方向，进而构造判别矩阵。

$$W \in R^{p \times m} \tag{7-27}$$

（3）计算出正常工况和每一类故障在 p 个特征方向上的平均投影。

$$\bar{t}_j = W^T \overline{X}_j \quad (j = 0,1,\cdots,P-1) \tag{7-28}$$

（4）实时监控时，对于当前时刻 k，按上述第二种方法填充第 k+1 时刻到结束时刻 k 的测量变量值，从而形成一个完整的测量变量时间轨迹 X_{new}^k。

（5）计算 X_{new}^k 在 1 个特征方向上的投影向量：

$$t_{new}^k = W_l^T X_{new}^k \tag{7-29}$$

（6）实时故障检测与诊断。X_{new}^k 与各平均投影向量的欧氏距离为：

$$d_{min} = \min \| t_{new}^k - \bar{t}_j \|^2 \quad (j = 0,1,\cdots,P-1) \tag{7-30}$$

最小的欧氏距离所对应的模式类即为当前工况所对应的模式。

（7）当 $k=k+1$ 时，转步骤（4）。上述步骤（1）~（3）是离线进行的；步骤（4）~（7）是在线进行的，用于在线故障诊断。

7.2.5 基于 ICA 的方法

ICA 在对观测数据进行分析之前，一般先要对数据进行白化处理，其目的是去除观测变量的相关性，并使观测变量的协方差阵等于单位阵。一般采用的方法是进行白化处理。因此，白化意味着线性转换观测数据矢量乘以线性矩阵，即

$$z = \boldsymbol{V}x \tag{7-31}$$

获得的新矢量是白化的。

现在，模型中的数据是白化过的，则白化转化原混合矩阵形成新的混合矩阵。

$$z = \boldsymbol{VA}s = \tilde{\boldsymbol{A}}s \tag{7-32}$$

满足

$$E\{zz^{\mathrm{T}}\} = \tilde{\boldsymbol{A}}\tilde{\boldsymbol{A}}^{\mathrm{T}} = I \tag{7-33}$$

这意味着我们能限制混合矩阵在正交空间内，原先需要估计 n^2 参数，现在仅需要估计正交混合矩阵 $\tilde{\boldsymbol{A}}$。由于正交矩阵仅 $n(n-1)/2$ 个自由度，这样当维数增大时，正交矩阵仅包含原先矩阵一半的参数。所以，利用白化使问题得到了简化，它使未知数据的估计量减少了一半，从而减少了问题的复杂度。尤其是当数据维数较高时，这一点显得尤为重要。

目前，文献中已提出了多种算法，最具代表性的有由 Bell 提出的基于信息最大化的自组织神经网络、由 Amari 提出的极大似然自然梯度算法、由 Oja 和 Hyvarinen 提出的固定点算法以及 Hyvarian 提出的快速算法等。其中 Bell 和 Amari 分别将随机梯度和自然梯度引入训练规则，对初始值选择的要求相对较低，并具有较好的鲁棒性，但收敛速度较慢并且具有一阶线性收敛性。固定点算法是以牛顿迭代法优化互信息极小为目标函数，收敛速度较快并且具有二阶收敛性，但对初始值的选择比较敏感，随机选择的初始值有可能会导致不收敛。借鉴 Hyvarinen 提出的快速算法，引入一种改进的快速算法，该算法充分利用了快速算法的优点，不需要选择步长，算法是并行的，收敛速度是次的或至少是次的；对快速算法的缺点，初始值选择的敏感性，通过增加初始值的选取次数来避免因随机选取初始值而导致的计算结果不收敛的问题。此外，针对快速算法得到的独立成分分量是无序的缺点进行了补充，通过计算每个独立成分分量的负熵值，将各独立成分分量按非高斯性大小进行排序，这样更方便独立成分分量个数的选取，步骤如下：

（1）对历史数据库中选择出的观测数据进行预处理，并将预处理后的数据结果赋至 z 中。

（2）选取独立成分的个数 $n=m$（观测变量的个数），并令 $p=1$。

（3）对w_p选择单位标准化的初始随机矢量值。

（4）$w_p = E\{zg(w_p^{\mathrm{T}}z)\} - E\{g'(w_p^{\mathrm{T}}z)\}w$，其中 g 是已定义好的 G 函数。

（5）$w_p = w_p - \sum\limits_{i=1}^{p-1}(w_p^{\mathrm{T}}w_i)w_i$。

（6）$w_p = w_p / \| w_p \|$。

（7）如果 $|\boldsymbol{w}_p^{\mathrm{T}}\boldsymbol{w}|\rightarrow 1$，则输出矢量$\boldsymbol{w}_p$；否则，返回第（4）步。

（8）$p=p+1$。如果$p\leqslant m$，返回第（3）步。

7.2.6　非线性 PCA 与 PLS

在核主成分分析中，每个测量值 $\boldsymbol{x}_i \in \boldsymbol{R}^{\mathrm{m}}$ 的样本都通过一个映射函数 $\phi_i = \boldsymbol{\Phi}(\boldsymbol{X}_i)$ 映射到高维特征空间。在特征空间中，两个向量的内积定义如下：

$$\boldsymbol{\phi}_i^{\mathrm{T}}\boldsymbol{\phi}_j = k(\boldsymbol{X}_i,\boldsymbol{X}_j) \tag{7-34}$$

常用的核函数是高斯函数或径向基函数，表示为：

$$k(\boldsymbol{X}_i,\boldsymbol{X}_j) = \exp\left[-\frac{(\boldsymbol{X}_i-\boldsymbol{X}_j)^{\mathrm{T}}(\boldsymbol{X}_i-\boldsymbol{X}_j)}{c}\right] \tag{7-35}$$

式中　c——待确定的参数。

在特征空间中，训练数据表示为：

$$\boldsymbol{X} = [\boldsymbol{\phi}_1,\boldsymbol{\phi}_2,\cdots,\boldsymbol{\phi}_N]^{\mathrm{T}} \tag{7-36}$$

在核主成分分析中，对一组 N 个映射样本 $\boldsymbol{\phi}_i = \boldsymbol{\Phi}(\boldsymbol{X}_i)$ 的协方差矩阵进行特征分解，得到模型的主载荷。设特征空间中数据集的样本协方差矩阵为 $\boldsymbol{S}$，则有：

$$(N-1)\boldsymbol{S} = \boldsymbol{X}^{\mathrm{T}}\boldsymbol{X} = \sum_{i=1}^{N}\boldsymbol{\phi}_i\boldsymbol{\phi}_i^{\mathrm{T}} \tag{7-37}$$

令

$$\boldsymbol{K} = \boldsymbol{X}\boldsymbol{X}^{\mathrm{T}} = \begin{bmatrix} \boldsymbol{\phi}_1^{\mathrm{T}}\boldsymbol{\phi}_1 & \cdots & \boldsymbol{\phi}_1^{\mathrm{T}}\boldsymbol{\phi}_N \\ \vdots & \ddots & \vdots \\ \boldsymbol{\phi}_N^{\mathrm{T}}\boldsymbol{\phi}_1 & \cdots & \boldsymbol{\phi}_N^{\mathrm{T}}\boldsymbol{\phi}_N \end{bmatrix} = \begin{bmatrix} k(\boldsymbol{x}_1,\boldsymbol{x}_1) & \cdots & k(\boldsymbol{x}_1,\boldsymbol{x}_N) \\ \vdots & \ddots & \vdots \\ k(\boldsymbol{x}_N,\boldsymbol{x}_1) & \cdots & k(\boldsymbol{x}_N,\boldsymbol{x}_N) \end{bmatrix} \tag{7-38}$$

与 KPCA 相似，核 PLS（KPLS）方法首先将测量变量转化为特征空间，然后构造线性空间在特征空间向量/和输出 y 之间建立 PLS 模型（Rosipal & Trejo，2001）。KPLS 得分是一个以 x 为输入的径向基函数神经网络的输出。KPLS 模型的同样缺点是参数 c 的选择困难，选择不好的 c 将导致较差的 KPLS 模型。

7.2.7　非线性 ICA

KICA 是一种非线性 ICA 方法，其基本思想是首先将输入数据通过一个非线性映射投影到高维特征空间，然后在高维特征空间应用线性 ICA 处理。考虑从输入空间到特征空间的非线性映射，$\boldsymbol{\Phi}$：$\boldsymbol{R}^m \rightarrow F$（特征空间）。

KICA 的目的是在特征空间中找到转换系数矩阵 $\boldsymbol{W}^{\mathrm{F}}$，通过下面的线性变换重新求得独立元：

$$s = \boldsymbol{W}^{\mathrm{F}}\boldsymbol{\Phi}(x) \tag{7-39}$$

其中，$\boldsymbol{\Phi}(\boldsymbol{x})$ 满足：

$$E[\boldsymbol{\Phi}(\boldsymbol{x})\boldsymbol{\Phi}(\boldsymbol{x})^{\mathrm{T}}]=I \tag{7-40}$$

在利用ICA方法对观测数据进行故障检测时，需要对观测数据进行预处理。类似地，对于KICA方法来说，我们在对观测数据进行检测时，也需要做预处理工作，如标准化、中心化、白化处理。本节中KICA方法对数据进行白化处理采用的方法是在特征空间对观测数据执行PCA处理。在特征空间执行PCA处理是通过核在输入空间实现，即为基于观测数据执行KPCA。

观测数据取 $x_k \in R^m$，$k=1$，…，N，其中 N 是采样数，将观测数据通过非线性核函数 $\boldsymbol{\Phi}$：$R^m \to F$ 映射到高维特征空间，得到 $\boldsymbol{\Phi}(x_k) \in F$。观测数据在特征空间的协方差矩阵为：

$$C^F=\frac{1}{N}\sum_{j=1}^{N}\boldsymbol{\Phi}(x_j)\boldsymbol{\Phi}(x_j)^{\mathrm{T}} \tag{7-41}$$

令

$$\lambda \boldsymbol{v}=C^F\boldsymbol{v} \tag{7-42}$$

则其主元可以通过求解下面的特征方程得到：

$$\lambda \boldsymbol{v}=C^F\boldsymbol{v}=\frac{1}{N}\sum_{i=1}^{N}[\boldsymbol{\Phi}(x_i)\cdot\boldsymbol{v}]\boldsymbol{\Phi}(x_i) \tag{7-43}$$

对于任意一个不为零的特征值 λ 的特征向量 $\boldsymbol{v}$ 可以用 $\boldsymbol{\Phi}(X)$ 线性表示为：

$$\boldsymbol{v}=\sum_{i=1}^{N}a_i\boldsymbol{\Phi}(x_i) \tag{7-44}$$

其中，a_i 为相关系数，在式两边同乘以 $\boldsymbol{\Phi}(x_i)$ 得：

$$[K_{ij}]=K_{ij}=\langle\boldsymbol{\Phi}(x_i),\boldsymbol{\Phi}(x_j)\rangle=k(x_i,x_j) \tag{7-45}$$

式中　k——满足Mercer条件的核函数。

因此，点积〈·〉可以用核函数 k 来代替，这对应了用映射函数 $\boldsymbol{\Phi}(X)$ 把数据映射到一个高维点积空间 F，可以避免计算非线性映射过程及点积。本节采用径向基核函数，来计算内积。

核矩阵的中心化可由下式得到：

$$\tilde{K}=K-E_NK-KE_N+E_NKE_N \tag{7-46}$$

其中，$E_N=\frac{1}{N}\begin{pmatrix}1&\cdots&1\\ \vdots&\ddots&\vdots\\ 1&\cdots&1\end{pmatrix}$。

对 $\tilde{K}$ 做标准化处理：

$$\tilde{K}=\frac{\tilde{K}}{\mathrm{trace}(\tilde{K})/N} \tag{7-47}$$

对 $\tilde{K}$ 等进行特征分解可得到前 d 个最大特征值。

则

$$C^F = \boldsymbol{V}\mathrm{diag}\left(\frac{\lambda_1}{N},\frac{\lambda_2}{N},\cdots,\frac{\lambda_d}{N}\right)\boldsymbol{V}^{\mathrm{T}} = \frac{1}{N}\boldsymbol{V\Lambda V}^{\mathrm{T}} \tag{7-48}$$

令

$$\boldsymbol{G} = \boldsymbol{V}\left(\frac{1}{N}\boldsymbol{\Lambda}\right)^{-1/2} = \sqrt{N}\,\Theta H\boldsymbol{\Lambda}^{-1} \tag{7-49}$$

这样我们就得到了转换矩阵 $\boldsymbol{G}$，且在特征空间中的映射数据的白化变换如下：

$$\begin{aligned} Z &= \boldsymbol{G}^{\mathrm{T}}\boldsymbol{\Phi}(x) = \sqrt{N}\boldsymbol{\Lambda}^{-1}H^{\mathrm{T}}\Theta^{\mathrm{T}}\boldsymbol{\Phi}(x) \\ &= \sqrt{N}\boldsymbol{\Lambda}^{-1}H^{\mathrm{T}}\Theta^{\mathrm{T}}\left[\boldsymbol{\Phi}(x_1),\cdots,\boldsymbol{\Phi}(x_N)\right]^{\mathrm{T}}\boldsymbol{\Phi}(x) \\ &= \sqrt{N}\boldsymbol{\Lambda}^{-1}H^{\mathrm{T}}\left[\hat{k}(x_1,x),\cdots,\hat{k}(x_N,x)\right]^{\mathrm{T}} \\ &= \sqrt{N}\boldsymbol{\Lambda}^{-1}H^{\mathrm{T}}\hat{K} \end{aligned} \tag{7-50}$$

在特征空间中利用 FastlCA 算法计算分离矩阵 $\boldsymbol{B}$，可获得独立成分分析的模型，具体流程如图 7-11 所示。

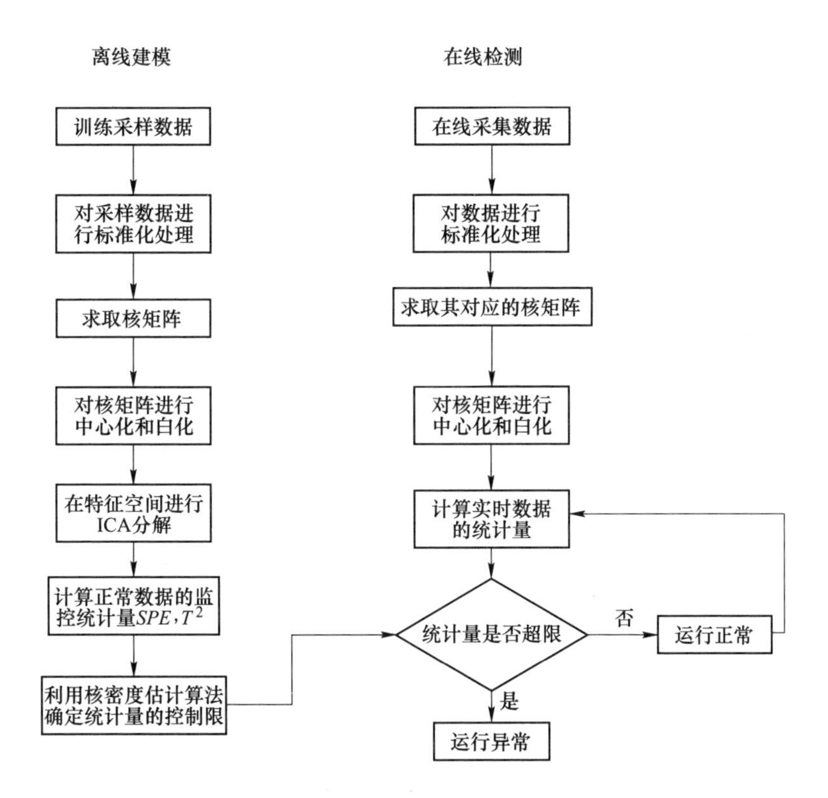

图 7-11 基于 ICA 的故障监测流程

7.3　智能故障诊断方法

现代故障诊断理论认为，智能诊断系统是由人、当代模拟人脑功能的硬件及其必要的外部装备、物理器件以及支持这些硬件的软件所组成的具有智能的系统。智能诊断系统的定义具有两方面特点：其一，认为智能诊断系统是一个开放的系统，其智能具备自我提高的潜能；其二，认为智能诊断系统是一个人工智能系统，离不开模拟人脑功能或自然规律等的硬件装备及相应的软件，同时也不排斥人的作用。目前，智能故障诊断方法经过几十年的发展，已逐渐形成一些具有代表性的方法，其结构如图 7-12 所示。

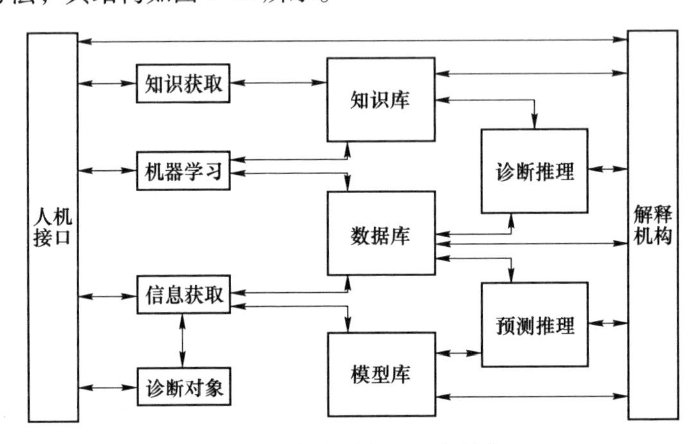

图 7-12　智能诊断的一般结构

7.3.1　基于案例的推理方法

基于案例推理（Case Based Reasoning，CBR）能通过修改相似问题成功的诊断结果来求解新问题。它能通过案例来进行学习，不需要详细的应用领域模型，CBR 的主要技术包括案例表达和索引、案例检索、案例修订和案例学习等。

CBR 的有效性决定于合适案例数据的利用能力、索引方法、检索能力和更新方法。基于案例的故障诊断系统在执行新的诊断任务时，依靠的是以前诊断的经验案例。实践已经证明，该方法是非常有效的。它具有以下特点：

（1）在有足够数量的案例时才可用该方法进行诊断。它类似老中医看病一样，只有积累了大量的典型病例和看病经验，才可以手到病除。

（2）由于该诊断方法是基于整体故障模式的，而不是一步步进行逻辑诊断，因此，该方法得出结论的逻辑性并不明显，但非常实用。

（3）在改进和维护方面，该方法要比传统的方法更容易。这是由于其相关知识可以在使用过程中不断获取，并逐步增长。

（4）随着案例的不断增加，它的检索和索引的效率将会受到影响。

（5）CBR 具有解决特殊领域问题的能力。

7.3.2 基于专家系统的方法

基于专家系统的方法不依赖于系统的数学模型，而是根据人们在长期的实践中积累起来的大量的故障诊断经验和知识设计出的一套智能计算机程序，以此来解决复杂系统的故障诊断问题[18]。在系统的运行过程中，若某一时刻系统发生故障，该领域专家往往可以凭视觉、听觉、嗅觉或测量装备得到一些客观事实，并根据对系统结构和系统故障历史的深刻了解很快就做出判断，确定故障的原因和部位。对于复杂装备系统的故障诊断，这种基于专家系统的故障诊断方法尤其有效。随着计算机科学和人工智能发展而形成的专家系统方法，克服了基于模型的故障诊断方法对模型的过分依赖性，成为故障检测和隔离的有效方法，并在许多领域内得到应用。

专家系统主要具有以下特点：具有丰富的经验和专家水平的专门知识；能够进行符号操作；能够根据不确定（不精确）的知识进行推理；具有自我知识；知识库和推理机明显分离，这种设计方法使系统易于扩充；具有获取知识的能力；具有灵活性、透明性及交互性；具有一定的复杂性和难度。但由于客观现实的复杂性和多样性，使得专家的领域知识，有时很难提炼成规则，这使专家系统的发展受到了一定的限制。

装备故障诊断专家系统，由于需要对故障数据和特征进行复杂的分析和提取，一般要在普通的专家系统的基础上融入专门的数据采集、处理和特征提取模块，其基本结构如图 7-13 所示。数据采集和处理模块主要负责把专家系统所需的信息通过各种分析处理手段采集到系统的动态数据库中，以便于诊断专家系统对装备的运行状态进行判别和诊断。诊断专家系统的数据采集和处理模块与专家

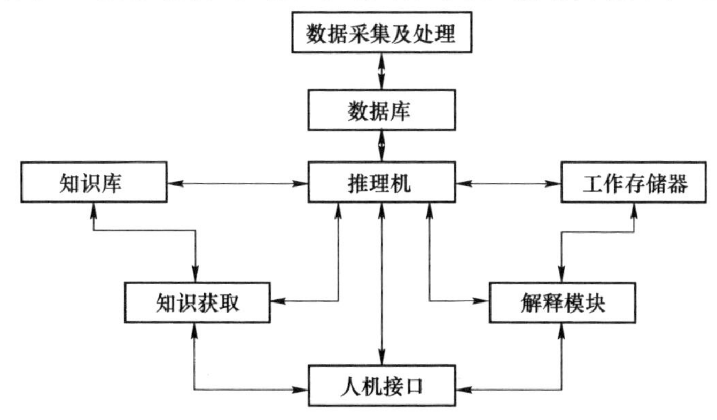

图 7-13 故障诊断专家系统的一般结构

模块的融合是柔性的，一般是相对独立的分系统，和专家系统的连接既可以是直接相连，将装备的状态特征数制直接写入动态数据库；也可以是分开的，由诊断人员通过人机接口将相关数据送入动态数据库之中。显然，这两种连接方法的工作效率和特点是不一样的。

诊断专家系统的工作过程一般是这样的，首先通过数据采集系统获取装备各处的动态信息，对监测到的信息进行分析和处理；然后利用专家系统的各种类型的诊断知识对装备工作状态进行诊断，通过推理判断找出故障的原因和发生故障的位置；最后给出诊断推理过程的解释和故障处理对策。

基于规则的系统是通过专家经验的积累而建立的。这些经验由规则来描述，将征兆与潜在的故障联系起来。通过这些规则来模仿专家在故障诊断与预测过程中的相关推理过程，这是一种基于经验知识的推理方法。目前，大多数的故障诊断与预测专家系统是这种基于规则的推理系统，其研究经历了较长时期。著名的MYCIN疾病诊治系统就是一个共性的基于规则的系统，该方法的特点是规则的表现形式易读，知识变更容易，解释方便，推理过程较简单，可借鉴一些成熟的医疗诊断方法。

在基于规则的专家系统中，由于诊断与预测的信息和知识在特征抽取、规则提取、推理过程等工作过程中普遍存在着方法转换误差以及噪声的干扰等多种因素的影响，造成了诊断与预测知识存在着很强的不确定性。专家系统工作的过程就是运用所获得的特征信息事实和系统中已有的规则，不断获得和修正原有事实，最终得到对装备状态的判断。这种推理过程不同于在一定理论框架下所进行的有绝对正确的定理与公式的演绎推理，而是在具有局部与暂时合理性的知识和条件下，使用专家们的共识或个人的经验进行推理，是一种近似保真而具有直观合理性的结论，即使前提正确，结论也未必严格正确，是一种非确定性推理或常识推理。因此，不确定推理理论和模型是这类诊断与预测专家系统必须解决的关键技术。

常识推理是一种非演绎推理，它是在前提知识不完全、不确定和有例外，甚至是有矛盾的情况下，依据某些合理性标准得出的一个可错而有用的结论，这是与演绎推理所不同的。因此，在演绎推理中是已知条件和推导的结论，在常识推理中是已知证据与所得假设，常识推理包含以下三个组成部分。

（1）假设生成：根据已有证据得到某些假设。

（2）假设评价：根据已有证据对某种假设做出评价。

（3）假设修正：假设被反驳时对原假设进行修复与维护。

假设生成有许多方法，最常用的有归纳推理、类比推理、拓广推理和逆向推理等。其中，归纳推理是一种从部分到整体、从特殊到一般、从个体到全体的推理过程，它是一种纵向思维。类比推理是通过对两个类似系统的研究，由一个系统的性质对另一个系统的性质获得假设，它是一种横向思维。拓广推理是直接以某些特殊观察得到一般假设。逆向推理是一种扭转思维，是由果到因的推理方式。

假设的评价是对假设成立的一种不确定性的度量，它是对假设的一种排序，使其能够对不同的假设，甚至相互冲突的假设进行比较和筛选。因此，假设的评价一般称为不确定性推理。

不确定性推理，首先要给出度量假设成立的程度的公式，它可以用各种不同的方法给出计算公式。不管采用什么度量公式，关键在于它的比较和筛选结果是否具有直观合理性。有了度量假设的计算公式，还要解决不确定性度量的合成、传播与修正，只有这样推理过程才能不断前进。

假设的修正是一个知识维护问题。在常识推理中，假设的生成是一种非演绎推理，本身就有容错的特征。既然容错，就必须不断地修正错误，通过对假设的修正使假设更加符合实际情况。

目前，常采用的不确定性推理方法主要有基于概率论的概率推理方法、基于证据理论的证据方法和基于模糊理论的可能度方法，这三种方法各有优缺点。

7.3.2.1 概率推理模型

确定性理论是 Shurtliffe 等人于 20 世纪 70 年代提出的一种不确定推理模型，这种理论采用可信度指标 $CF(h, e)$ 作为不确定性的满度。在故障诊断与预测系统中，原始的事实（或称为证据）的可信度是由专家给出或由其先验概率确定的。$CF(h, e)$ 表示假设在证据 e 下主观信任度的一种修改量，反映了领域专家对不确定知识增加或减少的信任程度。规则 $e \rightarrow h$ 的可信度定义为：

$$CF(h,e)=\begin{cases}\dfrac{P(h \mid e)-P(h)}{1-P(h)}, & P(h \mid e) \geqslant P(h) \\[2ex] \dfrac{P(h \mid e)-P(h)}{P(h)}, & P(h \mid e)<P(h)\end{cases} \tag{7-51}$$

当 $P(h|e) \geqslant P(A)$ 时，$CF(h,e) \geqslant 0$，表示 e 对 h 的支持程度；当 $P(h|e) < P(A)$ 时，$CF(h,e)<0$，表示 e 对 h 的不支持程度。假设 h 的可信度计算公式为：

$$CF(h)=CF(h,e) \cdot \max(0,CF(e)) \tag{7-52}$$

其中，$\max(0,CF(e))$ 的意义是，若 $CF(e)<0$，说明这条规则不能启用；否则，结论 h 的可信度等于规则强度与条件可信度的乘积。

显然，确定性理论利用在给定证据下假设的信任程度的增量与怀疑程度的增量的差的标准化值，作为假设的信任度计算公式。标准化后的数据在 [-1, 1] 中，-1 表示假设的否定被确认，+1 表示假设的成立被确认。

7.3.2.2　证据推理模型

设 H 为变量 x 的 P 个互斥元素组成的所有可能穷举集合（辨别框），H 的幂集合 2^H 的元素共有 2^H 个，每个幂集合的元素对应一个关于 x 取值情况的子集。对于一个属于 H 的子集 A，命它对应一个属于［0，1］的数，且满足：

$$\sum_{A \subset \Omega} m(A) = 1, m(\varnothing) = 0 (\varnothing \text{ 表示空集}) \tag{7-53}$$

则称函数 m 为幂集合上基本概率分配函数 BPA（Basic Probability Assignment），称 $m(A)$ 为 A 的基本概率分配函数或 mass 函数，表示对 A 的精确信任程度，一般是专家的一种评价。

设 E 和 F 是 h 上的子集，m_1 和 m_2 是关于 E 和 F 上的两个 mass 函数，则可用正交和来合成，即：

$$m(A) = \frac{1}{N} \sum_{E \cap F = A} m_1(E) \cdot m_2(F), A \neq \varnothing, m(\varnothing) = 0 \tag{7-54}$$

$$N = \sum_{E \cap F \neq \varnothing} m_1(E) \cdot m_2(F) > 0 \tag{7-55}$$

记为：$m = m_1 \oplus m_2$。

一般地，对于多个证据的评估，可以得到相似的合成公式。

设 m_1，m_2，…，m_n 为 2^H 上的 a 个 mass 函数，则它们的正交和为：

$$m = m_1 \oplus m_2 \oplus \cdots \oplus m_n \tag{7-56}$$

即

$$m(A) = K \sum_{\Omega E_i = A} \prod_{1 < i < n} m_i(E_i), A \neq \varnothing, m(\varnothing) = 0 \tag{7-57}$$

$$N = K^{-1} = \sum_{\Omega E_i \neq \varnothing 1 < i < n} m_i(E_i) \tag{7-58}$$

其中，N 称为 mass 函数正交和的正则常量，它是 mass 函数间冲突程度的度量，起归一化的作用。

7.3.2.3　模糊推理模型

模糊推理是利用模糊理论进行的一种不确定性推理，这种不确定性有别于基于概率论的不确定性推理，它是由事物本身的概念边界模糊性造成的。模糊推理是模糊关系合成运算的运用之一，是二值逻辑推理的模糊化，目前模糊推理已广泛应用在专家系统等新领域。

设 X 和 Y 是两个各自具有基础变量 x 和 y 的论域，其中模糊集合 $A \in X$ 及 $B \in Y$ 的隶属函数分别为 $\mu_A(x)$ 和 $\mu_B(y)$。又设 $R_{A \to B}$ 是 $X \times Y$ 论域上描述模糊条件语句“若 A 则 B”的模糊关系，其中“若 A 则 B”用 $A \to B$ 表示，则其隶属函数为：

$$\mu_{A \to B}(x, y) = [\mu_A(x) \wedge \mu_B(y)] \vee [1 - \mu_A(x)] \tag{7-59}$$

用模糊关系矩阵表示，模糊关系 $R_{A\to B}$可写成：

$$R_{A\to B}=[A\times B]\cup[A^C\times E] \tag{7-60}$$

式中 E——全域的全称矩阵，全称矩阵是所有项都是 1 的矩阵。

三段论肯定推理具有以下逻辑结构：

前提 1：若 A，

则 B

前提 1：若 A，

结论：$B_1=A_1\cdot R_{A\to B}$

其中模糊集合 A，$A_1\in X$；B，$B_1\in Y$；$B_1=A_1$，$R_{A\to B}$为模糊集合关系合成运算。关系合成推理是普通三段论假设推理的近似推广，具体公式为：

$$B_1=A_1\cdot R_{A\to B} \tag{7-61}$$

$$\mu_{B_1}(y)=\mathrm{Sup}_{x\in X}\{\mu_{A_1}(x)\wedge[\mu_A(x)\wedge\mu_B(y)\vee(1-\mu_A(x))]\} \tag{7-62}$$

式中 Sup——对后面算式结果取最大。

否定推理具有以下逻辑结构：

前提 1：若 A，

则 B

前提 2：如今 A_1

结论：$A_1=R_{A\to B}\cdot B_1$

$$A_1=R_{A\to B}\cdot B_1 \tag{7-63}$$

$$\mu_{A_1}(x)=\mathrm{Sup}_{y\in Y}\{[\mu_A(x)\wedge\mu_B(y)\vee(1-\mu_A(x))]\wedge\mu_{B_1}(y)\} \tag{7-64}$$

在模糊关系推理的基础上，近年来出现了满足多种需求的模糊推理规则，下面主要介绍应用比较广泛的 Mamdani 模糊推理方法。

（1）模糊条件语句“IF A THEN B ELSE C”的模糊条件推理，设 $\boldsymbol{X}$ 和 $\boldsymbol{Y}$ 是两个各自具有基础变量 x 和 y 的论域，其中模糊集合 $A\in\boldsymbol{X}$ 及 B、$C\in\boldsymbol{Y}$。

（2）模糊条件语句“IF A AND B THEN C”的模糊条件推理。

（3）“IF A THEN B”是“IF A THEN B ELSE C”的一种特殊情况。

（4）多重模糊条件语句“IF A_1，THEN B_1，否则 IF A_2 THEN B_2，…，否则 IF An THEN Bn”的模糊条件推理。

（5）多重模糊条件语句“IF A_1，AND B_1，THEN C_1，否则 IF A_2 AND B_2 THEN C_2，…，否则 IF An AND Bn THEN Cn”的模糊条件推理。

7.3.3 基于模糊推理的方法

在经典集合论中，关系要么是真，要么是假，没有处于真假之间的概念。在模糊集中，允许部分真的存在，关系的程度可用 0~1 的求属度数值表示。在模糊集合理论中，对模糊集定义了一系列的操作，这与传统集合的操作是相似的，是对传统集合论的扩充。模糊推理是利用模糊推理规则对模糊命题或规则进行计算。有了模糊的概念，模糊逻辑为不确定和不精确的知识与数据提供了一种很好的处理方法。

模糊逻辑在故障检测和故障诊断领域中得到了很好的应用。故障检测时，特征信号有时有的是连续变化的，其状态的边界相互交叉；有时有的故障现象的描述是模糊的。模糊逻辑通过使用隶属度的概念，给这个问题提供了很好的解决方法。故障诊断时，尽管测量到的特征信号值不完全精确，尽管其状态是模糊的，但模糊推理系统可以进行有效的处理，得出正确的结论。

模糊理论提供了一种与人类似的可以用直觉进行表达和推理的方法，用这种方法可以有效地处理故障诊断与预测中遇到的不完整、不精确的信息。实际应用中，模糊理论与方法可以和其他智能诊断方法相结合使用，如与规则、模型和案例的方法结合，可以取得更好的效果。

我们称外延不分明的概念为模糊概念，为了用数学方法刻画这类概念，需要引入不用于普通集合的另一类集合——模糊集合。

模糊集合的基本思想是把经典集合中的绝对隶属关系灵活化或称为模糊化。从特征函数方面讲，就是元素 x 对集合 A 的隶属程度不再局限于取 0 或 1，而是可以取从 0~1 的任何一个数值，这一数值反映了元素 x 隶属子集合 A 的程度。

所谓论域 U 上的一个模糊子集（简称模糊集）A，是指对于任意 $x \in U$，都确定了一个数 $\mu_A(x) \in [0,1]$ 与之对应，表示 x 对模糊集合 A 的隶属程度，即存在映射：

$$\mu_A: U \to [0,1] \tag{7-65}$$

$$x \to \mu_A(x) \tag{7-66}$$

则称 μ_A 为论域 U 上的关于 A 的隶属函数，$\mu_A(x)$ 为 x 对 A 的隶属度，有时简写成 $A(x)$。

上述定义表明，一个模糊集 A 完全由其隶属函数 μ_A 来刻画。若 $\mu_A(x)$ 的值接近于 1，表示 x 隶属于 A 的程度很高；$\mu_A(x)$ 的值接近于 0，表示 x 隶属于 A 的程度很低。当 $\mu_A(x)$ 的值域变为 $\{0, 1\}$ 时，$\mu_A(x)$ 演化为普通集合的特征函数 $CA(x)$，模糊集合 A 也就演化为普通集合 A。因此，可以认为，模糊集合是普通集合的一般化，普通集合是模糊集合的特例。

模糊集合分为有限论域和连续论域两种表示方法。

假设有 n 个模糊集 A_1，A_2，…，A_n（代表 n 种故障模式或类型），当一个识别算法作用于对象 x 时，产生的隶属度 $\mu_{A_i}(x)$ $(i=1,2,\cdots,n)$ 表示对象 x 属于集合 A_i 的程度。如果一个识别算法的清晰描述已经给出，这个算法称为明确的；如果算法没有清晰描述，这种算法称为不明确的。人们通常是通过不明确的算法直接对对象 x 进行识别，而模式识别则是将一个不明确的算法转换为明确的算法，从对对象本身进行识别转化为对它的模式进行识别。

识别算法原则上分三步进行：

（1）特征抽取。从对象 x 中提取与识别有关的各项特征，并算出 x 在各项特征上的具体数据，将 x 转化为模式 $p(x)=\{x_1,x_2,\cdots,x_n\}$。这一步是基础，特征抽取是否得当，将直接影响识别的结果。

（2）建立隶属函数。建立一个明确算法以产生隶属函数 $\mu_{Ai}(x)(i=1,2,\cdots,n)$，$x$ 属于 A_i 的隶属度 $\mu_{A_i}(x)$ 依赖于 $\{x_1,x_2,\cdots,x_n\}$。

（3）识别判决。按某种归属原则进行判决，指出它应归属哪一种类型。

识别判决一般分直接法与间接法两种：直接法又称个体识别方法，它是按最大隶属原则或阈值原则来进行决策的；间接法又称群体识别方法，它是按最小距离原则或择近原则来归类的。

（1）最大隶属原则：设 U 为全体被识别对象构成的论域，A_1，A_2，…，A_n 是 U 的 n 个模糊子集，现对一个确定对象的 $u_0\in U$ 进行识别。由于模式 A_1，A_2，…，A_n 是模糊的，而确定的对象 u_0 是清晰的，因此要用最大隶属原则进行归类。

若 A_1，A_2，…，A_n 中每一个 $A_i(i=1,2,\cdots,n)$ 的隶属函数已确定，则对任一元素 $u_0\in U$ 均可按下述隶属原则确定其归属。若 u_0 满足：

$$\mu_{A_i}(u_0)=\max[\mu_{A_1}(u_0),\mu_{A_2}(u_0),\cdots,\mu_{A_n}(u_0)] \tag{7-67}$$

则认为 u_0 隶属于 A_i，即元素 u_0 应用于模式 A_i。

（2）阈值原则：设给定域 U 上的 n 个模糊子集（模糊模式）为 A_1，A_2，…，A_n，规定一个阈值（水平）$\lambda\in[0,1]$，$u_0\in U$ 是一被识别诊断对象。

如果 $\max[\mu_{A_1}(u_0),\mu_{A_2}(u_0),\cdots,\mu_{A_n}(u_0)]<\lambda$，则作“拒绝识别”的判决，应查找原因另做分析。

如果 $\max[\mu_{A_1}(u_0),\mu_{A_2}(u_0),\cdots,\mu_{A_n}(u_0)]\geqslant\lambda$，并且共有 k 个 $\mu_{A_1}(u_0)$，$\mu_{A_2}(u_0),\cdots,\mu_{A_n}(u_0)\geqslant\lambda$，则认为识别可行，并将其识别为对应的 k 个模糊子集 A_1，A_2，…，A_k。

在实际诊断与预测中，也可将最大隶属原则和阈值原则结合起来应用，还可以对各模糊子集和诊断对象的隶属函数加权处理。

例如，某交流电机转子的状态有正常、弯曲、不对中、轴承损伤等几种形式，经检测和数据分析得到该电机对各状态的隶属度分别是 0.35、0.65、0.76 和 0.51，根据隶属度最大原则可以判定该电机目前处于转子不对中状态。按照 0.6 阈值水平，则可以诊断该电机目前处于转子不对中或转子弯曲状态。

从这个例子可以看出，模糊模式识别方法本身是简单的，关键是各模糊隶属度的获得。同时，我们也可以发现隶属度最大原则还可能损失部分信息。

工程上要诊断和预测的大多是多特征和多状态的复杂模糊模式识别问题，对于这类问题采用简单直接的隶属度原则就比较困难了，必须采用必要的算法对模糊性指标进行运算和转换，运用择近原则来进行识别。

设论域 U 上有 n 个模糊子集 A_1，A_2，…，A_n，而被识别的对象是模糊的，也就是论域 U 上的模糊子集 B，这时就要考虑 B 与每个 A_i 的贴近程度（B，A_i）。B 和哪一个 A_i 最贴近就认为它属于哪一类，这就是择近原则。

若 A_i 和 B 满足：

$$(B,A_i) = \min\{(B,A_1),(B,A_2),\cdots,(B,A_n)\} \tag{7-68}$$

则认为 B 与 A_i 最贴近。

工程上有多种模糊性度量办法来衡量其贴近程度，有模糊度、模糊熵、距离、贴近度。

7.3.4　基于神经网络的方法

人工神经网络（Artificial Neural Network，ANN）是由大量神经元广泛互联而组成的复杂网络系统，具有 BP、RBF、ELMAN 等多种典型结构，在故障诊断等领域有着深入的研究。

ANN 是对人类大脑神经细胞结构和功能的模仿，具有与人脑类似的记忆、学习、联想等能力。在 ANN 中，信息处理是通过神经元之间的相互作用来实现的，知识与信息的存储表现为分布式网络元件之间的连接关系和程度，网络的学习和识别取决于各神经元连接权值的动态演化过程。ANN 一般是并行结构，信息可以分布式存储，并且具有良好的自适应性、自组织性和容错性，因此，ANN 在故障诊断领域得到了广泛的应用。总体说来，神经网络在诊断领域的应用研究主要集中在两个方面：一是将 ANN 作为分类器或非线性映射器进行故障诊断，其基本思想是，以故障征兆作为人工神经网络的输入，诊断结果作为输出，神经网络作为分类器；二是将神经网络与其他诊断方法相结合组成混合诊断方法，对用解析方法难以建立系统模型的诊断对象，人工神经网络有着很好的研究和应用前景。

神经元模型是多输入、单输出的处理单元，如图 7-14 所示。根据输入、输出与神经元内部状态的关系，一般将神经元数理模型分为离散型、连续型、微差分方程型和概率型，最具有代表性的是连续输入输出模型，即

$$y = f\left(\sum (w_i x_i + \theta)\right) \tag{7-69}$$

式中　x_i——输入信号；

　　w_i——连接权值；

　　θ——门限值；

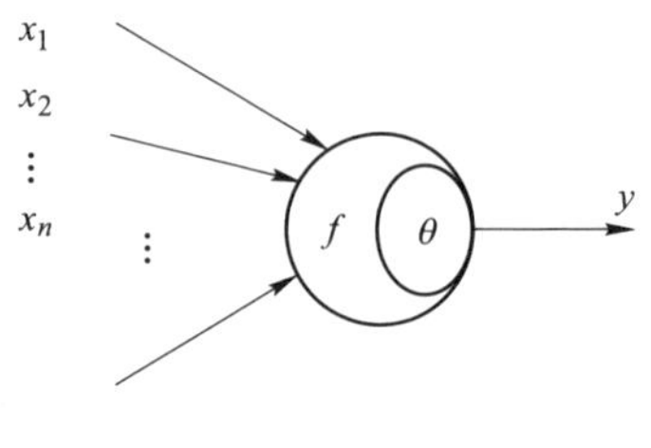

图 7-14　神经元模型

y——神经元的输出：

f——作用函数（激励函数）。

作用函数的类型为阶跃函数、分段函数或S型函数，需根据网络结构类型选用。S型函数为：

$$y = 1/[1 + \exp(-x)] \tag{7-70}$$

S型函数是一个连续可微的函数，它的一阶导数存在，用这种函数来区分类别时，它的结果可能是一种模糊的概念。对于多层的网络，这种函数所划分的区域不是线性划分，而是由一个非线性的超平面组成的区域，它是比较柔和、光滑的任意界面，因而，它的分类比线性划分精确、合理，网络的容错性也较好。

多个神经元相互连接形成一个神经元网络。如果网络中仅含有输入层及输出层，这种网络称为单层网络；若网络中除输入层和输出层外还有中间隐含层，则这种网络称为多层网络；若网络中后层或本层节点的输出又是该层节点的输入，则这种网络称为反馈网络，无反馈的称为前向网络。前向神经网络的结构如图7-15所示。

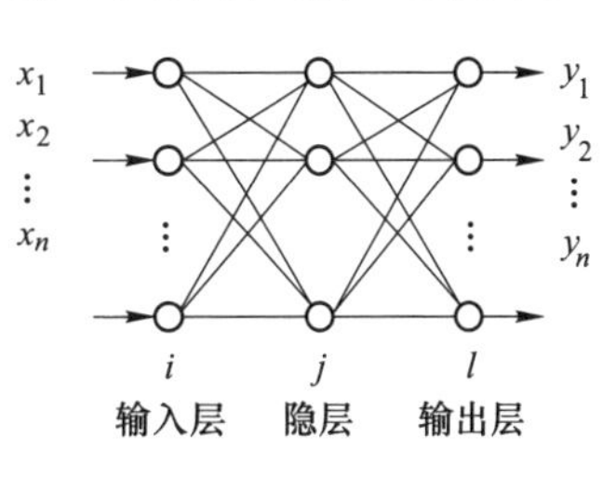

图7-15 BP网络结构

7.3.5 基于模式识别的方法

模式识别概念可以用特征空间来表示，或者用从特征空间到决策空间的匹配来表示。若某系统共有M个测量模式组成，用于判别其模式的是包含N个特征的向量$\boldsymbol{x}$，称为特征向量。识别问题就是将特征空间上的向量划分到合适的模式类别里，这相当于将特征空间分成几个彼此相互联系的独立的区域或类别。

故障诊断的本质就是模式识别。一般情况下，模式识别系统可分为两个步骤：第一步为特征提取；第二步为分类。特征提取就是从众多的故障征兆中选择能明确反映故障状态变化的特征，作为分类器的输入特征向量。分类的任务就是将输入的特征与分类状态相匹配。也就是说，在给定输入特征的情况下，分类器必须决定哪一种故障模式与输入模式最相匹配。

典型的分类方法是根据向量间距离的大小和概率理论来进行分类的。一旦特征获取方法确定下来，就可得到特征向量$\boldsymbol{X}$。下一步就是如何设计最优化准则，以便分类器能够做出关于待征向量$\boldsymbol{x}$属于哪个范畴的正确决策，一般通过分析很难得到最优化规则。

因此，分类器要能够根据训练样本集进行学习，从而可给出合适的决策。训练集是由已知类别的特征向量组成。训练过程中，逐一向系统输入特征向量，并告知相应向量的所属类别。学习算法使用这些信息，让识别系统学会了所需要的决策规则，这一过程和神经网络学习算法有着异曲同工之妙。

7.3.6 基于智能计算的方法

智能计算是以自然界，特别是其中典型的生物系统和物理系统的相关功能、特点和作用机理为参照基础，研究其中所蕴含的丰富的智能信息处理机制。在所需求解问题特征的相关目标导引下，提取相应的计算模型，设计相应的智能算法，通过相关的信息感知积累、知识方法提升、任务调度实施、定点信息交换等模块的协同工作，得到智能化的信息处理效果，并在各相关领域加以应用。基于智能计算的诊断方法主要包括神经计算、进化计算、群智能计算及免疫计算等，它们已逐步成为智能诊断理论中新的、重要的研究内容。

进化计算就是智能计算的典型代表，该算法基于达尔文的进化论，是在计算机上模拟生命进化机制而发展起来的一类智能算法。进化计算采用简单的编码技术来表示各种复杂的结构，通过对编码的遗传操作和优胜劣汰的自然选择，指导学习和确定搜索方向，进化中计算可以同时搜索解空间的多个区域、隐含着并行处理的计算机制，具有自组织、自适应和自学习等特征，而且不受搜索空间限制条件的约束，不需要其他辅助信息。在进化计算中，遗传算法在工程中的应用最为普遍。

遗传算法是基于自然选择思想和生物遗传理论的自适应随机迭代搜索方法。该算法以随机产生的一群候选解为初始群体，对群体中的每一个体进行编码，以字符串形式表示；然后根据对个体的适应度随机选择双亲，并对个体的编码进行繁殖、杂交和变异等操作，产生新的个体，组成新的种群。按照该方法不断重复进行，使问题的解逐步向最优方向进化，直到得出在全局范围内具有较好适应值的解。

遗传算法具有很强的全局优化搜索能力，并具有简单通用、鲁棒性强、隐含并行处理结构等显著优点。遗传算法在故障诊断专家系统推理和自学习中的应用，克服了专家系统存在的推理速度慢和先验知识很少的情况下知识获取困难的障碍，具有广阔的应用前景。另外，基于智能计算的故障诊断近年来在实际中也得到了应用，如变压器的故障诊断、轴承和齿轮等旋转机械的故障诊断、发动机齿轮箱故障监测和诊断等。但是，事物都是一分为二的，许多智能计算方法提出都很晚，也不是完美无缺的，存在着这样那样的问题，要成功应用于故障诊断还需做进一步研究。

如果问题的求解过程可以看作是一个搜索过程，就能够使用遗传算法来解决。

(1) 确定包含问题潜在解的一个种群（Population），种群中每个个体为染色体，种群的规模一般不变。常用的是二进制编码，即把问题的搜索空间中一个可能的点（即一个解）表示为确定长度的二进制数串（特征串），这个二进制数串就是染色体，构造多个染色体，形成初始群体。

（2）为群体中每个染色体确定适应度函数值（Fitness），它是问题本身所具有的适应度函数具有的值。用染色体的适应度值指导整个搜索过程，最终以具有最大适应度值的染色体经解码后作为求解问题的最好的解。

（3）确定算法的算子和参数。初始种群产生后，按照适者生存和优胜劣汰的原则，逐代演化出越来越好的近似解。用选择、交叉、变异三个算子，产生出代表新的解集的种群，使后代种群比上一代更加适应环境，末代种群中的最优个体经过解码，作为问题近似最优解。其中，主要的参数有群体规模、算法执行的最大代数、选择概率、交叉概率和变异概率等。

（4）确定算法停止运行的准则。停止运行的准则一般表示成算法执行的最大代数的形式。对那些最优解出现就能识别的问题，可以设定在这样的个体找到时就停止。当遗传算法停止运行时，就把当前代中最好的个体指定为待求问题的解。

根据上面的思路可以得出遗传算法的主要算法有以下步骤。

（1）初始化：设置最大进化代数 T，随机生成 N 个个体作为初始群体 $P(0)$。

（2）个体评价：计算群体 $P(x)$ 中各个个体的适应度。

（3）选择运算：将选择算子作用于群体。

（4）交叉运算：将交叉算子作用于群体。

（5）变异运算：将变异算子作用于群体，群体 $P(1)$ 经过选择、交叉、变异运算之后将得到下一代群体 $P(t+1)$。

（6）终止条件判断：若未达到进化最大代数，转到步骤（2）；若达到进化最大代数 T，则以进化过程中所得到的具有最大适应度的个体作为最优解输出，终止计算。

遗传算法流程如图 7-16 所示。遗传算法从随机生成的初始种群出发，通过选择、交叉和变异操作，种群一代代进化，直至收敛到最优解点。遗传算法不是直接作用在问题空间中，而是在编码空间中，再加上遗传操作比较简单，使得遗传算法具有简单、通用及鲁棒性强的特点。

遗传算法在故障诊断与预测领域有很多地方都得到了成功的应用，如遗传算法可以用于搜索故障诊断与预测中特征参数的最佳组合，将搜索到的特征参数组合用于故障诊断与预测，可以有效地提高诊断与预测精度。遗传算法可以应用于旋转机械故障诊断与预测的知识获取，针对学习范例建立优化模型，总结出故障诊断与预测知识。遗传算法还可以与神经网络学习算法结合，对网络结构进行优化，得到最优网络结构，并将其应用于装备的故障诊断与预测。遗传算法还可以与小波分析以及盲信号处理等相结合，显著提高现代信号处理技术水平。总之，将遗传算法应用于故障诊断与预测不仅可减少运算量、缩短计算时间，还可以提

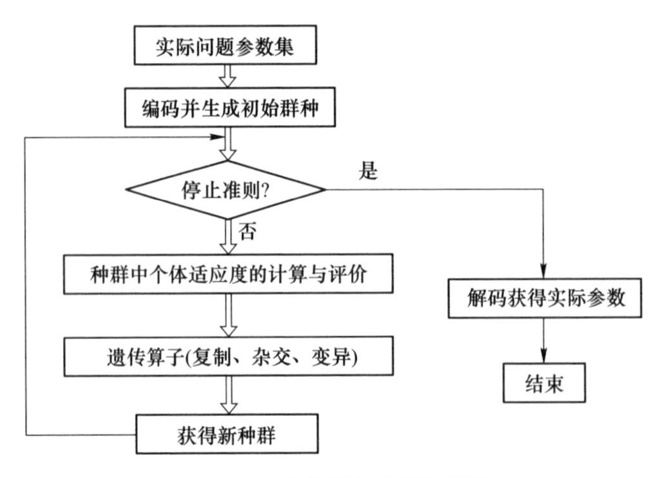

图 7-16　遗传算法流程示意图

高诊断与预测的效率和精度。总结遗传算法应用于故障诊断与预测的场景包括：基于遗传算法的故障特征提取；基于遗传算法的推理方法；遗传算法与神经网络的结合；遗传算法与模糊理论的结合；遗传算法与现代信号处理方法的结合。

7.3.7　基于 Bayes 的故障诊断

故障诊断与预测有多种方法和途径可获取装备状态的信息，如果以其中的一类方法获取的信息作为基础，用其他途径获取的信息作新的证据，则可以运用 Bayes 理论来融合多种信息，修正原来的估计，实现更高层次的综合诊断与预测。

考虑装备处于两种假设状态 h_1 和 h_2，经过预先估计其概率为 $P(h_1)$ 和 $P(h_2)$。通过其他途径进一步分析获得新的证据 e，在新的证据下，装备各状态的条件概率为 $P(h_1/e)$ 和 $P(h_2/e)$，那么，根据 Bayes 公式可得：

$$P(h_1/e)=\frac{P(h_1)P(e/h_1)}{P(h_1)P(e/h_1)+P(h_2)P(e/h_2)} \tag{7-71}$$

$$P(h_2/e)=\frac{P(h_2)P(e/h_2)}{P(h_1)P(e/h_1)+P(h_2)P(e/h_2)} \tag{7-72}$$

式中　$P(h_1),P(h_2)$——先验概率或基本概率；

$P(h_1/e),P(h_2/e)$——后验概率或综合概率；

$P(e/h_1),P(e/h_2)$——似然概率。

从式（7-71）和式（7-72）不难看出，Bayes 理论实质上是一种利用二次信息修正和改进原有概率分布的信息融合理论。

考虑更一般的情况，设装备有 n 个互斥状态 h_1，h_2，…，h_n，而且这些事件是穷尽的，设 e 是另一事件，则在新的证据下系统的综合概率为：

$$P(h_i/e)=\frac{P(h_i)P(e/h_i)}{\sum_{i=1}^{n}P(h_i)P(e/h_i)} \tag{7-73}$$

式（7-73）说明，若要知道装备各状态的综合概率，需要以下三个方面的信息。

（1）基本概率 $P(h_i)$ 的估计。基本概率 $P(h_i)$ 是对装备状态的初步估计和基本估计，是在综合诊断与预测之前用某种方法在现场分析的结果，基本上反映了装备的情况。这个概率值可以直接从算法中获取，如从专家系统诊断结论的概率分布和模糊诊断的隶属度等中获取。

（2）似然概率 $P(e/h_i)$ 的估计。似然概率是装备的假设状态 h_i 条件下出现证据 e 的条件概率，大致反映了不同诊断与预测方法和途径的准确性和可靠性，表示装备在故障状态 h_i 下，特征证据 e 出现的可能性。一般来说，它与装备诊断与预测结果的置信程度或隶属程度成正比。在综合诊断与预测时，应该认真把握这个问题，它可以从大量的经证实的故障诊断与预测的结果中统计出来，不需要归一化。

（3）证据 e 信息的估计。在故障诊断与预测中，证据 e 信息往往是多方面的，装备的综合诊断与预测主要依据于这些不同的证据。由于不同的途径和方法往往会传回相互矛盾的证据信息，因此，需要对证据进行处理和综合，以确定装备的真实状态。

如果 $E=\{e_1,e_2,\cdots,e_m\}$ 是多证据系统，则系统综合概率分布为：

$$P(h_i/E)=P(h_i/e_1,e_2,\cdots,e_m) \tag{7-74}$$

进一步假设证据 e_1，e_2，…，e_m 关于 h_i 是条件独立的，即

$$P(e_1,e_2,\cdots,e_m/h_i)=\prod_{i=1}^{m}P(e_j/h_i),i\leqslant n \tag{7-75}$$

由 Bayes 公式可得多证据条件下的综合概率估计，即

$$P(h_i/e_1,e_2,\cdots,e_m)=\frac{\prod_{i=1}^{m}P(h_i)P(e_j/h_i)}{\sum_{k=1}^{n}\prod_{j=1}^{m}P(h_k)P(e_j/h_k)} \tag{7-76}$$

7.3.8 人工免疫算法

由于人工免疫算法继承了传统的进化算法的一些基本算法结构和方法，并且生物免疫系统的各种原理和机制本身相互关联和支持，使得各种人工免疫算法往往具有一定的共性或相似性，因此可以建立一般性的免疫算法基本框架[18]。

一般地，将待求解的问题与抗原相对应，可行解向量与抗体相对应，对问题的分析与抗原识别相对应，将对过去成功解的回忆与记忆细胞产生抗体相对应，可行解质量和抗体与抗原的亲和度相等价，免疫算法产生新抗体与抗体的繁殖相关联。根据这种明确的对应关系就可以将问题的寻优过程与生物免疫系统识别抗原并实现抗体进化的过程完全对应起来，将生物免疫应答中的免疫进化链抽象为数学上的进化寻优过程，这就形成了人工免疫智能优化算法。

人工免疫智能优化算法的一般过程如下：

（1）定义抗原。将待解决的问题或可以达到的最优处理结果抽象成为人工免疫算法的抗原。

（2）定义抗体。将待求解问题的解空间中的一个解对应为人工免疫算法的一个抗体。抗体与抗原的编码方式在免疫系统中具有重要的意义，一般用定长 L 的位串来表示抗体与抗原，通过位串是否匹配来进行识别。目前，抗体与抗原的编码方式可以采用二进制编码、实数编码和字符编码方式。

（3）生成初始抗体群体。一般采用和遗传算法类似的方法，随机产生初始抗体群体。

（4）计算亲和度。亲和度计算有两部分，即抗体对抗原、抗体与抗体之间的亲和度，通常用抗体对抗原或其他抗体之间的匹配程度或相似程度来度量。这是反映抗体的优劣程度的一项重要评价指标，类似于其他优化算法中的适应度函数或目标函数。

抗体与抗原之间的亲和力和它们之间的距离相关，如 Eauelidean 距离、Manhattan 距离等，即

$$D = \sqrt{\sum_{i=1}^{L} (ab_i - ag_i)^2} \tag{7-77}$$

$$D = \sum_{i=1}^{L} |ab_i - ag_i| \tag{7-78}$$

式中　$ab_1, ab_2, \cdots, ab_L$——抗体的坐标；

$ag_1, ag_2, \cdots, ag_L$——抗原坐标。

当两个序列之间的距离最大时，分子间构成一个理想的互补。分子间的亲和力最大在具体的应用中，也可能正好相反，即距离越小，两者越匹配，亲和力越大。

基于抗体、抗原之间的结合强度，也可以计算抗体与抗原的亲和力，公式为：

$$Ag_k = \frac{1}{1 + t_k} \tag{7-79}$$

式中　Ag_k——抗体 k 和抗原之间的亲和力，值为 0~1；

t_k——抗体 k 与抗体的结合强度。

（5）计算浓度或多样度。抗体的浓度或多样度主要用于评估群体中抗体模

式的丰富程度，为算法后续的免疫行为提供指导依据。

（6）免疫操作。免疫操作主要包括选择、克隆变异、自体耐受、抗体补充等内容，通常需要考虑抗体的亲和度和浓度等指标作为其行为的指导。其中，选择操作通常是指从群体中选出一个或部分抗体进入下一步的免疫操作或进入下一代的抗体群体。克隆变异通常是指人工免疫算法产生新抗体的主要方式，自体耐受是指对抗体存在的合理性进行判断，抗体补充则是指补充群体抗体。

（7）终止条件检查。判断抗体群体是否已经达到亲和度成熟，并成功识别抗原目标。如果是，则结束；否则转到第（4）步，重新开始新一轮的迭代过程，直到满足算法终止条件为止。

7.3.9　支持向量机

诞生于20世纪70年代的统计学习理论系统地研究了机器学习问题，对有限样本情况下的统计学习问题提供了一种有效的解决途径，弥补了传统统计学的不足。与传统的统计学相比，统计学习理论着重研究有限样本情况下的统计规律和学习方法，在这种体系下的统计推理不仅考虑了对渐进性能的要求，而且追求得到现有信息条件下的最优解。其核心内容包括：基于经验风险最小化准则的统计学习一致性条件；统计学习方法推广性的界；在推广性的界的基础上建立的小样本归纳推理准则：实现新准则的实际方法。

支持向量机（Support Vector Machine，SVM）的诞生较好地解决了以往许多学习方法中小样本、非线性和高维数等实际难题，并克服了神经网络等学习方法中网络结构难以确定、收敛速度慢、易陷于局部极小值、过学习与欠学习以及训练时需要大量数据样本等不足，可以使在小样本情况下建立的分类器具有很强的推广能力，为液压系统故障的智能诊断提供了一种新的研究方法。支持向量机示意图如图7-17所示。

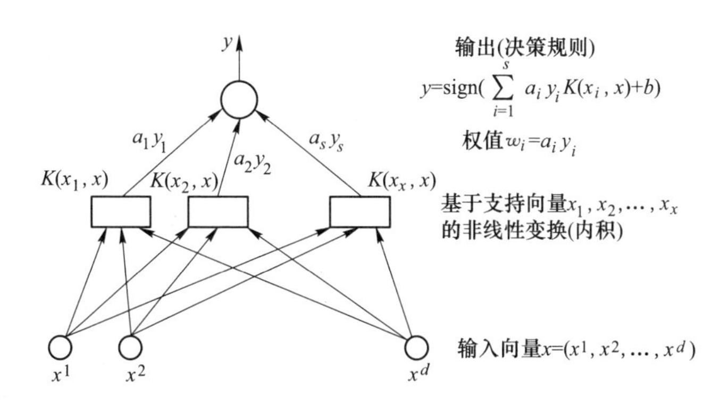

图7-17　支持向量机示意图

线性可分的样本集为 (x_i, y_i)，$i=1, 2, \cdots, n$，$x \in R^d$，$y_i \in \{+1, -1\}$ 是类别标号。d 维空间中线性判别函数的一般形式为 $g(x)=wx+b$，分类面方程为：

$$wx + b = 0 \tag{7-80}$$

对判别函数进行归一化，使两类中离分类面最近的样本的 $|g(x)|=1$，这样分类间隔就等于 $2/\|w\|$，因此使间隔最大就是使 $\|w\|$（或 $\|w\|^2$）最小；要求分类线对所有样本正确分类，就是要求它满足：

$$y_i(wx_i + b) - 1 \geqslant 0 \quad (i = 1,2,\cdots,n) \tag{7-81}$$

使式（7-81）成立即位于超平面 H_1，H_2上的样本称为支持向量（Support Vectors）。

这样最优分类面问题就可以表示为式（7-81）的约束下求函数：

$$\phi(w) = \frac{1}{2}\|w\|^2 = \frac{1}{2}(ww) \tag{7-82}$$

的最小值。为此，可以定义如下的 Lagrange 函数：

$$L(w,b,a) = \frac{1}{2}(ww) - \sum_{i=1}^{n} a_i\{y_i[(wx_i) + b] - 1\} \tag{7-83}$$

其中，$a_i>0$ 为 Lagrange 乘子。问题是对 w 和 b 求 Lagrange 函数的极小值，把这个问题转化为如下的对偶问题，即在约束条件：

$$\sum_{i=1}^{n} y_i a_i = 0 \quad (a_i \geqslant 0, i = 1,\cdots,n) \tag{7-84}$$

之下对 a_i 求下列函数的最大值：

$$Q(a) = \sum_{i=1}^{n} a_i - \frac{1}{2}\sum_{i,j=1}^{n} a_i a_j y_i y_j (x_i x_j) \tag{7-85}$$

这是一个不等式约束下二次函数极值问题，存在唯一解 a^*。根据约束最优化问题的 KKT（Karush-Kuhn-Tucker）条件可知，上述问题的解须满足：

$$a_i[y_i(wx_i) + b] - 1 = 0 \quad (i = 1,2,\cdots,n) \tag{7-86}$$

即大多数样本对应的 a^* 将为零，只有支持向量对应的 a^* 不为零。求解上述问题得到的最优分类函数为：

$$F(x) = \mathrm{sign}[(w^* x) + b^*] = \mathrm{sign}[\sum_{i=1}^{n} a_i^* y_i (x_i x) + b^*] \tag{7-87}$$

其中，sign 为符号函数。由于非支持向量对应的 a^* 均为零，因此式（7-87）中求和实际上只是对支持向量进行。而 b^* 为分类的阈值，可由任意一个支持向量用式（7-81）等号成立求得，或者通过两类中任意一对支持向量取平均值得到。

在模式识别时，对于非线性可分的样本分类问题，一种很自然的方法就是通过非线性变换方法（形式如 $z=e(x)$）把原来的低维特征空间映射到高维空间，使得在高维空间样本是可分的，因此可用线性判别函数实现分类。但是这往往是以牺牲计算量为代价的，当映射后的空间维数很高时，在实际上是不可实现的。当要解决高维特征空间的广义分类问题时，也只需知道高维空间的内积运算即可，根本不需要知道把低维空间映射到高维空间的具体变换形式；并且只要变换空间的内积运算可以用原空间中的变量直接计算，则即使变换空间的维数增加很多，在其中求解最优分类面的问题也不会增加多少计算复杂度。

Mercer 条件：对于任意的对称函数 $K(x,x')$，它是某个特征空间中的内积运算的充分必要条件是，对于任意的 $\varphi(x) \neq 0$ 且 $\int\varphi^2(x)\mathrm{d}x < \infty$，有：

$$\iint K(x,x')\varphi(x)\varphi(x')\mathrm{d}x\mathrm{d}x' > 0 \tag{7-88}$$

式中 x'——特征向量 x 的转置。

统计学习理论指出，根据 Hilbert-Schmidt 原理，如果核函数 $K(x,x')$（或称为内积函数）满足 Mercer 条件，可以代替最优分类面中的点积，就相当于把原特征空间变换到了某一新的特征空间，而不必进行这种变换。此时 SVM 最优化函数就变为：

$$Q(a) = \sum_{i=1}^{n} a_i - \frac{1}{2}\sum_{i,j=1}^{n} a_i a_j y_i y_j K(x_i, x_j) \tag{7-89}$$

对应的判别式为：

$$F(x) = \mathrm{sign}\left[\sum_{i=1}^{n} a_i^* y_i K(x_i, x) + b^*\right] \tag{7-90}$$

7.3.10 混沌分形理论方法

混沌是非线性动力学系统所特有的一种运动形式，广泛地存在于自然界、人类社会以及自然科学、社会科学等各个领域。混沌学与相对论、量子力学被誉为 20 世纪物理学的三大发现。

混沌吸引子具有自相似结构。混沌是在时间尺度内反映世界的复杂性，分形则是在空间尺度上反映世界的复杂性，两者之间有密不可分的内在联系。混沌是时间尺度上的分形；而分形则是空间尺度上的混沌。分形理论的发展为复杂的非线性系统的故障诊断提供了新的方法。

近年来，利用混沌的性质检测噪声背景中的故障特征信息成了故障检测与诊断领域的研究热点，国内外不少学者都进行了这方面的研究工作。姜万录等利用混沌振子的间数混沌运动对小信号的敏感性及对噪声的免疫力来诊断齿轮单齿缺陷故障、轴向柱塞泵脱靴故障以及传感器周期干扰故障，取得了较好的效果。还有学者研究了碰磨故障转子的非线性特性，研究结果表明当转速较大时，系统具有丰富的非线性行为，并研究了系统的分叉和混沌等复杂行为。

混沌轨道在相空间内由于无限次的拉伸、压缩和折叠，构成了无穷嵌套的自相似结构，形成混沌吸引子。定量描述吸引子混沌特性的主要手段是分形维数和李雅普诺夫指数。分形维数是定量刻画混沌吸引子奇异程度的一个十分重要的参数，它被广泛地应用于非线性系统行为的刻画中。绝大多数奇异吸引子具有分维数（非整数维），它是识别混沌、定量地表征奇异吸引子这种具有自相似结构特征的指标之一。

关联维（Comelation Dinmension）也称相关维，它表示系统在多维空间中的疏密程度，反映系统点与点之间的关联程度，是描述系统的特征量；可用来刻画重构的 m 维（嵌入维）相空间的混沌吸引子的分形复杂性。

设备在不同的工作状态下有明显不同的关联维数，通过计算关联维数可以有效监测工作状态，诊断故障的发生。

1983 年，Grmsberger 和 Pacaccia 根据嵌入理论和重构相空间思想，提出了从时间序列直接计算关联维数 D_2 的算法，即 G-P 算法。

长度为 N 的序列用时延法可以构成长度为 N_m、维数为 m 的相空间。重构相空间的维数 m 称为嵌入维数。设原始信号时间序列为 $\{x_1, x_2, \cdots, x_N\}$，重构的伪相空间轨道为：

$$X_i = (x_i, x_{i+\tau}, x_{i+2\tau}, \cdots, x_{i+(m-1)\tau})^{\mathrm{T}} \tag{7-91}$$

式中 τ——时间延迟；

i——正整数，$i=1, 2, 3, \cdots, N_m$，$N_m = N-(m-1)$；

m——重构相空间中向轨迹的长度。

吸引子关联维数由下列相关积分导出：

$$C(r) = \frac{1}{N_m^2}\sum_{i=1}^{N_m}\sum_{j=1}^{N_m} H(r - \| X_i - X_j \|) \quad (i \neq j) \tag{7-92}$$

式中 $C(r)$——信号的相关积分（关联函数）；

$H(x)$——Heaviside 函数，当 $x \geqslant 0$ 时 $H(x)=1$，当 $x<0$ 时 $H(x)=0$；

r——相空间中超球半径；

$\| X_i - X_j \|$——两矢量间的范数（欧氏距离），定义为：

$$\| X_i - X_j \| = \left[\sum_{l=0}^{m-1} (x_{i+l\tau} - x_{j+l\tau})^2\right]^{1/2} \tag{7-93}$$

相关积分 $C(r)$ 的含义是嵌入空间中距离小于或等于 r 的向量对出现的概率，有：

$$C(r) \propto r^{D_2}, r \rightarrow 0 \tag{7-94}$$

式中 D_2——关联维数。

D_2 可由式（7-95）求出：

$$D_2 = \lim_{r \to 0}[\ln C(r)/\ln r] \tag{7-95}$$

可作为区分混沌和其他运动形式的主要依据之一。

曲线 $\ln r-\ln C(r)$ 在 $r\to 0$ 时的渐近线是直线，其斜率就是 D_2。在实际计算中，因为时间抽样率有限，要使 $r\to 0$ 是有困难的。在实践中，一般采用多点直线拟合来计算 D_2。具体过程是：取 M 个较小的 r 值，计算 $x_i=\ln r$、$y_i=\ln C(r)$，然后由 M 个点（x_i，y_i）按最小二乘法拟合出一条直线 $y=kx+b$，此直线的斜率 k 即为 D_2的估算值。残差的平方和为：

$$E=\sum_{i=1}^{M}(kx_i+b-y_i)^2 \tag{7-96}$$

令$\partial E/\partial k=0$，$\partial E/\partial b=0$，可解得：

$$D_2=k=\frac{\sum_{i=1}^{M}x_iy_i-\frac{1}{M}\sum_{i=1}^{M}y_i\sum_{i=1}^{M}x_i}{\sum_{i=1}^{M}x_i^2-\frac{1}{M}\left(\sum_{i=1}^{M}x_i\right)^2} \tag{7-97}$$

近几十年来，Lyapunov 指数已经广泛地用于判别系统的混沌行为，进行故障诊断，并成为一种极其重要的判别工具。Lyapunov 指数值表征了系统混沌的程度，为系统的预测和决策提供了重要信息。因而，Lyapunov 指数作为混沌的一个极其重要的特征量用于系统的状态监测与诊断，是非常有研究意义的。

由于混沌态时系统的最大 Lyapunov 指数大于零，当系统处于周期态时，最大 Lyapunov 指数等于零；利用这一点就可以确定系统的阈值：最大 Lyapunov 指数的符号从大于零变为小于零的时刻，所对应的参数值就是阈值。所以，Lyapunov 指数不仅是判别混沌存在与否的重要指标，也可以用来求取系统从混沌态跃变到周期态的阈值，为系统状态判断提供有效工具。

在一维动力系统 $x_{n+1}=P(x_n)$ 中，初始两点迭代后是互相分离的，还是靠拢的，关键取决于导数 $|\mathrm{d}F/\mathrm{d}x|$ 的值。若 $|\mathrm{d}F/\mathrm{d}x|>1$，则迭代使得两点分开；若 $|\mathrm{d}F/\mathrm{d}x|<1$，则使得两点靠拢。但是在不断的迭代过程中，$|\mathrm{d}F/\mathrm{d}x|$ 的值也随之而变化，使得时而分离时而靠拢。为了表示从整体上看相邻两状态分离的情况，必须对时间（或迭代次数）取平均值。因此，不妨设平均每次迭代所引起的指数分离中的指数为 λ，如图 7-18 所示。

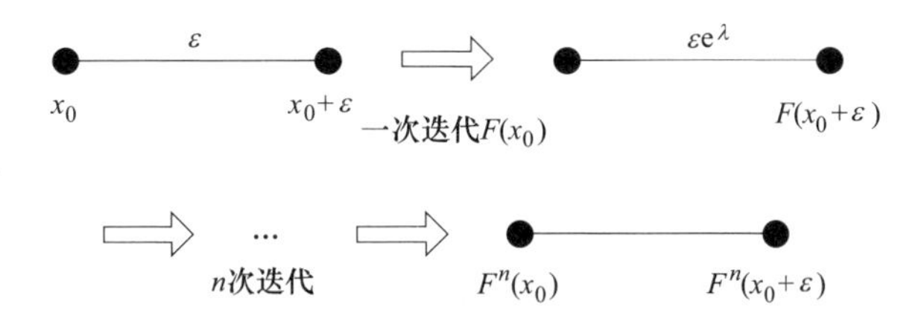

图 7-18 一维离散映射过程轨道的指数分离

从图 7-18 中看出，原来相距为 ε 的两点经过 n 次迭代后相距为：

$$\varepsilon e^{n\lambda(x_0)} = \left| F^n(x_0 + \varepsilon) - F^n(x_0) \right| \tag{7-98}$$

取极限 $\varepsilon \to 0$，$n \to \infty$，式（7-98）变为：

$$\lambda(x_0) = \lim_{n\to\infty} \frac{1}{n} \ln \left| \frac{F^n(x_0 + s) - F^n(x_0)}{\varepsilon} \right| = \lim_{n\to\infty} \frac{1}{n} \ln \left| \frac{dF^n(x)}{dx} \right|_{x=x_0} \tag{7-99}$$

式（7-99）可简化为：

$$\lambda = \lim_{n\to\infty} \frac{1}{n} \sum_{i=0}^{n-1} \ln \left| \frac{dF(x)}{dx} \right|_{x=x_i} \tag{7-100}$$

式（7-100）中 λ 称为原动力系统的 Lyapunov 指数，它表示系统在多次迭代中平均每次迭代所引起的指数分离中的指数。

对于一般的 n 维动力系统，定义 Lyapunov 指数如下：将系统的初始条件取为一个半径无穷小的 n 维的超球，由于演变过程中的自然变形，超球将变为超椭球。将超椭球的所有主轴按其长度顺序排列，那么第 i 个 Lyapunov 指数根据第 i 主轴的长度 $P_i(k)$ 的增加速率定义为：

$$\lambda_i = \lim_{k\to\infty} \frac{1}{k} \ln \left[\frac{P_i(k)}{P_i(0)} \right] \quad (i = 1,2,\cdots,n) \tag{7-101}$$

通常将全部的 Lyapunov 指数谱按大小排列为：

$$\lambda_1 \geqslant \lambda_2 \geqslant \lambda_3 \geqslant \cdots \geqslant \lambda_n \tag{7-102}$$

λ_1 可用作运动随机性或非确定性的定量描述。

7.3.11　故障树故障诊断方法

故障树有三类基本符号：事件符号、逻辑门符号、转移符号。

顶事件：故障树分析的最终故障称为顶事件，是故障树分析的目标，它位于故障树的最顶端，只作为逻辑门的输出事件而不是输入事件，可以形象理解为“根节点”。

中间事件：处于顶事件和底事件之间，既是某个逻辑门的输出事件，又是其他逻辑门的输入事件，可形象理解为“枝节点”。

底事件：位于故障树的最底部，是该分析法中只能导致其他事件发生的影响因素事件，只能作为逻辑门的输入事件，而不作为输出事件，可形象理解为“叶节点”。

故障树分析法的事件符号及意义见表 7-2。

逻辑门描述故障树各事件之间的逻辑关系，逻辑门包括或门、与门、非门和特殊门。各逻辑门的符号及说明见表 7-3。

为避免画故障树图时重复和使用图形简明，设置了转移符号见表 7-4。

故障树分析法的分析流程为：（1）明确系统及顶事件的分析范围；（2）建立故障树；（3）简化故障树；（4）对故障树进行定性分析；（5）对故障树进行定量分析。

表 7-2 故障树分析法事件符号及意义

类型	符号	名称	基本意义
事件符号		矩形事件	“结果事件”，总位于某个逻辑门的输出端，分为顶事件和中间事件
		圆形事件	“基本事件”，无须探明其发生原因的底事件
		菱形事件	“未探明事件”，原则上应进一步探明其原因但暂时不必或者不能探明其原因的底事件
		房形事件	“开关事件”，在正常工作条件下必然发生或者必然不发生的特殊事件
		椭圆形事件	“条件事件”，描述逻辑门起作用的具体限制的特殊事件

表 7-3 各逻辑门符号及说明

类别	名称	符号	基本意义
逻辑符号	与门		仅当所有输入事件发生时，输出事件才发生
	或门	+	至少一个输入事件发生时，输出事件就发生
	非门	~	输出事件是输入事件的对立事件
	顺序与门	(顺序条件)	仅当输入事件按规定顺序发生时，输出事件才会发生
	表决门	r/n	仅当 n 个输入事件中有 r 个或者 r 个以上的事件发生时，输出事件才发生

表 7-4 转移符号的符号及意义

类别	名称	符号	基本意义
转移符号	(子树代号字母数字)	转向符号	表示“下面转到以字母数字为代号所指的子树中”
	(子树代号字母数字)	转此符号	表示“由具有相同字母数字的转向符号转到这里来”

故障树用上述事件符号、逻辑门符号、转移符号等描述系统中各事件之间的

因果关系，是一种特殊的倒立树状逻辑因果关系图。逻辑门的输入事件是输出时间的“因”，逻辑门的输出事件是输入时间的“果”，建立故障树的流程如下：

（1）了解系统故障。对机械设备和系统分析前，首先要对设备和系统有一个仔细全面的研究，特别是易发生故障的设备和子系统，还要尽量多地收集有关资料和书籍，做好准备工作。

（2）对机械设备和系统分析研究之后，采集好相关数据，就可以开始建立故障树。首先，要确定故障状态，从故障出发进而找出所有可能导致此故障的因素，然后再逐级分析，直到最后的基本事件为止。

（3）故障树简化。建立好故障树后，依次分析各级故障，简化各故障之间的关系，去除掉不可能发生的原因、现象和逻辑关系，进而简化故障树。

定性分析主要是为了寻找导致故障项事件发生的影响因素及影响因素的组合。导致故障树（含底层事件、结果事件以及与、或、非逻辑门）顶事件发生的若干底层事件的集合称为割集。导致故障树顶事件发生的数目不能再少的底层事件的集合称为最小割集。

定量分析是为了评价与测算故障顶事件发生的可靠性。

计算顶事件发生的概率：故障树分析，用布尔代数变量表示其底层事件状态，即

$$x_i(t)=\begin{cases}1(\text{在 } t \text{ 时刻,底事件 } i \text{ 发生})\\0(\text{在 } t \text{ 时刻,底事件 } i \text{ 不发生})\end{cases}$$

计算事件 i 发生的概率，也就是计算随机变量 $x_i(t)$ 的期望值 $E[x_i(t)]$：

$$E[x_i(t)]=P[x_i(t)=1]=F_i(t) \tag{7-103}$$

$F_i(t)$ 表示在时间［0，t］内所发生的概率，也就是第 i 个部件的失效（故障）分布函数。如果一共有 n 个事件组成故障树，其函数结构为：

$$N(X)=N\{X_1,X_2,\cdots,X_n\} \tag{7-104}$$

与门结构函数为：

$$N(X)=N\{X_1,X_2,\cdots,X_n\} \tag{7-105}$$

或门结构函数为：

$$N(X)=1-(1-X_1)(1-X_2)\cdots(1-X_n)=1-\prod_{i=1}^{n}X_i \tag{7-106}$$

用最小割集来表示结构函数。若给定故障树共有 K 个最小割集组合，则每一个最小割集表示为 $K_i(x)=\bigcap\limits_{x_i\in k_i} x_i$ 。

故障树的结构函数可为：

$$\Phi(X)=\bigcup_{i=1}^{k}K_i(X)=\bigcup_{i=1}^{k}\bigcap_{x_i=k_i}x_i \tag{7-107}$$

若顶事件的发生概率为：$g=P\{\Phi(X)=1\}$ ，由于 $\Phi(X)$ 是只取 0 或 1 的二值函数，则 g 也可记作：

$$g = E[\Phi(x)] = p[\bigcup_{i=1}^{k} K_i(X) = 1] \tag{7-108}$$

一般故障树的最小割集是相容的，则 g 可以用相容事件之和的概率来计算。

$$g = p[\bigcup_{i=1}^{k} K_i(X)] = \sum_{i=1}^{k} p(E_i) - \sum_{1 \leqslant i \leqslant j \leqslant k} p(E_i E_j) - \sum_{1 \leqslant i \leqslant j \leqslant k} p(E_i E_j E_m) \cdots + (-1)^{k-1} p(\bigcap_{j=1}^{k} E_j) \tag{7-109}$$

若已知底层事件发生的概率 q_i，并假设每个最小割集的底层事件是独立的，则 g 又可改写为：

$$g = \sum_{i=1}^{k} \prod_{i \in k_i} q_i - \sum_{1 \leqslant i \leqslant j \leqslant k} \prod_{i \in k_i \cup k_m} q_i + \sum_{1 \leqslant i \leqslant j \leqslant k} \prod_{i \in k_i \cup k_m \cup k_p} q_i + \cdots + (-1)^{k-1} \prod_{i=1} q_i \tag{7-110}$$

7.3.12 深度学习故障诊断方法

受限玻耳兹曼机（RBM）具有两层网络结构，包含可见层和隐藏层，层内无连接，层间全连接。可见层状态向量 $v=(v_1, v_2, \cdots, v_n)$，可见层偏置向量 $a=(a_1, a_2, \cdots, a_n)$，隐藏层状态向量 $h=(h_1, h_2, \cdots, h_n)$，隐藏层偏置向量 $b=(b_1, b_2, \cdots, b_n)$，层次间连接权重 $W=(w_{ij})$，$\theta=(W, a, b)$ 表示 RBM 的参数集。在 RBM 网络中给定可见层单元状态时，隐藏层某单元被激活的概率为：

$$P(h_k = 1 \mid v) = \text{sigmoid}\left(b_k + \sum_{i=1}^{n_v} w_{k,i} v_i\right) \tag{7-111}$$

$$P(v_k = 1 \mid h) = \text{sigmoid}\left(a_k + \sum_{j=1}^{n_h} w_{j,k} h_j\right) \tag{7-112}$$

深度置信网络（DBN）由多个堆叠 RBM 和一个分类器组合而成，对多个 RBM 进行堆叠，底层隐藏层作为高一层的可见层，通过无监督贪婪学习算法逐层优化网络间连接权重和偏置，可以从复杂监测数据中逐层提取更深层次的特征。高层 RBM 的隐藏层作为特征提取层，输入到分类器，对数据进行分类，其结构如图 7-19 所示。

自动编码器分为输入层、隐藏层和输出层，输入层节点个数和输出层相同。它通过重构误差函数尽可能地复现输入数据，进而起到有效特征提取和降维的作用，其结构如图 7-20 所示。

$$h = f(x) = S_f(Wx + b) \tag{7-113}$$

$$y = g(h) = S_g(W'h + b') \tag{7-114}$$

堆叠自编码（SAE）是将多个 AE 堆叠起来，以每个 AE 隐藏层的输出作为下个 AE 的输入层。

稀疏降噪自编码器的降噪性通过对输入数据加入“噪声损伤”实现，对输

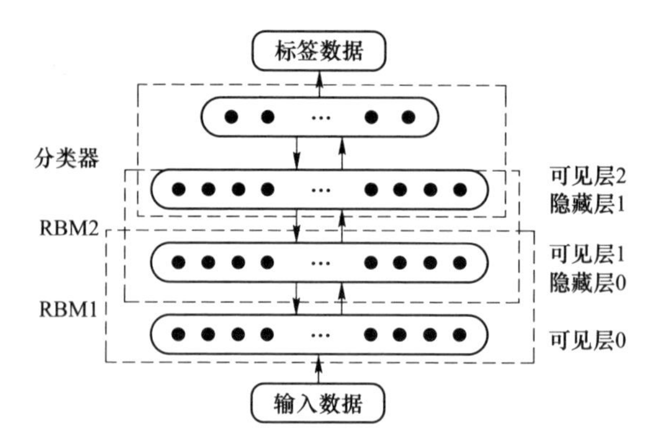

图 7-19　深度置信网络结构图

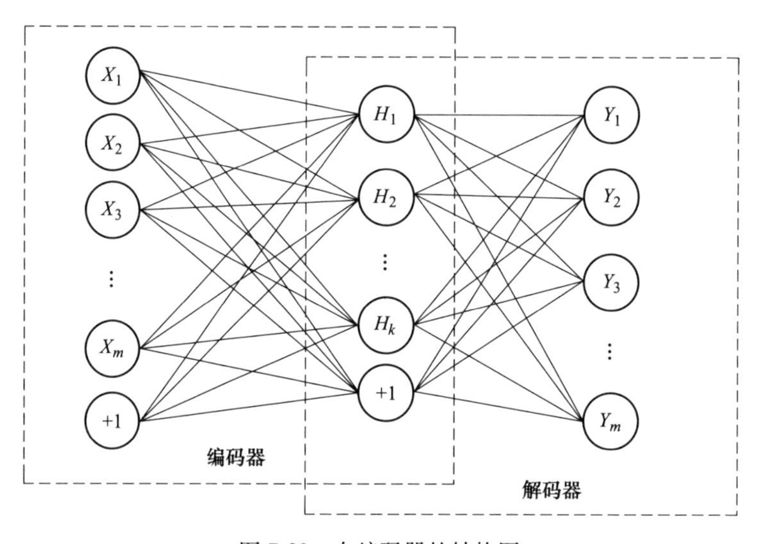

图 7-20　自编码器的结构图

入数据随机置 0，编码向量依然对输入向量 x 进行重构，更具鲁棒性。稀疏性限制通过控制隐藏层神经元平均激活量实现。通常，如果隐层神经元的输出接近于 1，那么它被认为是“活跃的”；反之，则被认为是“不活跃的”，稀疏性限制的目的是让这些神经元在大多数时候处于“不活跃”的状态。假设 $a_j(x)$ 代表隐层第 j 个激活单元，那么隐层第 j 个单元的平均激活量为：

$$\rho_j = \frac{1}{N}\sum_{i=1}^{N}\left[a_j(x^{(i)})\right] \tag{7-115}$$

卷积神经网络基本结构包括输入层、卷积层、池化层、全连接层和输出层，其中可设置多层卷积层和池化层，提高网络性能，其结构如图 7-21 所示。

卷积核是一个权值矩阵，它对输入局部加权求和，以一定步长遍历一次输入

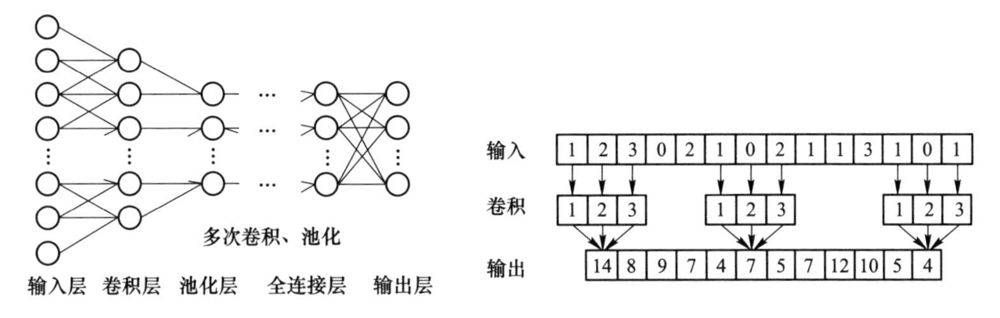

图 7-21　一维卷积神经网络结构示意图

得到卷积的输出。在卷积神经网络训练过程中，卷积核权值会不断调整优化，使其能更充分地提取特征。

$$y^{l(i,j)} = K_i^l x^{l(\mathrm{r}j)} = \sum_{j'=0}^{W-1} K_i^{l(j')} x^{l(j+j')} \tag{7-116}$$

式中　$K_i^{l(j')}$ ——第 l 层的第 i 个卷积核的第 j 个权值；

$x^{l(\mathrm{r}j)}$ ——第 l 层中第 j 个被卷积的局部区域；

W ——卷积核的宽度。

池化核以一定步长遍历输入，按池化方法得到池化输出，常见的池化方法有最大池化、平均池化。最大池化取输入的最大值作为输出，而平均池化以输入平均值作为输出。

采用多个卷积核进行训练，提高网络性能。在经过多次卷积池化之后，采用全连接层对卷积池化结果进行分类，全连接层每个神经元与前一层所有神经元进行全连接；常采用 Re-LU 激活函数，全连接层的输出值传递到输出层，输出层激活函数通常是 softmax 函数，将输入转化为和为 1 的概率分布。

7.4　远程故障诊断系统

远程故障诊断系统显著优点在于，一旦故障出现，系统可以在一个极短的时间内调动网内的所有技术资源，大大缩短了故障诊断和处理时间，实现对设备故障的快速诊断，有助于在故障初期即对设备进行主动维修。分布式远程诊断技术克服了地域障碍，通过多系统、多专家对故障进行实时会诊，提高了故障诊断的准确性、可靠性及高效性；同时维修服务中心也可扩大相关设备（或系统）的故障诊断知识和数据的共享范围。

7.4.1　分布式远程故障诊断专家系统的原理

分布式远程故障诊断专家系统（DRFDES）描述为：在设备故障诊断的领域里，运行于一系列通过各种网络连接的、紧密合作的设备状态监测与故障诊断系统，实现分布式控制、资源共享、动态扩展、远程调度、专家诊断等多项功能，同时考虑系统的并发性、分布性、可靠性、安全性、共享性、保密性与智能性等特性的开放系统[20]。DRFDES 的原理框图如图 7-22 所示。

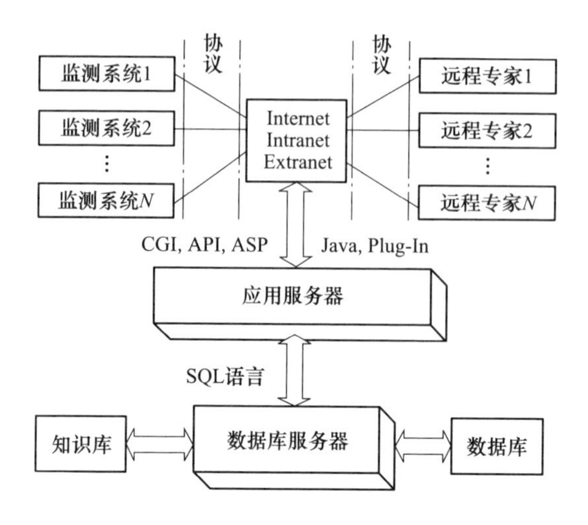

图 7-22　分布式远程故障诊断专家系统的原理

DRFDES 系统的一般工作原理为：当远程监测现场出现故障后，用户通过故障数据采集终端进行状态监测，接收到各种信号文件（包含故障信息）后，先利用自身的初级故障诊断程序进行原因查表；如果无匹配信息，则设备状态和故障信息通过网络自定义协议传输到应用服务器控制台上；根据远程分布式诊断专家的数据库、知识库、规则库与诊断实例库，综合分析得出设备的运行状况，并将结果通过自定义协议返回到具体设备用户。

7.4.1.1　系统的硬件结构

组建 DRFDES 系统的主要工作是建立中央维修站、维修培训中心、故障分析中心和各个故障诊断终端的 Internet 网络。一般构建的硬件平台组成如图 7-23 所示。

中央维修站主要包括网络服务器群和中央故障诊断系统，前者负责整个网络的运行与数据库操作，后者则作为整个系统的故障处理中心；分散在工业现场的故障数据采集终端负责采集到故障信息；远程分析中心传递中央维修站需要向人类专家查询的故障信息并返回诊断意见，维修服务中心建立了多媒体教学系统、设备信息资料库和用户服务中心。整个网络通过 Internet 构建，也可建立在专门的 Intranet 企业网络上。

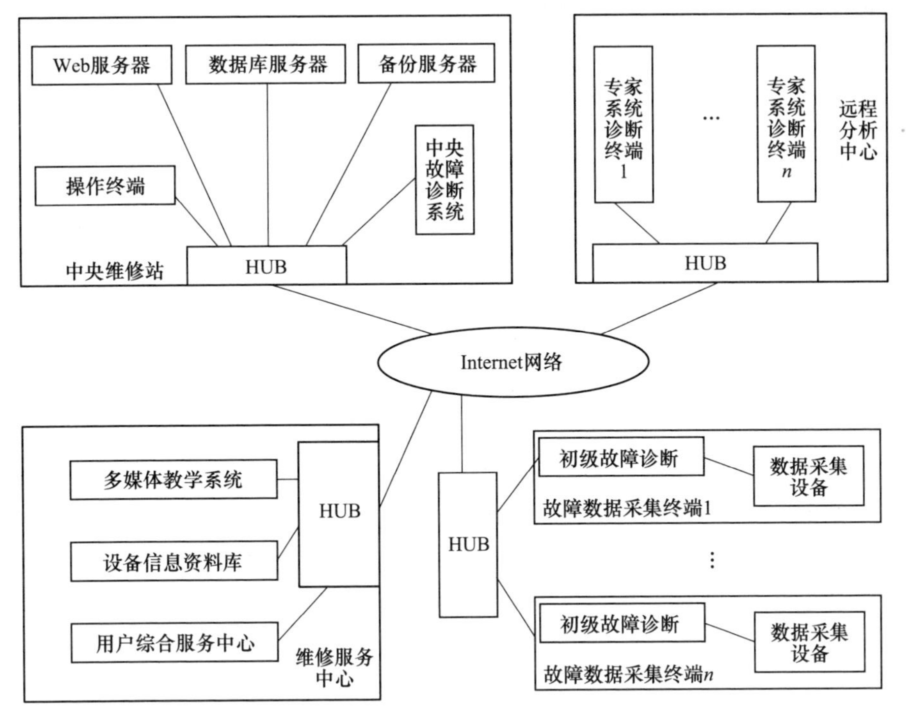

图 7-23 远程故障诊断专家系统的硬件平台

7.4.1.2 系统的软件实现

远程故障诊断专家系统采用的 Web 服务器系统平台操作系统为 Windows 2000 Server，Web 服务器软件采用 IIS5.0，数据库采用 Oracle8i，通过动态网页 ASP 技术，实现与数据库的互联。要实现分布式远程故障诊断，异地的故障诊断分析中心或专家首先必须通过网络获得系统的状态和故障信息；同时，能够让异地故障分析诊断系统或专家通过网络来查询数据库中的这些数据，这是实现远程故障诊断的一个重要的关键点。

远程故障诊断专家系统的基本组成部分包括知识库、推理机和人/专家系统界面。知识库可以通过浅知识（基于启发性知识和专家论述）获得，使用各种不同类型的知识表示方案，包括产生式规则、框架、语义网络。为了能够利用新的经验和知识，知识库需要定期更新，可通过远程专家系统实现。推理机指导知识库的使用，推理机制最常用的方法是反向/正向推理。

数据库中，以前提、结论以及它们之间相互关系的形式存储，将前提和结论写在一张事实表里，采用产生式的知识表示方法以及模糊推理机制。

远程诊断专家系统以 Windows 2000 Server 作为开发平台、SQLServer2000 作

为数据库系统、C++Builder 实现用户界面、C#实现 Web 服务器程序接口。专家系统结合数据库技术和网络技术，具有浏览器/服务器（B/S）和客户机/服务器（C/S）两种结构，其推理机部分在应用服务器上实现；同时，又建有一个可访问并管理后台数据库的用户界面，与数据库服务器构成客户机/服务器（C/S）结构。系统的 B/S 部分采用 CGI 加 WebService 服务器结构，C/S 部分采用直接访问 WebService 结构。

7.4.1.3　DRFDES 的工作过程

在中央故障诊断系统中加载专家系统后，对故障的诊断将不再是传统的故障数据处理和故障信息查表等方法，而是可先由驻留在系统内的计算机故障诊断专家系统，调用初步的故障诊断信息和存储在数据库中的系统运行状态历史纪录进行对比计算。同时，Web 服务器通过 Internet 将所有故障信息和诊断信息传递到远程故障分析中心，由对方根据传送来的各种信息找到可疑的故障点，并将其诊断结论和维修措施传送回中央故障诊断系统的知识库中进行计算，如能得到可信的故障原因信息，则通过知识自学习系统将新的故障诊断知识加入知识库中，并通过 Internet 传送回原故障采集终端；如不能解决，则再次反馈给远程故障分析中心的专家作进一步的诊断。

7.4.2　基于 B/S 网络化诊断体系设计

设备远程故障诊断系统网络结构常采用两种模式：客户端/服务器模式（C/S）和浏览器/服务器模式（B/S）。其中，B/S 模式应用更为广泛，它是系统为远程专家和用户提供的接口，是通过运行在企业内部数据发布服务器上的 WebService 扩展。B/S 程序是运行在 Web 服务器上的 CGI 程序，运行在企业内部的 Web 服务器上。通过对 WebService 的访问，保证了数据传输的安全性。B/S 体系的主要功能如图 7-24 所示。要求外部用户要拥有一个 Web 浏览器并接入 Internet 网络，用户或专家在线远程地观察到设备的工作状态和数据[21]。

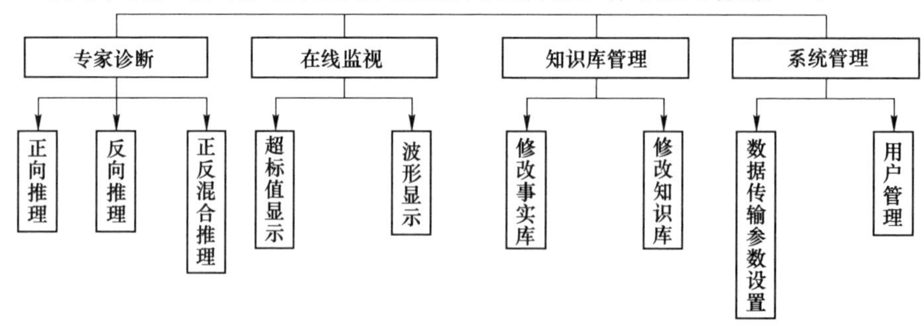

图 7-24　B/S 结构的功能分解

7.4.2.1 系统结构

系统采用基于标准TCP/IP协议的三层B/S模式。三层结构体系包括用户服务、业务服务和数据服务，分别对应客户服务器、Web服务器和数据服务器。在三层结构的Web技术中，Web浏览器是三层结构中的第一层次，利用Web浏览器作为客户端，使用户面对一个统一的应用界面。Web服务器既充当客户浏览器的“代理”，又是数据服务器的客户机，它将不同来源、不同格式的信息汇集成统一界面，提供给客户端浏览器。

轧机液压设备远程状态监测与故障诊断系统主要由现场监测站（Local Monitoring Unit，LMU）、现场监测中心（Local Monitoring Center，LMC）以及远程诊断中心（Remote Diagnosis Center，RDC）组成。其中，远程诊断中心有一个，现场监测站和现场监测中心可以扩展多个。现场监测站由网络化的、基于CAN总线和DSP处理器的高性能数据采集器所构成，主要负责对轧机液压设备进行数据采集、预处理、数据传输以及实时报警监控等；现场监测中心主要负责对现场监测站的控制及管理，同时负责对传送至服务器的采集数据进行汇总分类、加工处理、分析处理、特征提取以及常规故障诊断等，主要包括轧机液压设备状态监测、轧机液压设备管理、用户管理等子系统；远程诊断中心在高性能服务器的支撑下担负整个系统的控制协调任务，并负责专家会诊环境管理、数据库管理、诊断专家系统管理与维护以及信息发布等工作，主要包括用户管理、知识库管理、方法库管理、专家会诊平台管理等子系统。从数据传输角度看，这三大部分通过数据库桥梁紧密相连，构成一个有机整体，系统结构示意图如图7-25所示。

7.4.2.2 构建硬件系统

在液压设备状态监测与故障诊断系统中，现场监测站是起点，且其和现场监测中心处于同一个局域网内，它们之间的数据传输是通过CAN总线来实现的，两者通过Internet与远程诊断中心相联。现场监测站负责轧机液压设备状态信息的采集、处理与上传，因此要配备检测轧机液压设备状态传感器（如压力传感器、流量传感器、温度传感器、振动传感器等）、数据采集仪器、主控机、报警器等。为了能详细记录轧机液压设备运行的每个细节，保证对轧机液压设备的实时监测，确保整个系统运行正常，采集系统必须做到高速、高精度、实时性和稳定性。考虑以上几点要求，现场的数据采集子系统由基于CAN总线的受DSP器件支撑的多通道数据采集、预处理装置和高性能管理控制工作站组成，如图7-26所示。多通道数据采集与预处理装置可以实现快变（振动）信号1通道至10通道灵活组织采样，慢变（温度、压力、流量）信号11通道至30通道的灵活组织采样。快变（振动）信号10个通道完全同步采样，采样频率最高达128kHz。由

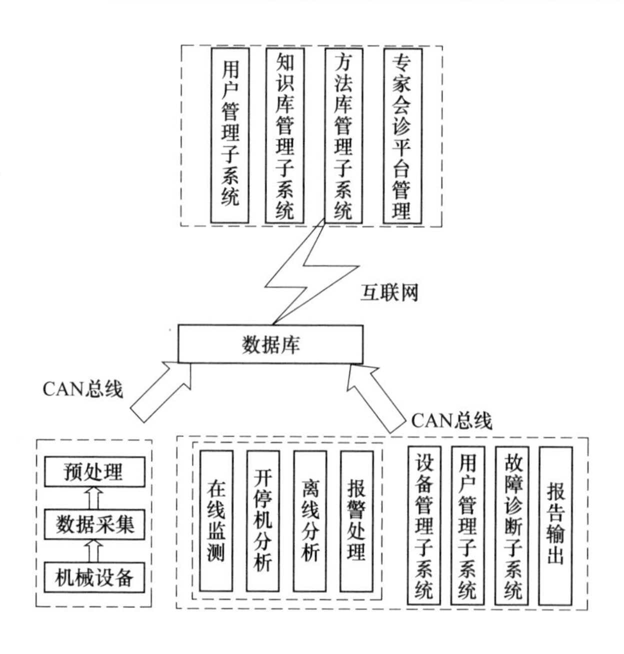

图 7-25　系统结构示意图

于现场监测中心和远程诊断中心要进行大量数据分析处理、数据库管理以及网络发布，所以要配备高性能计算服务器、数据库服务器和网络服务器，有时甚至可能要配备高性能图形服务器。为了使现场监测站、现场监测中心以及远程诊断中心三大子系统有机地连接成一个整体，在硬件上还需要传输介质。现场监测站和现场监测中心数据传输的硬件载体是交换机、电缆或光纤，现场监测站、现场监测中心与远程诊断中心则借用 Internet 网来实现数据交换。

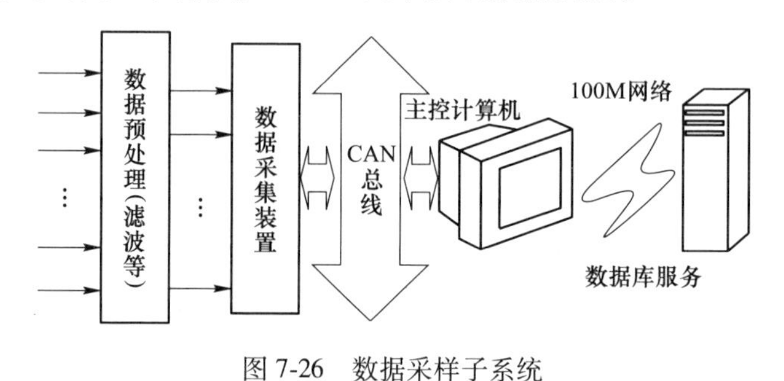

图 7-26　数据采样子系统

7.4.2.3　故障诊断服务

故障诊断服务是整个系统的核心，它通过对实时数据的处理，评估设备状态，检测异常，诊断故障的部位、程度和根本原因，辅助运行人员进行处理。故障诊断服务由多个功能模块组成，一般包括数据采集、数据管理、知识管理、诊断分析和人机交互等模块，图 7-27 方框中的部分为故障诊断服务的一个典型结构图。

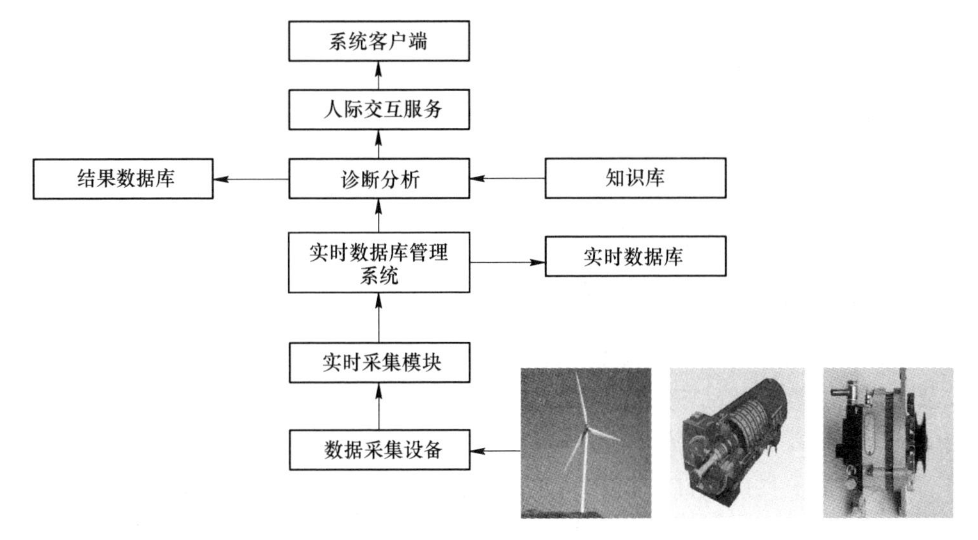

图 7-27　故障诊断应用结构图

数据采集模块定时从采集设备主动读取或监听接收动力设备的运行数据，该模块可以根据需要内置一些数据预处理功能，如异常数据剔除、数据汇总、特征提取等功能，然后将数据送入实时数据库系统进行存储。该模块是连接机器与分析服务的桥梁，需要根据具体的数据采集设备和存储服务进行开发。

数据管理主要包括时间序列数据和关系型数据的管理。运行数据为时序型数据，可根据采样频率分为低频数据如温度和高频数据（振动、噪声、应变数据），需要通过时间序列数据库（TSDB）进行存储。PI 数据库是目前应用最广泛的商业实时数据库，如王俏文等人利用 PI 实时数据库搭建供电企业的实时数据中心。商业实时数据库存在价格昂贵的缺点，随着大数据技术的发展，出现了 InfluxDB、Prometheus、OpenTSDB 等优秀的开源分布式时序数据库。NoSQL 数据库如 Redis、Mongodb 等也可以用于一些时间序列数据的存储。也可以自主开发一套轻量级的实时数据库，可以用于数据规模小或嵌入式的故障诊断环境。分析结果等数据采用关系型数据库进行存储，常用的商业关系型数据库有 Oracle 和 SQLServer 等，开源关系型数据库有 PostgreSQL 和 MySQL 等。

诊断分析模块利用知识库中的知识，对运行数据进行分析，完成异常检测和故障诊断等分析，最后将分析结果写入数据库。知识库中存放着诊断分析需要的所有的知识，包括设备结构原理、传感器信息、正常行为模型和各种故障模型等知识。知识库中的知识需要针对具体动力设备的正常特性和故障机理进行深入研究获得，设备的运行数据中蕴含着大量的信息，数据挖掘方法是这些知识的主要来源之一。诊断分析模块根据具体需求，可能包括数据处理、状态识别、健康评估、预测诊断、决策制定等功能模块，这些模块的开发涉及各种信号分析、模式识别、趋势预测、最优化等方法。Angeli 根据故障诊断方法的不同，将故障诊断系统划分为基于模型的、基于知识的和基于人工神经网络等模型的诊断系统和基于定性仿真的诊断系统。也有研究者针对故障诊断的需求，开发了一套模糊专家系统，并在风力机和汽轮机中进行了应用。故障诊断服务应当采用松耦合的、开放式的架构，可以根据数据规模、用户规模和安全性等不同需求，其各个模块可以集成部署、独立进程部署或分布式集群部署。

7.4.3　基于云平台的故障诊断系统

云计算是指通过虚拟化技术，将抽象的计算能力、存储能力和网络通信能力以及传统的数据、基础应用等资源都作为服务提供，使得开发者以更快的速度、更低的成本构建出各类应用；在维护阶段，这些应用还可以根据实时的用户规模、计算量的需求，进行弹性的伸缩。云计算为开发者提供了一种新的应用部署和运行管理模式，应用的开发者可以不用考虑软硬件基础设施，集中于算法和领域，而应用的这些改变对终端用户是透明的。根据云计算服务层次不同，一般将云计算服务分为三层，如图 7-28 所示。

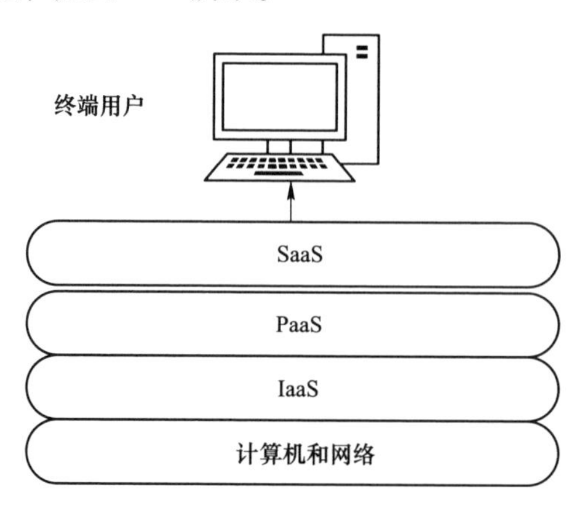

图 7-28　云计算服务类型

基础设施即服务（Infrastructureasa Service，IaaS）将虚拟的计算机作为服务提供，用户可以直接购买具有不同计算和存储能力的虚拟计算机（云服务器）进行使用，其核心是虚拟化技术。相较于物理机和虚拟主机，云服务器具有性价比高、可靠性高和可扩展性好等优点。AWS 等公有云平台均提供 IaaS 服务，目前可用于搭建私有 IaaS 平台的开源项目包括 Open Stack、Cloud Stack、

Eucalyptus 等。

平台即服务（Platformasa Service，PaaS）提供开发者将符合该云平台规范的应用部署到云中的服务。用户只需要指定应用依赖的环境，PaaS 会自动创建其需要的虚拟环境并运行该应用。PaaS 一般部署在 IaaS 云平台中，目前可用于搭建私有 PaaS 的开源项目包括 Cloud Foundry、OpenShift、Stackato、Cloudify 等。

软件即服务（Softwareasa Service，SaaS）是指通过运行在云中的应用，为终端用户提供服务的模式。例如，基于云平台的故障诊断系统就是一种 SaaS 应用。

2012 年 GE 将云计算引入工业领域，提出了工业互联网的概念，随后 GE、西门子、徐工集团和三一重工等公司都纷纷开发并开放了自己的工业云平台。这些工业云平台均属于 PaaS 平台，其中 Predix 和 Mind Sphere 等工业云平台均基于 Cloud Foundry 开发。

基于云计算的设备远程故障诊断系统综合了一般设备远程故障诊断系统和云计算的优势。根据云计算的特点，与一般设备远程故障诊断系统相比，运用云计算技术建立设备远程故障诊断系统具有很多无法比拟的优势，具体有以下几点。

（1）完整性：运用云计算技术建立的设备故障诊断系统和一般设备故障系统一样，能够满足用户对设备故障诊断的各项要求，如诊断的实时性（用信息移动代替维修人员的移动）等，其他设备故障诊断系统的功能在基于云计算设备故障诊断系统上都能够得到很好的实现，如提供故障诊断工具和共享的诊断资源库。

（2）经济性：针对企业用户，云计算诊断系统的硬件设备由诊断服务提供商提供，减少了企业用户对硬件的购买维护花费；同时，云计算诊断系统的基础设施或平台（Hadoop 集群）可以利用普通商用 PC 组成，这也降低了诊断中心的服务器运行成本。

（3）专业性：针对企业用户，诊断系统所需的云计算平台由云诊断中心专业人员进行管理和维护，设备故障诊断软件系统由开发者根据企业反馈信息实时维护和更新，企业专注于设备故障诊断应用；利用云计算平台中的 Map Reduce 并行编程框架可以把传统的智能诊断方法与数据挖掘（从大量故障数据中挖掘故障模式）方法的执行流程并行化，使它们能够在多台机器节点上并行的处理大量故障数据，从而提高性能和效率。

（4）灵活性（可伸缩性）：云诊断中心的集群的大小可以随着设备故障诊断中心负载的变化而动态伸缩，这样可以非常灵活的扩充业务和用户量而又不会造成资源浪费。

（5）可靠性：诊断系统所需的云计算平台由云诊断中心提供商建立，由大量商用计算机组成集群向用户提供诊断服务，利用多种硬件和软件冗余机制，保证了诊断中心运行的可靠性。

7.4.3.1　设备远程故障诊断系统网络拓扑结构

基于云计算的设备远程故障诊断系统把设备故障诊断技术与云计算技术结合起来，诊断系统的网络架构变成了“云计算诊断中心+客户端”[24]。整个系统主要包括现场子系统、云计算诊断中心和诊断人员端。图 7-29 展示了基于云计算的设备远程故障诊断系统的整体网络拓扑结构。

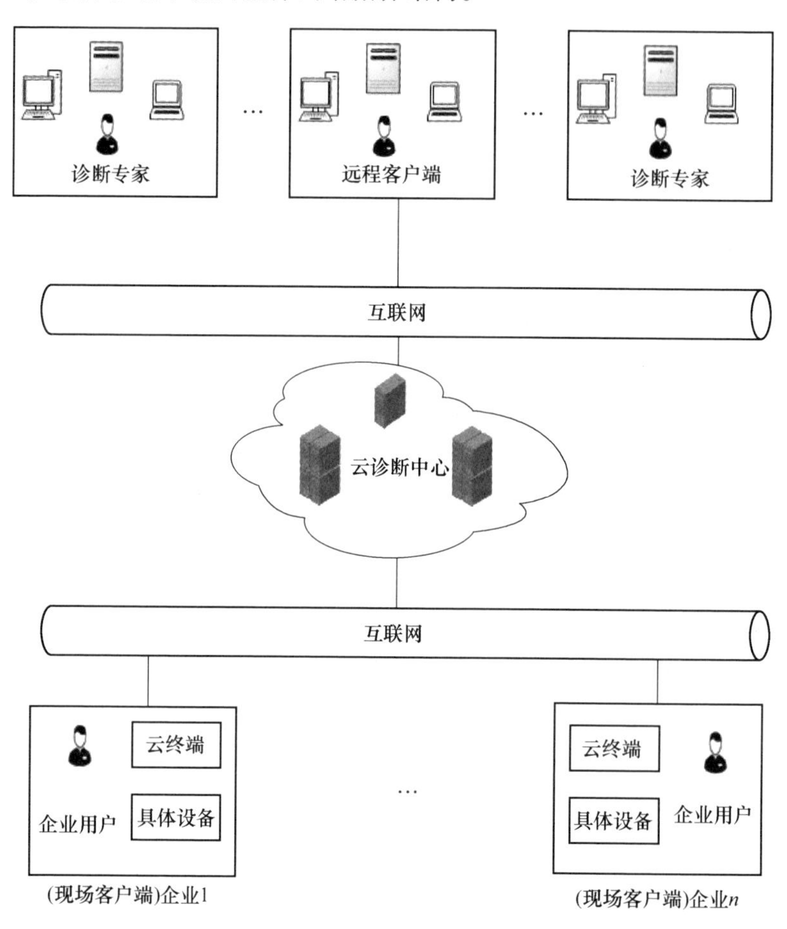

图 7-29　系统网络拓扑结构图

现场子系统内部设置云终端，云终端连接了设备和云诊断中心。云终端内提供标准浏览器，供用户与云诊断中心交互，以使用云诊断中心提供的服务；云终端包含智能数据采集模块，负责采集企业站点内出现故障的设备的状态数据，把采集的数据加工成可以在网上传输的形式，汇集往故障诊断中心，用于对设备进行状态检测与故障诊断。同时，企业用户也可以不在现场而在远程查看本企业设备的历史故障记录（如图 7-29 中的远程客户端），可以看出它省去了传统的在企业中的本地监控中心，把设备故障的诊断和存储交给云诊断中心完成。

诊断人员端由设备生产厂家的技术人员或云诊断中心的诊断专家组成，他们可以使用任意一台能够联网的终端连接到云诊断中心处理来自企业用户的故障诊断请求。

在图 7-29 中，可以看出现场客户端内部较简单，云诊断中心需要帮助企业端存储故障记录和进行故障诊断。在云诊断中心部署了 Web 服务器、Hadoop 集群服务器等，该中心依托普通 PC 组成的 Hadoop 云计算平台，实现诊断数据的存储管理和诊断推理的计算。云诊断中心为企业用户提供可伸缩的计算和存储能力，存储能力体现在帮助用户保存故障记录、监测数据以及诊断所需的各种共享数据知识库；计算能力体现在它把故障诊断方法或工具作为服务提供给用户。

7.4.3.2 云诊断中心总体功能模块

建立基于云计算的设备远程故障诊断系统的主要目的是，帮助企业用户在设备遇到故障不能正常运行时能够通过 Internet 进行故障诊断，通过智能方法诊断及专家在线帮助，可以在最短的时间内解决故障，减少损失。

如图 7-29 所示，云诊断中心在整个故障诊断系统中处于核心地位，它帮助大量企业用户完成设备故障的诊断以及诊断记录的存储。其具有以下功能：

（1）故障诊断功能。诊断中心可分为两种故障诊断模式，即实时诊断和远程查询诊断。实时诊断是直接面向诊断专家的，诊断专家可以通过音（视）频或文本方式与现场人员进行交互讨论，较以往的发送电子邮件方式实时性好；并可根据需要对现场设备进行实时数据参数采集、监测，诊断专家通过对所监测设备参数的分析处理、查出故障原因，然后给出诊断意见。远程查询诊断是通过云诊断中心的智能诊断专家系统获得诊断结果；流程为直接通过浏览器，输入相关故障信息，诊断中心将填入的故障信息输入专家系统，经过处理，可以把诊断结果反馈给现场人员。两者的主要差别在于实时诊断主要是直接面向人工诊断专家的，通过与诊断专家的及时讨论得到诊断结果；远程查询诊断模式，则是主要面向智能专家系统。

（2）设备故障管理功能。诊断中心的基本功能之一是帮助企业用户实现诊断数据存储管理，企业把设备的所有故障信息都存储在诊断中心。诊断中心应该提供给企业用户进行设备故障管理的操作，用户可以管理注册在诊断系统中的设备的信息，如查看某个设备的故障、添加或删除某个设备的故障记录。

（3）登录注册功能。作为一个基于云计算的应用，应该为用户提供注册和登录的功能，提供给用户进入诊断中心的入口。

（4）后台管理功能。系统管理员对诊断中心的维护、用户的管理、故障相关数据库的维护。

（5）帮助（新手手册）。这里主要是诊断中心提供给用户的使用帮助。

（6）在线故障学习功能。提供有关设备故障诊断的教学资料，提高用户或诊断人员的诊断水平。

同时，云诊断中心在性能方面应该具有以下要求：

（1）对用户的诊断需求要有快速响应性和可靠性，就是要有比较好的服务质量。

（2）可扩展性。随着注册企业的增多，诊断中心的数据存储、计算能力都应相应的增强。

（3）防御性能。当其中某些服务机器出现故障时，诊断任务还能够顺序平稳地运行。

通过以上分析，云诊断中心总体功能模块如图 7-30 所示。

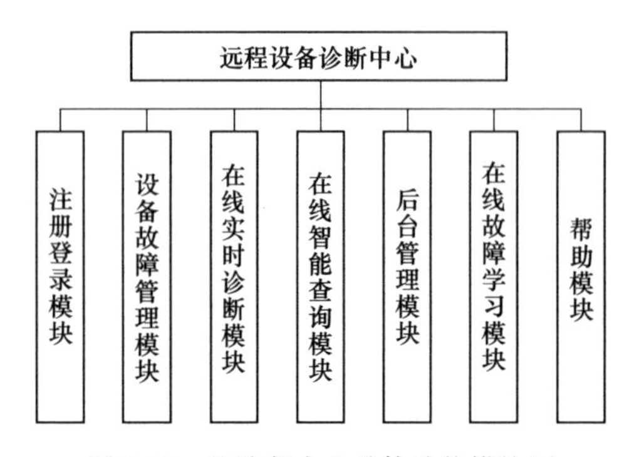

图 7-30　云诊断中心总体功能模块图

7.4.3.3　在线智能查询模块设计

智能查询意味着当用户输入设备故障信息时，该模块应能够及时地反馈给用户关于该设备的故障诊断结论。

云诊断中心面向很多企业用户，用户存储在诊断中心的大量故障记录（故障案例）为新故障的诊断提供了很好的借鉴。作为充分利用过去故障案例资源的一个方面，本书将在线智能查询子系统主要设计成基于案例推理的故障专家系统。依托 HBase 来存储大量的故障案例（详见下面的数据库设计）、利用 Map Reduce 来实现案例的分布式匹配检索。同时，该子系统也包含了规则诊断功能和知识查询功能，主要功能用例图如图 7-31 所示，其中参与者“用户”这个角色包括了企业用户、诊断专家和管理员。

A　案例诊断

案例诊断包含新案例输入、案例检索、案例修改、案例评价。新案例输入，用户使用此功能时需要输入设备类型、系统部件以及填写或选择系统给出的定性

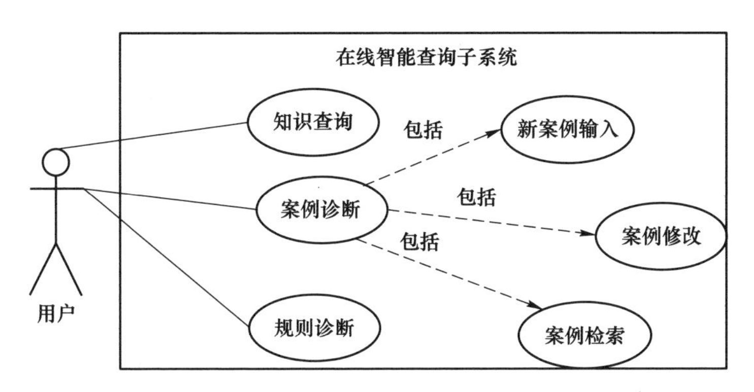

图 7-31 在线智能查询用例图

和定量属性的特征、相似度阈值 a 和检索出的案例数目阈值 k；案例检索，诊断中心根据之前用户的选择和输入的故障特征进行相应的处理后，并且找到与之对应的故障案例表，再用相似度匹配出符合要求的相似故障案例；案例修改，进一步匹配建议采取的措施，最后将故障类型与建议采取的措施整合为诊断结果；案例评价，如果在这次案例检索中利用某个相似案例解决了当前的设备故障，则可以对这个相似案例进行加分，表明此类型的故障比较常见。案例诊断流程如图 7-32 所示。

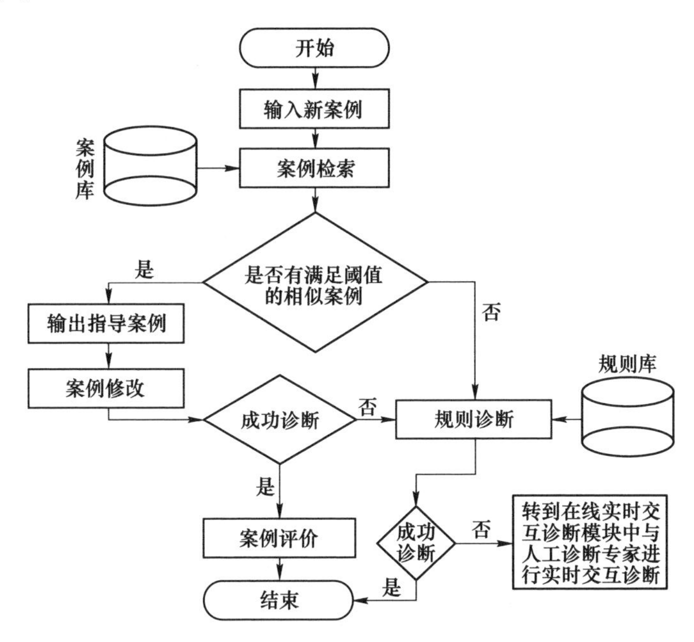

图 7-32 案例诊断流程图

在图 7-32 的流程图中，案例检索是重要的一环。当故障案例数量很大时，就存在一个案例检索实时性的问题，案例检索是一个需要占用大量 CPU 资源的计算密集型过程。当故障案例库中相应的旧案例较少时，单台服务器可以较轻松地进行案例检索的处理；但是，当故障案例库中的案例数量很大时，单台服务器由于资源的限制将很难以用户满意的速度给出案例检索的结果；当需处理的案例数目持续增多甚至达到海量级别时，此时的单台服务器甚至将无法完成案例检索的任务。针对此问题，通过 Hadoop 平台的 Map Reduce 框架，实现案例检索过程中故障案例匹配的分布式计算，将检索任务分解为小的粒度，执行并行计算，从而极大地提高故障案例检索的速度。

本节中，故障案例是存储在 HBase 中的，利用 Map Reduce 计算模型对存储在 HBase 中的故障案例进行并行检索。案例的并行检索架构如图 7-33 所示，其中 k 是用户设置的检索结果数目阈值。

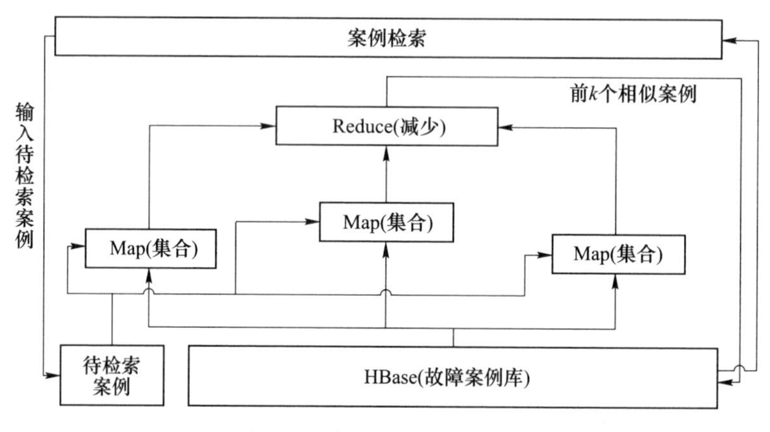

图 7-33　案例的并行检索架构

B　知识查询

知识查询主要帮助用户查找一些资料，如设备的构造简图、相关术语代表的意义等，类似于词典，辅助用户进行故障诊断。

C　规则诊断

当在案例诊断中没有查找到符合相似度阈值的案例时，转用“规则诊断”功能，利用存储在故障规则库中的规则，对当前故障特征向量进行基于规则的诊断推理。如果能够得出结论，则形成一个新案例且存入案例库，并将诊断结论呈现给用户；如果诊断不出结果，则可以联系诊断专家进行在线实时交互诊断。

7.4.3.4　在线实时交互模块的设计

当设备出现故障时，企业用户若能与诊断专家取得实时的远程交互，这将对故障的及时解决起很大的作用。有的设备故障诊断中心企业用户与诊断专家的交互方式是通过发送邮件的方式，它显然是效率不高的。为此设计在线实时诊断子系统可以提供一个实时交互的平台，它提供了企业用户与人工诊断专家实时交流和讨论的一个平台。该子系统的功能用例图如图 7-34 所示。

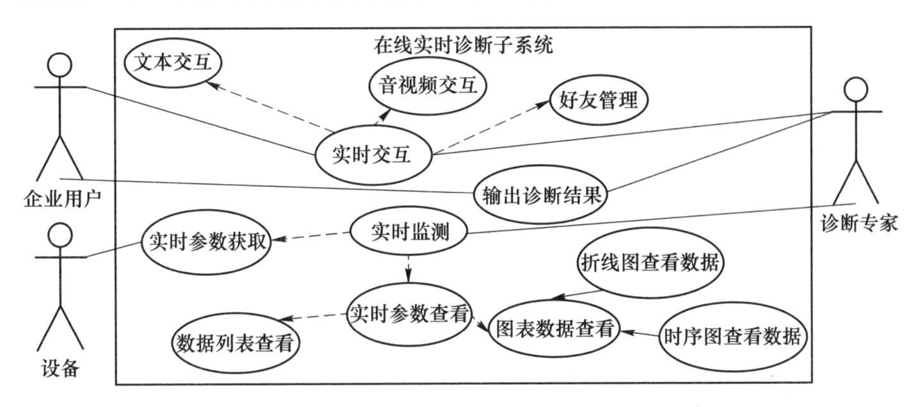

图 7-34 子系统功能用例图

实时交互平台也就是一个针对故障诊断专门开发的一个即时通信模块，该模块提供了平常通信软件提供的基本功能。好友管理，好友可以分为同行好友和诊断专家分组（用户可以新建分组容纳不同类别的好友）；交互方式，用户之间以传统的文本或者视频、语音等实时通信手段，沟通诊断人员与设备使用方，使得诊断专家即时了解设备的运行状况和即时与设备使用方交流。

实时监测模块包含了实时参数的获取和实时参数的查看分析。当诊断专家根据现场人员的描述不能确切诊断故障时，诊断专家会要求查看实时运行状态数据，即对现场故障设备进行实时监测。此时现场设备将运行中的实时数据传输到云诊断中心的数据库中，然后，诊断专家可以利用诊断中心提供的分析工具对设备的实时数据进行查看，实时数据可以以列表、图形方式显示在浏览器中分析，并指导设备使用方对可设置参数进行修改或者发送远程控制命令控制设备以达到调试的目的，然后进一步诊断。同时，在诊断结束后，如果在线诊断成功，诊断专家可以填写一份关于此次故障诊断的报告，通过索引既保存在此设备用户方对应的数据库中，又存放在系统的备用设备故障案例数据库中。如果是典型的且系统设备故障案例库没有与此类型故障相似的案例，则把此故障案例转移到系统案例数据表中，并更新和相应索引。当其他用户遇到类似的问题时，可通过查询直接获得故障诊断方法。

在线实时故障诊断模块的流程图如图 7-35 所示。

7.4.3.5 设备故障管理模块设计

设备故障管理子系统模块也称历史辅助诊断模块，主要负责企业用户管理已

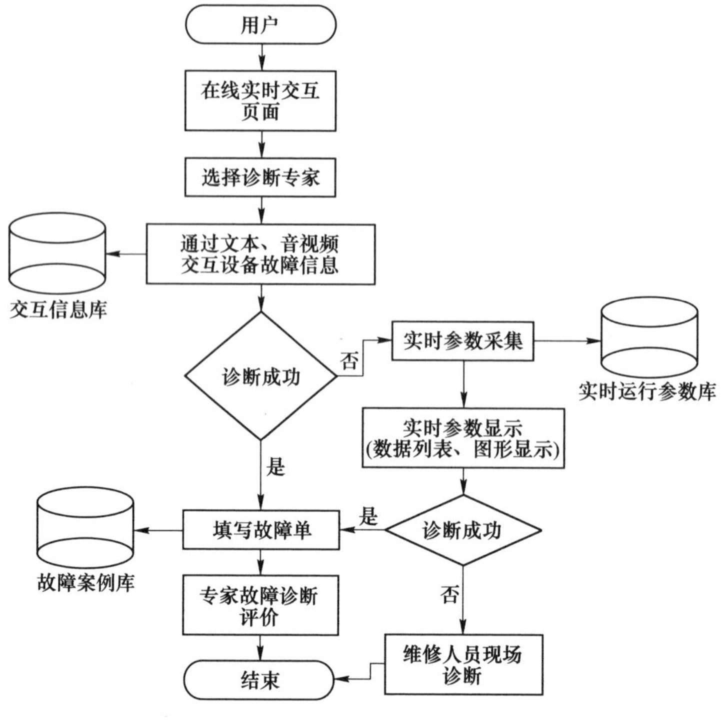

图 7-35　在线实时故障诊断流程图

注册在系统的设备，以及保存并查看该企业设备的故障诊断记录（类似于本地操作）。当设备出现故障时，可以通过历史记录查看是否之前出现过此故障。该子系统的功能用例图如图 7-36 所示。

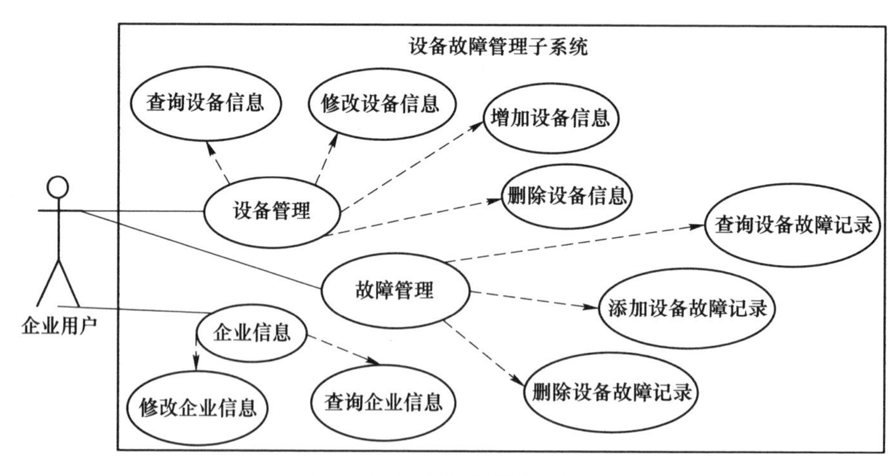

图 7-36　设备故障管理模块用例图

设备管理即是对设备的基本信息的管理。“查看设备”功能，可以查看企业已在系统中注册的设备。“增加设备”功能，用户可以把企业设备的关键参数信息如设备类型、设备编号等录入数据库中（可以把设备参数等相关文件都传到云诊断中心），以方便后期进行诊断时查看设备的技术参数。同时，用户可以修改已注册设备信息，如当用户改买了另一个厂家的设备，其中参数可能发生变化。用户也可以注销某个设备的使用，即从数据库中删除此设备的相关信息，包括此设备的历史故障记录信息。

故障管理的主要功能是对设备出现的历史故障的记录，提供添加故障记录和故障记录查询的功能。设备故障记录的内容类似于故障案例包含的内容，都对设备故障信息进行了完整的描述，主要有故障设备编号、故障部位、故障描述、故障发生时间以及故障解决方法、维修人员等，通过对设备类型或故障时间的搜索查找来显示特定的设备故障信息。当企业用户在现场相关维修人员的维修下修复了设备的故障问题时，则可以把相关的故障诊断内容存入用户的设备故障信息记录中。故障记录可以为以后该设备发生同类故障时的设备维修提供参考，同时也丰富了云诊断中心的案例库，从而为其他企业的同类设备发生类似故障时提供解决方案。

系统用户角色需求。系统的用户角色大致可分为三类，第一类是系统管理员，第二类是省级保障中心监控人员（以下简称省级监控员），第三类是市、县一级基层技术维护人员（以下简称维护员）。由于业务上存在差异，所以三者需求也各有不同。系统管理员需求主要是负责远程故障诊断中心用户管理与故障知识库管理，其中用户管理包含用户的添加、修改、删除及其权限设置；故障知识库管理同样包含故障记录的添加、修改、删除。省级监控员需要满足现场诊断系统发出的远程技术支持请求，以远程诊断专家身份对现场未能排除的故障进行远程指导；同时，对所有现场故障诊断系统已完成的故障诊断报告进行进一步编辑、归档。通过现场故障诊断系统对实时采集到的状态信息进行自动分析，给出相应的诊断结果，以便排除故障；若未能排除故障，则通过请求远程故障诊断中心获取远程技术支持；维护完成后，提交故障诊断报告。

7.4.3.6 基于云平台的故障诊断应用开发步骤

为深入研究基于云平台的动力设备故障诊断系统，我们搭建了一个私有的 Cloud Foundry PaaS 平台，开发了一个简单的滚动轴承故障诊断应用，并将其部署到私有云平台和公有 Cloud Foundry 云平台 Pivotal Web Services（PWS）中。

Cloud Foundry 是 VMware 推出的一个开源 PaaS 云平台，它支持多种框架、语言、运行环境、IaaS 云平台，使开发人员能够快速进行应用程序的部署和扩展，无须担心任何基础架构的问题。Cloud Foundry 作为一个大型的分布式系统，需通过 BOSH 部署，它既可以部署到 IaaS 平台中，也可以单机部署。下面只介绍单机搭建私有云平台的方法，具体步骤如下：

（1）下载并安装 VirtualBox、ruby、Vagrant、BOSHCLI、Cloud Foundry CLI 等工具。

（2）下载 BOSHLite 的虚拟机模板文件，通过 Vagrant 工具创建虚拟机。

（3）通过 BOSHCLI 登录到虚拟机的 BOSHDirector 中，将 Cloud Foundry 部署到 Garden 容器中。对于所有的基于 Cloud Foundry 的云平台，都统一通过 Cloud Foundry CLI 工具来进行应用的部署和生命周期的管理。

参考文献

［1］丁恩杰．控制网络与现场总线［M］．徐州：中国矿业大学出版社，2006.

［2］某钢铁公司高炉及配套装置实时数据采集系统技术方案，https：//www. taodocs. com/p-260808311. html.

［3］毛苏杭，宋蕴璞，刘林．基于工业网关的钢铁企业实时数据采集技术［J］．物联网技术，2015（5）：10～12.

［4］江宁川，李祥，赵喆，等．钢铁企业能源管控信息系统数据采集方法综述［C］．中国计量协会冶金分会 2012 年会暨全国第十七届自动化应用技术学术交流会论文集，2012：5～8.

［5］王华忠．监控与数据采集（SCADA）系统及其应用［M］．北京：电子工业出版社，2012.

［6］上海蓝鸟钢铁厂厂级数据采集系统，http：//c. gongkong. com/gongkong/a13627. html.

［7］工业大数据之数据采集，https：//www. sohu. com/a/327128556_100285949.

［8］陈锡祥．海迅实时数据库管理系统应用与开发［M］．北京：中国电力出版社，2014.

［9］匠兴科技，https：//www. jianshu. com/p/fe4ffa76b262.

［10］李文卿．数据驱动的复杂工业过程统计过程监测［D］．杭州：浙江大学，2018.

［11］王福利，等．多模态复杂工业过程监测及故障诊断［M］．北京：科学出版社，2016.

［12］Qin S J. Survey on data-driven industrial process monitoring and diagnosis［J］. Annual Reviews in Control，2012，36（2）：220～234.

［13］潘秀兰，王艳红，梁慧智等．铁水预处理技术发展现状与展望［J］．世界钢铁，2010（6）：29～36.

［14］He J C，Zhang T A，Masamichi S，et al. Experimental research of external desulfurization in situ mechanical stirring［J］. Journal of Iron and Steel Research，International，2011，18：119～124.

［15］Hessel-Jan V，Rob B. Advanced process modelling of hot Metal desulphurisation by injection of Mg and CaO［J］. ISIJ International，2006，46（12）：1771～1777.

［16］Zhong L C，Li X X，Ji W Y. A kinetic model of hot metal desulfurization by injecting Mg based on self-learning［C］. The Chinese Society for Metals，Central Iron and Steel Research Institute. Conference Proceedings of the 7th International Conference on Modelling and Simulation of Metallurgical Processes in Steelmaking，The Chinese Society for Metals、Central Iron and Steel Research Institute：Chinese Society of Metals，2017：6.

［17］Huang G B，Zhu Q Y，Siew C K. Extreme learning machine：a new learning scheme of feedforward neural networks［C］. IEEE International Joint Conference on Neural Networks Budapest，IEEE，2004：985～990.

［18］Huang G B，Zhu Q Y，Siew C K. Extreme learning machine：theory and applications［J］. Neurocomputing，2006，70：489～501.

［19］Madsen K，Jacobsen H S. Linearly constrained minimax optimization［J］. Mathematical Programming，1978，14（1）：208～223.

［20］Yuan Y X. Recent advances in trust region algorithms［J］. Mathematical Programming，2015，151（1）：249～281.

［21］Ji J H，Liang R Q，He J C. Simulation on mixing behavior of desulfurizer and high-sulfur hot metal based on variable-velocity stirring［J］. ISIJ International，2016，56（5）：794～802.

[22] Ali U, Muhammad W, Brahme A, et al. Application of artificial neural networks in micromechanics for polycrystalline metals [J]. International Journal of Plasticity, 2019, 120: 205~219.

[23] Dutta T, Dey S, Datta S, et al. Designing dual-phase steels with improved performance using ANN and GA in tandem [J]. Computational Materials Science, 2019, 157: 6~16.

[24] Verpoort P C, Macdonald P, Conduit G J. Materials data validation and imputation with an artificial neural network [J]. Computational Materials Science, 2018, 147: 176~185.

[25] Yekta P V, Honar F J, Fesharaki M N. Modelling of hysteresis loop and magnetic behaviour of Fe-48Ni alloys using artificial neural network coupled with genetic algorithm [J]. Computational Materials Science, 2019, 159: 349~356.

[26] Wen K, He L, Liu J, et al. An optimization of artificial neural network modeling methodology for the reliability assessment of corroding natural gas pipelines [J]. Journal of Loss Prevention in the Process Industries, 2019, 60: 1~8.

[27] Elsheikh A H, Sharshir S W, Abd Elaziz M, et al. Modeling of solar energy systems using artificial neural network: a comprehensive review [J]. Solar Energy, 2019, 180: 622~639.

[28] Wu S W, Yang J, Zhang R H, et al. Prediction of endpoint sulfur content in KR desulfurization based on the hybrid algorithm combining artificial neural network with SAPSO [J]. IEEE Access, 2020, 8: 33778~33791.

[29] Figueiredo E M N, Ludermir T B. Investigating the use of alternative topologies on performance of the PSO-ELM [J]. Neurocomputing, 2014, 127: 4~12.

[30] Chen T Q, Guestrin C. XGBoost: A scalable tree boosting system [C]. Proceedings of the ACM SIGKDD International Conference on Knowledge Discovery and Data Mining, 2016: 785~794.

[31] 杨晓猛，赵阳，钟良才，等．基于 XGBoost 算法的转炉吹炼终点预报 [J]. 炼钢，2021, 37 (6): 1~8.

[32] 杨晓猛．转炉吹炼终点智能预报模型开发 [D]. 沈阳：东北大学，2021.

[33] 李炳臻，刘克，顾佼佼，等．卷积神经网络研究综述 [J]. 计算机时代，2021 (4): 8~12.

[34] 马世拓，班一杰，戴陈至力．卷积神经网络综述 [J]. 现代信息科技，2021, 5 (2): 11~15.

[35] 王姝．基于数据的间歇过程故障诊断及预测方法研究 [D]. 沈阳：东北大学，2010.

[36] 何宁．基于 ICA-PCA 方法的流程工业过程监控与故障诊断研究 [D]. 杭州：浙江大学，2004.

[37] Ge Z, Yang C, Song Z. Improved kernel PCA-based monitoring approach for nonlinear processes [J]. Chem. Eng. Sci. 2009, 64 (9): 2245~2255.

[38] Wang G, Jiao J. A Kernel Least Squares Based Approach for Nonlinear Quality-Related Fault Detection [J]. IEEE Trans. Ind. Electron., 2017, 64 (4): 3195~3203.

[39] Zhang Y, Qin S J. Fault Detection of Nonlinear Processes Using Multiway Kernel Independent Component Analysis [J]. Industrial & Engineering Chemistry Research, 2007, 46 (23): 7780~7787.

[40] 张金玉，张炜．装备智能故障诊断与预测 [M]. 北京：国防工业出版社，2013.

[41] 姜万录，刘思远，张齐生．液压故障的智能信息诊断与监测 [M]. 北京：机械工业出版社，2013.

[42] 袁静，胡昌华，龙勇，等．基于 C/S+B/S 双模式的分布式远程诊断专家系统 [J]. 计算

机工程，2006（12）：196~198.
[43] 韩清鹏，王黎，郭刚．设备故障远程诊断网络体系的构建［J］．江南大学学报（自然科学版），2009，8（1）．
[44] 王学孔，陈章位，陈家焱．轧机液压设备远程监测与故障诊断系统研究［J］．机床与液压，2010，38（9）：135~138.
[45] 杨文广，龙泉，蒋东翔．基于云平台的动力设备远程故障诊断系统研究［J］．制造业自动化，2017，39（7）：6~9.
[46] 葛二灵．基于云计算的设备远程故障诊断中心的设计与实现［D］．南京：南京理工大学，2014.

索　　引